21世纪高等院校电气工程与自动化规划教材

王艳秋　刘寅生　主编

电机及电力拖动基础

化学工业出版社

·北京·

全书共分六章，分别介绍了直流电机的基本工作原理、直流电机的电力拖动、变压器、三相异步电动机的基本工作原理、三相异步电动机的电力拖动、电动机容量的选择。

本书可作为普通高等院校的自动化、电气、电力、机电一体化等电类专业的教材，也可供企业有关工程技术人员参考。

图书在版编目（CIP）数据

电机及电力拖动基础/王艳秋，刘寅生主编．—北京：化学工业出版社，2017.9

21世纪高等院校电气工程与自动化规划教材

ISBN 978-7-122-30201-4

Ⅰ.①电… Ⅱ.①王…②刘… Ⅲ.①电机-高等学校-教材②电力传动-高等学校-教材 Ⅳ.①TM3 ②TM921

中国版本图书馆CIP数据核字（2017）第164574号

责任编辑：潘新文　　装帧设计：关　飞

责任校对：边　涛

出版发行：化学工业出版社（北京市东城区青年湖南街13号　邮政编码100011）

印　　装：北京云浩印刷有限责任公司

787mm×1092mm　1/16　印张17¾　字数436千字　2017年9月北京第1版第1次印刷

购书咨询：010-64518888（传真：010-64519686）　售后服务：010-64518899

网　　址：http://www.cip.com.cn

凡购买本书，如有缺损质量问题，本社销售中心负责调换。

定　　价：39.80元

前言

电机及拖动基础是普通高等院校电气自动化、电力工程、机电一体化等专业的专业基础课，它是将“电机学”与“电力拖动”等课程有机结合而成的，属于一门理论性很强的技术基础课，涉及的基础理论很广，综合了电学、磁学、动力学、热力学等多学科的理论知识，又与生产实际的联系颇为紧密，因此在使学生掌握课程中的基本理论的同时，加强其实践能力的培养，也是本课程的任务之一。本书的编写正是基于这种指导思想，笔者结合多年的教学和实践经验，精心编写而成这本教材。

全书主要内容包括直流电机的基本工作原理、直流电机的电力拖动、变压器、三相异步电动机的基本工作原理、三相异步电动机的电力拖动和电动机容量的选择等，本书编写时注重体现如下特点。

① 始终遵循高等教育人才培养目标及培养规格的要求，贯彻理论部分以“必需、够用”为度，精选必需的理论知识。

② 每一章前配有“学习导航”“学习目标”（包括“知识目标”和“能力目标”）的内容，使学生们明确本章的学习任务和知识脉络。

③ 每章末附有本章小结和本章习题。本章小结对本章内容进行了高度的概括和总结，本章习题类型多样，包括填空题、判断题、单项选择题、多项选择题、简答题及计算题，书后还给出了部分习题的参考答案。通过各种类型的习题练习，学生可以加深对课堂所授理论知识的消化和理解。

④ 书中符号均采用国家最新标准。

本书还配有辅助教材《电机及电力拖动题库及详解》（王艳秋教授主编，化学工业出版社出版），并配有全部习题的详尽解答。

本书由王艳秋、刘寅生主编。本书的绪论及第二、第五章由沈阳工学院王艳秋教授编写；第一、第六章由沈阳理工大学刘寅生编写；第三章由辽宁科技学院周璐编写，第四章由沈阳工学院孙昕编写；全书由王艳秋统稿。

由于经验不足，编写水平和业务水平有限，书中难免有不当之处，恳请各院校师生和广大读者批评指正。

编者

2017 年 4 月

常用符号

a——直流绕组并联支路对数；交流绕组并联支路数

B——磁通密度（磁感应密度）

B_a——直流电机电枢磁动势产生的气隙磁通密度

B_{av}——平均磁通密度

B_δ——气隙磁通密度

C——电容；热容量

C_e——电动势常数

C_T——电磁转矩常数

D——直径；调速范围

E——感应电动势

E_a——直流电机电枢电动势；导体电动势

E_N——额定电动势

E_σ——漏电动势

E_1——变压器一次侧电动势；异步电机定子绕组感应电动势

E_2——变压器二次侧电动势；异步电机转子绕组感应电动势

E_{2s}——异步电机转子旋转时的电动势

E_0——同步电机励磁磁场感应电动势

F——磁通势

F_a——电枢磁通势

F_{ad}——直轴电枢反应磁通势

F_{aq}——交轴电枢反应磁通势

F_m——单相磁通势幅值

F_0——空载磁通势

F_1——变压器一次侧磁通势；异步电机定子磁通势

F_2——变压器二次侧磁通势；异步电机转子磁通势

F——力

f_2——异步电机转子频率

G——重力

GD^2——飞轮力矩

GD^2_{meq}——等效飞轮力矩

f_N——额定频率

H——磁场强度

H_δ——气隙磁场强度

I——电流

I_a——电枢电流

I_f——励磁电流

I_k——堵转电流

I_N——额定电流

I_0——空载电流

I_1——变压器一次侧电流；异步电动机定子电流

I_2——变压器二次侧电流；异步电动机转子电流

i_a——导体电流

J——转动惯量

J_L——生产机械的转动惯量

J_R——电动机转子转动惯量

j——减速比

K——直流电机换向片数

k——变压器的变比

k_e——异步电机定、转子电动势比

k_i——异步电机定、转子电流比

k_q——分布系数

k_w——绕组系数

k_y——短距系数

L——电感，自感

L_σ——漏电感

l——长度；导体长度

m——相数；质量；串电阻启动级数

N——匝数；直流电机总导体数

N_f——励磁绕组匝数

N_1——变压器一次侧绕组匝数；异步电动机定子绕组匝数

N_2——变压器二次侧绕组匝数；异步电动机转子绕组匝数

n——转速

n_N——额定转速

n_0——直流电动机理想空载转速

n_1——交流电机同步转速

P_L——负载功率

P_m——电磁功率

P_Ω——异步电机总机械功率

P_N——额定功率

P_1——输入功率

P_2——输出功率

p——极对数
P_{Cu}——铜损耗
P_{Fe}——铁损耗
P_f——励磁损耗
P_k——短路损耗
P_m——机械损耗
P_s——附加损耗
P_0——空载损耗
Q——无功功率；热量；流量
R——电阻；半径
R_a——电枢电阻
R_c——直流电动机外串电阻
R_L——负载电阻
R_{st}——启动电阻
r_m——变压器，异步电动机励磁电阻
r_k——变压器，异步电动机短路电阻
r_1——变压器一次侧电阻；异步电机定子电阻
r_2——变压器二次侧电阻；异步电机转子电阻
S——元件数；视在功率
s——转差率
s_N——额定转差率
s_m——临界转差率
T——转矩；电磁转矩；时间常数
T_H——电动机发热时间常数
T_k——堵转转矩
T_L——负载转矩
T_M——机电时间常数
T_{max}——最大转矩
T_N——额定转矩
T_0——空载转矩
T_1——输入转矩
T_2——输出转矩
U——电压
U_c——控制电压
U_f——励磁电压
U_k——短路电压
U_{kN}——额定短路电压
U_N——额定电压
U_0——直流发电机空载电压
U_1——变压器一次侧电压；异步电机定子电压

U_2——变压器二次侧电压；异步电机转子电压
U_{20}——变压器二次侧开路电压；绕线转子异步电动机转子开路电压
v——速度；导体切割磁场的线速度
X_1——变压器一次侧漏电抗；异步电机定子漏电抗
X_2——变压器二次侧漏电抗；异步电机转子漏电抗
X_{2s}——异步电机转子旋转时的漏电抗
X_δ——漏电抗
y——节距；合成节距
y_k——换向节距
y_1——第一节距
y_2——第二节距
Z——阻抗；槽数
Z_k——短路阻抗
Z_m——励磁阻抗
Z_0——空载阻抗
Z_1——变压器一次侧漏阻抗；异步电机定子漏阻抗
Z_2——变压器二次侧漏阻抗；异步电机转子漏阻抗
Z_L——负载阻抗
α——空间电角度；槽矩角
β——直流电机机械特性斜率；短矩角；变压器负载系数
δ——气隙长度；静差率
η——效率
θ——转角；温度
λ_M——过载倍数
μ——磁导率
μ_δ——气隙磁导率
γ——谐波次数；异步电机能耗制动时的转差率
ρ——回转半径
τ——极距；温升
Φ——磁通；主磁通
Φ_m——变压器、异步电机主磁通幅值
Φ_δ——漏磁通
φ——功率因数角
ψ——磁链；内功率因数角
Ω——机械角速度
Ω_1——同步角速度
ω——电角速度；角频率

目 录

绪 论

一、国内外电机制造工业的发展历史

1802 年奥斯特发现了电流在磁场中受力的物理现象，随后人们相继总结出了磁路定律及全电流定律，并在此基础上研制成直流电动机的模型。1834 年雅可比研制出第一台直流电动机，并用它拖动电动轮船，轮船在涅瓦河上运载 11 人，以 4km/h 的速度顺流而下和逆流而上，获得了成功，这是人类制成的最早的可实际应用的电动机。由于当时还没有直流发电机，为这个直流电动机供电的是化学电池。由于化学电池价格昂贵，因此在很长一段时间内限制了直流电动机的大量应用。

1831 年法拉第发现了电磁感应定律，为生产制造各种发电机提供了理论依据。随后人们制成了直流发电机，代替价格昂贵的化学电池为直流电动机提供电能。在电机及电力拖动的发展历史上，首先得到广泛应用的是直流电机，直到 19 世纪 70 年代，随着电动机应用范围的扩大，用电量不断增加，直流电压无法得到进一步提高，在远距离输电方面遇到了困难，人们才开始认识到交流电的优越性。

进入 20 世纪以后，人们在降低电机成本，减小电机尺寸、提高电机性能、选用新型电磁材料、改进电机生产工艺等方面进行了大量工作，并不断地更新电机的绝缘材料，同时选用更好的导电和导磁材料，使电机的电磁性能不断提高。从下表所列资料可以大致看出，随着时代的发展，电机尺寸总体上在逐渐减小，重量在逐渐减轻。

年份	容量/(kW)	转速/(r/min)	外径/mm	总长/mm	总重/kg
1893	3.7	1500	450	600	150
1903	3.7	1500	430	550	105
1913	4.0	1500	390	500	94
1926	4.0	1500	350	470	65
1937	4.0	1500	290	400	56

我国的电机制造工业是在新中国成立以后才快速发展起来的。新中国成立前，由于我国长期处于半封建半殖民地的地位，工业基础十分薄弱，工厂设备简陋，仅能制造 200kW 以下的直流发电机、135kW 以下的直流电动机、2000kV·A 的变压器。新中国成立后，我国的电机制造业得到了迅速的发展，20 世纪 50 年代末生产出 5 万千瓦汽轮发电机、7.25 万千瓦的水轮发电机和 12 万千伏安的变压器；1958 年浙江大学与上海电机厂等合作研制出了世界上第一台 1.2 万千瓦双水内冷汽轮发电机。20 世纪 70 年代我国已经能生产出单机容量为 30 万千瓦的汽轮发电机和 30.8 万千瓦的水轮发电机。目前我国已能制造出单机容量为 60

万千瓦的发电机，变压器的单机容量也达 55 万千伏安，电压等级为 330～500kV。目前美国、俄罗斯、瑞士等国已经制造出 115 万～123 万千瓦的汽轮发电机，美国制出了 70 万千瓦轮发电机。与国际先进水平相比，我国的电机制造水平尚有一定的差距。

二、电机拖动的发展历史

人们很早就使用风力、水力等原动力来推动生产机械，此后又发明了蒸汽机、内燃机等作为生产机械的原动机。随着各类电机的制造成功，电机拖动技术快速发展起来。由于电能的传输和分配十分方便，控制十分灵活，电动机效率又比较高，而且运行经济，电力拖动很快成为拖动各种生产机械的主要方式。现在各行各业的多数生产机械基本都采用电力拖动。

20 世纪 20 年代以前属于电力拖动技术发展的初级阶段，这一时期采用的是“成组传动”。所谓“成组传动”，就是由一台电动机来拖动多台生产机械，电动机离生产机械较远，通过天轴和皮带拖动生产机械，这种拖动方式传动损耗大，生产效率低，控制不灵活，一台生产机械出现故障，很可能引起多台生产机械停机，而且车间里皮带很多，生产环境、卫生条件较差，易出人身事故，也无法满足生产机械的启动制动、正反转及其他调速要求，是一种陈旧落后的拖动方式。进入 20 世纪 30 年代，这种拖动方式就逐渐被淘汰了，取而代之的是“单电动机拖动”和“多电动机拖动”方式。“单电动机拖动”方式就是一台生产机械单独用一台电动机拖动，这样车间里可以省去大量的皮带、天轴和一些机械传动机构。电能被直接用电缆送到装在每台生产机械上的电动机，每台电动机单独控制，可以满足生产机械的各种调速要求。“多电动机拖动”方式是一台生产机械上有几个工作机构，每个工作机构单独由电动机拖动，例如车间里的吊车都有大桥、小车和吊钩三个工作机构，它们分别由三台电动机拖动，这可使生产机械结构大为简化，分别控制也十分方便，更加灵活。

如前所述，在电力拖动的发展史上，最早出现的是直流电机拖动，此后随着生产的发展，由于直流电机电压无法得到很大提高，电网无法大规模扩大，其应用范围越来越受到限制。19 世纪末，三相交流电的出现使得三相发电、输变电、用电规模迅速扩大，极大地促进了工业的发展。特别是三相异步电动机的大量生产，使得生产机械的电力拖动领域迅速扩大，在此后几十年里发展很快。

纵观电力拖动的发展过程，交、直流两种拖动方式并存于各个生产领域，由于各个时期科学技术的发展水平不同，因此他们所处的地位也有所不同，随着工业技术的发展，他们在相互竞争、相互促进中发生着深刻的变化。在交流电出现以前，直流电力拖动是唯一的一种电力拖动方式。19 世纪末期，由于研制出了经济实用的交流电动机，交流电力拖动在工业中得到了广泛的应用。但是随着生产技术的发展，特别是精密机械加工与冶金工业生产技术的进步，对电力拖动在启动、制动、正反转以及调速精度与范围等方面提出了新的、更高的要求，由于交流电力拖动在技术上较难实现这种要求，所以 20 世纪以来，在可逆、可调速与高精度的拖动技术领域中几乎都是采用直流电力拖动，而交流电力拖动则主要用于恒转速系统。

虽然直流电动机具有调速性能优异这一突出优点，但是由于它具有电刷与换向器，因此它的故障率较高，使用环境也受到限制（如不能在有易燃易爆气体及尘埃多的场合使用），其电压等级、额定转速、单机容量的发展也受到限制。20 世纪 60 年代以后，随着电力电子技术的发展，交流调速技术不断进步和完善，在调速性能方面由落后状态直到可与直流调速媲美。今天，交流调速在很多场合已取代直流调速。在不远的将来，交流调速将完全取代直流调速，可以说这是一种必然的发展趋势。

三、电机及电力拖动系统分类

电机是利用电磁感应原理工作的机械，其应用广泛，种类繁多，性能各异，分类方法也很多。主要有两种常用的分类方法：一种是按功能用途分，可分为发电机、电动机、变压器和控制电机四大类；另一种是按照电机的结构或转速分类，可分为变压器和旋转电机。根据电源的不同，旋转电机又分为直流电机和交流电机两大类。交流电机又分为同步电机和异步电机两类，可归纳如下：

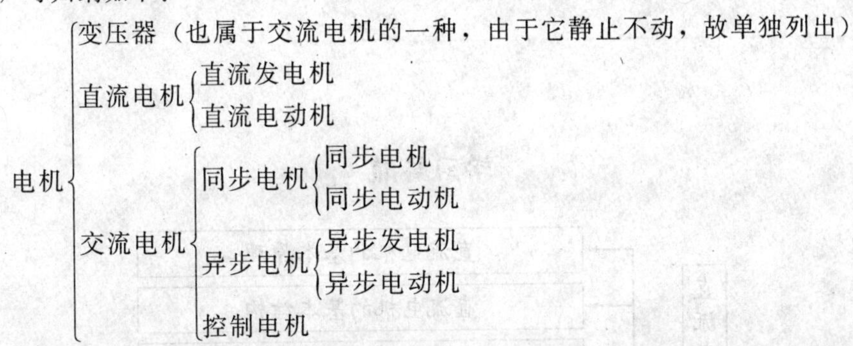

在现代工业生产过程中，为了实现各种生产工艺过程，需要使用各种各样的生产机械。由于电力拖动具有控制简单，调节性能好、损耗小、经济、能实现远距离控制和自动控制等一系列优点，因此大多数生产机械均采用电力拖动。按照电动机的种类不同，电力拖动系统分为直流电力拖动系统和交流电力拖动系统两大类。

四、本课程的性质、任务及学习方法

本课程是工业电气自动化、电气技术、机电一体化等专业的一门专业基础课。它是将“电机学”、“电力拖动”以及“控制电机”等课程有机结合而成的一门课。

本课程的任务是使学生掌握变压器、交直流电机及控制电机的基本结构、工作原理以及电力拖动系统的运行性能、分析计算、电动机容量的选择，为学习后续课程和今后的工作准备必要的基础知识，同时也培养学生在电机及电力拖动方面分析和解决问题的能力。

电机及电力拖动是一门理论性很强的技术基础课，在掌握基本理论的同时，还要注意学生的实践能力培养，在完成理论教学的同时，必须做一些实验，通过实验，对交、直流电动机工作特性及机械特性的性质、基本原理和理论加以验证；要学会测定各种电机（包括微特电机及变压器）的工作特性、电力拖动的机械特性及电机参数，提高实验技能，通常需要做以下几个实验：

（1）电机认识实验；

（2）直流发电机实验；

（3）他励直流电动机在各种运转状态下机械特性的测定；

（4）单相变压器实验；

（5）三相变压器实验；

（6）三相异步电动机参数及工作特性的测定；

（7）绕线转子三相异步电动机在各种运转状态下机械特性的测定；

（8）三相异步电动机启动与调速。

第一章

直流电机的基本工作原理

学习导航

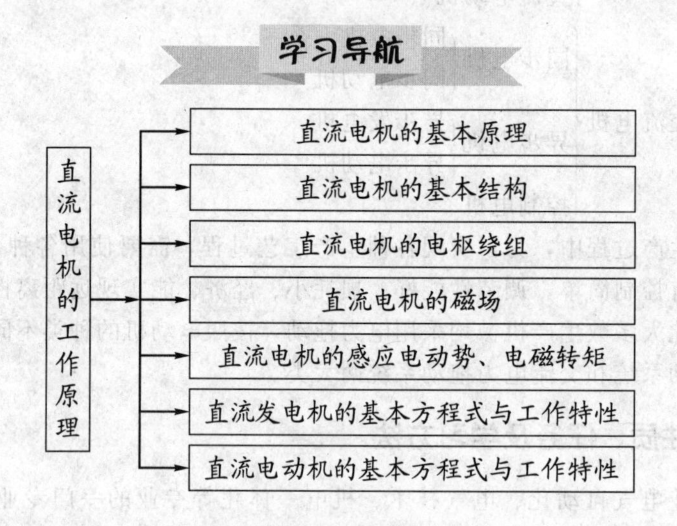

学习目标

学习目标	学习内容
知识目标	1. 直流电动机的基本工作原理及主要额定值 2. 直流电动机的主要结构及用途 3. 直流电机的电枢绕组 4. 直流电动机的磁场 5. 直流电动机的感应电动势、电磁转矩与电磁功率 6. 直流发电机的基本方程式 7. 直流电动机的基本方程式
能力目标	1. 直流电动机的启动、调速与改变转向的方法 2. 直流发电机运行特性的测定 3. 并励发电机的自励 4. 直流电机的设计 5. 直流电机参数的计算 6. 直流电机的拆装

直流电机是一种通过磁场的耦合作用实现机械能与直流电能相互转换的旋转式机械。直流电机包括直流电动机和直流发电机。将机械能转变成直流电能的电机称为直流发电机，将直流电能转变成机械能的电机称为直流电动机。直流电机具有可逆性，一台直流电机工作在发电机状态，还是工作在电动机状态，取决于电机的运行条件。

第一节　直流电机的基本工作原理及基本结构

一、直流电机的特点

直流电机和交流电机相比，它的主要特点是调速范围广，调速的平滑性、经济性好；其次是它的启动转矩较大。这种特点对有些生产机械的拖动来说是十分重要的，例如大型可逆式轧钢机、矿井卷扬机、电动车、大型车床和大型起重机等生产机械，大都是直流电动机拖动。

直流电机也有它明显的缺点：一是制造工艺复杂，消耗有色金属较多，生产成本高；二是直流电机在运行时由于电刷与换向器之间易产生火花，因而运行可靠性较差，维护比较困难。所以在一些领域中已被交流调速系统所取代。但是直流电动机的应用目前仍占有较大的比重。

二、直流电机的基本工作原理

图 1-1 所示为直流电机基本工作原理，两个固定的永久磁铁作为一对磁极，一个是 N 极，一个是 S 极，在两个磁极之间有一个线圈，线圈由导体 ab 和 cd 构成，线圈的首末端分别连接到两片彼此绝缘的圆弧形铜片（称为换向片）上。换向片可与线圈一起旋转。为了把线圈电路与外电路接通，换向片上放置了在空间固定不动的电刷 A 和 B。当线圈转动时，电刷 A 只能与转到 N 极下的换向片相接触，而电刷 B 则只能与转到 S 极下的换向片相接触。

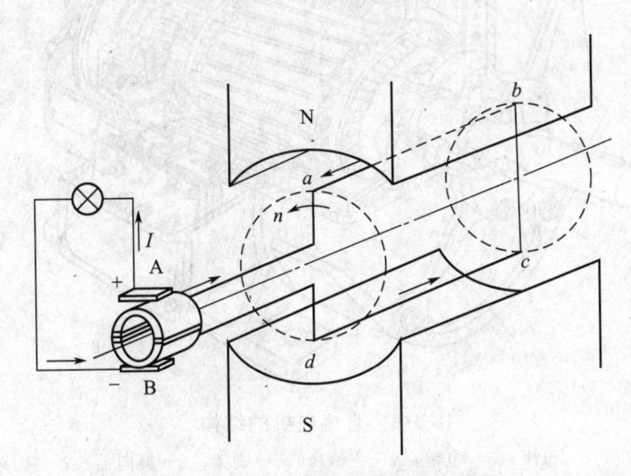

图 1-1　直流电机的基本工作原理

直流发电机是把机械能转变成直流电能的装置。用外力使线圈按逆时针方向旋转，转速为 n（r/min）。若导体的有效长度为 l，线速度为 v，导体所在位置处的磁通密度为 B_x，根据电磁感应定律，则每根导体的感应电动势为 $e=B_x lv$，其方向可用右手定则决定。在图 1-1所示瞬间，ab 导体处于 N 极下，其电动势方向由 $b \to a$；而导体 cd 处于 S 极下，电动

势方向由 $d \to c$，整个线圈的电动势为 $2e$，方向由 $d \to c \to b \to a$。如果线圈转过 180°，则 ab 导体和 cd 导体的电动势方向均发生改变，因此线圈电动势是交变电动势。由于电刷 A 只与处于 N 极下的导体相接触，当 ab 导体在 N 极下时，电动势方向为 $b \to a \to$ A，电刷 A 的极性为“+”；线圈转过 180°，即 cd 导体转到 N 极下时，电动势方向为 $c \to d \to$ A，电刷 A 的极性仍为“+”，所以电刷 A 的极性永远为“+”。同理电刷 B 的极性永远为“-”。故电刷 A、B 间的电动势是直流电动势。实际的直流发电机，通常由多个线圈按一定规律连接构成电枢绕组。

直流电动机是把直流电能转变成机械能的装置。在图 1-1 中，用一直流电源替代负载，可说明直流电动机的基本工作原理。由直流电源经电刷 A、B 引入直流电流，使电流从电刷 A 流入，从电刷 B 流出。由于电流总是经 N 极下的导体流进去，S 极下的导体流出来，由电磁力定律可知（电磁力的方向由左手定则决定），ab、cd 导体在电磁力作用下所受到的电磁转矩始终为逆时针方向，因此带动轴上的机械负载也始终按逆时针方向旋转。由此可见，虽然直流电动机电枢线圈里的电流方向是交变的，但产生的电磁转矩却是单方向的。

三、直流电机的基本结构

直流电机由定子（固定不动）与电枢（旋转）两大部分组成，定子与电枢之间有空隙，称为气隙。定子部分包括机座、主磁极、换向极、端盖、电刷等装置；电枢部分包括电枢铁芯、电枢绕组、换向器、转轴、风扇等部件。

下面介绍直流电机主要部件的作用与基本结构。直流电机的结构如图 1-2 所示。

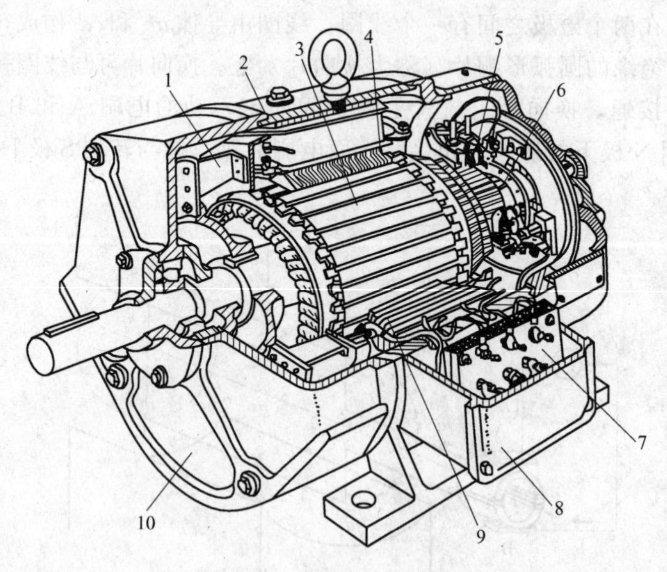

图 1-2　直流电机的结构

1—风扇；2—机座；3—电枢；4—主磁极；5—刷架；6—换向器；7—接线板；8—出线盒；9—换向极；10—端盖

（一）定子部分

1. 机座

机座既可以固定主磁极、换向极、端盖等，又是电机磁路的一部分（称为磁轭）。机座一般用铸钢或厚钢板焊接而成，具有良好的导磁性能和机械强度。

2. 主磁极

主磁极的作用是产生气隙磁场。它由主磁极铁芯和主磁极绕组（励磁绕组）构成，如图1-3所示。主磁极铁芯一般由1.0～1.5mm厚的低碳钢板冲片叠压而成，包括极身和极靴两部分。极靴做成圆弧形，以使磁极下气隙磁通较均匀。极身上面套励磁绕组，绕组中通入直流电流。整个磁极用螺钉固定在机座上。

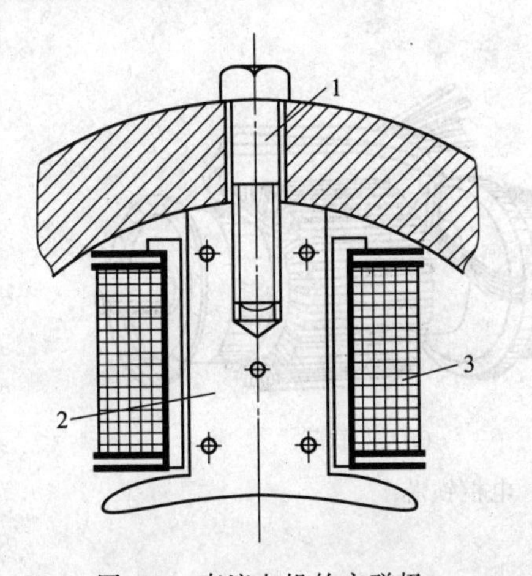

图1-3　直流电机的主磁极

1—固定主极铁芯的螺钉；2—主极铁芯；3—励磁绕组

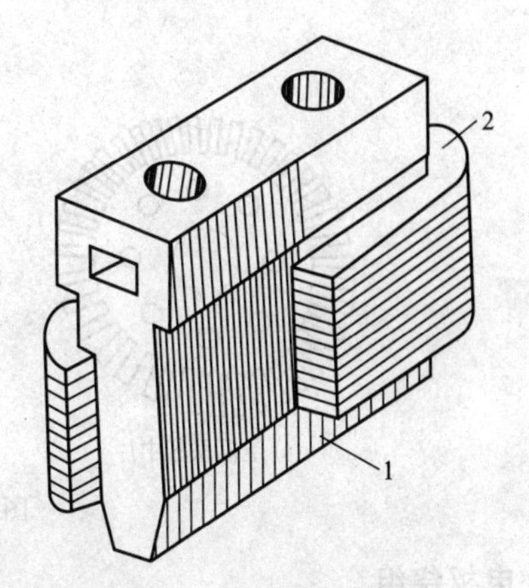

图1-4　直流电机的换向极

1—换向极铁芯；2—换向极绕组

3. 换向极

换向极用来改善换向，由铁芯和套在铁芯上的绕组构成，如图1-4所示。换向极铁芯一般用整块钢制成，如换向要求较高，则用1.0～1.5mm厚的钢板叠压而成，其绕组中流过的是电枢电流。换向极装在相邻两主极之间，用螺钉固定在机座上。

4. 电刷装置

电刷与换向器配合可以把转动的电枢绕组电路和外电路连接，并把电枢绕组中的交流量转变成电刷端的直流量，见图1-5。电刷装置由电刷、刷握、刷杆、刷杆架、弹簧、铜辫构成。电刷组的个数一般等于主磁极的个数。

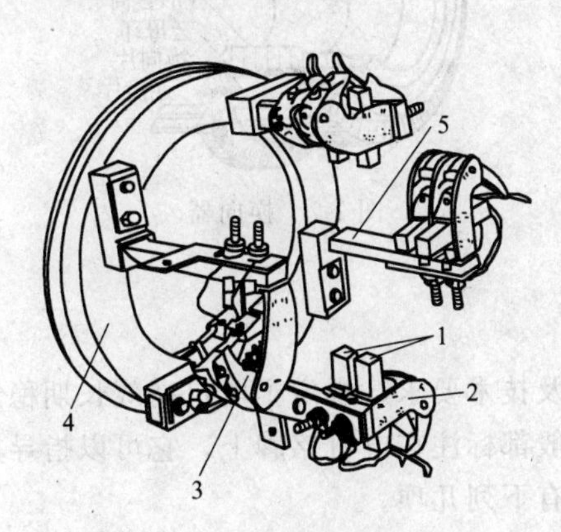

图1-5　直流电机的电刷装置

1—电刷；2—刷握；3—弹簧压板；
4—座圈；5—刷杆

（二）电枢部分

1. 电枢铁芯

电枢铁芯是电机磁路的一部分，其外圆周开槽，用来嵌放电枢绕组。电枢铁芯一般用0.5mm厚、两边涂有绝缘漆的硅钢片冲片叠压而成。如图1-6所示。电枢铁芯固定在转轴或转子支架上。铁芯较长时，为加强冷却，可把电枢铁芯沿轴向分成数段，段与段之间留有通风孔。

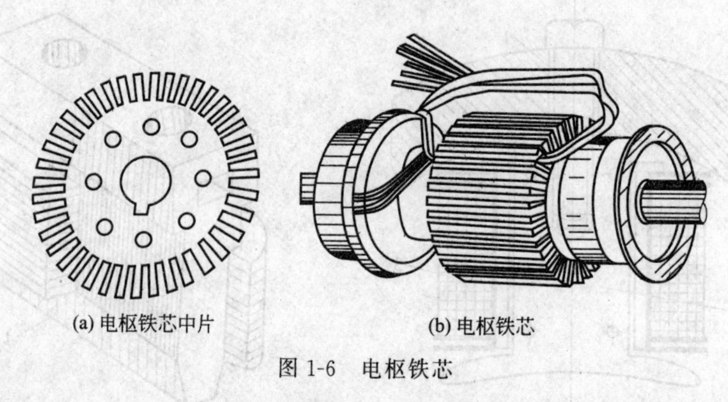

(a) 电枢铁芯中片　　(b) 电枢铁芯

图1-6　电枢铁芯

2. 电枢绕组

电枢绕组是直流电机的主要组成部分，其作用是感应电动势、通过电枢电流，它是电机实现机电能量转换的关键。通常用绝缘导线绕成的线圈（或称元件），按一定规律连接而成。

3. 换向器

换向器是由多个紧压在一起的梯形铜片构成的一个圆筒，如图1-7所示，片与片之间用一层薄云母绝缘，电枢绕组各元件的始端和末端与换向片按一定规律连接。换向器与转轴固定在一起。

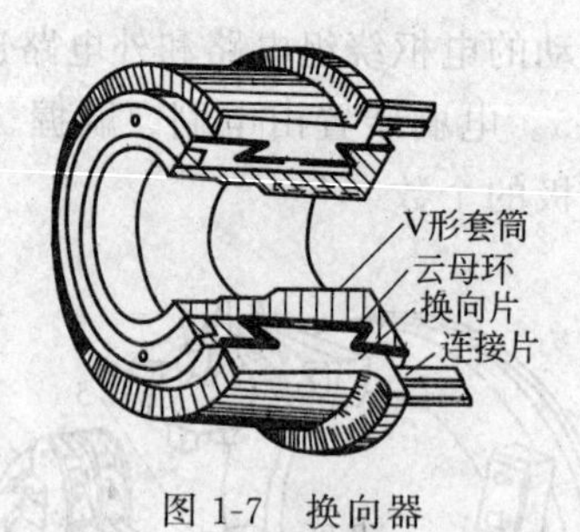

图1-7　换向器

四、直流电机的铭牌

电机制造厂按一定标准及技术要求，规定了电机高效长期稳定运行的经济技术参数，称为电机的额定值，额定值一般都标注在电机铭牌上，它可以指导用户正确合理地使用电机。

直流电机的额定值主要有下列几项。

（1）额定电压U_N

是指在额定工况条件下，电机出线端的平均电压。对电动机是指输入额定电压，对发电机是指输出额定电压。

(2) 额定电流 I_N

是指电机在额定电压条件下，运行于额定功率时的电流。对电动机而言，是指带额定机械负载时的输入电流；对发电机而言，是指带额定负载时的输出电流。

(3) 额定容量 P_N

是指在额定电压条件下、电机所能供给的功率。对电动机而言，是指电动机轴上输出的额定机械功率：

$$P_N = U_N I_N \eta_N \tag{1-1}$$

对发电机而言，是指向负载端输出的电功率：

$$P_N = U_N I_N \tag{1-2}$$

(4) 额定转速 n_N

是指电机在额定电压、额定电流、条件下，且电机运行于额定功率时电机的转速，单位为 r/min。

(5) 额定效率 η_N

电机在额定条件下，输出功率与输入功率的百分比

$$\eta_N = \frac{P_{2N}}{P_{1N}} \times 100\% \tag{1-3}$$

有些额定值如额定效率 η_N、额定转矩 T_N 等则不一定标在铭牌上。除了上述额定值外，铭牌数据还包括电机的型号、励磁方式、额定励磁电流、绝缘等级、电机重量等。电机型号表明电机的主要特点，通常由三部分构成：第一部分为产品代号；第二部分为规格代号；第三部分为特殊环境代号，如下所示。

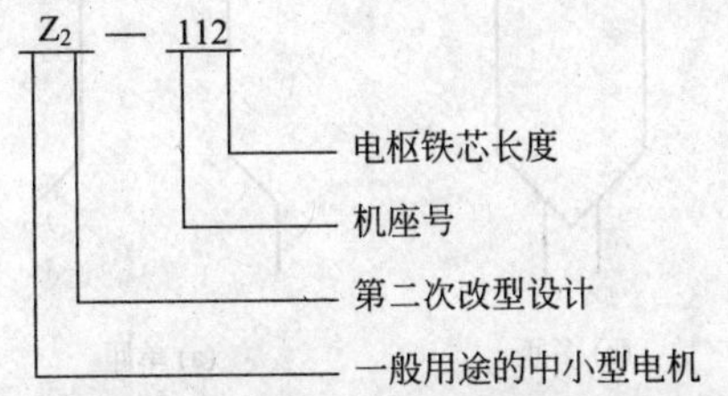

电机在实际运行时，不可能总工作在额定状态，其运行情况由负载大小来决定。如果负载电流等于额定电流，称为满载运行；负载电流大于额定电流，称为过载运行；负载电流小于额定电流，称为欠载运行。长期过载运行将使电机因过热而缩短寿命，长期欠载运行则电机的容量不能充分利用。选择电机时，应根据负载要求，尽可能使其接近于额定情况下运行。

【例 1-1】 一台直流电动机：$P_N = 100\text{kW}$，$U_N = 220\text{V}$，$\eta_N = 90\%$，$n_N = 1200\text{r/min}$。求：额定电流和额定负载时的输入功率。

解：由式(1-1) 得：$I_N = \dfrac{P_N}{U_N \eta_N} = \dfrac{100 \times 10^3}{220 \times 0.9} \approx 505(\text{A})$

输入功率：$P_1 = U_N I_N = 220 \times 505 \approx 111(\text{kW})$

五、直流电机系列

为降低电机制造成本，提高电机的通用性，常设计制造成在结构、性能、工艺等方面基本相同，而功率按一定比例递增的一系列电机。国产直流电机的主要系列如下。

Z 系列：一般用途的直流电动机；

ZF 系列：一般用途的直流发电机；

ZQ 系列：电力机车、工矿电机车用的直流牵引电动机；

ZZJ 系列：起重、冶金用直流电动机。

直流电机系列很多，使用时可查电机产品目录或有关电工手册。

第二节　直流电机的电枢绕组

一、概述

电枢绕组是电机实现机电能量转换的部分。直流电机电枢绕组为双层分布绕组，其连接方式有叠绕组和波绕组两种类型。叠绕组又分为单叠绕组和复叠绕组；波绕组又分为单波绕组与复波绕组；此外还有蛙形绕组，即叠绕组和波绕组混合绕组。

电枢绕组是由许多结构与形状相同的绕组元件按一定规律连接构成的一个闭合绕组。图 1-8、图 1-9 分别为单叠绕组和单波绕组元件的简易画法。元件的直线部分放置在电枢槽中，称为有效边，其作用是切割磁力线，感应电动势，当有电流流过时，就会受到电磁力的作用，形成电磁转矩，是能量转换的主要部分。连接有效边的部分称为端部。每个绕组元件有两个出线端，一个称为首端，一个称为末端。绕组元件的两个出线端分别与两片换向片连接。绕组元件一般是多匝的。

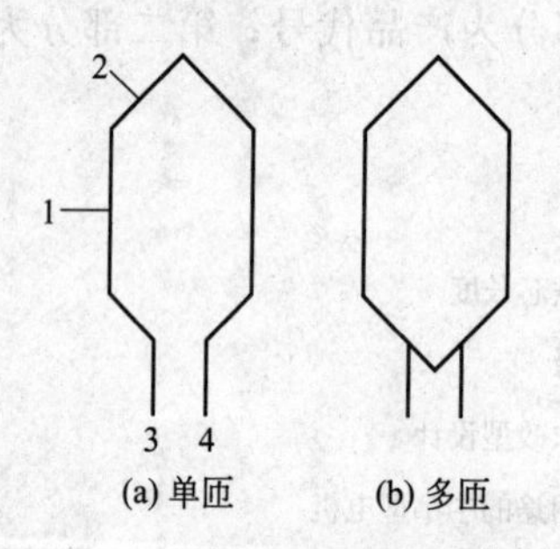

图 1-8　单叠绕组元件简易画法

1—有效边；2—端接线；3、4—出线端

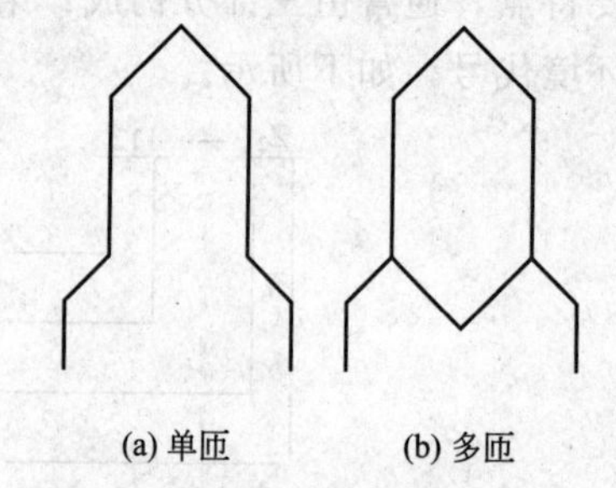

图 1-9　单波绕组元件简易画法

电枢绕组嵌放在电枢槽中，通常每个槽的上、下层各放置若干个元件边。为说明每个边的具体位置，引入“虚槽”的概念。设槽内每层有 u 个元件边，则每个实际槽等同于 u 个“虚槽”，每个虚槽的上、下层各有一个元件边，如图 1-10 所示。

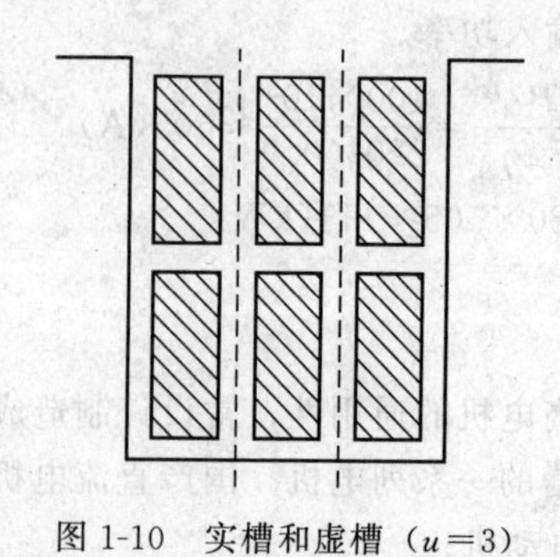

图 1-10　实槽和虚槽（$u=3$）

设电枢铁芯的虚槽数为 Z_i，每个槽中放置两个元件边（称为双层绕组），则电枢绕组的总元件数 $S=Z_i$，若一个换向片上连接两个出线端，则换向片的个数 $K=Z_i$。下面以单叠绕组与单波绕组为例介绍电枢绕组的结构和连接规律。

二、单叠绕组

单叠绕组是直流电机电枢绕组中最基本的一种形式，单叠绕组的计算方法如下。

（一）极距

沿电枢表面相邻磁极的距离称为极距 τ，如图 1-11 所示。极距按线性长度表示为

$$\tau=\frac{\pi D_a}{2p} \tag{1-4}$$

式中　D_a——电枢铁芯外径；

p——磁极对数。

极距用虚槽数表示为

$$\tau=\frac{Z_i}{2p} \tag{1-5}$$

极距一般都用虚槽数表示。

（二）绕组的节距

为确定绕组元件尺寸的大小，正确地将绕组元件嵌放在电枢槽中，并将出线端正确地连接在换向片上，必须建立节距的概念。各节距关系如图 1-12 所示。

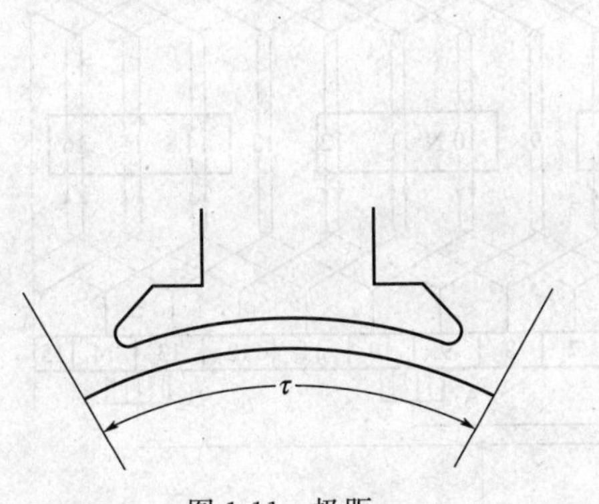

图 1-11　极距 τ

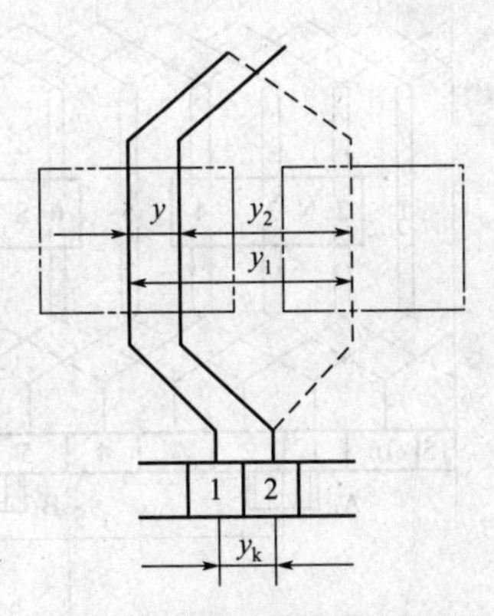

图 1-12　单叠绕组节距示意图

1. 第一节距 y_1

一个元件的两有效边之间的距离称为第一节距。当一个元件的一个有效边在某一磁极下，另一个有效边在相邻磁极的相应位置时，该元件能获得最大的电动势。因此第一节距 y_1 应等于或接近于一个极距，且应为整数：

$$y_1=\frac{Z_i}{2p}\pm\varepsilon \tag{1-6}$$

若 $\varepsilon=0$，则 $y_1=\tau$，称为整距绕组；若 $\varepsilon\neq0$，则当 $y_1>\tau$ 时，称为长距绕组；$y_1<\tau$ 时，称为短距绕组。

2. 合成节距 y

相串联的两个元件对应边之间的距离称为合成节距。对单叠绕组，$y=1$ 表示相串联的两个元件对应边右移一个虚槽，称为右行绕组。$y=-1$ 表示相串联的两个元件对应边左移一个虚槽，称为左行绕组。直流电机的电枢绕组多用右行绕组。

3. 换向器节距 y_k

一个元件的两个出线端分别连接在两片换向片上，该两片换向片之间的距离称为换向器节距，用换向片的个数表示。在单叠绕组中 $y_k=y=1$。

4. 第二节距 y_2

相串联的两个元件，第一个元件的下层边与第二个元件的上层边之间的距离称为第二节距。

$$y_2=y_1-y \tag{1-7}$$

（三）绕组展开图

将电枢表面某处沿轴向剖开，展开成一个平面，就得到绕组展开图 1-13。绕组展开图可清楚地表示绕组连接规律。其中实线表示上层元件边，虚线表示下层元件边。一个虚槽中的上、下元件边用紧邻的一条实线和一条虚线表示，每个方格表示一片换向片。为分析方便，使其宽度与槽宽相等。画展开图时，要先对电枢槽、绕组元件和换向片进行编号，编号的规律是，一个绕组元件的上层边所在的槽、上层边所连接的换向片和该元件标号相同。例如 1 号元件上层边放在 1 号槽，并与 1 号换向片连接。

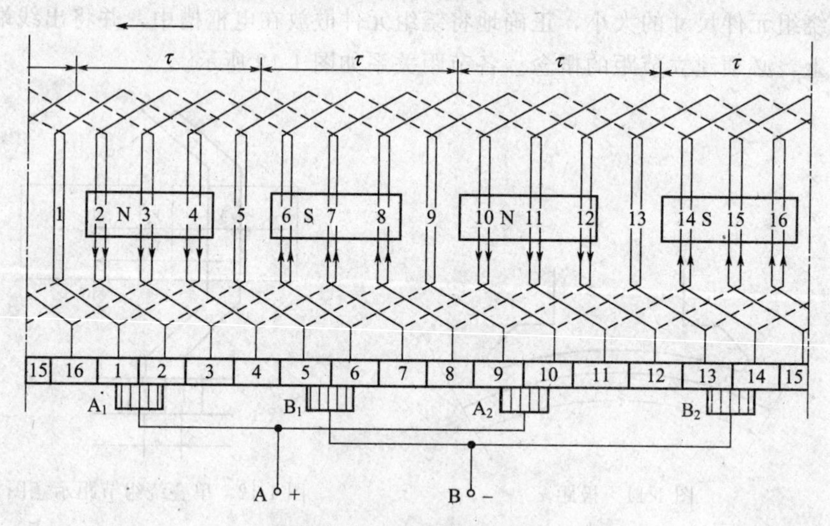

图 1-13　单叠绕组的展开图

下面通过一个具体的例子说明绕组展开图的画法。

【例 1-2】 已知一台直流电机的极对数 $p=2$，$Z=S=K=16$，试画出其右行单叠绕组展开图。

第一步：计算绕组的节距

$$y_1=\frac{Z_i}{2p}\pm\varepsilon=\frac{16}{4}=4$$

$$y=y_k=+1$$

$$y_2=y_1-y=4-1=3$$

第二步：画元件，用实线代表上层元件，用虚线代表下层元件，实线（虚线）数等于元件数 S，从左向右为实线编号，分别为 1 至 16。

第三步：放置主磁极。两对主磁极应均匀的、交替的放置在各槽之上，每个磁极的宽度约为 0.7 倍的极距。

第四步：放置换向片。用带有编号的小方块代表各换向片，换向片的编号也是从左向右顺序编排并一第一元件上层边所连接的换向片为第一号换向片。

第五步：连接绕组。第一元件上层边连接第一换向片，根据第一节距找到第一元件边的下层边（本例中编号为 5 的虚线），下层边的一端连接上层边未连接换向片的那一端，另一端根据换向节距 $y_k=1$ 连接到第二换向片上。根据合成节距 $y=1$，第二元件的上层边连接到第二换向片，其下层边连接第三换向片，其余元件与换向片的连接关系类推。

第六步：放置电刷。放置电刷的原则是：在两电刷之间得到最大电动势。电刷应放在磁极轴线的位置，此时，被电刷短接的元件感应电动势为零，而两电刷之间所有元件的感应电动势方向相同，在两电刷之间可得到最大电动势。

（四）并联支路

在本例中，根据右手定则，N 极下元件的电动势方向和 S 极下元件的电动势方向如图 1-13 所示，因此电刷 A_1 和 A_2 的极性为“+”，B_1 和 B_2 的极性为“−”。因每对+、−电刷间电动势大小相等，所以同极性端 A_1 和 A_2（B_1 和 B_2）可以连接起来，从而使整个绕组由 4 条支路并联构成，正负电刷之间的电动势称为电枢电动势，等于每条支路的支路电动势。单叠绕组的并联支路数等于电机的极数，若以 a 表示支路对数，则 $2a=2p$。

（五）元件连接表

元件连接表可清楚地表示各元件的连接顺序。如图 1-14 所示。

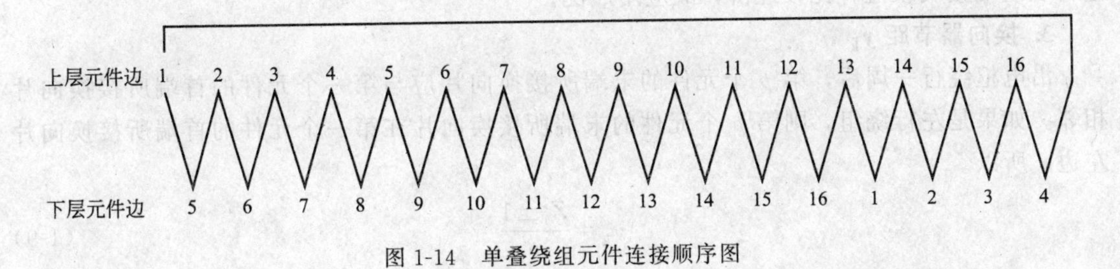

图 1-14　单叠绕组元件连接顺序图

综上所述，单叠绕组的并联支路数等于主磁极极数；电刷数等于主磁极极数；电枢电动势等于各支路电动势。

三、单波绕组

单波绕组因其元件连接呈波浪形，故称为波绕组。单波短距绕组的计算方法如下。

（一）绕组节距

图 1-15 是单波绕组节距图，它是一种左行不交叉绕组。

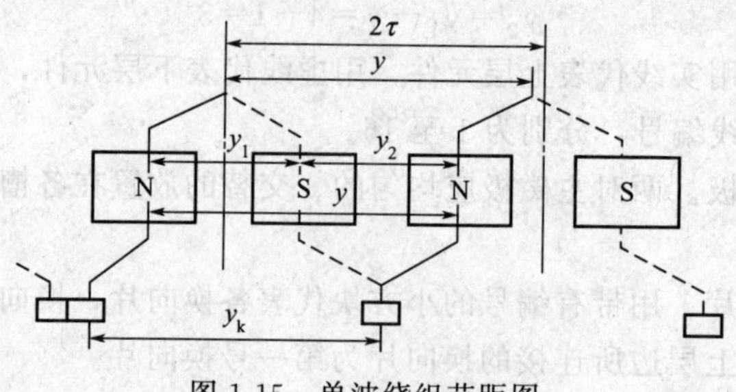

图 1-15　单波绕组节距图

1. 第一节距 y_1

$$y_1=\frac{Z_i}{2p}\pm\varepsilon=\frac{15}{4}-\frac{3}{4}=3,$$

$y_1<\tau$，表明该绕组是短距绕组。

2. 合成节距 y

单波绕组相串联的两个元件分别处于相邻的两对主磁极下面，合成节距约等于 2τ。设电机有 p 对极，则 p 个元件相串联可使单波绕组沿电枢绕行一周，可见单波绕组是把所有上层边处于N极下的元件相串联，再与所有上层边处于S极下的元件相串联，构成一闭合绕组。为使绕组元件能够串联绕行，第 $p+1$ 个元件的位置不能与第一个元件相重合，只能放在与第一个元件相邻的电枢槽中，因此

$$py=Z_i\pm1$$

则

$$y=\frac{Z_i\pm1}{p} \tag{1-8}$$

合成节距 y 应为整数。当取 $+1$ 时，第 $p+1$ 个元件的上层边在第一个元件的右边，称为右行绕组；当取 -1 时，第 $p+1$ 个元件的上层边在第一个元件的左边，称为左行绕组。左行绕组端接线较短，比较经济，故应用广泛。

3. 换向器节距 y_k

沿电枢绕行一周后，第 p 个元件的末端所接换向片应与第一个元件的首端所接换向片相邻。如果是左行绕组，则第 p 个元件的末端所接换向片在第一个元件的首端所接换向片左边。所以

$$y_k=\frac{Z_i\pm1}{p} \tag{1-9}$$

可见：

$$y_k=y \tag{1-10}$$

4. 第二节距 y_2

$$y_2=y-y_1 \tag{1-11}$$

（二）绕组展开图

与单叠绕组相似，在画展开图时，要先对电枢槽、绕组元件和换向片进行编号，再计算绕组的各种节距。在本例中，$y_1=3$，$y_2=4$，$y=y_k=7$，其展开图如图 1-16 所示。

单波绕组展开图中磁极与电刷的位置，与单叠绕组展开图画法相同，当绕组元件端接部分形状对称时，电刷位于主磁极轴线处。单波绕组是把所有上层边处于同极性下的元件相串

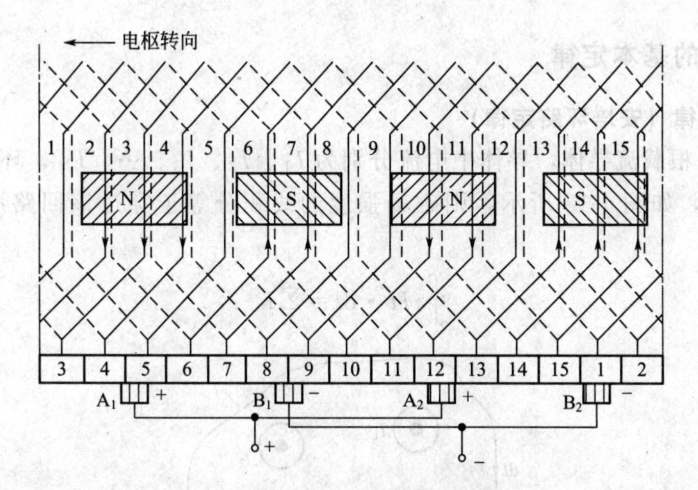

图 1-16　单波绕组展开图

联构成的一个闭合绕组。所有上层边处于 N 极下的元件电动势方向相同，构成一个支路；所有上层边处于 S 极下的元件电动势方向相同，构成另一个支路。所以单波绕组的并联支路数恒等于 2，如图 1-17 所示，理论上只需两组电刷即可，但考虑到电刷下的平均电流密度不能过大，因此，单波绕组仍采用 $2p$ 组电刷，称为全额电刷。

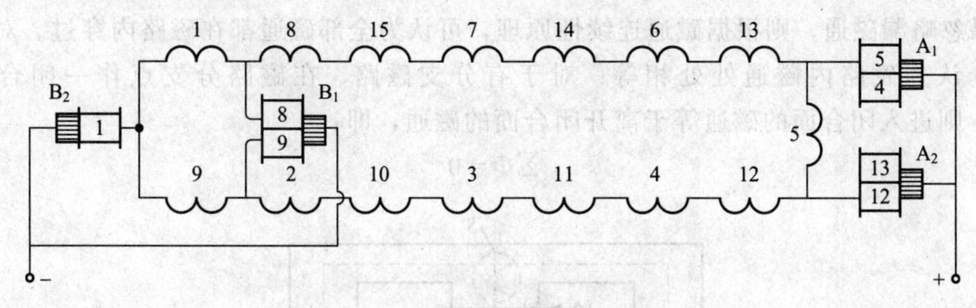

图 1-17　单波绕组并联支路图

第三节　直流电机的磁场

磁场是传递能量的媒介，了解电机的磁场分布对掌握电机的性能有着非常重要的意义。主磁极绕组中通过励磁电流，形成主磁场。电枢绕组中通过电枢电流，形成电枢磁场。电枢磁场与主磁场的合成，形成了气隙磁场。电枢磁场对主磁场的影响称为电枢反应。

一、磁路与磁路定律

（一）磁路

磁通所通过的路径称为磁路，磁路主要由铁磁材料构成（包括气隙），其目的是为了能用较小的电流产生较强的磁场，以便得到较大的感应电动势或电磁力。只在磁路中闭合的磁通称为主磁通，而部分经过磁路、部分经过磁路周围媒质，或者全部经过磁路周围媒质闭合的磁通称为漏磁通。因为铁磁材料的磁导率远高于周围媒质的磁导率，所以主磁通远大于漏磁通。

（二）磁路的基本定律

1. 全电流定律（安培环路定律）

设空间有 N 根载流导体，导体中电流分别为 I_1、I_2、I_3、…、I_N，环绕载流导体任取一磁通闭合回路，如图 1-18 所示，则磁场强度的线积分等于穿过该回路所有电流的代数和，即：

$$\oint_l H \cdot dl = \sum I \tag{1-12}$$

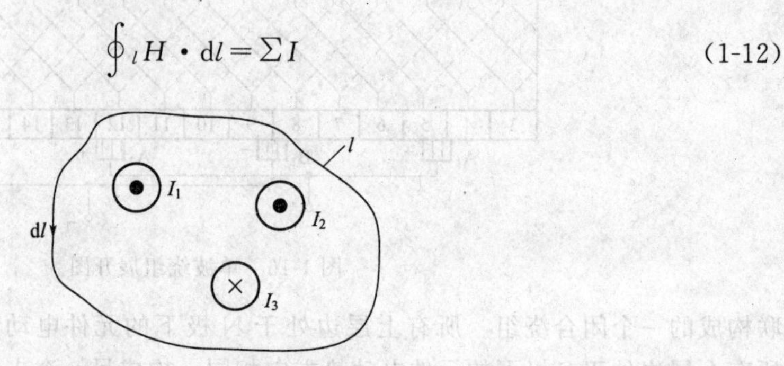

图 1-18 全电流定律

式中，电流方向与闭合回路方向符合右手螺旋关系时为正，反之为负。

2. 基尔霍夫磁通定律

如果忽略漏磁通，则根据磁通连续性原理，可认为全部磁通都在磁路内穿过。对于无分支磁路，认为磁路内磁通处处相等；对于有分支磁路，在磁路分支点作一闭合面，见图 1-19，则进入闭合面的磁通等于离开闭合面的磁通，即：

$$\sum \Phi = 0 \tag{1-13}$$

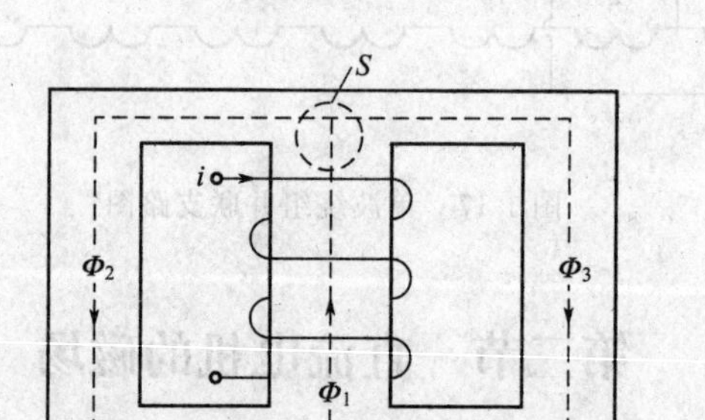

图 1-19 有分支磁路

式(1-13) 表明在任一瞬间，磁路中某一闭合面的磁通代数和恒等于零，这就是基尔霍夫磁通定律。

3. 基尔霍夫磁压定律

电器设备中的磁路，往往由多种材料制成，且几何形状复杂，为分析计算方便，常将磁路分成若干段，横截面相等，材料相同的部分作为一段，则每段磁路均可看作均匀磁路，其磁场强度相等，见图 1-20。根据安培环路定律，每段磁路的磁场强度（H_k）乘以该段磁路的平均长度（l_k），表示该段磁路的磁压降（该段磁路消耗的磁动势），各段磁路磁压降的代数和即为作用在整个磁路上的磁动势：

$$\sum_1^n H_k l_k = \sum I \tag{1-14}$$

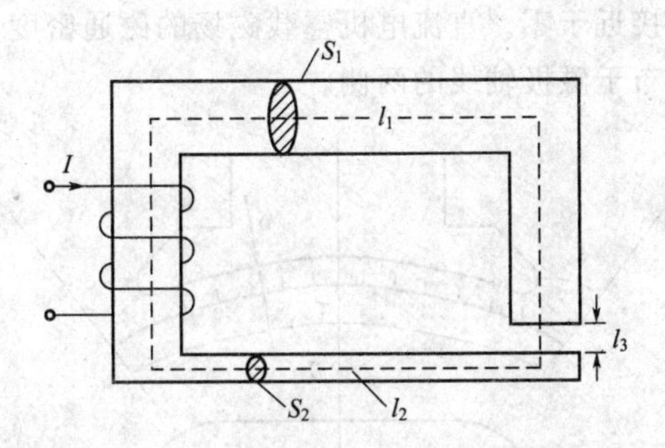

图 1-20　不同截面且有气隙的磁路

式中　H_k——第 k 段磁路的磁场强度；

l_k——第 k 段磁路的平均长度；

n——磁路分段数目。

式(1-14) 表明在任一瞬时，磁路中沿闭合回路磁压降的代数和等于该回路磁动势的代数和，这就是基尔霍夫磁压定律。

二、直流电机的空载磁场

直流电机空载时，由于电枢电流以及由此产生的电枢磁动势很小，电枢磁场对主磁场的影响可略去不计，因此，电机空载时的气隙磁场可近似看作主磁场。由于电机磁路结构对称，每对极下的磁场分布相同，因此只需讨论一对磁极的情况。

直流电机的磁路与磁通分布如图 1-21 所示。N 极发出的磁力线，大部分穿过气隙，进入电枢齿，分两路经过电枢磁轭，通过电枢齿，再穿过气隙进入相邻的 S 极，然后经过定子磁轭，两路磁通再回到原来出发的 N 极，形成闭合回路，这部分磁通称为主磁通 Φ，它既交链励磁绕组，又交链电枢绕组，是电机实现能量转换的基础。此外还有一小部分磁通不经过电枢而直接进入相邻的磁极或磁轭，这部分磁通称为漏磁通 Φ_σ，它不交链电枢绕组，所以不传递能量。漏磁通比主磁通小得多，一般 $\Phi_\sigma=(0.15\sim0.2)\Phi$。

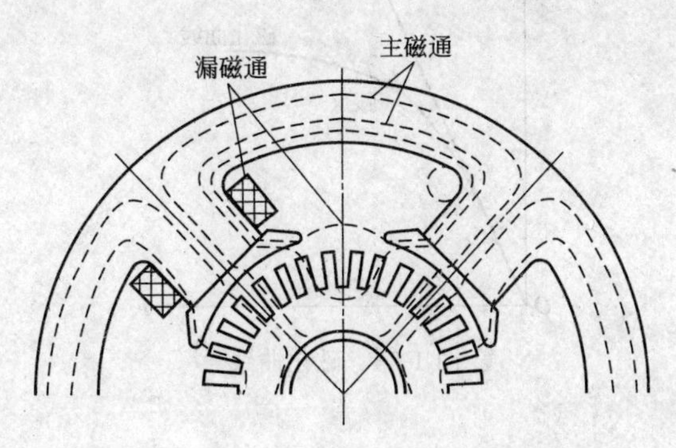

图 1-21　直流电机的磁路与磁通分布

电机的磁路由主磁极铁芯、气隙、电枢齿、电枢磁轭、定子磁轭等五部分组成。除了气隙，其余部分都由铁磁材料构成。由于铁磁材料的磁导率比空气的磁导率大得多，所以励磁磁动势主要消耗在气隙上。为分析方便，常忽略铁磁材料的磁压降，并略去电枢齿槽的影响，则气隙中各点所消耗的磁动势相等。在极靴下，气隙较小且大小均匀，所以气隙中各点磁通密度大，并接近于匀强磁场；在极靴范围外，气隙陡增，磁通密度显著减小，至两极间的几何中性线处磁通密度接近于零。直流电机空载磁场的磁通密度分布曲线如图 1-22 所示，它是一个梯形波，对称分布于磁极轴线的两侧。

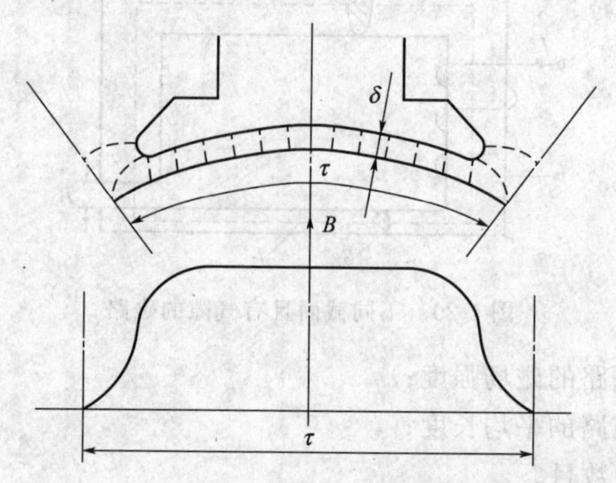

图 1-22　直流电机空载磁场的磁通密度分布曲线

主磁通与励磁磁动势的关系曲线 $\Phi=f(F)$ 称为电机的磁化曲线。在磁通较小时，铁磁部分未饱和，所以铁磁部分磁压降很小（可忽略），整个磁路的磁动势几乎全部消耗在气隙上，而空气的磁导率不变，因此磁化曲线近似为一直线，称为气隙线；当磁通较大时，铁磁部分开始饱和，该部分磁路的磁压降逐渐增加（应考虑），与磁动势的增加量相比，磁通的增加量较小，磁化曲线逐步向下弯曲；当磁通很大时，铁磁材料部分进入饱和状态，此后，随着磁动势的增加，磁通量几乎不再增加，磁化曲线变化平缓。为节省铁芯和励磁绕组的材料，电机额定运行时的磁通一般选取在磁化曲线开始弯曲的部分（称为膝点），如图 1-23 所示，这样既可获得较大的励磁磁通，又不需太大的励磁电流（相对应的励磁磁动势为 F）。此时的磁通 Φ，就是电机空载情况下，电压为额定电压时的每极额定磁通 Φ_N。

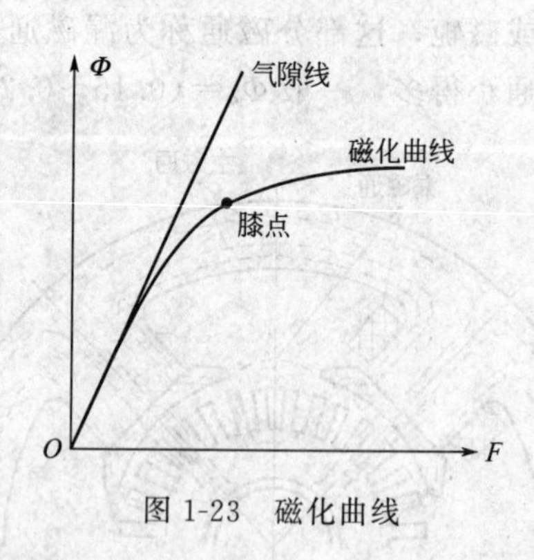

图 1-23　磁化曲线

三、电枢反应

电枢磁场对主磁场的影响称为电枢反应。由电枢绕组的连接规律可知，不论电枢如何转动，N 极下的导体和 S 极下的导体电流方向始终相反，所以只要电刷固定不动，电刷两边的电流方向不变，所形成电枢磁场的方向就不变。而当电刷放置位置发生变化时，电枢磁场的方向也随之发生变化，所以电枢磁场的分布与电刷的位置有关。下面分两种情况来分析气隙中电枢磁场的分布。

(一) 电刷放在几何中心线上

为分析方便，图中没有画出换向器，而把电刷直接画在电枢圆周上。电刷放在几何中心线上时电枢磁场的分布如图 1-24 所示，应当注意，图上电刷的位置并不是实际电刷的位置，当绕组元件对称时，电刷的实际位置仍在磁极的轴线上，而被电刷短接元件的有效边位于几何中心线处。

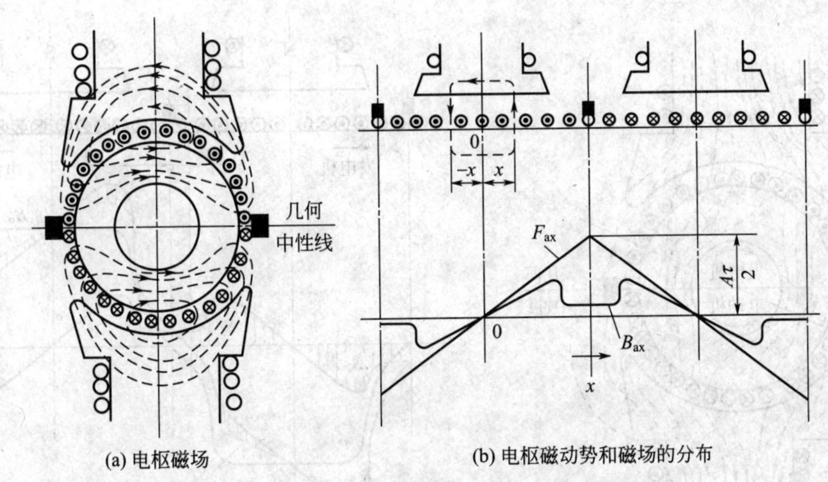

(a) 电枢磁场　　(b) 电枢磁动势和磁场的分布

图 1-24　电刷放在几何中心线上的电枢磁场分布

设电枢电流的方向如图 1-24 所示。根据右手定则可判断电枢磁场的方向，电枢磁场磁力线如图中虚线所示，电枢磁场轴线（与电刷轴线重合）与磁极轴线垂直时的电枢磁动势，称为交轴电枢磁动势，对主极磁场的影响称为交轴电枢反应。

从几何中心线处将电枢外圆展开成一直线，以主极轴线与电枢表面的交点作为坐标原点，在一极距范围内，以原点为中心取一闭合回路，该回路距原点距离为 $\pm x$。根据全电流定律，可知作用在这个闭合回路上的磁动势为：

$$F_{ax}=\frac{2x}{\pi D_a}Ni_a \tag{1-15}$$

式中　N——电枢导体数；

i_a——导体电流；

D_a——电枢外径。

若忽略铁磁材料的磁阻，则上述磁动势仅消耗在两个气隙上，距原点 x 处每个气隙段所消耗的电枢磁动势为 F_{ax} 的 1/2。若规定电枢磁动势由电枢指向主磁极为正，根据 $\frac{1}{2}F_{ax}=\frac{x}{\pi D_a}Ni_a=\frac{Ni_a}{\pi D_a}\cdot x$ 可得，沿电枢表面电枢磁动势的分布曲线为一三角波，如图 1-24 所示。

当气隙均匀时，磁通密度与磁动势成正比；当气隙显著增大时，由于磁路磁阻的增大，磁通密度反而减小，使得电枢磁通密度沿电枢表面的分布呈马鞍形，如图 1-24 所示。

(二) 电刷不放在几何中心线上

由于电机装配误差或其他原因，电刷的位置常常偏离几何中心线一个角度，从而使电枢电流的分布与电枢磁场的分布也相应发生变化。以直流发电机为例，若电刷顺着电枢旋转方向移动一个角度，不在几何中心线上，如图 1-25 所示，因电枢绕组电流方向以电刷为界，因此电枢磁动势的方向也随之移动一个角度，为分析方便，把电枢磁动势分解为交轴磁动势和直轴磁动势两部分。直轴磁动势的轴线与主磁极轴线重合，本例中直轴磁动势的方向与主磁极磁动势方向相反，此时直轴磁动势具有去磁作用。若电刷逆着电枢旋转方向移动一个角度，则直轴磁动势具有助磁作用。

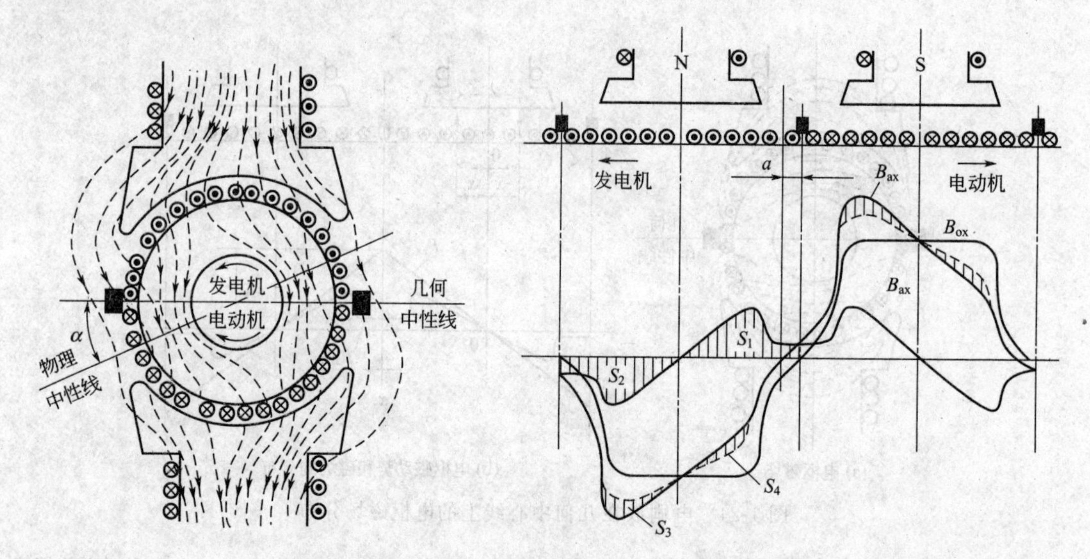

图 1-25 电刷不在几何中心线上时交轴电枢反应

当直轴电枢磁动势具有去磁作用时，电枢绕组的感应电动势减小；当直轴电枢磁动势具有助磁作用时，感应电动势增大，使换向发生困难。因此，直流电机的电刷一般都放在几何中心线上，以避免产生直轴电枢磁动势。下面分析交轴电枢磁动势对主极磁动势的影响。

交轴电枢反应使主磁极的半个极下的磁通增加，另半个极下的磁通减少。当磁路未饱和时，增加的磁通量正好等于减少的磁通量，使每极下总磁通保持不变；实际上，当半个极下的磁通增加时，常使磁路处于饱和状态，故此半个极下所增加的磁通会略少于另半个极下所减少的磁通，所以电枢反应具有一定的去磁作用。此外，无论磁路是否饱和，电枢反应的作用都使气隙磁场分布波形发生变化，如图 1-25 所示。

综上所述，电枢反应对电机空载磁场有以下几方面的影响：

(1) 电枢反应的去磁作用使每极磁通略有减小；

(2) 电枢反应使气隙磁场发生畸变。电枢反应较强时，会引起电刷与换向器之间产生火花，造成换向困难，严重影响电机正常工作。

第四节 直流电机电枢绕组的感应电动势与电磁转矩

一、电枢绕组的感应电动势

电枢绕组的感应电动势是指电机正、负电刷之间的电动势，也就是支路电动势，它等于一个支路中所有串联导体感应电动势之和。

根据电磁感应定律，每个导体感应电动势的平均值：

$$e=B_{av}lv \tag{1-16}$$

式中　B_{av}——每极气隙磁通密度的平均值，$B_{av}=\frac{\Phi}{\tau l}$；

Φ——每极磁通，Wb；

τ——极距；

l——导体的有效长度；

v——电枢的表面线速度。

$$v=\frac{2\pi n}{60}\times\frac{D_a}{2}=\pi D_a\frac{n}{60}=2p\tau\frac{n}{60} \tag{1-17}$$

式中　n——电机的转速，r/min；

p——电机的极对数。

设绕组总导体数为 N，支路数为 $2a$，则电枢绕组的感应电动势：

$$\begin{aligned}E_a&=\frac{N}{2a}e=\frac{N}{2a}B_{av}lv=\frac{N}{2a}\cdot\frac{\Phi}{\tau l}lv=\frac{N}{2a}\cdot\frac{\Phi}{\tau}v\\&=\frac{N}{2a}\cdot\frac{\Phi}{\tau}\cdot 2p\tau\cdot\frac{n}{60}=\frac{pN}{60a}\Phi n\\&=C_e\Phi n\end{aligned} \tag{1-18}$$

式中　$C_e=\frac{pN}{60a}$——电动势常数，与电机结构有关。

电枢绕组感应电动势的方向用右手螺旋定则判定。

二、电磁转矩

根据电磁力定律，载流导体在磁场中受到电磁力的作用。当电枢绕组中有电流通过时，构成绕组的每个导体在气隙中将受到电磁力的作用，该电磁力乘以电枢旋转半径，即为电磁转矩。总电磁转矩等于电枢绕组中每个导体所受电磁转矩之和。直流发电机的电磁转矩是制动性转矩，其方向与电机旋转方向相反；直流电动机的电磁转矩是拖动性转矩，其方向与电机旋转方向相同。

每个导体所受平均电磁力为

$$f_{av}=B_{av}li_a \tag{1-19}$$

式中　i_a——导体电流，即支路电流，$i_a=\frac{I_a}{2a}$；

I_a——电枢电流。

每个导体所受电磁转矩的平均值为

$$T_{av}=f_{av}\frac{D_a}{2}=B_{av}li_a\frac{D_a}{2} \tag{1-20}$$

式中　D_a——电枢外径。

电枢绕组的电磁转矩为

$$\begin{aligned}T&=NT_{av}=NB_{av}l\frac{I_a}{2a}\frac{D_a}{2}=NB_{av}l\frac{I_a}{2a}\frac{\pi D_a}{2\pi}\\&=NB_{av}l\frac{I_a}{2a}\frac{2p\tau}{2\pi}=\frac{pN}{2\pi a}B_{av}\tau lI_a=\frac{pN}{2\pi a}\Phi I_a\end{aligned}$$

$$=C_T\Phi I_a \tag{1-21}$$

式中　N——电枢绕组的总导体数；

I_a——电枢电流；

$2a$——路数；

p——电机的磁极对数；

τ——极距；

Φ——每极磁通，$\Phi=B_{av}\tau l$，Wb；

$C_T=\dfrac{pN}{2\pi a}$——转矩常数，与电机本身的结构有关，$C_T=9.55C_e$；

T——电磁转矩，N·m。

三、电磁功率

设由原动机带动直流发电机的电枢旋转，电枢绕组切割气隙磁场产生感应电动势 E_a，在感应电动势 E_a 的作用下形成电枢电流 I_a，其方向与感应电动势 E_a 相同。显然 I_a 与 E_a 的乘积表示发电机的总电功率，称为电磁功率 P_{em}。

$$P_{em}=E_aI_a=C_e\Phi nI_a=\frac{PN}{60a}\Phi nI_a=\frac{PN}{2\pi a}\Phi I_a\times\frac{2\pi n}{60}=T\Omega \tag{1-22}$$

由式(1-22) 可知，机械性质的功率 $T\Omega$ 与电性质的功率 E_aI_a 相等，表明发电机把这部分机械功率转变为电功率。

【例 1-3】 一台直流发电机，$2p=4$，电枢绕组为单叠绕组，电枢总导体数 $N=216$，额定转速 $n=1460$r/min，每极磁通 $\Phi=2.3\times10^{-2}$Wb，电枢电流为 800A，求：(1) 此发电机电枢绕组的感应电动势；(2) 电磁转矩和电磁功率。

解： 电动势常数　$C_e=\dfrac{PN}{60a}=\dfrac{2\times216}{60\times2}=3.6$

感应电动势　$E_a=C_e\Phi n=3.6\times2.3\times10^{-2}\times1460\approx121(\text{V})$

转矩常数　$C_T=9.55C_e=9.55\times3.6\approx34.4$

电磁转矩　$T=C_T\Phi I_a=34.4\times2.3\times10^{-2}\times800\approx633(\text{N}\cdot\text{m})$

电磁功率　$P_{em}=E_aI_a=121\times800=96.8(\text{kW})$

第五节　直流发电机

一、直流电机的励磁方式

根据励磁绕组获得励磁电流的方式不同，直流电机的励磁方式可分为他励、并励、串励和复励。直流发电机各种励磁方式如图 1-26 所示。

1. 他励

励磁绕组和电枢绕组无电路上的联系，励磁电流 I_f 由一个独立的直流电源提供，与电枢电流 I_a 无关。图 1-26(a) 中的电流 I，对发电机而言，是指发电机的负载电流；对电动机而言，是指电动机的输入电流，他励直流电机的电枢电流与电流 I 相等，即 $I_a=I$。

2. 并励

图 1-26(b) 中励磁绕组和电枢绕组并联。对发电机而言，励磁电流由发电机自身提供，

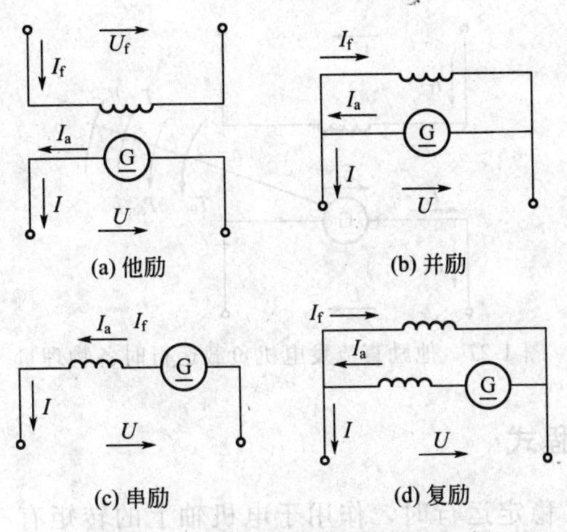

图 1-26 直流发电机各种励磁方式

$I_a=I+I_f$；对电动机而言，励磁绕组与电枢绕组并接于同一外加电源，$I_a=I-I_f$。

3. 串励

图 1-26(c) 中励磁绕组和电枢绕组串联，$I_a=I=I_f$。对发电机而言，励磁电流由发电机自身提供；对电动机而言，励磁绕组与电枢绕组串接于同一外加电源。

4. 复励

图 1-26(d) 励磁绕组的一部分与电枢绕组并联，另一部分与电枢绕组串联。励磁方式将直接影响直流电机的特性。

二、直流发电机的基本方程式

直流发电机稳态运行时，其电压、电流、转速、转矩、功率等物理量都保持不变且相互制约，其制约关系与电机的励磁方式有关，本节以他励直流发电机为例介绍直流发电机的电动势平衡方程式、转矩平衡方程式和功率平衡方程式。

(一) 电动势平衡方程式

1. 发电机空载运行时的电动势平衡方程式

他励直流发电机空载运行时，电枢电流 $I_a=0$，则电枢绕组的感应电动势 E_a 等于端电压 U。

2. 发电机负载运行时的电动势平衡方程式

他励直流发电机负载运行时，原动机带动电枢旋转，电枢绕组切割气隙磁场产生感应电动势 E_a，在感应电动势 E_a 的作用下形成电枢电流 I_a，其方向与感应电动势 E_a 相同，见图 1-27。电枢电流流过电枢绕组时，形成电枢压降 I_aR_a；由于电刷与换向器之间存在接触电阻，电枢电流流过时，形成接触压降ΔU。则直流发电机的电动势平衡方程式为：

$$E_a=U+I_ar_a+2\Delta U=U+I_aR_a \tag{1-23}$$

式中 r_a——电枢电阻；

$2\Delta U$——正负电刷的总接触压降；

R_a——电枢电阻和电刷接触电阻之和。

由直流发电机的基本工作原理知，$E_a>U$。

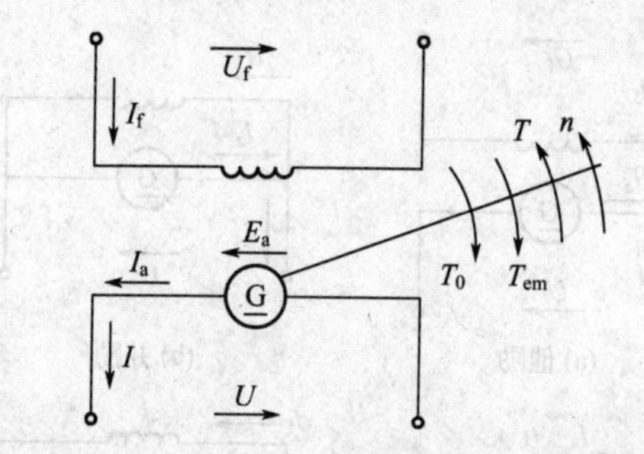

图 1-27　他励直流发电机负载运行时各物理量

（二）转矩平衡方程式

直流发电机以转速 n 稳定运行时，作用于电机轴上的转矩有三个：一个是原动机的拖动转矩 T_1（称为输入转矩，是拖动性质的转矩），其方向与电机旋转方向 n 相同；另一个是电磁转矩 T，方向与 n 相反，为制动性质的转矩；还有一个由电机的机械摩擦及铁损耗引起的空载损耗转矩 T_0，它也是制动性质的转矩。因此，使电机以某一转速 n 稳定运行时的转矩平衡方程式

$$T_1=T+T_0 \tag{1-24}$$

（三）功率平衡方程式

直流发电机是把机械能转变成直流电能的装置。原动机拖动发电机的电枢旋转，输入机械能；电枢绕组切割磁力线，在绕组中产生交变的感应电动势，通过换向器与电刷的配合作用从电刷端输出直流电能。在能量转换过程中，因机械摩擦的作用会消耗一部分机械能，用机械损耗功率 P_m 来表示；由于电枢旋转，使电枢铁芯中形成交变磁场，从而产生磁滞和涡流损耗，用铁损耗功率 P_{Fe}（简称铁耗）来表示；又因电路中存在电阻，会消耗一部分电能，用铜损耗功率 P_{Cua} 来表示；此外，还有一部分能量损耗称为附加损耗 P_s（又称杂散损耗），其产生原因复杂，难以准确计算，约占额定功率的 0.5%～1%。根据能量守恒原理，所有损耗能量和输出能量之和等于输入的机械能。以上能量关系，可用功率平衡方程式表示：

$$\begin{aligned} P_1 &= P_2+\sum P \\ &= P_2+P_m+P_{Fe}+P_s+P_{Cua} \end{aligned} \tag{1-25}$$

式中　P_1——输入功率；

P_2——输出功率；

$\sum P$——总损耗功率，$\sum P=P_m+P_{Fe}+P_s+P_{Cua}$。

其中 P_m、P_{Fe}、P_s 三项之和，称为空载损耗功率 P_0，其数值与负载无关，称为不变损耗，$P_0=T_0\Omega$，其中 T_0 称为空载转矩。而 $P_{Cua}=I_a^2r_a$ 是电枢铜损耗，为可变损耗。

由电动势平衡方程式可得：

$$E_aI_a=UI_a+I_a^2R_a$$

即

$$P_{em}=P_2+P_{Cua}$$

所以式(1-25) 又可表示为

$$P_1=P_{em}+P_0$$

以上功率平衡关系，可用图 1-28 所示的功率流程图直观地表示。

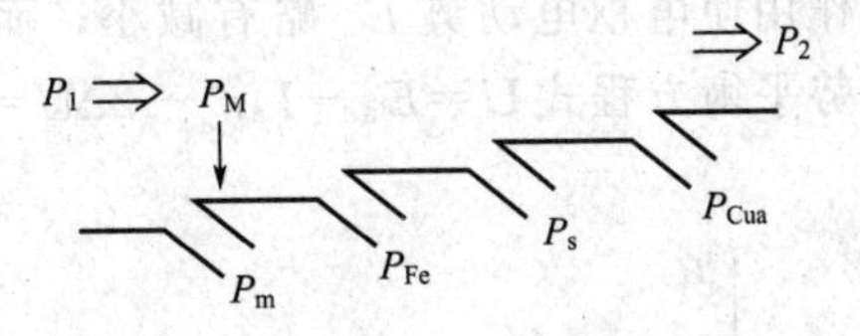

图 1-28 直流发电机功率流程图

三、直流发电机的运行特性

发电机的转速为额定转速时，其端电压U、负载电流I、励磁电流I_f、效率η之间的关系就是发电机的运行特性。下面以他励直流发电机为例介绍直流发电机的运行特性。

(一) 空载特性

空载特性是指当$n=n_N$、$I=0$时，U与I_f的关系曲线，即$U=f(I_f)$。根据电动势公式$E_a=C_e\Phi n$，当转速$n=n_N$时，$E_a\propto\Phi$，空载时，$U_0=E_0$，所以，$U_0\propto\Phi$。主磁通与励磁磁动势的关系曲线$\Phi=f(F)$称为电机的磁化曲线，而励磁磁动势F正比与励磁电流I_f。综上分析，空载特性曲线与电机的磁化曲线相似。

他励直流发电机的空载特性曲线通常可用实验的方法求得。实验线路如图 1-29 所示，由原动机拖动直流发电机以额定转速旋转，使励磁电流从零开始增大，直到空载电压$U_0\approx(1.1\sim1.3)U_N$，然后逐步减少励磁电流，记录其对应的空载电压，当励磁电流$I_f=0$时，空载电压并不等于零，此电压称为剩磁电压，其大小约为额定电压的 2%～5%；然后改变励磁电流的方向，逐步增大励磁电流，使空载电压由剩磁电压减小到零，再继续增大励磁电流，则空载电压逐步升高，但极性相反，直到$U_0\approx(1.1\sim1.3)U_N$。之后，再逐步减小励磁电流，直到励磁电流为零。在调节励磁电流的过程中，记录若干组空载电压和对应的励磁电流，即可绘出空载特性曲线$U=f(I_f)$，如图 1-30 所示。对于其他励磁方式的直流发电机，它们的空载特性曲线与他励直流发电机的空载特性曲线相似。但当转速不同时，曲线将随转速的改变成正比地上升或下降。

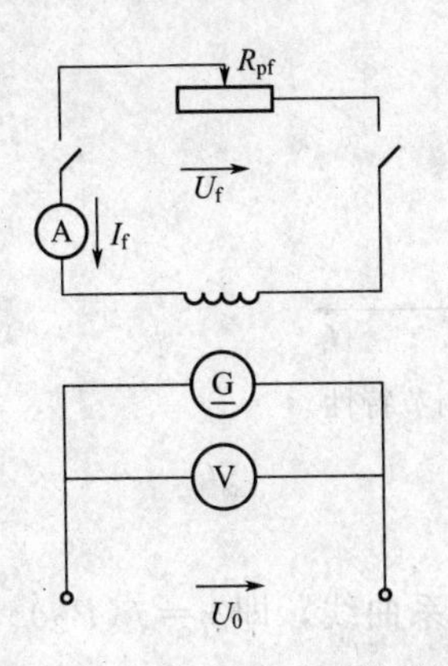

图 1-29 空载特性试验线路图

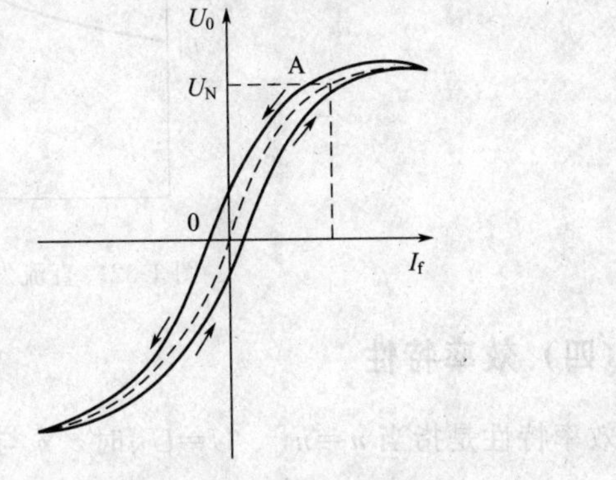

图 1-30 直流发电机的空载特性

(二) 外特性

直流发电机的外特性指是当$n=n_N$、$I_f=I_{fN}$时，U与I的关系曲线，即$U=f(I)$。负载增加时，电枢反应的去磁作用使电枢电动势 E_a 略有减小，而电枢回路的电压降 I_aR_a 有所增加，根据发电机的电动势平衡方程式 $U=E_a-I_ar_a-2\Delta U=E_a-I_aR_a$ 可知，端电压 U 略有下降，如图 1-31 所示。

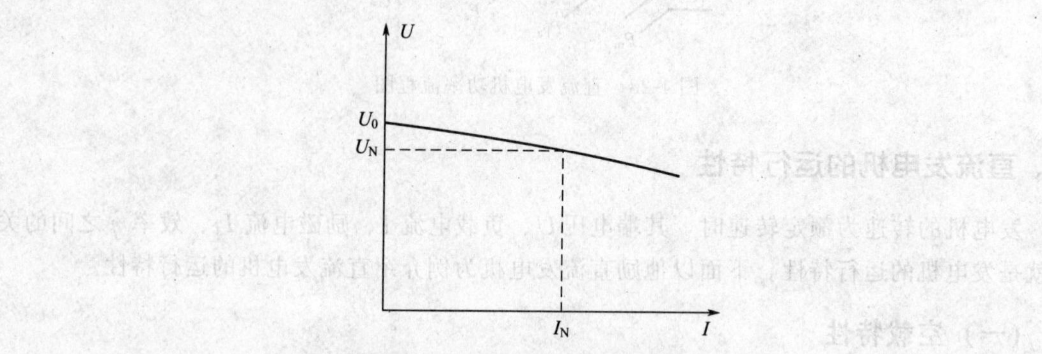

图 1-31 直流发电机的外特性

发电机端电压随负载变化的程度用额定电压调整率ΔU_N来表示。直流发电机的额定电压调整率是指当 $n=n_N$、$I_f=I_{fN}$时，发电机从额定负载过渡到空载时，端电压升高的数值与额定电压的百分比，即

$$\Delta U_N=\frac{U_0-U_N}{U_N}\times 100\% \tag{1-26}$$

一般他励发电机的ΔU_N约为（5～10）%U_N，可以认为它是恒压电源。

（三）调节特性

调节特性是指当端电压 $U=U_N$时，I_f与 I 的关系曲线，即 $I_f=f(I)$。由外特性可知，当负载增加时端电压略有减小，为保持 $U=U_N$不变，必须增加励磁电流，所以调节特性是一条上升的曲线，如图 1-32 所示。

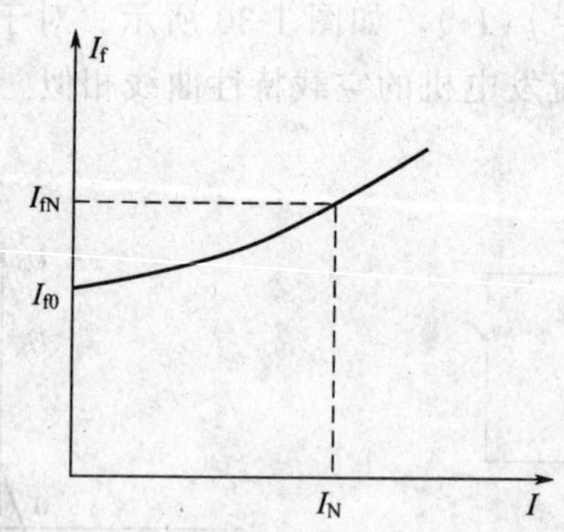

图 1-32 直流发电机的调节特性

（四）效率特性

效率特性是指当 $n=n_N$、$U=U_N$时，η 与 P 的关系曲线，即 $\eta=f(P_2)$。他励发电机的效率表达式为

$$\eta=\frac{P_2}{P_1}\times 100\%$$

$$=\frac{P_2}{P_2+\sum P}\times 100\%$$

$$=\frac{P_2}{P_2+P_{Fe}+P_m+P_{Cua}+P_s}\times 100\% \qquad (1\text{-}27)$$

式中，$\sum P$ 为总损耗，其中 P_{Fe}、P_m 及 P_s 为不变损耗，P_{Cua} 为可变损耗，通常 P_{Cua} 与负载的平方成正比。当负载很小时，可变损耗 P_{Cua} 也很小，此时电机损耗以不变损耗为主，但因输出功率小，所以效率低；随着负载增加，输出功率增大，效率增大；当可变损耗与不变损耗相等时，效率最大；继续增加负载，可变损耗随负载电流的增大急剧增加，成为总损耗的主要部分，这时输出功率增大，但其增大的速度比不上可变损耗增加的速度，所以效率反而降低。他励直流发电机的效率特性如图 1-33 所示。

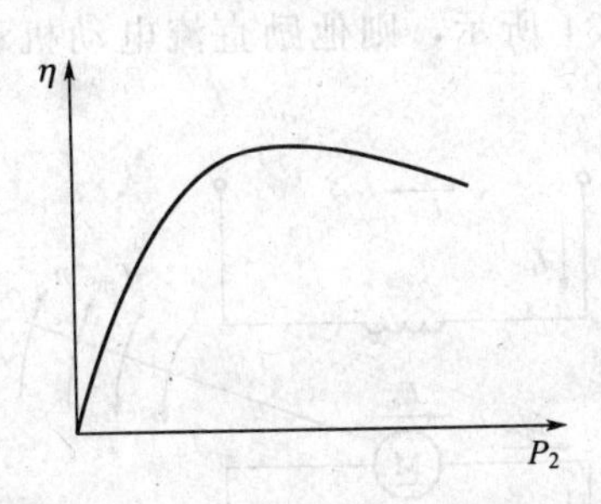

图 1-33　他励直流发电机的效率特性

【例 1-4】 一并励直流发电机的额定数据为 $P_N=82\text{kW}$，$U_N=230\text{V}$，$R_a=0.0259\Omega$（电枢回路总电阻），$n_N=930\text{r/min}$，励磁绕组电阻 $R_f=26\Omega$，机械损耗与铁损耗之和 $P_{Fe}+P_m=2.3\text{kW}$，附加损耗 $P_s=0.01P_N$。

求额定负载时：(1) 输入功率；(2) 电磁功率；(3) 电磁转矩；(4) 效率；(5) 额定电压调整率。

解： 额定电流　$I_N=\frac{P_N}{U_N}=\frac{82\times 10^3}{230}=356.5(\text{A})$

励磁电流　$I_f=U_N/R_f=230/26=8.8(\text{A})$

电枢电流　$I_{aN}=I_N+I_f=356.5+8.8=365.3(\text{A})$

额定负载时电枢电动势　$E_a=U_N+I_{aN}R_a=230+365.3\times 0.0259=239.5(\text{V})$

额定负载时电磁功率　$P_{em}=E_aI_{aN}=239.5\times 365.3=87.5\times 10^3(\text{W})$

额定负载时电磁转矩　$T=\frac{P_{em}}{\Omega}=\frac{P_{em}}{2\pi n/60}=\frac{87.5\times 10^3\times 60}{2\pi\times 930}=898.5(\text{N}\cdot\text{m})$

额定负载时发电机的输入功率

$$P_1=P_{em}+P_0+P_s=87.5\times 10^3+2.3\times 10^3+820=90.6\times 10^3(\text{W})$$

额定负载时的效率　$\eta=\frac{P_2}{P_1}\times 100\%=\frac{82\times 10^3}{90.6\times 10^3}\times 100\%=90.5\%$

空载时电压　$U_0=E_a=239.5(\text{V})$

额定电压调整率为　$\Delta U_N=\frac{U_0-U_N}{U_N}\times 100\%=\frac{239.5-230}{230}\times 100\%=4.1\%$

第六节　直流电动机

与直流发电机类似，直流电动机的运行性能也与励磁方式有关，本节以他励直流电动机为例介绍直流电动机的电动势平衡方程式、转矩平衡方程式和功率平衡方程式。

一、基本方程式

（一）电动势平衡方程式

在外加电源电压U的作用下，电枢绕组中流过电枢电流；电流在磁场的作用下，受到电磁力的作用，形成电磁转矩；在电磁转矩的作用下，电枢旋转；旋转的电枢切割磁力线，产生感应电动势，其方向与电枢电流相反，是反电动势。

各物理量的正方向如图 1-34 所示，则他励直流电动机稳定运行时的电动势平衡方程式为

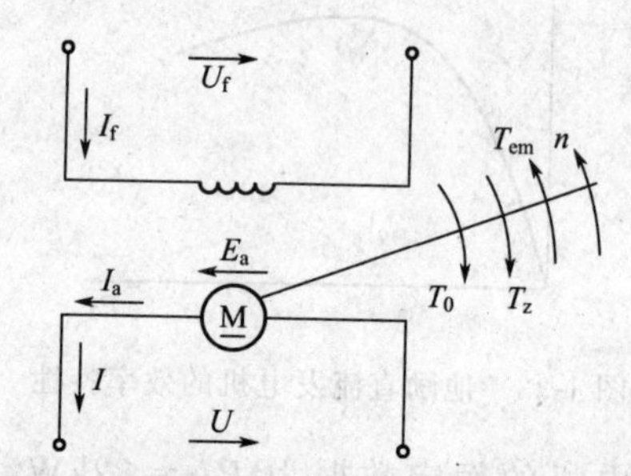

图 1-34　他励直流电动机各物理量正方向

$$U=E_a+I_ar_a+2\Delta U=E_a+I_aR_a \tag{1-28}$$

式中　r_a——电枢电阻；

$2\Delta U$——正负电刷的总接触压降；

R_a——电枢电阻和电刷接触电阻之和。

由直流电动机的基本工作原理知，$U>E_a$。

（二）转矩平衡方程式

对直流电动机来说，电磁转矩是拖动性质的转矩，与负载转矩T_L和空载转距T_0相平衡，即

$$T=T_L+T_0 \tag{1-29}$$

（三）功率平衡方程式

直流电动机从电网吸取电能，除去电枢回路的铜损耗P_{Cua}（包括电刷接触铜损耗）；其余部分便是电枢所吸收的电功率，即电磁功率P_{em}，也是电动机获得的总机械功率P_m，因此和发电机一样，电动机的电磁功率也可以写成：

$$P_{em}=E_aI_a=C_e\Phi nI_a=\frac{PN}{60a}\Phi nI_a$$

$$=\frac{PN}{2\pi a}\Phi I_a\ \frac{2\pi n}{60}=T\Omega \tag{1-30}$$

电磁功率在补偿了机械损耗P_m、铁耗P_{Fe}和附加损耗P_s以后，剩下的部分即是对外输出的机械功率P_2，所以

$$P_{em}=P_m+P_{Fe}+P_s+P_2=P_0+P_2 \tag{1-31}$$

最后可写出直流电动机的功率平衡方程式为：

$$
\begin{aligned}
P &= P_{\mathrm{Cua}} + P_{\mathrm{em}} \\
&= P_{\mathrm{Cua}} + P_{\mathrm{m}} + P_{\mathrm{Fe}} + P_{\mathrm{s}} + P_{2} \\
&= \sum P + P_{2}
\end{aligned} \tag{1-32}
$$

直流电动机的功率平衡关系如图 1-35 所示。

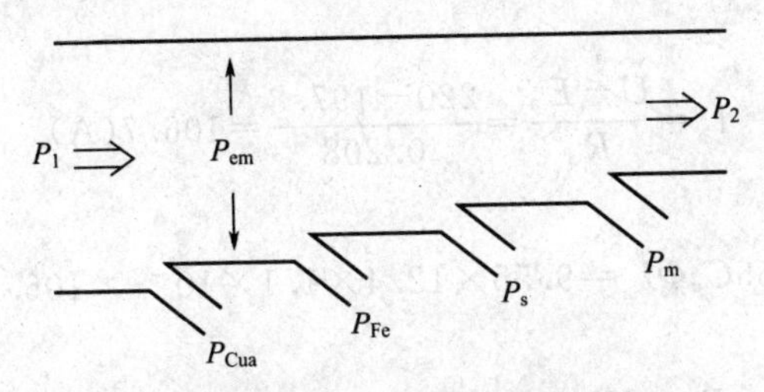

图 1-35　直流电动机功率平衡关系图

【例 1-5】 他励直流电动机，铭牌数据为：$P_{\mathrm{N}}=18\mathrm{kW}$，$U_{\mathrm{N}}=220\mathrm{V}$，$I_{\mathrm{N}}=94\mathrm{A}$，$n_{\mathrm{N}}=1500\mathrm{r/min}$，$R_{\mathrm{a}}=0.15$，求：

(1) $C_{\mathrm{e}}\Phi_{\mathrm{N}}$、$C_{\mathrm{T}}\Phi_{\mathrm{N}}$；

(2) 额定电磁转矩 T_{N}；

(3) 额定输出转矩 $T_{2\mathrm{N}}$；

(4) 空载转矩 T_0；

(5) 理想空载转速 n_0；

(6) 实际空载转速 n_0'。

解：(1) $C_{\mathrm{e}}\Phi_{\mathrm{N}}$、$C_{\mathrm{T}}\Phi_{\mathrm{N}}$

$\because U_{\mathrm{N}}=E_{\mathrm{a}}+I_{\mathrm{a}}R_{\mathrm{a}}=C_{\mathrm{e}}\Phi_{\mathrm{N}}n_{\mathrm{N}}+I_{\mathrm{a}}R_{\mathrm{a}}$

$\therefore C_{\mathrm{e}}\Phi_{\mathrm{N}}=\dfrac{U_{\mathrm{N}}-I_{\mathrm{N}}R_{\mathrm{a}}}{n_{\mathrm{N}}}=\dfrac{220-94\times0.15}{1000}=0.2059$

$C_{\mathrm{T}}\Phi_{\mathrm{N}}=9.55C_{\mathrm{e}}\Phi_{\mathrm{N}}=9.55\times0.2059=1.966$

(2) 额定电磁转矩

$$T_{\mathrm{N}}=C_{\mathrm{T}}\Phi_{\mathrm{N}}I_{\mathrm{N}}=1.966\times94=184.8(\mathrm{N\cdot m})$$

(3) 额定输出转矩

$$T_{2\mathrm{N}}=9550\times\frac{P_{\mathrm{N}}}{n_{\mathrm{N}}}=9550\times\frac{18}{1000}=171.9(\mathrm{N\cdot m})$$

(4) 空载转矩

$$T_0=T_{\mathrm{N}}-T_{2\mathrm{N}}=184.8-171.9=12.9(\mathrm{N\cdot m})$$

(5) 理想空载转速

$$n_0=\frac{U_{\mathrm{N}}}{C_{\mathrm{T}}\Phi_{\mathrm{N}}}=\frac{220}{0.2059}=1068.5(\mathrm{r/min})$$

(6) 实际空载转速

$$n_0'=\frac{U_{\mathrm{N}}}{C_{\mathrm{e}}\Phi_{\mathrm{N}}}-\frac{R_{\mathrm{a}}}{C_{\mathrm{T}}\Phi_{\mathrm{N}}C_{\mathrm{e}}\Phi_{\mathrm{N}}}T_0=\frac{220}{0.2059}-\frac{0.15}{0.2059\times1.966}\times12.9=1063.7(\mathrm{r/min})$$

【例 1-6】 一台他励直流电机，$U_{\mathrm{N}}=220\mathrm{V}$，$C_{\mathrm{e}}=12.4$，$\Phi=1.1\times10^{-2}\,\mathrm{Wb}$，$R_{\mathrm{a}}=$

0.208Ω，$P_{Fe}=362W$，$P_m=204W$，$n_N=1450r/min$，忽略附加损耗。求：(1) 判断这台电机是发电机运行还是电动机运行；(2) 电磁转矩、输入功率和效率。

解：(1) 判断一台电机的工作状态，可以比较电枢电动势 E_a 与端电压 U 的大小，

$$E_a=C_e\Phi n=12.4\times1.1\times10^{-2}\times1450=197.8(V)$$

因为 $U>E_a$，故此电机为电动机状态运行。

(2)

$$I_a=\frac{U-E_a}{R_a}=\frac{220-197.8}{0.208}=106.7(A)$$

电磁转矩

$$T=C_T\Phi I_a=9.55C_e\Phi I_a=9.55\times12.4\times1.1\times10^{-2}\times106.7\approx139(N\cdot m)$$

输入功率

$$P_1=UI_a=220\times106.7\approx234.7(kW)$$

效率

$$P_2=P_{em}-P_{Fe}-P_m=E_aI_a-P_{Fe}-P_m$$
$$=197.8\times106.7-362-204=205.4(kW)$$
$$\eta=\frac{P_2}{P_1}\times100\%=\frac{205.4}{234.7}\times100\%\approx87.5\%$$

二、工作特性

直流电动机的工作特性是指 $U=U_N$、励磁电流 $I_f=I_{fN}$、电枢回路不外串任何电阻时，电动机的转速 n、电磁转矩 T 和效率 η 分别与输出功率 P_2 之间的关系。在实际运用时，因为电枢电流 I_a 较易测量，且 I_a 随输出功率的变化而变化，所以电动机的工作特性常表示为电动机的转速 n、电磁转矩 T、效率 η 分别与电枢电流 I_a 之间的关系，如图 1-36 所示。

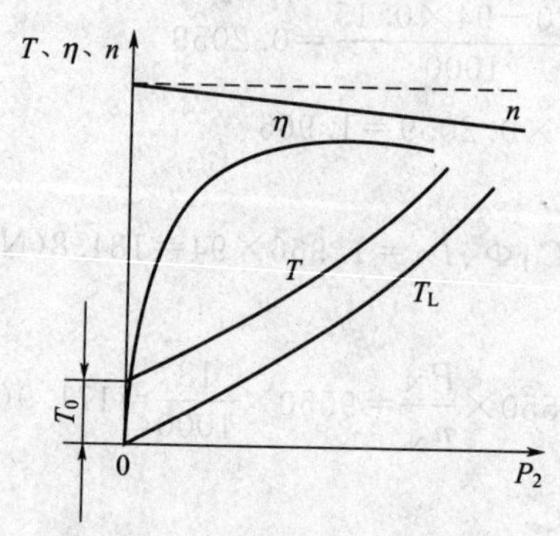

图 1-36　直流电动机工作特性

(一) 转速特性

转速特性是指当 $U=U_N$、$I_f=I_{fN}$、电枢回路不外串任何电阻时，电动机的转速与输出功率之间的关系，即 $n=f(P_2)$。

由

$$U=E_a+I_aR_a$$
$$E_a=C_e\Phi n$$

得转速公式：

$$n=\frac{U_N-I_aR_a}{C_e\Phi} \tag{1-33}$$

当输出功率增加时，电枢电流增加，电枢压降 I_aR_a 增加，使转速下降；同时由于电枢反应的去磁作用，转速上升。上述二者相互作用的结果是转速的变化很小。

电动机转速随负载变化的稳定程度用电动机的额定转速调整率 $\Delta n_N\%$表示：

$$\Delta n_N\%=\frac{n_0-n_N}{n_N}\times 100\% \tag{1-34}$$

式中 n_0——空载转速；

n_N——额定负载转速。

并励直流电动机的转速调整率很小，$\Delta n_N\%$约为 3%～8%。

（二）转矩特性

转矩特性是指 $U=U_N$、$I_f=I_{fN}$、电枢回路不外串任何电阻时，电动机的电磁转矩与输出功率之间的关系，即 $T=f(P_2)$。由式 $T_L=\frac{P_2}{\Omega}=\frac{P_2}{2\pi n/60}$可知，当负载增加、转速略有下降时，$T_L=f(P_2)$ 的关系曲线略向上弯曲。根据转矩平衡方程式 $T=T_L+T_0$，在 $T_L=f(P_2)$ 的曲线上叠加空载转矩曲线可得 $T=f(P_2)$ 的关系曲线。

（三）效率特性

直流电动机的效率特性与发电机相同，此处不再赘述。

本章小结

直流电机是一种通过磁场的耦合作用实现机械能与直流电能相互转换的旋转式机械。常用的直流电机是换向器式电机。电机中能量转换的方向是可逆的。同一台电机既可做发电机运行也可作电动机运行。如果从轴上输入机械能，则 $E_a>U$，I_a 与 E 同方向，T 是制动转矩，电机处于发电状态；如果从电枢端输入电能，则 $E_a>U$，I_a 与 E 反方向，T 是拖动转矩，电机处于电动状态。

直流电机的结构可分为定子与转子两大部分。定子的主要作用是建立磁场和机械支撑，转子的主要作用是通过电枢绕组传递电磁功率。

电枢绕组是电机中实现能量转换的关键部分。直流电机的电枢绕组是一闭合回路，由电刷把这一闭合回路分成若干支路，电枢电动势等于支路电动势。电枢绕组中的电动势和电流都是交变量，但经过换向器与电刷的整流作用，由电刷端输入或输出的电动势和电流都是直流量。作用在电枢绕组上的电磁转矩是单方向的。

电枢绕组的连接方式有叠绕组和波绕组两种类型。其中单叠绕组与单波绕组是最基本的形式，单叠绕组的并联支路数等于主磁极极数；电刷数等于主磁极极数；电枢电动势等于各支路电动势；单波绕组的并联支路数恒等于 2；电刷数等于主磁极极数。

磁场是传递能量的媒介。电机空载时，气隙磁场是由主磁极的励磁绕组通以直流电流建立的。主极磁场中除主磁通外，还有漏磁通，漏磁通通常很小。空载时主磁通与主极磁动势的关系称为磁化曲线。从磁化曲线可看出电机磁路的饱和程度。电机带负载时，气隙磁场是电枢磁场与主磁场的合成磁场。电枢对主磁场的影响称为电枢反应。电枢反应使主磁场的分布发生畸变，当电刷位于几何中性线上时，考虑磁路饱和，则电枢反应具有一定的去磁作用。

电枢绕组和气隙磁场发生相对运动产生感应电动势 E_a，$E_a = C_e \Phi n$；电枢电流和气隙磁场相互作用产生电磁转矩 T，$T = C_T \Phi I_a$。

电机稳定运行时，各物理量之间相互制约，其制约关系由电机的基本方程式表示。利用直流电机的基本方程式可分析直流电机的特性及进行定量计算。

直流电机的特性与励磁方式有关。直流发电机的运行特性有空载特性、外特性、调节特性和效率特性，其中外特性应重点掌握；直流电动机的工作特性有转速特性、转矩特性和效率特性，其中转速特性可重点掌握。

本章习题

一、填空题

1. 直流电机是一种通过磁场的耦合作用实现机械能与直流电能相互转换的（　）。

2. 直流电机包括直流电动机和（　）。

3. 将机械能转变成直流电能的电机称为（　）。

4. 将直流电能转变成机械能的电机称为（　）。

5. 直流电机电枢绕组的主要作用是（　），是电机实现机、电能量转换的枢纽。

6. 主磁极绕组中通过励磁电流，形成（　）。

7. 电枢绕组中通过电枢电流，形成（　）。

8. 电枢磁场与主磁场的合成，形成了（　）。

9. 电枢磁场对主磁场的影响称为（　）。

10. 磁通所通过的路径称为（　）。

11. 磁路主要由铁磁材料构成，其目的是为了（　），以便得到较大的感应电动势或电磁力。

12. 只在磁路中闭合的磁通称为（　）。

13. 部分经过磁路、部分经过磁路周围媒质，或者全部经过磁路周围媒质闭合的磁通称为（　）。因为铁磁材料的磁导率远高于周围媒质的磁导率，所以主磁通远大于漏磁通。

14. 在效率表达式中，总损耗包括不变损耗和可变损耗，其中 P_{Fe}、P_Ω 及 P_s 为（　）损耗。

15. 在效率表达式中，总损耗包括不变损耗和可变损耗，其中 P_{Cua} 为（　）损耗。

二、判断题（正确的打√，错误的打×）

1. 直流电机具有可逆性。（　）

2. 直流电机由定子（固定不动）和电枢（旋转）两大部分组成。（　）

3. 定子与电枢之间有空隙，称为气隙。（　）

4. 直流电机的铭牌数据有额定电压、额定电流、额定容量、额定转速和额定频率等。（　）

5. 直流电机电枢绕组的主要作用是产生感应电动势和电磁转矩，是电机实现机、电能量转换的枢纽。(　　)

6. 直流电机电枢绕组为双层分布绕组，其绕组连接方式有叠绕组和波绕组两种类型。(　　)

7. 沿电枢表面相邻磁极的距离称为极距。(　　)

8. 单叠绕组的并联支路数不等于电机的极数。(　　)

9. 主磁通与励磁磁动势的关系曲线 $\Phi=f(F)$，称为磁化曲线。(　　)

10. 直流电机的励磁方式有他励、并励、串励和复励四种。(　　)

11. 他励直流发电机空载运行时，电枢电流为零，则电枢绕组的感应电动势 E_a 等于端电压 U。(　　)

12. 在外加电压 U 的作用下，直流电动机的电枢绕组将流过电枢电流，电枢电流在磁场的作用下，受到电磁力的作用，形成电磁转矩；在电磁转矩的作用下，电枢旋转；旋转的电枢切割磁力线，产生感应电动势。(　　)

13. 在外加电压 U 的作用下，直流电动机的电枢绕组将流过电枢电流，电枢电流在磁场的作用下，受到电磁力的作用，产生感应电动势；在电磁转矩的作用下，电枢旋转；旋转的电枢切割磁力线，形成电磁转矩。(　　)

14. 电机中能量转换的方向是可逆的，同一台电机既可以做电动机运行也可做发电机运行。如果从电机轴上输入机械能，则 $E_a>U$，I_a 与 E_a 同方向；电机处于发电机运行状态；如果从电枢端输入电能，则 $E_a<U$，I_a 与 E_a 反方向；电机处于电动机运行状态。(　　)

15. 电机中能量转换的方向是可逆的，同一台电机既可以做电动机运行也可做发电机运行。如果从电机轴上输入机械能，则 $E_a>U$，I_a 与 E_a 同方向；电机处于电动机运行状态；如果从电枢端输入电能，则 $E_a<U$，I_a 与 E_a 反方向；电机处于发电机运行状态。(　　)

三、单项选择题

1. 一台直流电机工作在发动机状态还是工作在电动机状态，取决于机械能和直流电能之间的相互转换方式(　　)。

(A) 将机械能转变成直流电能的电机称为直流发电机

(B) 将机械能转变成直流电能的电机称为直流电动机

(C) 将直流电能转变成机械能的电机称为交流电动机

(D) 将直流电能转变成机械能的电机称为直流发动机

2. 直流电机的额定容量是指在额定电压条件下，电机所能供给的功率。对于电动机而言，是指电动机轴上输出的额定机械功率，其表达式为(　　)。

(A) $P_N=U_NI_N$　(B) $P_N=U_NI_N\eta_N$　(C) $P_N=U_NI_N\cos\varphi_N$　(D) $P_N=U_NI_N^2$

3. 直流电机的额定容量是指在额定电压条件下，电机所能供给的功率。对于发电机而言，是指向负载端输出的电功率，其表达式为(　　)。

(A) $P_N=U_NI_N$　(B) $P_N=U_NI_N\eta_N$　(C) $P_N=U_NI_N\cos\varphi_N$　(D) $P_N=U_NI_N^2$

4. 磁场是传递能量的媒介，直流电机的磁场包括(　　)。

(A) 主磁场、电枢磁场、气隙磁场

(B) 主磁场、电枢磁场、合成磁场

(C) 主磁场、气隙磁场、漏磁场

(D) 主磁场、电枢磁场、漏磁场

5. 磁场是传递能量的媒介，直流电机的磁场包括主磁场、电枢磁场、气隙磁场，其中主磁场是这样形成的（　　）。

（A）主磁极绕组通过励磁电流形成主磁场

（B）电枢绕组中通过电枢电流形成主磁场

（C）电枢磁场与主磁场合成形成主磁场

（D）电枢磁场与气隙磁场合成形成主磁场

6. 直流电机空载时的气隙磁场可看成（　　）。

（A）电机空载时的气隙磁场是由主磁场和电枢磁场合成的

（B）电机空载时，由于电枢电流以及由此产生的电枢磁动势很小，所形成的电枢磁场对主磁场的影响可略去不计，因此，电机空载时的气隙磁场可近似看做主磁场

（C）电机空载时的气隙磁场可近似看做电枢磁场

（D）电机空载时的气隙磁场是由主磁场和电枢磁场合成的，主磁场和气隙磁场各占50%

7. 直流电机的磁路由（　　）几部分组成。

（A）主磁极铁芯、气隙、电枢齿、电枢磁轭、定子磁轭

（B）主磁极、气隙、电枢、机座、定子磁极

（C）主磁极、气隙、电枢齿、电枢铁芯、定子铁芯

（D）主磁极绕组、气隙、电枢绕组、电枢铁芯、定子铁芯

8. 并励直流发电机的电磁功率 P_{em} 与输出功率 P_2 之差等于（　　）。

（A）铜损耗 P_{Cua}

（B）铁损耗 P_{Fe} 与附加损耗 P_s 之和

（C）$P_{Fe}+P_s$ 与机械损耗 P_m 之和

（D）$P_{Fe}+P_{Cua}$

9. 并励直流发电机的电磁功率 P_{em} 与输入功率 P_1 之差等于（　　）。

（A）铜损耗 P_{Cua}

（B）铁损耗 P_{Fe} 与附加损耗 P_s 之和

（C）$P_{Fe}+P_s$ 与机械损耗 P_m 之和

（D）$P_{Fe}+P_{Cua}$

10. 直流发电机通过主磁通感应的电动势应存在与（　　）。

（A）电枢绕组　　　　（B）电枢和励磁绕组

（C）励磁绕组　　　　（D）不存在

四、多项选择题

1. 磁场是传递能量的媒介，直流电机的磁场包括（　　）。

（A）主磁场　　（B）电枢磁场　　（C）气隙磁场　　（D）漏磁场

2. 直流电动机与交流电动机相比，它主要特点是（　　）。

（A）调速范围广

（B）调速的平滑性和经济性好

（C）启动转矩大

（D）消耗有色金属少

3. 直流电机的定子部分包括（　　）。

（A）机座　（B）主磁极铁芯　（C）换向极　（D）端盖和电刷

4. 直流电机的电枢部分包括（　　）。

（A）电枢铁芯　（B）电枢绕组心　（C）换向器　（D）转轴和风扇

5. 直流电机的铭牌数据有（　　）。

（A）额定电压

（B）额定电流

（C）额定容量

（D）额定转速和额定频率

6. 直流电机电枢绕组的主要作用是（　　）。

（A）感应电动势

（B）电磁转矩

（C）形成电磁力

（D）是实现机、电能量转换的枢纽

7. 直流电机的效率表达式为（　　）。

（A）$\eta=\frac{P_2}{P_1}\times 100\%$

（B）$\eta=\frac{P_2}{P_2+\sum P}\times 100\%$

（C）$\eta=\frac{P_2}{P_2+P_{Fe}+P_m+P_s+P_{Cua}}\times 100\%$

（D）$\eta=\frac{P_2}{P_1-\sum P}\times 100\%$

8. 直流电机的磁路由哪些组成（　　）。

（A）电枢磁轭、定子磁轭　（B）主磁极铁芯

（C）电枢齿　（D）气隙

9. 直流电动机的主要优点包括（　　）。

（A）调速范围广　（B）调速的平滑性好

（C）经济性好　（D）启动转矩较大

10. 直流电动机的主要缺点包括（　　）。

（A）制造工艺复杂

（B）消耗有色金属较多

（C）生产成本高

（D）在运行时由于电刷与换向器之间易产生火花，因而运行可靠性较差，维护比较困难

五、简答题

1. 简述电枢磁场对电机空载磁场有什么影响。

2. 简述直流电动机感应电动势是如何产生的，写出他励直流电动机稳定运行时的电动势平衡方程式。

3. 如何判断直流电机是运行于发电机状态还是运行于电动机状态？

4. 在直流电动机中是否存在感应电动势？如果存在感应电动势，其方向如何？

六、计算题

1. 一台直流电动机，$P_N=100kW$，$U_N=220V$，$\eta_N=90\%$，$n_N=1200r/min$，求额定电流和额定负载时的输入功率。

2. 某台直流电动机，$P_N=125kW$，$U_N=220V$，$n_N=1500r/min$，$\eta_N=89.5\%$。试求：(1) 额定时的输入功率 P_{1N}；(2) 额定电流 I_N。

3. 某台并励直流发电机，励磁回路总电阻 $R_f=44\Omega$，负载电阻 $R_L=4\Omega$，电枢回路总电阻 $R_a=0.25\Omega$，端电压 $U=220V$。试求：(1) 励磁电流 I_f 和负载电流 I；(2) 电枢电流 I_a 和电枢电动势 E_a；(3) 输出功率 P_2 和电磁功率 P_{em}。

4. 某并励直流发电机，额定功率 $P_N=67kW$，额定电压 $U_N=230V$，额定转速 $n_N=960r/min$，$I_N=291A$，电枢电阻 $R_a=0.0271\Omega$，电刷的接触压降 $2\Delta U_b=2V$，额定时的励磁电流 $I_f=5.12A$，铁芯损耗 $P_{Fe}=779W$，机械损耗 $P_m=883W$，试求满载时的 (1) 电磁功率 P_{em}；(2) 电磁转矩 T；(3) 效率 η_N（略去杂散损耗）。

5. 他励直流电动机铭牌数据如下：$P_N=18kW$，$U_N=220V$，$I_N=94A$，$n_N=1000r/min$，电枢回路电阻 $R_a=0.15\Omega$，求 (1) $C_e\Phi_N$、$C_T\Phi_N$；(2) 额定电磁转矩 T_N；(3) 额定输出转矩 T_{2N}；(4) 空载转矩 T_0；(5) 理想空载转速 n_0；(6) 实际空载转速 n_0'。

6. 一并励直流发电机的额定数据为 $P_N=82kW$，$U_N=230V$，$R_a=0.0259\Omega$（电枢回路总电阻），$n_N=930r/min$，励磁绕组电阻 $R_f=26\Omega$，机械损耗与铁损之和 $P_{Fe}+P_m=2.3kW$，附加损耗 $P_s=0.01P_N$。求额定负载时：(1) 电磁功率；(2) 电磁转矩；(3) 输入功率；(4) 效率。

7. 一台他励直流电动机，$U_N=220V$，$C_e=12.4$，$\Phi=1.1\times10^{-2}Wb$，$R_a=0.208\Omega$，$P_{Fe}=362W$，$P_m=204W$，$n_N=1450r/min$，忽略附加损耗。求：(1) 判断这台电机是发电机运行还是电动机运行；(2) 电磁转矩、输入功率和效率。

8. 已知一台并励直流电动机的数据为 $P_N=17kW$，$U_N=220V$，$R_a=0.1\Omega$（电枢回路总电阻），$n_N=1500r/min$，励磁绕组电阻 $R_f=110\Omega$，额定负载时的效率 $\eta_N=84\%$，试求：(1) 额定输入功率；(2) 总损耗；(3) 电枢回路铜损耗；(4) 励磁回路铜损耗；(5) 附加损耗；(6) 机械损耗与铁损耗之和。

9. 一台并励直流电动机在额定电压 $U_N=220V$，额定电流 $I_N=80A$ 的情况下运行。电枢回路总电阻 $R_a=0.08\Omega$，$2\Delta U_N=2V$，励磁回路总电阻 $R_f=88.8\Omega$，额定负载时的效率 $\eta_N=85\%$，试求：(1) 额定输入功率；(2) 额定输出功率；(3) 总损耗；(4) 电枢回路铜耗；(5) 励磁回路铜耗；(6) 电刷接触损耗；(7) 附加损耗；(8) 机械损耗与铁耗之和。

第二章

直流电机的电力拖动

学习导航

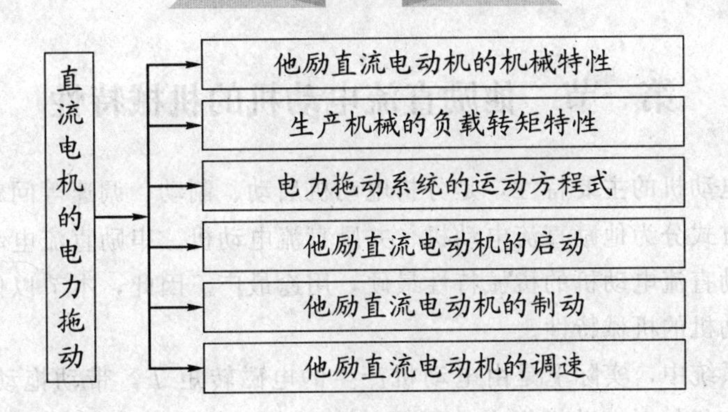

学习目标

学习目标	学习内容
知识目标	1. 他励直流电动机的机械特性、人为特性 2. 他励直流电动机的负载转矩特性 3. 他励直流电动机的运动方程式 4. 他励直流电动机的启动、制动及调速
能力目标	他励直流电动机机械特性的测定

用原动机拖动生产机械，完成一定生产任务的方式称为拖动。用电动机作为原动机拖动生产机械，完成一定生产任务的拖动方式叫做电力拖动。电力拖动方式是现代化大生产中最优越并且用得最多的拖动方式。

一般说来，电力拖动装置是由电动机、机械传动机构、工作机构、控制装置及电源等五部分组成的综合机电装备，如图 2-1 所示。其中电动机用以实现电能和机械能的转换；机械传动机构用来传递机械能，控制装置则用来控制电动机的运动，在电力拖动系统中，还必须设有电源部分，向电动机及一些电气控制装置供电。本章主要介绍他励直流电动机的机械特性、负载转矩特性及电力拖动系统的运动方程。

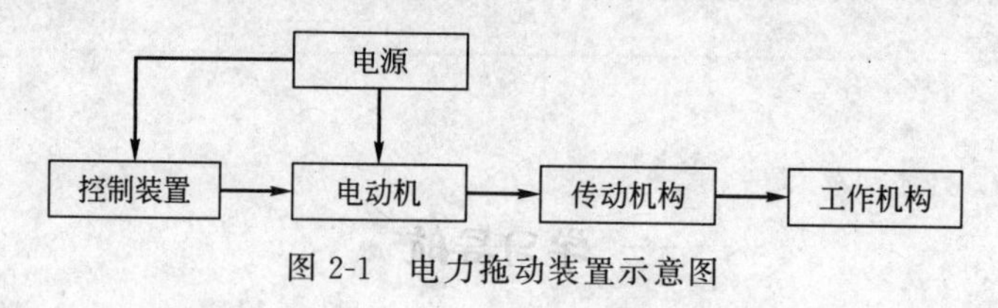

图 2-1　电力拖动装置示意图

第一节　他励直流电动机的机械特性

机械特性是电动机的主要特性，是分析电动机启动、制动、调速等问题的重要工具。直流电动机按励磁方式分为他励直流电动机、并励直流电动机、串励直流电动机和复励直流电动机。其中以他励直流电动机的机械特性最硬，用途最广。因此，本节以他励直流电动机为例，阐述直流电动机的机械特性。

在电力拖动系统中，实际上是由电动机产生的电磁转矩 T，带动拖动系统以转速 n 旋转。T 和 n 是生产机械对电动机提出的两项基本要求。在电动机内部，T 和 n 并不是互相孤立的，在一定条件下，他们之间存在着确定的关系，这个关系就叫做机械特性，可写成 $n=f(T)$。

一、机械特性方程式

从数学的角度出发，他励直流电动机的机械特性是指当电源电压 U、气隙兹通 Φ 以及电枢回路总电阻（R_a+R_c）均为常数时，电动机的电磁转矩与转速之间的函数关系，即 $n=f(T)$。机械特性有三种表现形式：机械特性的定义（前面已给出）、机械特性方程式和机械特性曲线。为了推导机械特性方程式，首先给出他励直流电动机拖动系统原理图，如图 2-2 所示。根据图中给出的正方向，可写出电枢回路的电压平衡方程式

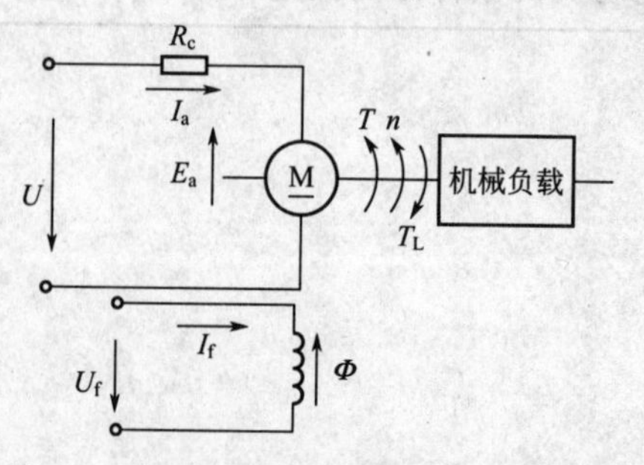

图 2-2　他励直流电动机拖动系统原理图

$$U=E_a+(R_a+R_c)I_a$$

把电枢电动势公式 $E_a=C_e\Phi n$ 及电磁转矩公式 $T=C_T\Phi I_a$ 代入上式，整理后可得

$$n=\frac{U}{C_e\Phi}-\frac{R_a+R_c}{C_e\Phi C_T\Phi}T \tag{2-1}$$

式中 R_a——电枢电路电阻；

R_c——电枢电路外串电阻；

$C_e=\frac{PN}{60a}$——电动势常数；

$C_T=\frac{PN}{2\pi a}$——转矩常数。

由上列两式可导出 C_e 和 C_T 之间的关系为

$$C_T=\frac{PN\times 60a}{60a\times 2\pi n}=\frac{60a}{2\pi n}C_e=9.55C_e \tag{2-2}$$

当 U、Φ 及 R_a+R_c 都保持为常数时，式(2-1) 表示 n 与 T 之间的函数关系，即为他励直流电动机的机械特性方程式。可以把式(2-1) 写成如下形式：

$$n=n_0-\beta T \tag{2-3}$$

式中 n_0——理想空载转速，$n_0=U/(C_e\Phi)$；

β——机械特性的斜率，$\beta=(R_a+R_c)/(C_e\Phi C_T\Phi)$。

式(2-3) 可用图 2-3 所示，它是穿越三个象限的一条直线。

下面首先讨论机械特性上的两个特殊点。

1. 理想空载点

图 2-3 中的 A 点即为理想空载点。在 A 点 $T=0$，$I_a=0$，电枢电阻上的压降 $I_a(R_a+R_c)=0$，电枢绕组的感应电动势 $E_a=U$，电动机的转速为：

$$n=n_0=\frac{U}{C_e\Phi}$$

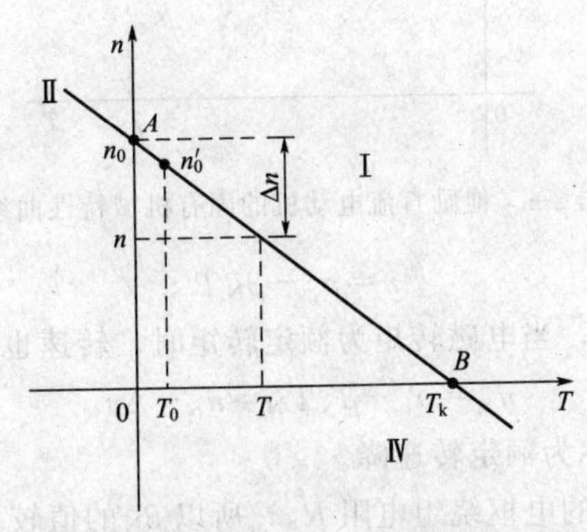

图 2-3　他励直流电动机的机械特性曲线

电动机在实际的空载状态下运行时，其输出转矩 $T_2=0$，但是电动机必须产生电磁转矩用以克服空载转矩 T_0，所以实际空载转速 n_0' 为

$$n_0'=n_0-\beta T_0 \tag{2-4}$$

可见 $n_0'<n_0$，这并不是说理想空载转速不能实现，当电动机空载运行时，如果在电动机轴上施加一个与转速 n 方向相同的转矩，用来克服空载转矩 T_0，维持电动机继续旋转，

使电磁转矩 $T=0$，这时电动机的转速即可达到理想空载转速 n_0。由于 T_0 很小，在一般情况下，可以将它忽略不计，认为电磁转矩 T 近似与电动机的输出转矩相等。这样就使问题简化了。

2. 堵转点

图 2-3 的 B 点即为堵转点。在 B 点，$n=0$，因而 $E_a=0$。此时外加电压 U 与电枢电阻上的压降 $I_a(R_a+R_c)$ 相平衡，电枢电流 $I_a=U/(R_a+R_c)=I_k$，称为堵转电流，它仅由电动机外加电压 U 及电枢回路中的总电阻 R_a+R_c 决定。与 I_k 相对应的电磁转矩 $T_k=C_T\Phi I_k$ 称为堵转转矩。

在 A 点和 B 点，由于电动机的电磁功率都为零，所以不能实现机电能量转换。

二、固有机械特性

当电动机外加电压为额定电压 U_N，气隙磁通为额定磁通 Φ_N，且电枢回路不外串电阻时，电动机的机械特性称为固有机械特性。固有机械特性方程式为

$$n=\frac{U_N}{C_e\Phi_N}-\frac{R_a}{C_e\Phi_N C_T\Phi_N}T \tag{2-5}$$

图 2-4 为他励直流电动机的固有机械特性曲线，它是一条略微向下倾斜的直线。固有机械特性的理想空载转速及斜率分别为 $n_0=U_N/(C_e\Phi_N)$ 及 $\beta_N=R_a/(C_e\Phi_N C_T\Phi_N)$，所以固有机械特性也可表示为

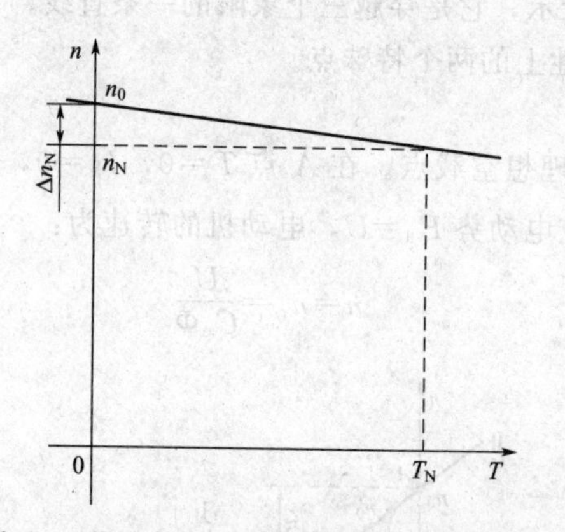

图 2-4　他励直流电动机的固有机械特性曲线

$$n=n_0-\beta_N T \tag{2-6}$$

在固有机械特性曲线上，当电磁转矩为额定转矩时，转速也为额定转速，即

$$n_N=n_0-\beta_N T_N=n_0-\Delta n_N \tag{2-7}$$

式中，$\Delta n_N=\beta_N T_N$，称为额定转速降。

由于电枢回路只有很小的电枢绕组电阻 R_a，所以 β_N 的值较小，属于硬特性。

三、人为机械特性

在机械特性方程式中，电源电压 U、磁通 Φ 以及电枢回路中外串电阻 R_c 等参数都可以人为地加以改变。当改变上述任意一个参数时，电动机的机械特性也将随之发生变化。他励直流电动机的人为机械特性就是通过改变这些参数得到的机械特性。人为机械特性共有三种，现分述如下。

(一) 电枢串电阻的人为机械特性

当保持电动机电枢电压 $U=U_N$、磁通 $\Phi=\Phi_N$、而在电枢回路串接电阻 R_c 时，电动机的机械特性称为电枢串电阻的人为机械特性。其机械特性方程式为

$$n=\frac{U_N}{C_e\Phi_N}-\frac{R_a+R_c}{C_e\Phi_N C_T\Phi_N}T \tag{2-8}$$

电枢串电阻时的原理图如图 2-5 所示，人为机械特性曲线如图 2-6 所示。

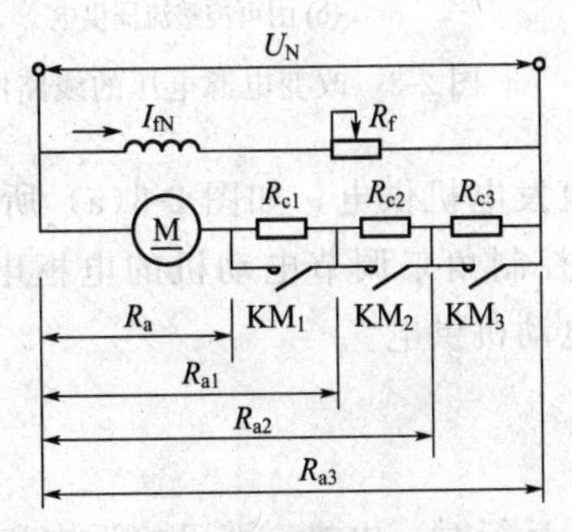

图 2-5 电枢串电阻时的原理图

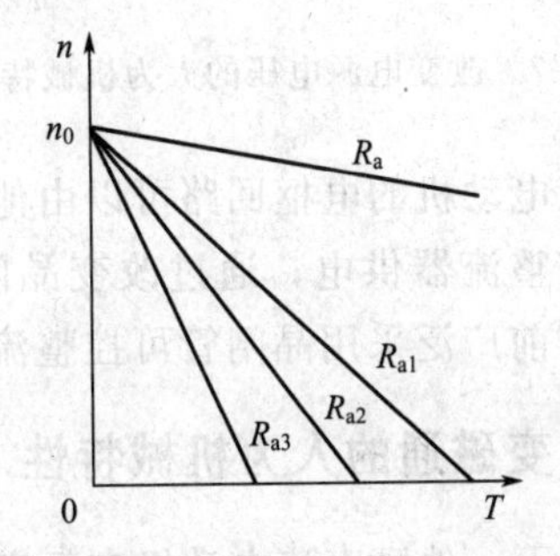

图 2-6 电枢串电阻时的人为机械特性曲线

其特点如下：

① 电枢串电阻时，$U=U_N$，$\Phi=\Phi_N$；

② 理想空载转速 n_0 与电枢外串电阻无关，因此电枢串电阻前后 n_0 不变；

③ 机械特性曲线的斜率 β 与电枢外串电阻 R_c 成正比，随电枢外串电阻的增加而增大，因此电枢串电阻使机械特性变软，当 R 为不同值时，可以得到一簇放射性人为机械特性曲线。

电枢串电阻时的人为机械特性可用于直流电动机的启动及调速。

(二) 改变电源电压的人为机械特性

改变电动机的供电电压时，其机械特性方程式为

$$n=\frac{U}{C_e\Phi_N}-\frac{R_a}{C_e\Phi_N C_T\Phi_N}T \tag{2-9}$$

其特点如下：

① 改变电源电压时，$\Phi=\Phi_N$，电枢回路不串电阻；

② 理想空载转速 n_0 与电源电压 U 成正比；U 下降，n_0 也与 U 成比例下降；

③ 机械特性曲线的斜率与电源电压 U 无关，因此与固有机械特性曲线的斜率相等，所以当电源电压为不同值时，人为机械特性曲线是一组与固有机械特性曲线相平行的曲线；

④ 由于受直流电动机绕组绝缘及换向器的限制，电动机电枢电压不能超过额定值，只能在额定电压以下改变电源电压 U。因此，改变电源电压的人为机械特性曲线在固有机械特性曲线的下方，见图 2-7。

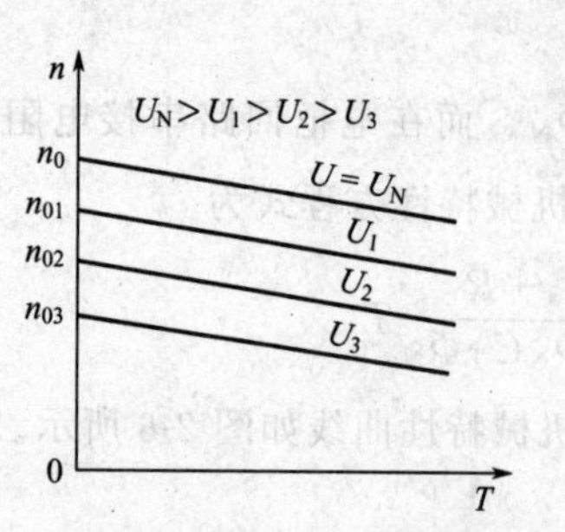

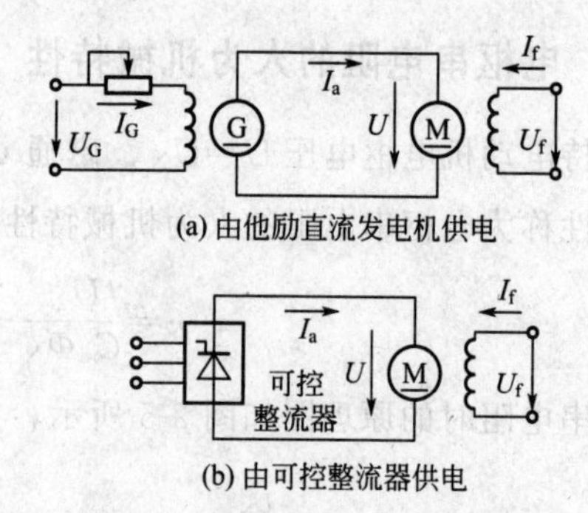

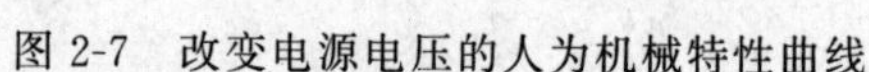

图 2-7 改变电源电压的人为机械特性曲线

图 2-8 改变电源电压的线路图

他励直流电动机的电枢回路可以由他励直流发电机供电，如图 2-8(a) 所示；也可以采用晶闸管可控整流器供电，通过改变晶闸管的控制角来调节电动机的电枢电压，如图 2-8 (b) 所示。目前广泛采用晶闸管可控整流器给电动机供电。

(三) 改变磁通的人为机械特性

一般情况下，他励直流电动机在额定磁通下运行时，电机磁路已接近饱和。因此，改变磁通实际上只能是减弱磁通。

减弱磁通的人为机械特性是指 $U=U_N$、$R_c=0$、只调节磁通 Φ 的机械特性，其机械特性方程式变为

$$n=\frac{U_N}{C_e\Phi}-\frac{R_a}{C_e\Phi C_T\Phi}T \tag{2-10}$$

其特点如下：

(1) 理想空载转速 n_0 与磁通 Φ 成反比，因此减弱磁通会使 n_0 升高；

(2) 减弱磁通人为特性曲线的斜率 β 与 Φ^2 成反比，因此减弱磁通会使斜率 β 加大；

(3) 减弱磁通的人为机械特性曲线是一族直线，但与固有特性曲线相比，即不平行，又非放射。磁通减弱时，特性曲线上移、变软。

图 2-9 是他励直流电动机减弱磁通时的人为机械特性曲线。减弱磁通可以用于平滑调速，由于磁通只能减弱，所以只能从额定转速向上调速。由于受到电动机换向能力和机械强度的限制，由额定转速向上调速的范围是不大的。现在讨论这样一个问题：他励直流电动机的转矩与磁通成正比，弱磁时转矩变小了，为什么转速反而会升高呢？要解决这个问题必须

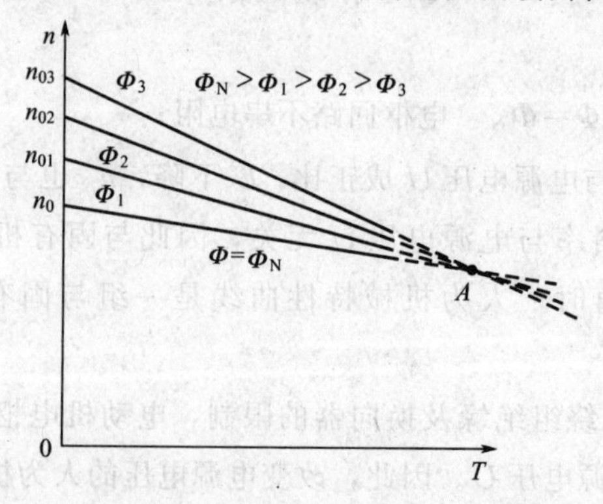

图 2-9 他励直流电动机减弱磁通时的人为机械特性曲线

全面分析直流电动机的基本规律：①$U_N = E_a + I_a R_a$；②$E_a = C_e \Phi$；③$T = C_T \Phi I_a$。此外，在稳定运行时，电动机的电磁转矩必须与负载转矩相平衡，即 $T = T_L$。

由于 $T = T_L$，因此 Φ 减弱时，必须增大 I_a。当保持电源额定电压 U_N 不变（受到电机绝缘材料的限制）时，I_a 增大，E_a 一定会降低。由规律②可知，Φ 减弱，E_a 降低，此时转速 n 升高还是降低，要看 E_a 和 Φ 二者的变化程度而定。

在正常运行条件下，E_a 是接近于 U_N 的，电阻压降 $I_a R_a$ 在 U_N 中所占的成分很少，换句话说，尽管 I_a 增大，它对 E_a 的影响却很小，转速 n 基本不变。当 Φ 减弱时，n 自然要升高了。

从理论上看，减弱磁通使转速下降也有可能。如果把图 2-9 的特性曲线无限制地延长下去，由于它们并不平行，两条特性总会相交（见图中 A 点），在交点 A 上运行时，减弱磁通，转速不变，在 A 点以前，减弱磁通转速升高，过了 A 点以后，减弱磁通反而会使转速下降。然而，出现这种情况时，电枢电流早已超过电枢绕组所能容许的数值，因此实际上是达不到的。

最后，再研究一下电枢反应对机械特性曲线的影响。以上的分析都没有考虑电枢反应，实际上，当电刷放在几何中性线上，而电枢电流不大时，电枢反应的确可以忽略不计。但是当电枢电流较大时，由于饱和的影响，电枢反应会产生明显的去磁作用，相当于随着电枢电流的增大而逐渐减弱磁通，从而使转速升高，其效果是使机械特性变硬，甚至呈上翘现象，如图 2-10 所示。为了避免特性上翘，往往在主磁极上加一个匝数很少的串励绕组，用串励绕组的磁势抵消电枢反应的去磁作用。这时实际上已经是一台积复励电动机，但是由于所加绕组磁势较弱，一般仍将它视为他励电动机，而把串励绕组称作“稳定绕组”。

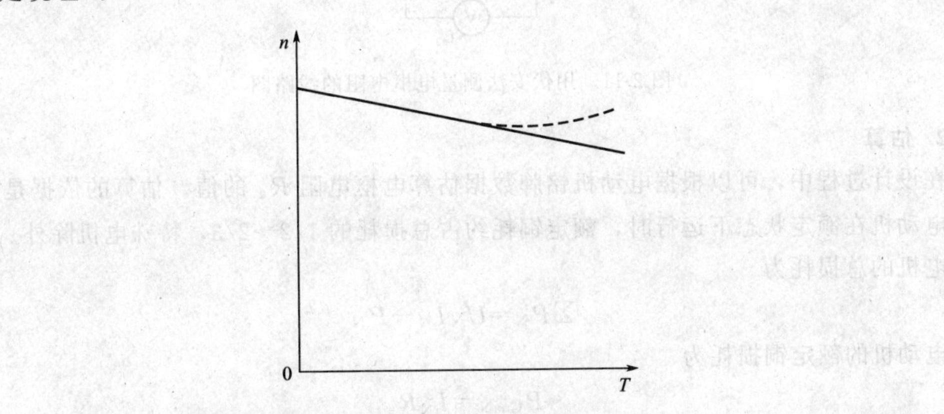

图 2-10　电枢反应对机械特性曲线的影响

四、根据电动机的铭牌数据计算和绘制机械特性曲线

在工程设计中，通常是根据产品目录或电动机铭牌数据计算和绘制机械特性曲线的。

（一）固有机械特性曲线的绘制

忽略电枢反应的去磁效应时，他励直流电动机的固有机械特性曲线是一条略微向下倾斜的直线。众所周知，两点可以确定一条直线，因此只要找到机械特性曲线上的两个点，就可以绘出固有机械特性曲线。通常选择以下两点：

① 理想空载点 $n=n_0$，$T=0$；

② 额定工作点 $n=n_N$，$T=T_N$。

$C_e\Phi_N$可根据额定运行时的电压平衡方程式求出：

$$C_e\Phi_N=\frac{U_N-I_NR_a}{n_N} \tag{2-11}$$

求出 $C_e\Phi_N$后即可根据下式计算出额定电磁转矩：

$$T_N=C_T\Phi_NI_N=9.55C_e\Phi_NI_N \tag{2-12}$$

在电动机的铭牌上可以查到U_N、I_N及n_N三个数据，只要再知道电枢回路电阻R_a就能算出n_0及T_N。求R_a有下述两种方法：

1. 实测

如果有电动机，可以实际测量R_a。由于电枢回路含有电刷，当电流很小时，接触电阻很大，与实际运行时的数值不符，因此不能用万用表测量电枢电阻，须用伏安法测量。具体测量线路如图 2-11 所示，图中R_c是为限制电流而串入的可调电阻。实测时励磁绕组开路，卡住电动机转子，避免电动机在剩磁的作用下旋转。然后在$0.5I_N<I_N<1.2I_N$之间测量数点U_a、I_a，计算$R_a=U_a/I_a$，再求平均值。

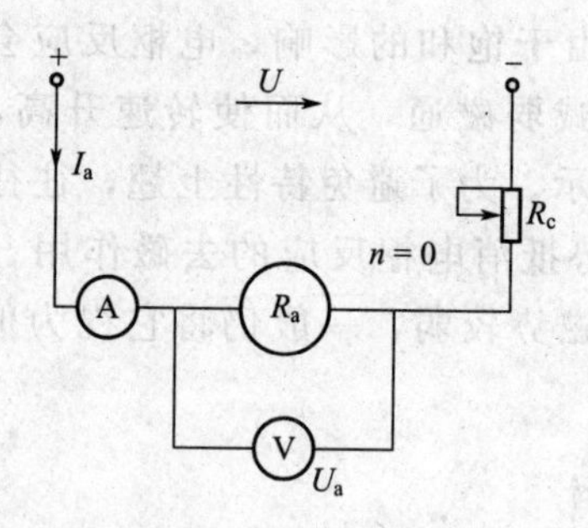

图 2-11　用伏安法测量电枢电阻的线路图

2. 估算

在设计过程中，可以根据电动机铭牌数据估算电枢电阻R_a的值。估算的依据是，普通直流电动机在额定状态下运行时，额定铜耗约占总损耗的 1/2～2/3，特殊电机除外。

电机的总损耗为

$$\sum P_N=U_NI_N-P_N$$

电动机的额定铜损耗为

$$P_{CuaN}=I_N^2R_a$$

则

$$I_N^2R_a=\left(\frac{1}{2}\sim\frac{2}{3}\right)(U_NI_N-P_N)$$

所以估算电枢电阻的公式为

$$R_a=\left(\frac{1}{2}\sim\frac{2}{3}\right)\frac{U_NI_N-P_N}{I_N^2} \tag{2-13}$$

式中，P_N为电动机的额定功率，单位为 W。

综上所述，根据铭牌数据计算电动机固有机械特性的步骤如下。

① 根据U_N、P_N、I_N按式(2-13) 估算R_a；

② 按式(2-11) 计算 $C_e\Phi_N$；

③ 求 $n_0=U_N/(C_e\Phi_N)$；

④ 按式(2-12) 计算 $T_N=9.55C_e\Phi_N I_N$。

在坐标纸上标出（n_0，0）、（n_N，T_N）两点，过这两点连成一条直线，就是固有机械特性曲线。

（二）电枢串电阻人为机械特性的绘制

求出 R_a、$C_e\Phi_N$后，人为机械特性就容易计算了。计算电枢串电阻的人为机械特性时，首先计算理想空载转速 $n_0=U_N/C_e\Phi_N$，得出理想空载点（$n=n_0$，$T=0$），再根据已知的电枢外串电阻 R_c以及额定电磁转矩 $T_N=9.55C_e\Phi_N I_N$，计算在额定负载转矩下电动机的转速：

$$n_{RN}=n_0-\frac{R_a+R_c}{9.55(C_e\Phi_N)^2}T_N \tag{2-14}$$

得出额定负载下的运行点（$n=n_{RN}$，$T=T_N$），过这两点连成一条直线，就得到了电枢串电阻的人为机械特性曲线。

（三）降低电源电压的人为机械特性曲线的绘制

在降低电源电压的人为机械特性上，其理想空载转速与电源电压成正比，降压时的机械特性曲线与固有机械特性曲线平行且下移，因此只要求出降压后的理想空载转速，就可以绘制出降压后的机械特性。下面举例说明降低电源电压的人为机械特性的绘制。

【例 2-1】 一台他励直流电动机，铭牌数据如下：$P_N=40\text{kW}$，$U_N=220\text{V}$，$I_N=210\text{A}$，$n_N=750\text{r/min}$。试求：

（1）固有机械特性；

（2）$R_c=0.4\Omega$ 的人为机械特性；

（3）$U=110\text{V}$ 的人为机械特性；

（4）$\Phi=0.8\Phi_N$的人为机械特性。

解：（1）固有机械特性

估算电枢电阻 R_a

$$R_a\approx\frac{1}{2}\left(\frac{U_N I_N-P_N\times10^3}{I_N^2}\right)=\frac{1}{2}\left(\frac{220\times210-40\times10^3}{210^2}\right)=0.07(\Omega)$$

计算 $C_e\Phi_N$

$$C_e\Phi_N=\frac{U_N-I_N R_a}{n_N}=\frac{220-210\times0.07}{750}=0.2737$$

理想空载转速 n_0

$$n_0=\frac{U_N}{C_e\Phi_N}=\frac{220}{0.2737}=804(\text{r/min})$$

额定电磁转矩 T_N

$$T_N=9.55C_e\Phi_N I_N=9.55\times0.2737\times210=549(\text{N}\cdot\text{m})$$

根据理想空载点（$n_0=804\text{r/min}$，$T=0$）及额定运行点（$n=n_N=750\text{r/min}$，$T_N=549\text{N}\cdot\text{m}$）绘出固有机械特性，见图 2-12 直线 1。

(2) $R_c=0.4\Omega$ 的人为机械特性

理想空载转速 $n_0=804\text{r/min}$，$T=T_N$时电动机的转速 n_{RN}为

$$n_{RN}=n_0-\frac{R_a+R_c}{9.55(C_e\Phi_N)^2}T_N=\left(804-\frac{0.07+0.4}{9.55\times0.2737^2}\times549\right)=443(\text{r/min})$$

通过（$n=n_0=804\text{r/min}$，$T=0$）及（$n=n'=443\text{r/min}$，$T=T_N=549\text{N}\cdot\text{m}$）两点连一直线，既得 $R_c=0.4\Omega$ 时的人为机械特性曲线，如图 2-12 直线 2 所示。

(3) $U=110\text{V}$ 的人为机械特性

理想空载转速 n'_0

$$n'_0=\frac{U}{C_e\Phi_N}=\frac{110}{0.2737}=402(\text{r/min})$$

$T=T_N$时的转速 n_{UN}

$$n_{UN}=n'_0-\frac{R_a}{9.55(C_e\Phi_N)^2}T_N=402-\frac{0.07}{9.55\times0.2737^2}\times549=348(\text{r/min})$$

通过（$n=n'_0=402\text{r/min}$，$T=0$）及（$n=n_{UN}=348\text{r/min}$，$T=T_N=549\text{N}\cdot\text{m}$）两点连成一条直线，即为 $U=110\text{V}$ 的人为机械特性曲线，如图 2-12 直线 3 所示。

(4) $\Phi=0.8\Phi_N$的人为机械特性

减弱磁通时，特性上移变软，因此其人为机械特性上的理想空载点及对应额定电枢电流时的电磁转矩及转速都将发生变化。

理想空载转速 n'_0

$$n'_0=\frac{U_N}{0.8C_e\Phi_N}=\frac{220}{0.8\times0.2737}=1005(\text{r/min})$$

$I_a=I_N$时的电磁转矩 T''

$$T''=0.8\times9.55C_e\Phi_NI_N=0.8\times9.55\times0.2737\times210=439.2(\text{N}\cdot\text{m})$$

$T=T''$时电动机的转速 n''

$$n''=n''_0-\frac{R_a}{0.8^2\times9.55(C_e\Phi_N)^2}T''=1005-\frac{0.07\times439.2}{0.8^2\times9.55\times0.2737^2}$$

通过 $n=n''_0=1005\text{r/min}$，$T=0$ 及 $n=n''=938\text{r/min}$、$T=T''=439.2\text{N}\cdot\text{m}$ 两点连成一条直线，即为 $\Phi=0.8\Phi_N$时的人为机械特性曲线，如图 2-12 直线 4 所示。

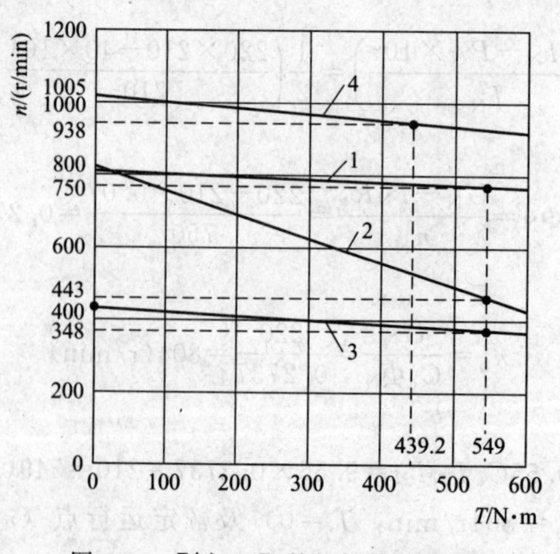

图 2-12 【例 2-1】的机械特性曲线

第二节　生产机械的负载转矩特性

负载转矩特性是指生产机械工作机构的转矩与转速之间的函数关系，即 $T_L=f(n)$。不同的生产机械其负载转矩特性也不相同，本节介绍几种典型的负载转矩特性。

一、恒转矩负载特性

恒转矩负载的特点是负载转矩 T_L 与转速 n 无关，当转速变化时，负载转矩保持恒值。恒转矩负载特性又分为反抗性负载和位能性负载两种。

（一）反抗性恒转矩负载特性

反抗性恒转矩负载转矩是由摩擦阻力产生的转矩，因此是阻碍运动的制动性质转矩。它的特点是不管生产机械的运动方向如何，其作用方向总是与旋转方向相反的，而绝对值的大小则是不变的。属于这一类的生产机械有起重机的行走机构、皮带运输机和轧钢机等。

从反抗性恒转矩负载的性质可知，当 $n_L>0$ 时，$T_L>0$（常数）；$n_L<0$ 时，$T_L<0$（也是常数），且 T_L 的绝对值相等，因此，在 n_L、T_L 直角坐标系中，反抗性恒转矩负载特性是位于Ⅰ、Ⅲ象限且与纵轴相平行的直线，如图 2-13 所示。

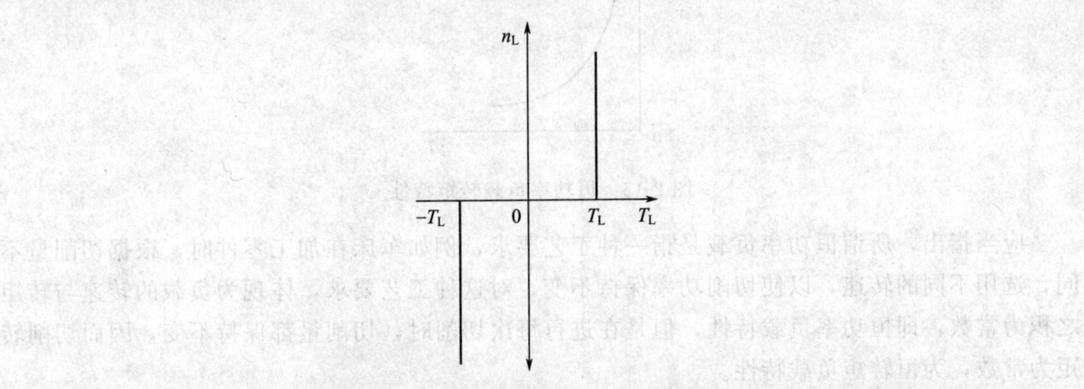

图 2-13　反抗性恒转矩负载机械特性

（二）位能性恒转矩负载特性

位能性恒转矩负载的转矩是由重力作用产生的。其特点是工作机构的转矩绝对值大小恒定不变，而且作用方向也保持不变。当 $n_L>0$ 时，$T_L>0$，T_L 是阻碍运动的制动转矩；$n_L<0$ 时，$T_L>0$，T_L 成为帮助运动的拖动转矩了。在 n_L、T_L 坐标系中，位能性恒转矩负载特性是穿过Ⅰ、Ⅳ象限的直线，如图 2-14 所示。

起重机的提升机构、矿井卷扬机等都具有位能性恒转矩负载特性。对于起重机的提升机构或是矿井卷扬机来说，无论是提升或下放重物，重力作用始终不变。在提升时，重力作用与运动方向相反，它是阻碍运动的；在下放时，重力方向与运动方向相同，变为促进运动的驱动转矩。

二、恒功率负载转矩特性

某些生产机械，例如车床，在粗加工时，切削量大，切削阻力大，这时宜用低速；在精

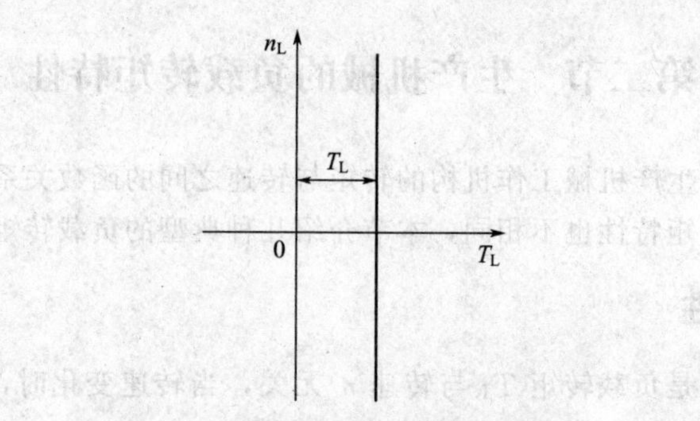

图 2-14　位能性恒转矩负载机械特性

加工时，切削量小，切削阻力小，往往用高速。因此，在不同转速下，负载转矩基本上与转速成反比，即 $T_L n \approx$ 常数，切削功率

$$P_L = T_L \Omega = T_L \frac{2\pi n}{60} \approx \text{常数}$$

可见，切削功率基本不变，其负载转矩特性如图 2-15 所示。

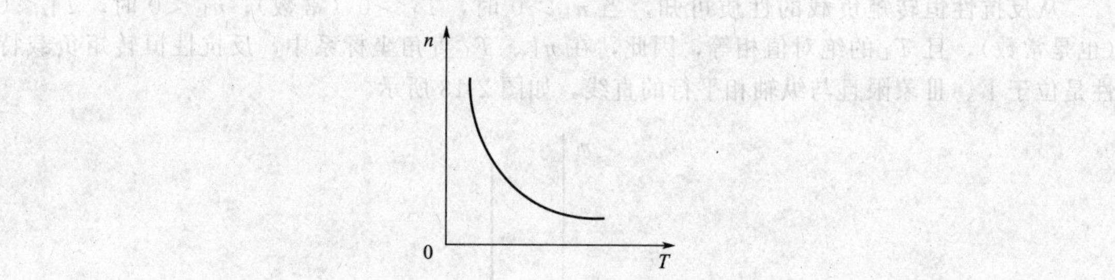

图 2-15　恒功率负载转矩特性

应当指出，所谓恒功率负载是指一种工艺要求，例如车床在加工零件时，根据切削量不同，选用不同的转速，以使切削功率保持不变，对这种工艺要求，体现为负载的转速与转矩之积为常数，即恒功率负载特性，但是在进行每次切削时，切削量都保持不变，因而切削转矩为常数，为恒转矩负载特性。

三、风机、泵类负载转矩特性

鼓风机、水泵、输油泵等流体机械，其转矩与转速的二次方成正比，即 $T_L \propto n^2$。这类生产机械只能单方向旋转，其负载转矩特性如图 2-16 所示。

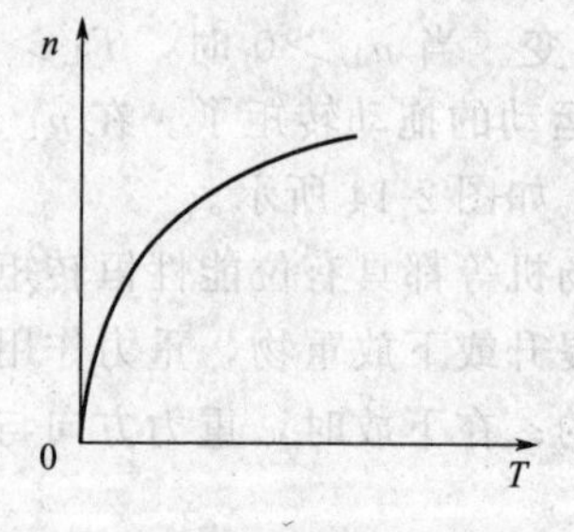

图 2-16　风机泵类负载转矩特性

以上三类负载转矩特性都是很典型的，实际负载可能是一种类型，也可能是几种类型的综合。例如高炉卷扬机，当料车沿着倾斜的轨道向炉顶送料时，就兼有位能和反抗性两类恒

转矩负载特性。

第三节　电力拖动系统的运动方程式

机械特性只表明电动机内部转速和转矩之间的关系，生产机械的负载转矩特性只表明负载的性能，要研究整个电力拖动系统，还必须研究电动机和负载之间的运动规律，研究电力拖动系统的运动方程式。

一、电力拖动系统及各量的参考方向

图 2-17(a) 所示为单轴电力拖动系统，电动机的轴与生产机械的轴直接相连。作用在该轴上的转矩有电动机电磁转矩 T、电动机的空载转矩 T_0及生产机械的负载转矩 T_L。$T_0+T_L=T$，T_L为电动机的负载转矩，轴的角速度为Ω。电动机转子的转动惯量为J_R，生产机械转动部分的转动惯量为J_f。联轴器的转动惯量比J_R及J_L小很多，可以忽略，因此单轴拖动系统对转轴的总转动惯量为$J=J_R+J_L$。图 2-17(b) 给出了各物理量的参考方向。假定电力拖动系统逆时针方向旋转，电磁转矩 T 的正方向与电动机的旋转方向相同，生产机械的负载转矩 T_L及空载转矩 T_0的正方向与电动机的旋转方向相反。

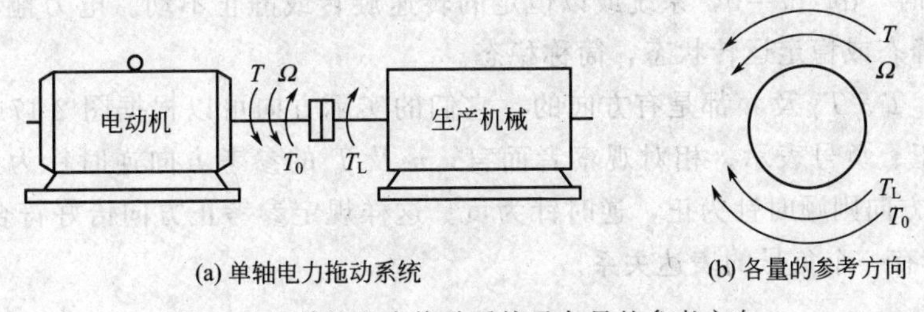

图 2-17　单轨电力拖动系统及各量的参考方向

二、电力拖动系统的运动方程式

如图 2-17(a) 所示，假定两轴之间为刚性连接，并忽略轴的弹性变形，那么其单轴电力拖动系统可以看成刚体绕固定轴转动。根据力学中刚体旋转运动定律及各量的参考正方向有

$$T-T_L=J\frac{\mathrm{d}\Omega}{\mathrm{d}t} \tag{2-15}$$

式中　T——电动机的电磁转矩，N·m；

T_L——电动机的负载转矩，N·m；

J——电动机轴上的总转动惯量，kg·m^2；

Ω——电动机的角速度，rad/s。

式(2-15) 称为单轴电力拖动系统的运动方程式，它描述了作用于单轴拖动系统的转矩与速度之间的关系，是研究电力拖动系统各种运动状态的基础。

在工程计算中，通常用转速 n 代替角速度Ω，用飞轮矩 GD^2代替转动惯量 J，n 与Ω 的关系为

$$\Omega=\frac{2\pi}{60}n$$

J 与 GD^2之间的关系为

$$J = m\rho^2 = \frac{G}{g}\left(\frac{D}{2}\right)^2 = \frac{GD^2}{4g} \tag{2-16}$$

式中　m——系统转动部分的质量，kg；

G——系统转动部分的重力，N；

ρ——系统转动部分的回转半径，m；

D——系统转动部分的回转直径，m；

g——重力加速度，可取 $g=9.81\text{m/s}^2$。

把式(2-15) 中的 Ω 和 J 用 n 和 GD^2 代替，可得

$$T - T_L = \frac{GD^2}{375}\frac{\mathrm{d}n}{\mathrm{d}t} \tag{2-17}$$

式中，GD^2 是系统转动部分的总飞轮矩，单位为 $\text{N}\cdot\text{m}^2$；$375=4g\times60/(2\pi)$，是具有加速度量纲的系数。

式(2-17) 是电力拖动系统运动方程式的实用形式，它表明电力拖动系统的转速变化 $\mathrm{d}n/\mathrm{d}t$（即加速度）由 $T\text{-}T_L$ 决定。

当 $T>T_L$ 时，$\mathrm{d}n/\mathrm{d}t>0$，系统加速；当 $T<T_L$ 时，$\mathrm{d}n/\mathrm{d}t<0$，系统减速；这两种情况，系统的运动都处在过渡过程之中，称为动态或过渡状态。

当 $T=T_L$ 时，$\mathrm{d}n/\mathrm{d}t=0$，系统或以恒定的转速旋转或静止不动。电力拖动系统的这种运动状态称为静态或稳定运转状态，简称稳态。

必须注意，T、T_L 及 n 都是有方向的，它们的实际方向可以根据图 2-17(b) 给出的参考正方向，用正、负号表示。相对观察者而言，n 及 T 的参考方向逆时针为正，顺时针为负；T_L 的参考方向则顺时针为正，逆时针为负。这样规定参考正方向恰好符合式(2-17) 中负载转矩 T_L 前有一个负号的表达关系。

三、电力拖动系统稳定运行的条件

把电动机的机械特性和负载转矩特性结合起来，就可以研究电力拖动系统的稳定运行问题。在图 2-18 中，设直线 1 为电动机的机械特性，直线 2 为负载转矩特性，两条直线交点为 A，在 A 点系统以 n_a 的转速恒速运行。此时系统处于平衡状态。这表明两条特性交点处（即 $T=T_L$），就是系统的平衡状态。但是系统处于平衡状态并不代表系统能够稳定运行。$T=T_L$ 只是系统稳定运行的一个必要条件。如果交点处两特性配合不好，系统也有可能不能稳定运行。电力拖动系统稳定运行的充分条件是：如果系统原在交点处稳定运行，由于出现某种扰动（如电网电压的波动、负载转矩的微小变化等），离开了平衡位置，当扰动消失

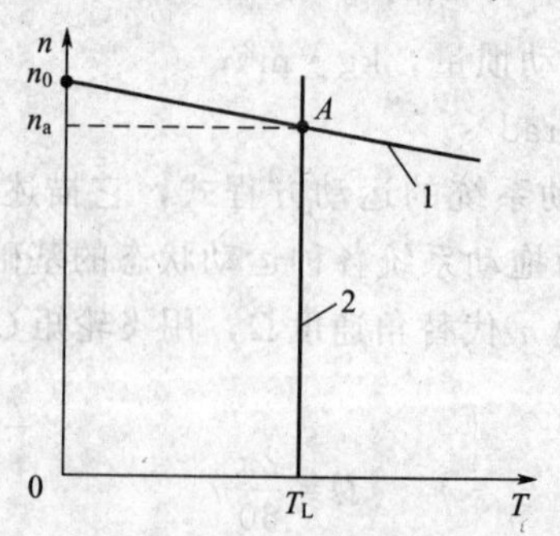

图 2-18　电力拖动系统的平衡状态

后，系统还能回到原来的平衡位置。下面举例说明电力拖动系统稳定运行的条件。

【例 2-2】 他励直流电动机拖动恒转矩负载，当电网电压上下波动时的情况。如图 2-19(a)所示。系统原工作在平衡点 A 处，由于某种原因，电网电压向下波动，从 U_1 降到 U_2。由于机械惯性的影响，转速 n 不能突变。而电磁惯性较小可忽略不计，则 I_a 突然减小，T 也突然减小，从 A 点平移到 B 点，所以 $T<T_L$，破坏了原来的平衡状态。由电力拖动系统运动方程式知，此时系统要减速。随着 n 的下降，反电势 E_a 减小，I_a 增大，T 增大，系统沿 BC 特性减速，直到 C 点，$n=n_C$，$T=T_L$，系统又以 n_C 转速恒速运行。如果扰动消失，电压从 U_2 升到 U_1，系统从 C 点平移到 D 点，然后沿新的特性回到 A 点稳定运行。也就是当扰动消失后，该系统还能回到原来的平衡位置。所以这个平衡是稳定的。

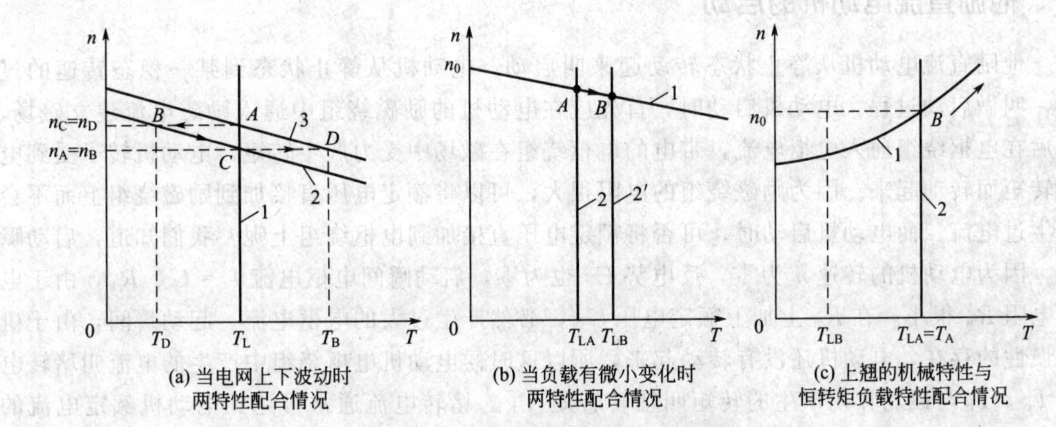

图 2-19 他励直流电动机的稳定运行

【例 2-3】 他励直流电动机拖动恒转矩负载，当负载有微小变化时两特性配合情况。如图 2-19(b) 所示。系统原来运行在平衡点 A，由于某种原因，负载由 T_{L1} 增大到 T_{L2} 瞬间，电动机转矩 T 的数值没有发生变化，所以 $T<T_L$，系统减速，直到 $T=T_L$，达到新的平衡点 B。若扰动消失，负载转矩又从 T_{L2} 减小到 T_{L1}，则 $T>T_L$，系统加速，又回到原来的平衡点。所以这个平衡是稳定的。

【例 2-4】 上翘的机械特性与恒转矩负载特性配合情况。如图 2-19(c) 所示，当考虑电枢反应的影响时，在负载较大时，电动机的机械特性呈上翘现象。该特性与恒转矩负载特性在 B 点相交时，这样的配合将导致系统不能稳定运行。例如当负载转矩由于某种原因由 T_{L1} 增加到 T_{L2} 时，此时 $T<T_L$，电动机将减速运行，系统将远离平衡点；反之电动机将加速，系统离平衡点也越来越远。总之，在 B 点，不论负载减小或增加，电力拖动系统都没有恢复到平衡点的能力。说明这两种特性配合电力拖动系统是不能稳定运行的。

由前三个例题可以看出，对于恒转矩负载，要使系统稳定运行，电动机需要具有向下倾斜的特性。如果电动机的机械特性向上翘，系统就不能够稳定运行。

推广到一般情况，如果电动机的机械特性与负载转矩特性在交点处能满足下列要求，则系统的运行是稳定的，否则是不稳定的：

在交点所对应的转速之上应保证 $T<T_L$（即高于平衡点的速度时，系统应作减速运动），在交点所对应的转速之下应保证 $T>T_L$（即低于平衡点的速度时，系统应作加速运动），只有这样的配合才能保证系统有恢复原转速的能力。

第四节　他励直流电动机的启动和制动

电动机的启动和制动特性是衡量电动机运行性能的一项重要指标。特别是有些生产机械，例如可逆式轧钢机、高炉进料的卷扬机，龙门刨床等，经常进行正反转，拖动这些生产机械的电动机也就需要频繁的启动和制动。因此了解电动机的启动和制动特性是十分必要的。

要评价电动机的启动和制动性能，首先要对电动机启、制动的物理过程进行分析，以便了解启、制动过程中，电流和转矩的变化规律，然后才能正确的选则启、制动方法。

一、他励直流电动机的启动

他励直流电动机从静止状态转动起来叫启动。电动机从静止状态到某一稳态转速的过程，叫做启动过程。电动机启动时，首先应在电动机的励磁绕组中通入励磁电流建立磁场，然后在电枢绕组通入电枢电流，带电的电枢绕组在磁场中受力产生转矩，电动机转子受到电磁转矩而转动起来。因为励磁绕组的电阻很大，可以将额定电压直接加到励磁绕组上而不会产生过电流。而电动机启动时，可否将额定电压直接加到电枢绕组上呢？我们知道，启动瞬间，因为电动机的转速 n 为零，反电势 E_a 也为零，启动瞬间电枢电流 $I_a=U_N/R_a$，由于电枢电阻 R_a 很小，在 R_a 上加上额定电压 U_N，必然产生过大的电枢电流。起动瞬间，由于机械惯性的存在，电动机还没有转动起来，所以这时候电动机电枢绕组中产生的电流叫堵转电流 I_K。I_K与磁场作用产生的转矩叫堵转转矩 T_K。堵转电流通常可达到电动机额定电流的10～20 倍。这么大的电流会引起以下后果：

① 大电流将使电动机换向困难，主要是在换向器表面产生强烈的火花，甚至产生环火；

② 大电流在电枢绕组中产生过大的电动应力，损坏电动机的绕组；

③ 大电流使电动机产生过大的电磁转矩，因为电动机的电磁转矩与电枢电流成正比，因此电磁转矩 T 也与之成正比地增长 10～20 倍，这样大的转矩突然加到传动机构上，将损坏机械部件的薄弱环节，例如传动机构的轮齿等；

④ 大电流将使供电电网的电压上下波动，特别是电机容量较大时，会使电网电压波动较大，将影响在同一电网上运行的其他设备的正常运行。

因此一般情况下，不允许电动机在额定电压下直接启动。而要对启动时的堵转电流加以限制。由 $I_K=U_N/R_a$可知，限制堵转电流的措施有两个。一是降低电源电压 U，二是加大电枢回路电阻。因此直流电动机启动方法主要有降压启动和电枢串电阻启动两种。

（一）降低电源电压启动

图 2-20(a) 是降低电源电压启动时的接线图。电动机的电枢由可调直流电源（直流发电机或可控整流器）供电。启动时，先将励磁绕组接通电源，并将励磁电流调到额定值，然后从低向高调节电枢回路的电压。启动瞬间加到电枢两端的电压 U_1 在电枢回路中产生的电流不应超过 $(1.5\sim2)I_N$。这时电动机的机械特性为图 2-20(b) 中的直线 1，此时电动机的电磁转矩大于负载转矩，电动机开始旋转。随着转速升高，E_a 增大，电枢电流 $I_a=(U_1-E_a)/R_a$ 逐渐减小，电动机的电磁转矩也随着减小。当电磁转矩下降到 T_2时，将电源电压提高到 U_2，其机械特性为图中的直线 2。在升压瞬间，n 不变，E_a 也不变，因此引起 I_a 增

大，电磁转矩增大，直到 T_3，电动机将沿着机械特性 2 升速。逐级升高电源电压，直到 $U=U_N$ 时电动机将沿着图中的点 $a\to b\to c\to\cdots\to k$，最后加速到 P 点，电动机稳定运行，降低电源电压起动过程结束。

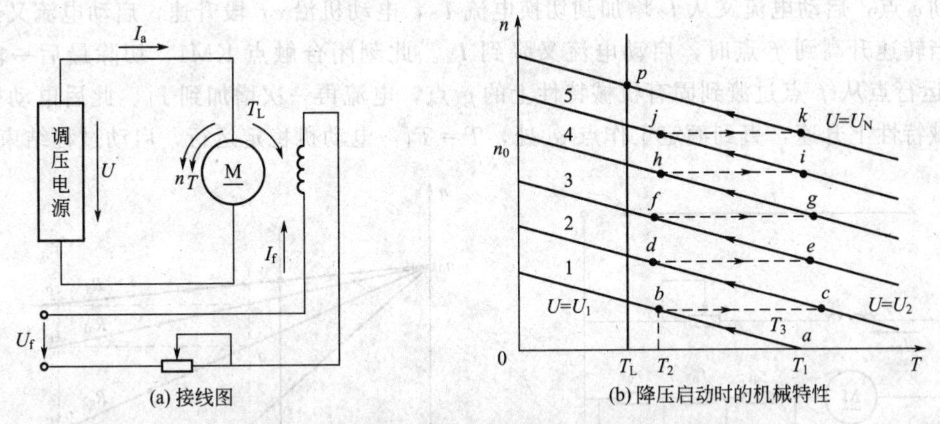

图 2-20　降低电源电压启动时的接线及机械特性

值得注意的是在调节电源电压时，不能升得太快，否则会引起过大的冲击。

降压启动方法在启动过程中能量损耗小，启动平稳，便于实现自动化，但需要一套可调节的直流电源，增加了初投资。

(二) 电枢串电阻启动

启动时，在电枢回路中串接启动电阻以限制启动电流，称为串电阻启动。在启动过程中，将串入电枢回路的启动电阻再分级切除，这种启动方法称为电枢串电阻分级启动。如果把启动电阻一次全部切除，会引起过大的电流冲击。如果启动过程中，不分级切除启动电阻也不行，因为当电动机旋转起来后，产生了反电势 E_a，这时电动机的启动电流应为

$$I_q=\frac{U_N-E_a}{R_a+R_q}=\frac{U_N-C_e\Phi n}{R_a+R_q}$$

随着电动机的转速升高，E_a 增大，I_q 也就减小，电动机的启动转矩 T_q 随之减小。电动机的动态转矩及加速度也就减小，转速的上升缓慢，使启动过程时间延长。

在分级启动过程中，如果忽略电枢回路电感，并合理地选择每次要切除的电阻值，就能做到每切除一段启动电阻，电枢电流就瞬间增大到最大启动电流 I_1。此后随着转速上升，电枢电流下降，每当电枢电流下降到某一数值 I_2 时就切除一段电阻，电枢电流就又突增至 I_1。这样在启动过程中就可以把电枢电流限制在 I_1 和 I_2 之间。I_2 称之为切换电流。

1. 电枢串电阻分级启动过程及其机械特性

下面以三级启动为例，说明三级启动过程。图 2-21(a) 为三级启动时的接线图，启动电阻分为三段，r_{q1}、r_{q2} 和 r_{q3}，接触器的三个常开触点分别并联在三个分级电阻上。启动过程如下：

启动瞬间，KM1、KM2、KM3 都断开，电枢回路的总电阻为 $R_{q3}=R_a+r_{q1}+r_{q2}+r_{q3}$，启动机运行点为图中 a 点，启动电流为 I_1，启动转矩为 $T_1>T_f$，然后沿直线 ab 升速，启动电流下降，到图中的 b 点时，启动电流降到切换电流 I_2，在这时 KM3 闭合，切除电阻 r_{q3}，电枢总电阻变为 $R_{q2}=R_a+r_{q1}+r_{q2}$，机械特性为直线 cdn_0。切除电阻瞬间转速

不能突变，电流则突增至 I_1，运行点过渡到 c 点。此后电动机又沿着直线 cd 升速，启动电流下降。当转速升到图中 d 点，启动电流又下降到 I_2，此刻闭合 KM2，切除第二段电阻 r_{q2}，电枢回路总电阻变为 $R_{q1}=R_a+R_{q1}$，电动机的机械特性为直线 efn_0，运行点从 d 点过渡到 e 点，启动电流又从 I_2 增加到切换电流 I_1，电动机沿 ef 段升速，启动电流又开始下降。当转速升高到 f 点时，启动电流又降到 I_2。此刻闭合触点 KM1，切除最后一段电阻 r_{q1}，运行点从 f 点过渡到固有机械特性上的 g 点，电流再一次增加到 I_1。此后电动机在固有机械特性上升速，直到额定工作点 w 处，$T=T_f$，电动机稳定运行，启动过程结束。

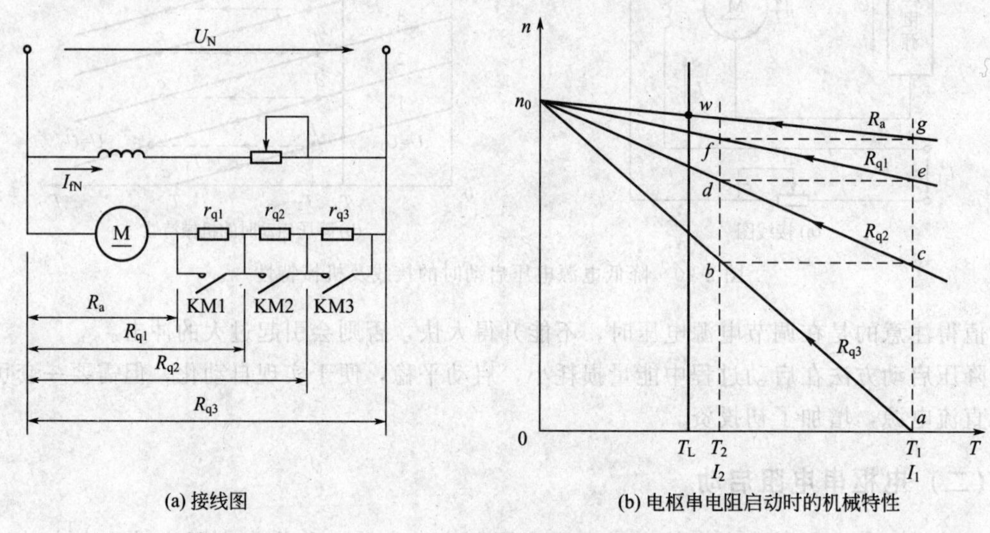

(a) 接线图　　(b) 电枢串电阻启动时的机械特性

图 2-21　电枢串电阻三级启动的接线图及机械特性

2. 启动电阻的计算

各级启动电阻的计算，应以在启动过程中最大启动电流 I_1（或最大启动转矩 T_1）及切换电流 I_2（或切换转矩 T_2）不变为原则。对普通型直流电动机通常取

$$I_1=1.5\sim2I_N \tag{2-18}$$

$$I_2=1.1\sim1.2I_N \tag{2-19}$$

在切换启动电阻瞬间，电动机的转速不能突变，所以在图 2-21(b) 中 b、c 两点的电枢电动势相等，而电源电压为额定值不变，因此 b、c 两点的电枢压降也相等，即

$$I_2R_{q3}=I_1R_{q2} \tag{2-20}$$

令 $I_1/I_2=\lambda$，λ 称为启动电流（或启动转矩）比，于是有

$$R_{q3}=\lambda R_{q2} \tag{2-21}$$

同理，在 d、e 两点和 f、g 两点有

$$R_{q2}=\lambda R_{q1} \tag{2-22}$$

$$R_{q1}=\lambda R_a \tag{2-23}$$

把式(2-22) 及式(2-23) 代入式(2-21) 可得

$$R_{q3}=\lambda^3R_a$$

推广到一般情况，若启动级数为 m，则 R_{qm} 为

$$R_{qm}=\lambda^mR_a$$

启动电流比

$$\lambda=\sqrt[m]{\frac{R_{qm}}{R_a}}$$

计算启动电阻时可能有以下两种情况。

(1) 启动级数尚未确定

这时可按以下步骤计算启动电阻：

① 根据电动机的铭牌数据估算 R_a；

② 根据生产机械对启动时间、启动的平稳性以及电动机的最大允许电流，确定 I_1 及 I_2，并计算 R_{qm} 及 λ，即

$$R_{qm}=\frac{U_N}{I_1}$$

$$\lambda=\frac{I_1}{I_2}$$

要求启动时间短时，可取较大的 I_1；要求启动平稳、启动转矩冲击小时，需要较多的启动级数，这时应取较小的 λ 值；

③ 由 R_a、R_{qm} 及 λ，按下式计算启动级数：

$$m=\frac{\ln\frac{R_{qm}}{R_a}}{\ln\lambda}$$

请注意应把求出的 m 凑成整数；

④ 由 m 求出新的启动电流比 λ'

$$\lambda'=\sqrt[m]{\frac{R_{qm}}{R_a}}$$

⑤ 计算各段启动电阻

$$\begin{aligned}
r_{q1}&=R_{q1}-R_a=\lambda'R_a-R_a=(\lambda'-1)R_a\\
r_{q2}&=R_{q2}-R_{q1}=\lambda'R_{q1}-R_{q1}=(\lambda'-1)R_{q1}=(\lambda'-1)\lambda'R_a=\lambda'r_{q1}\\
r_{q3}&=R_{q3}-R_{q2}=\lambda'r_{q2}\\
&\vdots\\
r_{qm}&=\lambda'r_{q(m-1)}
\end{aligned}\tag{2-24}$$

(2) 启动级数 m 已知

这时可根据电动机最大允许电流确定 I_1，并计算 λ：

$$\lambda=\sqrt[m]{\frac{R_{qm}}{R_a}}=\sqrt[m]{\frac{U_N}{I_1R_a}}\tag{2-25}$$

由求得的 λ 值可计算出 $I_2=I_1/\lambda$，然后校核 I_2，一般情况下 I_2 应在 $1.1\sim1.2I_N$ 的范围内，如果 I_2 过大或过小，说明级数确定得不合理，应改变级数。最后按式(2-24) 计算各段启动电阻。

【例 2-5】 一台他励直流电动机的铭牌数据为：型号 Z-290，额定功率 $P_N=29\text{kW}$，额定电压 $U_N=440\text{V}$，额定电流 $I_N=76\text{A}$，额定转速 $n_N=1000\text{r/min}$，电枢绕组电阻 $R_a=0.377\Omega$，试用解析法计算四级启动时的启动电阻。

解：已知启动级数 $m=4$，

选取

$$I_1=2I_N=2\times76=152(\text{A})$$

$$R_m=R_4=\frac{U_N}{I_1}=\frac{440}{152}=2.895(\Omega)$$

$$\lambda=\sqrt[4]{\frac{R_4}{R_a}}=\sqrt[4]{\frac{2.895}{0.377}}=1.664$$

则各级启动总电阻值如下：

$$R_{q1}=\lambda R_a=1.664\times0.377=0.627(\Omega)$$
$$R_{q2}=\lambda R_{q1}=1.664\times0.627=1.042(\Omega)$$
$$R_{q3}=\lambda R_{q2}=1.664\times1.042=1.735(\Omega)$$
$$R_{q4}=\lambda R_{q3}=1.664\times1.735=2.895(\Omega)$$

各段电阻如下：

$$r_{q1}=R_{q1}-R_a=0.627-0.377=0.250(\Omega)$$
$$r_{q2}=R_{q2}-R_{q1}=1.042-0.627=0.415(\Omega)$$
$$r_{q3}=R_{q3}-R_{q2}=1.735-1.042=0.693(\Omega)$$
$$r_{q4}=R_{q4}-R_{q3}=2.895-1.735=1.160(\Omega)$$

二、他励直流电动机的制动

所谓制动，就是使拖动系统从某一稳定转速很快减速停车（如可逆轧机），或是为了限制电动机转速的升高（如起重机下放重物、电车下坡等），使其在某一转速下稳定运行，以确保设备和人身安全。

制动的方法有以下几种：机械制动、电气制动、自由停车。而电气制动方法又分为能耗制动、反接制动（倒拉反接和电源反接）、回馈制动三种。

电动机在运行时，如果切断电源，使整个拖动系统的转速漫漫下降直到转速为零，这种制动方法一般称为自由停车。这种制动是靠摩擦阻转矩实现的，因而制动时间很长。机械制动就是采用机械抱闸进行制动，这种制动虽然可以加快制动过程，但闸皮磨损严重，增加了维修工作量。所以对需要频繁快速启动、制动和反转的生产机械，一般都不采用前两种制动方法，而采用电气制动的方法，就是让电动机产生一个与旋转方向相反的电磁转矩来实现制动。电气制动方法便于控制，容易实现自动化，比较经济。

电动机在运行时，若电动机的电磁转矩 T 与转速 n 方向一致时，T 是拖动性质转矩根据正方向的规定，T 与 n 符号相同，电磁功率 $P_{em}=T\Omega=E_aI_a>0$，表示电动机把大小为 E_aI_a 的电磁功率转变为数量相等的机械功率 $T\Omega$，我们把这部分功率称为电磁功率，并用 P_{em}表示。这时电动机的工作状态为电动状态。采用电气制动时，电动机的电磁转矩 T 与转速 n 方向相反，T 是制动性质的阻转矩，电磁功率 $P_{em}=T\Omega=E_aI_a<0$，表示电动机吸收了机械功率 $T\Omega$，并将其转变为电功率 E_aI_a，电动机成为一台发电机，但与一般发电机不同。其输入的机械功率不是由原动机供给的，而是来自拖动系统在降速过程中释放出来的动能，或者来自位能性负载（如起重机下放重物或电车下坡行驶）位能的减少；所发出的电功率不是供给用电设备而是转变为电阻上的损耗功率，或者回馈电网。电动机的这种工作状态称为制动状态。

下面分别讨论各种电气制动状态的物理过程、机械特性及制动电阻的计算等问题。

（一）能耗制动

他励直流电动机能耗制动过程如图 2-22 所示。当接触器将电源接入电枢后，电动机拖动恒转矩负载在正向电动状态下运行，这时 n、T 及 T_L 均为正，如图 2-22(a) 所示。当接触器将电源断开并将电阻 R_c 接入电枢形成闭合回路，电动机将快速停车，$U=0$；在电路切换瞬间，电动机的转速不能突变，因而电枢电势 E_a 也不变。忽略电枢电感时，电枢电流 $I_a=-E_a/(R_c+R_a)$ 为负，产生制动转矩，如图 2-22(b) 所示。

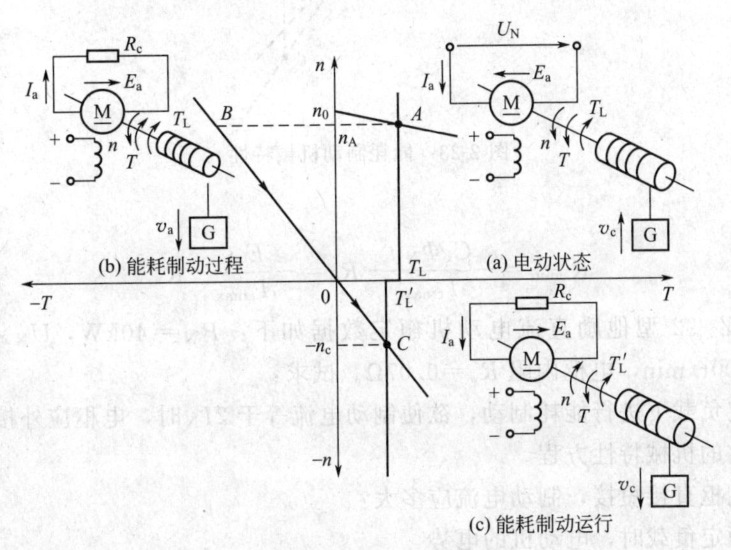

图 2-22　他励直流电动机能耗制动原理图

在制动过程中，因 $U=0$，电动机与电源没有能量关系，而电磁功率 $P_{em}=E_aI_a=T\Omega<0$，说明电动机从轴上输入机械功率，扣除空载损耗功率后，其余的功率通过电磁作用转变成电功率，消耗在电枢回路电阻上，即 I_a^2 (R_a+R_c)。电动机输入的机械功率来自降速过程中系统在单位时间内释放的动能 $(J\Omega^2)/2$。当制动到 $n=0$ 时，系统贮存的动能全部释放完毕，制动过程结束。

在能耗制动时，$U=0$，$\Phi=\Phi_N$，因此其机械特性方程式为

$$n=-\frac{R_a+R_c}{C_e\Phi_N}I_a=-\frac{R_a+R_c}{C_T\Phi_N C_e\Phi_N}T \tag{2-26}$$

从式(2-26) 可知，能耗制动机械特性是一条通过原点的直线，如图 2-23 所示。假定制动前电动机在固有机械特性上的 A 点稳定运行。开始切换到能耗制动瞬间，转速 n_A 不能突变，电动机从工作点 A 过渡到能耗制动机械特性的 B 点上。B 点的电磁转矩 $T_B<0$，拖动系统在电磁转矩和负载转矩的共同作用下，电动机沿能耗制动的机械特性很快减速，直到原点，电磁转矩及转速都降到零，如果负载为反抗性负载，电力拖动系统停止运转。如果负载为位能性负载（如吊车）在位能性负载转矩的作用下，电动机将被拖动向反方向旋转，机械特性将延伸到第四象限（如图中虚线所示）。随着转速的增加，转矩也不断增大，直到 $T=T_L$ 时，转速稳定在 C 点，这时电动机运行在反向能耗制动状态下，等速下放重物。

在图 2-23 中还给出了不同制动电阻时的机械特性。可以看出，在某一转速下，电枢电阻越大，制动电流和制动转矩越小。根据电枢电路串电阻时的机械特性可以求出制动电阻的

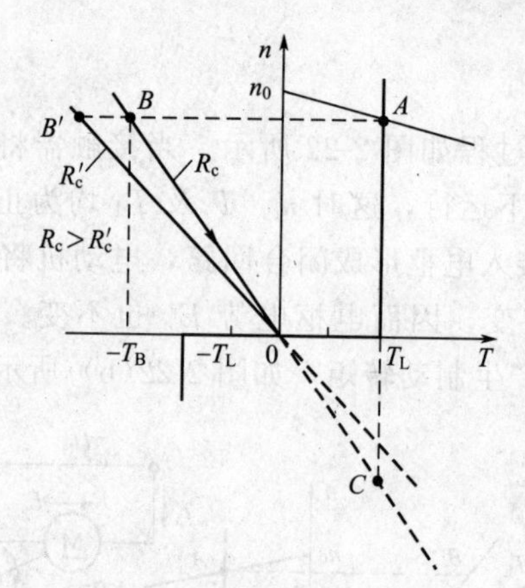

图 2-23 能耗制动机械特性

数值：

$$R_{\mathrm{cmin}}=-\frac{C_{\mathrm{e}}\Phi_{\mathrm{N}}n}{I_{\mathrm{cmax}}}-R_{\mathrm{a}}=-\frac{E_{\mathrm{aN}}}{I_{\mathrm{cmax}}}-R_{\mathrm{a}} \tag{2-27}$$

【例 2-6】 Z_2-92 型他励直流电动机额定数据如下：$P_N=40\mathrm{kW}$，$U_N=220\mathrm{V}$，$I_N=210\mathrm{A}$，$n_N=1000\mathrm{r/min}$，电枢内阻 $R_a=0.07\Omega$。试求：

(1) 在额定负载下进行能耗制动，欲使制动电流等于 $2I_N$时，电枢应外接多大电阻？

(2) 求出它的机械特性方程。

(3) 如果电枢直接短接，制动电流应多大？

解：(1) 额定负载时，电动机的电势

$$E_{\mathrm{aN}}=U_{\mathrm{N}}-I_{\mathrm{N}}R_{\mathrm{N}}=220-210\times0.07=205.3(\mathrm{V})$$

按要求

$$I_{\mathrm{cmax}}=-2I_{\mathrm{N}}=-2\times210=-420(\mathrm{A})$$

能耗制动时，电枢总电阻

$$R=-\frac{E_{\mathrm{a}}}{I_{\mathrm{cmax}}}=\frac{-205.3}{-420}=0.489(\Omega)$$

应接入制动电阻

$$R_{\mathrm{c}}=R-R_{\mathrm{a}}=0.489-0.07=0.419(\Omega)$$

(2) 机械特性方程

$$C_{\mathrm{e}}\Phi_{\mathrm{N}}=\frac{E_{\mathrm{a}}}{n_{\mathrm{N}}}=\frac{205.3}{1000}=0.2053$$

$$C_{\mathrm{T}}\Phi_{\mathrm{N}}=9.55C_{\mathrm{e}}\Phi_{\mathrm{N}}=9.55\times0.2053=1.96$$

所以机械特性方程为

$$n=-\frac{R}{C_{\mathrm{e}}\Phi_{\mathrm{N}}C_{\mathrm{T}}\Phi_{\mathrm{N}}}T=1.215T$$

(3) 如果电枢直接短接，制动电流

$$I_{\mathrm{cmax}}=-\frac{E_{\mathrm{a}}}{R_{\mathrm{a}}}=-\frac{205.3}{0.07}=-2933(\mathrm{A})$$

此电流约为额定电流的 14 倍，由此可见能耗制动时，不许直接将电枢短接，必须接入一定数值的制动电阻。

（二）反接制动

反接制动可用两种方法实现，即转速反向的反接制动（一般用于位能负载）和电源反接制动（一般用于反作用负载）。

1. 转速反向的反接制动

这种制动方法可用图 2-24 中起重机下放重物来说明。在图 2-24(a) 中，当提升重物时，电动机逆时针方向旋转，此时电动机稳定运行于图 2-25 中固有特性曲线上的 A 点。

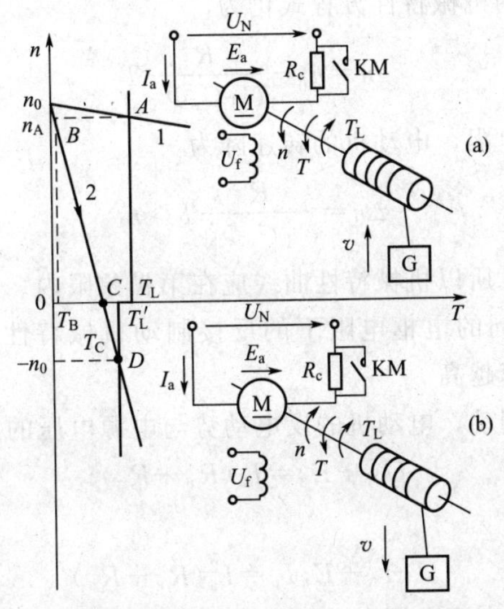

图 2-24　电动机带位能负载转速反向反接制动时的原理图

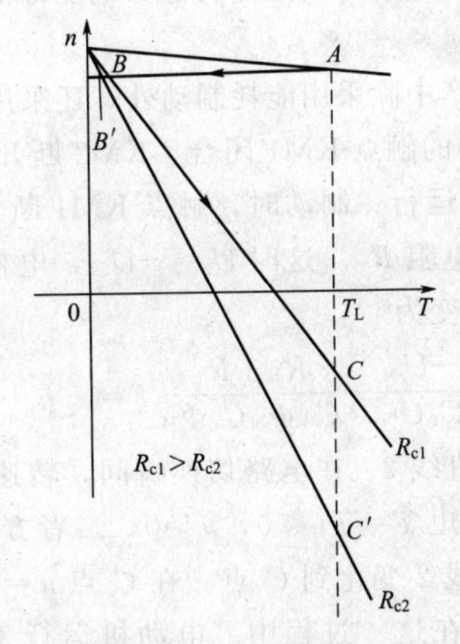

图 2-25　转速反向的反接制动时的机械特性

若以大电阻 R_q 串联到电枢电路中，使电枢电流大大减小，电动机便平移到电枢串电阻的人为特性曲线的 B 点上。由于这时电动机的电磁转矩小于负载转矩，电动机的转速下降，反电动势随之减小，与此同时电枢电流和电磁转矩又随反电动势减小而重新增加。转速与转矩将沿着串电阻后的人为特性曲线中箭头所示方向变化。当转速降到零时，如果电动机电磁转矩仍小于负载转矩，则在位能性负载转矩作用下，电动机将在位能性负载转矩的作用下反转，其旋转方向变为重物下放的方向，如图 2-24(b)。在此情况下，电动机的电动势方向也随之改变，而与电源电压方向相同，于是电枢电路中电流为

$$I_a=\frac{U_N-(-E_a)}{R}=\frac{U_N+E_a}{R_a+R_c} \tag{2-28}$$

由于电枢电流方向未变，电动机的电磁转矩方向亦未变，但因旋转方向已改变，所以电磁转矩便成为阻碍运动的制动转矩，当 $T=T_L$ 时，他励直流电动机稳定运行于图 2-25 中人为特性的 C 点上。

转速反向的反接制动的机械特性方程式仍为

$$n=n_0-\frac{R}{C_T C_e \Phi_N^2}T$$

但此时由于电枢串入了大电阻，电动机的转速降为

$$\Delta n=\frac{R}{C_T C_e \Phi_N^2}T>n_0$$

即电动机的转速变为负值，所以机械特性曲线应在第Ⅳ象限内。

图 2-25 也表示了在不同的电枢电阻下的反接制动机械特性。可以看出在同一转矩下，电阻越大，稳定的下放转速越高。

由于转速反向的反接制动，电动机的反电动势与电源电压的方向一致，故有

$$U_N+E_a=I_a(R_a+R_c)$$

将上式两边乘以 I_a，得

$$U_N I_a+E_a I_a=I_a^2(R_a+R_c)$$

上式左边第一项 $U_N I_a$ 表示直流电源向电动机供给的电能，左边第二项 $E_a I_a$ 则表示当电动机下放重物时，将机械能转变为电能，以上这两部分电能都消耗在电枢电阻上了。

2. 电源反接制动

为了实现快速停车，在生产中除采用能耗制动外，还采用电源反接制动。电源反接制动接线图见图 2-26(a)。当接触器的触点 KM1 闭合、KM2 断开时，电动机拖动反抗性恒转矩负载在固有机械特性上的 A 点运行；制动时，触点 KM1 断开，KM2 闭合，将电源电压反向，同时在电枢回路中串入了电阻 R_c。这时 $U=-U_N$，电枢回路总电阻为 R_a+R_c；$\Phi=\Phi_N$。电动机的机械特性方程式变为

$$n=\frac{-U_N}{C_e C_N}-\frac{R_a+R_c}{C_T \Phi_N C_e \Phi_N}T=-n_0-\beta T \tag{2-29}$$

相应的机械特性为第Ⅱ象限的直线 2。在电路切换瞬间，转速 n_a 不能突变，工作点从 A 点过渡到 B 点。在 B 点，电磁转矩 $T=T_B<0$，$n>0$，二者方向相反，电磁转矩成为制动转矩，电动机减速，T 及 n 沿直线 2 变化到 C 点。在 C 点 $n=0$，停车过程结束，触点 KM2 断开，将电动机的电源切除。在这一过程中。电动机运行于第Ⅱ象限，是转速从稳定值 n_{ORTF} 降到零的过渡过程。这种制动是通过把电源电压极性反接实现的，故称为电源反接制动。

电源反接制动时，$U=-U_N<0$，$n>0$，$E_a>0$，电枢电流

$$I_a=\frac{U_N-E_a}{R_a+R_c}<0$$

因此，系统输入的电功率 $U_N I_a>0$。电动机轴上的功率 $P_2=T_2\Omega<0$，电磁功率 $P_{em}=E_a$

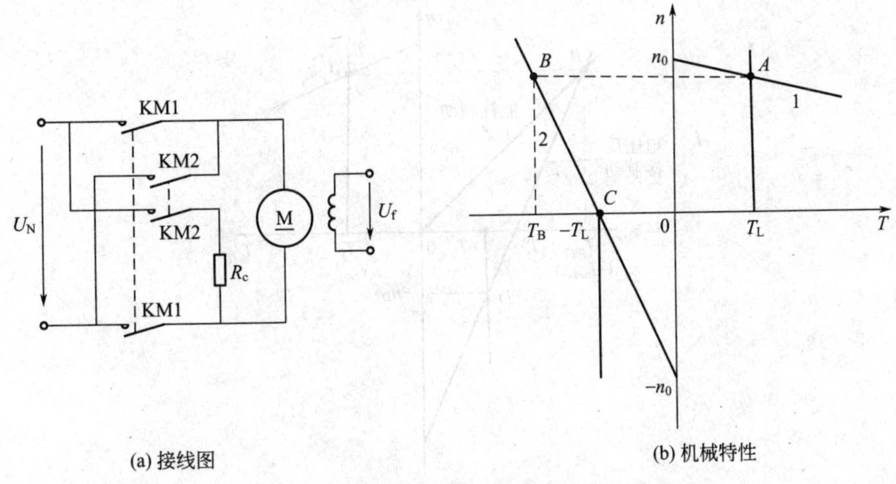

(a) 接线图　　　　　　　　　　(b) 机械特性

图 2-26　电源反接制动的接线图和机械特性

$I_a = T\Omega < 0$。根据拖动系统功率平衡关系

$$U_N I_a - E_a I_a = I_a^2 (R_a + R_c)$$

可知，在电源反接制动过程中，电动机从轴上输入的机械功率 $P_2 < 0$，扣除空载损耗功率 P_0 后即变为电功率 $P_{em} = E_a I_a < 0$，这部分功率和从电源输入的电功率 $U_N I_a > 0$，两者都消耗在电枢回路电阻上。其功率流程图如图 2-27 所示。

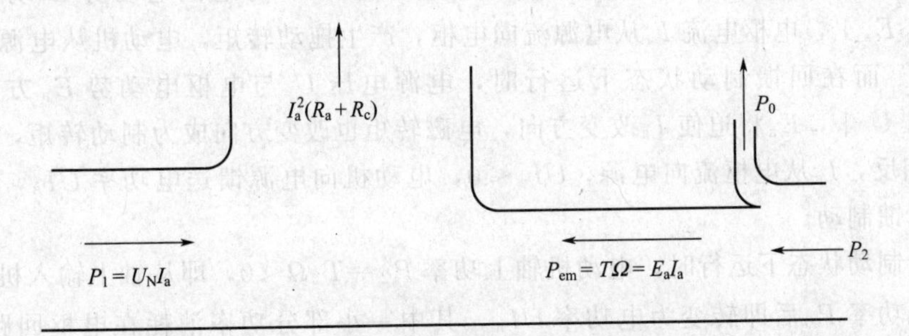

图 2-27　电源反接制动的接线和机械特性

在电源反接制动开始瞬间，电枢电流的大小取决于电源电压 U_N、制动开始时电枢电动势 E_a 及电枢回路电阻 $R_a + R_c$。如果制动前电动机在固有特性上运行，则 $E_a \approx U_N$，为了把电枢电流限制在最大允许值 I_{amax} 上，电枢外串电阻的最小值应为

$$R_{cmin} = \frac{U_N + E_a}{I_{max}} - R_a \approx \frac{2U_N}{I_{amax}} \tag{2-30}$$

对同一台电动机，由换向条件决定的最大允许电枢电流 I_{amax} 只有一个，所以采用电源反接制动时电枢电路外串电阻的最小值差不多比采用能耗制动时增大了一倍，机械特性的斜率也差不多比采用能耗制动时增大了一倍，如图 2-28 所示。由图不难看出，如果制动开始时两种制动方法的电枢电流都等于最大允许值 I_{amax}，那么，在制动停车的过程中电源反接制动的制动转矩比能耗制动大，因此制动停车的时间短。在电源反接制动过程结束瞬间，$n=0$，但电磁转矩 T 却不等于零。此时若 $|T|$ 大于反抗性负载转矩 $|T_L|$，如图 2-28 中的 C 点所示，则为了停车就应立即切断电源，否则电动机将要反向启动，直到 D 点，以 $-n_D$ 稳定运行。可见采用电源反接制动不如能耗制动容易实现停车，但对于要求频繁正、

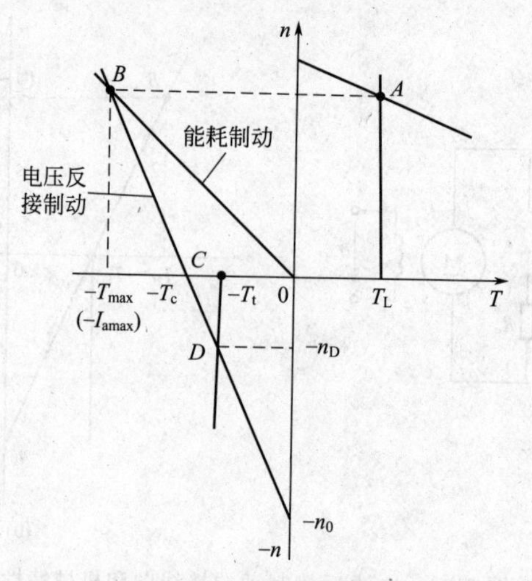

图 2-28　电源反接制动与能耗制动的比较

反转的生产机械来说，采用反接制动可以使正向停车和反向启动连续进行，缩短了从正转到反转的过渡过程。

（三）回馈制动

他励直流电动机在电动状态下运行时，电源电压 U 与电枢电动势 E_a 方向相反，且 $|U|>|E_a|$，电枢电流 I_a 从电源流向电枢，产生拖动转矩，电动机从电源输入的电功率 $UI_a>0$。而在回馈制动状态下运行时，电源电压 U 与电枢电动势 E_a 方向相同，且 $|E_a|>|U|$，E_a 将迫使 I_a 改变方向，电磁转矩也改变方向成为制动转矩，此时由于 U 与 I_a 方向相反，I_a 从电枢流向电源，$UI_a<0$，电动机向电源馈送电功率 UI_a，所以把这种制动称为回馈制动。

在回馈制动状态下运行时，电动机轴上功率 $P_2=T_2\Omega<0$，即从轴上输入机械功率，扣除空载损耗功率 P_0 后即转变为电功率 UI_a，其中一小部分功率消耗在电枢回路电阻 $I_a^2R_a$ 上，剩余的大部分功率 $UI_a=E_aI_a-I_a^2R_a$ 则回馈电网。其功率流程图如图 2-29 所示。可见，此时电动机已成为与电网并联运行的发电机，向电网回馈电功率。这是回馈制动与其他制动方法的主要区别。

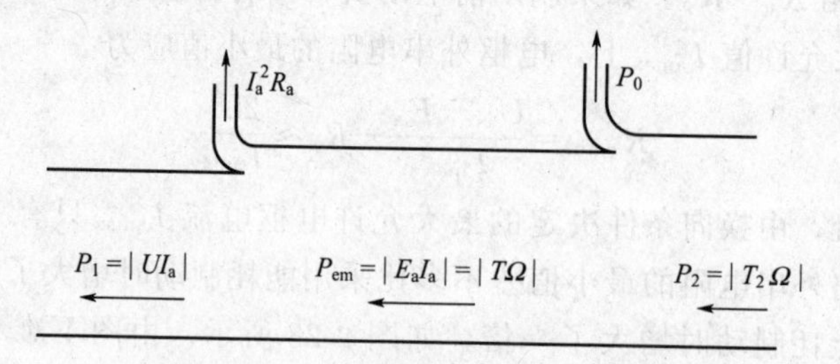

图 2-29　回馈制动时的功率流程图

当电车下坡及起重机下放重物时，电动机都可能发生回馈制动。现将两种情况分别进行讨论。

1. 起重机下放重物

图 2-30 是起重机提升机构的示意图，当下放重物时，电动机处于电动运行状态，电流

和转矩的方向如图 2-30(a) 所示。在电动机电磁转矩和重物 G 的作用下，拖动系统由静止开始不断加速，下降的转速越来越快。通常起重机以提升方向为正方向，所以图 2-30(a) 所示为反向电动运行状态。它的机械特性应该在第Ⅲ象限。为了限制反向启动电流，通常接入起动电阻，它的机械特性曲线如图 2-31 所示。当下放转速达到某一数值时，切除电枢串入的外接电阻，电动机过渡到反向的固有特性曲线上。然后沿着固有特性继续升速。由于转速不断升高，电动机的电动势不断增大，电枢电流不断减小，电磁转矩也不断减小。当 $|n|=n_0$ 时，$E_a=U$，$I_a=0$，$T=0$，这时电动机处于理想空载状态。

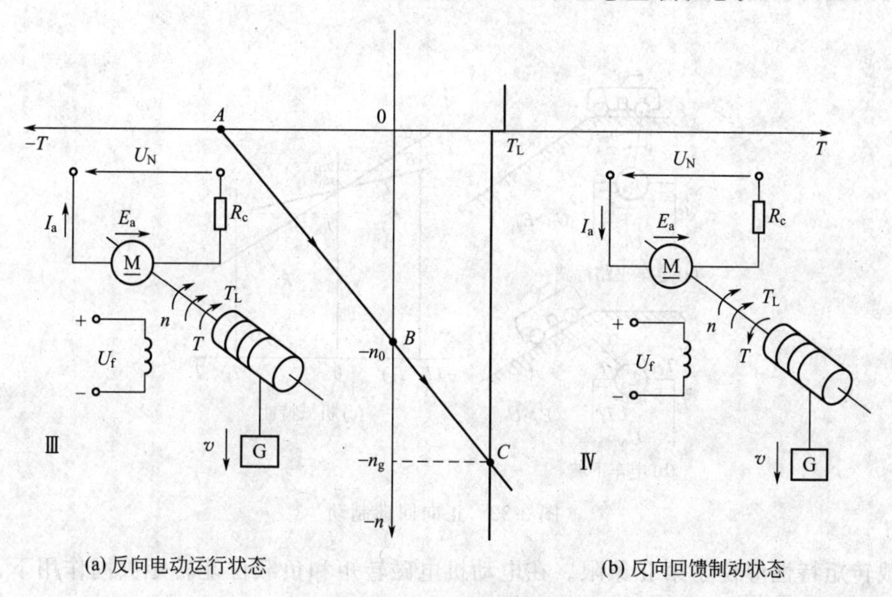

(a) 反向电动运行状态　　(b) 反向回馈制动状态

图 2-30　起重机提升机构示意图

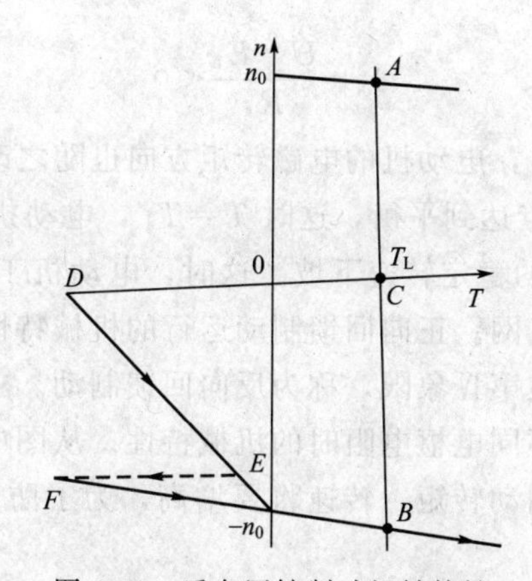

图 2-31　反向回馈制动机械特性

但是在重物产生的负载转矩的作用下，电动机的转速还要继续增加，直至 $T=T_L$ 时，系统以 $-n_g$ 的速度稳定下放，如图 2-30(b) 所示。当下放转速超过理想空载转速时，$E_a>U$，这时电动机的电流

$$I_a=\frac{U-E_a}{R_a}=\frac{E_a-U}{R_a}>0$$

即电流方向改变，变为正值，则转矩也变为正值，与转速 n 的方向相反，变为制动转矩。

于是电动机变为发电状态，把系统的动能转变成电能回馈电网。所以回馈制动状态又称再生制动状态。

2. 电车下坡

如图 2-32(a) 所示，当电车在平路上行驶时，电动机工作在正向电动状态，电动机电磁转矩 T 克服反抗性负载转矩 T_L，并以 n_a 转速稳定在图 2-32(c) 所示固有特性曲线的 A 点上。当电车开始下坡时，如图 2-32(b) 所示，因重力而产生的下滑力超过摩擦力，负载转矩就从反抗性负载变为位能性负载。其作用方向与摩擦转矩相反，与运动方向相同，应为负值。

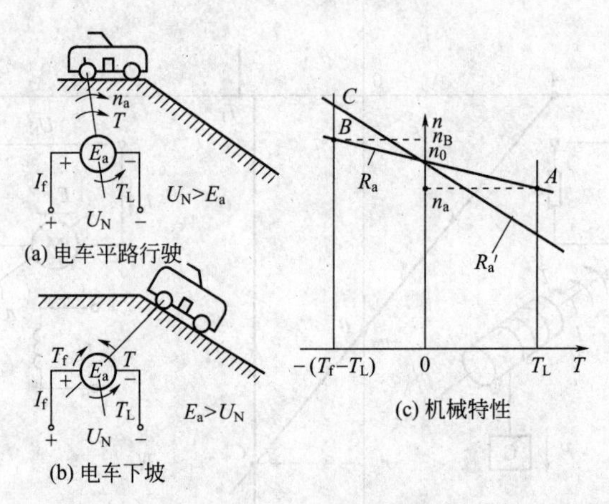

图 2-32　正向回馈制动

负载转矩特性应位于第Ⅱ象限。在电动机电磁转矩和负载位能转矩共同作用下，电动机作加速运动。当电动机的转速 $n>n_0$ 时，$E_a>U$，电动机进入正向回馈制动状态。此时电动机的电流

$$I_a=\frac{U-E_a}{R_a}<0$$

电流的方向与电动状态时相反，电动机的电磁转矩方向也随之改变，变为制动转矩，对下滑运动起抑制作用，最后在 B 点达到平衡，这时 $T=T_L$，电动机的电磁转矩与位能性负载转矩保持平衡，控制电车以 n_B 的稳定转速下坡。这时，电动机工作在正向回馈制动状态，将电车的动能变为电能反馈回电网。正向回馈制动运行的机械特性曲线在第Ⅱ象限；起重机下放重物的回馈制动特性曲线在第Ⅳ象限，称为反向回馈制动。

在图 2-32(c) 还画出了不同电枢电阻时的机械特性。从图中可见，电枢电阻增大，特性曲线变软，对于同样大小的制动转矩，转速将要增高，为了防止转速过高，在回馈制动时，一般不宜接入制动电阻。

【例 2-7】 一台他励直流电动机的数据为 $P_N=22\text{kW}$，$U_N=220\text{V}$，$I_N=115\text{A}$，$n_N=1500\text{r/min}$，$R_a=0.1\Omega$，最大允许电流 $I_{amax}\leqslant 2I_N$，原在固有特性上运行，负载转矩 $T_L=0.9T_N$，试计算：

(1) 他励直流电动机拖动反抗性恒转矩负载，采用能耗制动停车，电枢回路应串入的最小电阻为多少?

(2) 他励直流电动机拖动位能性恒转矩负载，若传动机构的损耗转矩 $\Delta T=0.1T_N$，要求电动机以 $n=-200\text{r/min}$ 恒速下放重物，采用能耗制动运行，电枢回路中应串入多少欧

姆电阻？该电阻上消耗的功率是多少？

（3）他励直流电动机拖动反抗性恒转矩负载，采用电源反接制动停车，电枢回路应串入的最小电阻为多少？

（4）他励直流电动机拖动位能性恒转矩负载，电动机运行在 $n=-1000\mathrm{r/min}$，恒速下放重物，采用转速反向的反接制动，电枢中应串入的电阻值是多少？该电阻上消耗的功率是多少？

（5）他励直流电动机拖动位能性恒转矩负载，采用反向回馈制动运行下放重物，电枢回路中不串电阻，电动机的转速是多少？

解：先求 $C_e\Phi_N$、n_0、及 Δn_N：

$$C_e\Phi_N=\frac{U_N-I_NR_a}{n_N}=\frac{220-115\times0.1}{1500}=0.139$$

$$n_0=\frac{U_N}{C_e\Phi_N}=\frac{220}{0.139}=1582.7(\mathrm{r/min})$$

$$\Delta n_N=n_0-n_N=1582.7-1500=82.7(\mathrm{r/min})$$

（1）他励直流电动机拖动反抗性恒转矩负载，能耗制动过程中应串电阻值的计算额定运行时，电枢反电动势为

$$E_{aN}=C_e\Phi_Nn_N=0.139\times1500=208.5(\mathrm{V})$$

负载为 $0.9T_N$时的转速 Δn 为

$$\Delta n=0.9\frac{T_N}{T_N}\Delta n_N=0.9\Delta n_N=0.9\times82.7=74.4(\mathrm{r/min})$$

$T_{fL}=0.9T_N$时的转速 n 为

$$n=n_0-\Delta n=1582.7-74.4=1582.3(\mathrm{r/min})$$

制动开始时的电枢电势 E_a为

$$E_a=\frac{n}{n_N}E_{aN}=\frac{1508.3}{1500}\times208.5=209.7(\mathrm{V})$$

能耗制动过程中应串入的电阻值 R_{cmin}为

$$R_{cmin}=\frac{E_a}{I_{amax}}-R_a=\left(\frac{209.7}{2\times115}-0.1\right)=209.7(\Omega)$$

（2）他励直流电动机拖动位能性恒转矩负载能耗制动运行时，电枢回路中应串入的电阻值及损耗功率的计算

反转时的负载转矩 T_{L2}

$$T_{L2}=T_{L1}-2\Delta T=0.9T_N-2\times0.1T_N=0.7T_N$$

稳定运行时的电枢电流 I_a

$$I_a=\frac{T_{L2}}{T_N}I_N=0.7I_N=0.7\times115=80.5(\mathrm{A})$$

转速为$-200\mathrm{r/min}$时的电枢电势 E_a

$$E_a=C_e\Phi_Nn=0.139\times(-200)=-27.8(\mathrm{V})$$

电枢回路中应串入的电阻值

$$R_c=-\frac{E_a}{I_a}-R_a=-\left[\frac{(-27.8)}{80.5}-0.1\right]=0.245(\Omega)$$

R_c 上消耗的功率 P_R

$$P_R=I_a^2R_c=(80.5^2\times0.245)=1588(\text{W})$$

(3) 电源反接制动停车时，电枢串入的最小附加电阻值 R_{cmin} 的计算

$$R_{cmin}=\frac{U_N+E_a}{I_{cmin}}-R_a=\left(\frac{220+209.7}{2\times115}-0.1\right)=1.768(\Omega)$$

(4) 他励直流电动机拖动位能性恒转矩负载，采用倒拉反接制动运行时电枢中应串入的电阻及功率损耗的计算

转速为-1000r/min 时电枢电势 E_a

$$E_a=\frac{n}{n_N}E_{aN}=\frac{-1000}{1500}\times208.5=-139(\text{V})$$

电枢回路中应串入的电阻值 R_c

$$R_c=\frac{U_N-E_a}{I_a}-R_a=\left[\frac{220-(-139)}{80.5}-0.1\right]=4.36(\Omega)$$

R_c 上消耗的功率 P_R

$$P_R=I_a^2R_c=(80.5^2\times4.36)=28254(\text{W})$$

(5) 他励直流电动机拖动位能性恒转矩负载，反向回馈制动运行时电动机转速的计算

$$n=\frac{-U_N}{C_e\Phi_N}-\frac{I_aR_a}{C_e\Phi_N}=-n_0-\frac{I_a}{I_N}\Delta n_N$$

$$=-1582.7-0.7\times82.7=-1641(\text{r/min})$$

三、他励直流电动机的四象限运行

他励直流电动机机械特性方程式的一般形式为

$$n=\frac{U}{C_e\Phi}-\frac{R_a+R_c}{C_T\Phi C_e\Phi}T=n_0-\beta T$$

当按规定的正方向用曲线表示机械特性时，电动机的固有机械特性及人为机械特性将位于直角坐标的四个象限之中。在Ⅰ、Ⅲ象限内为电动状态；Ⅱ、Ⅳ象限内为制动状态。电动机的负载有反抗性负载、位能性负载及风机泵类负载等。它们的转矩特性也位于直角坐标的四个象限之中。

在电动机机械特性与负载机械特性的交点处，$T=T_L$，$dn/dt=0$，电动机稳定运行，该交点即为电动机的工作点。所谓运转状态，就是指电动机在各种情况下稳定运行时的工作状态。图 2-33 示出了他励直流电动机的各种运转状态。电动机在工作点以外的机械特性上运行时，$T\neq T_L$，系统将处于加速或减速的过程中。利用位于四个象限的电动机机械特性和负载机械特性就可以分析运转状态的变化情况。

假设电动机原来运行于机械特性的某点上，处于稳定运转状态。当人为地改变电动机的参数时，例如降低电源电压、减弱磁通或在电枢回路中串电阻等，电动机的机械特性将发生相应的变化。在改变电动机参数瞬间，转速 n 不能突变，电动机将以不变的转速从原来的运转点过渡到新特性上来。在新特性上电磁转矩将不再与负载转矩相等，因而电动机便运行于过渡过程之中。这时转速是升高还是降低，由 $T-T_L$ 为正或负来决定。此后运行点将沿着新机械特性变化，最后可能有两种情况：

① 电动机的机械特性与负载机械特性相交，得到新的工作点，在新的稳定状态下运行；

② 电动机将处于静止状态。例如电动机拖动反抗性恒转矩负载，在能耗制动过程中，

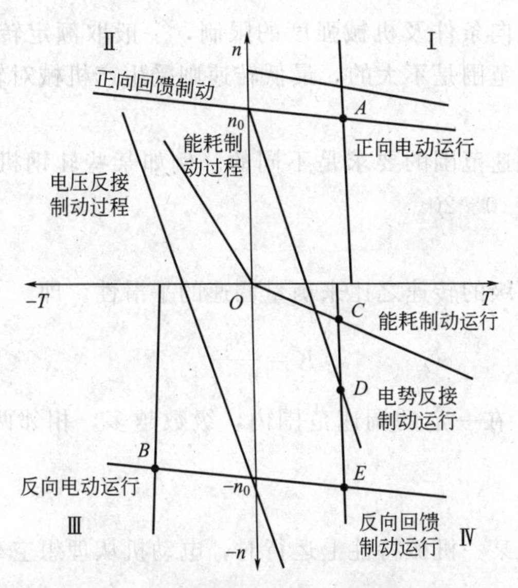

图 2-33　他励直流电动机的各种运转状态

$n=0$ 时，$T=0$。

上述方法是分析电力拖动系统运动过程中最基本的方法，它不仅用于他励直流电动机拖动系统，也适用于交流电动机拖动系统。

第五节　他励直流电动机的调速

在生产实践中，有许多生产机械需要调速。例如龙门刨床在切削过程中，当刀具进刀和退出工件时要求较低的转速；切削过程用较高的速度；工作台返回时则用高速。又如轧钢机，在轧制不同品种和不同厚度的钢材时，也必须采用不同的速度。可见调节生产机械的速度是生产工艺的要求，目的在于提高生产率和产品质量。

采用改变传动机构速比的方法来改变生产机械的转速，称为机械调速；通过改变电动机参数的方法来改变生产机械的转速，称为电气调速。在生产实践中应用最多的是电气调速。

在调速过程中，如果电动机的转速可以平滑地调节，称为无级调速；无级调速广泛应用于对调速性能要求较高的生产机械，如龙门刨床、精密车床、轧钢机、大型矿井提升机等。如果转速不能连续调节，且级数有限，如二速、三速、四速等，这种调速称为有级调速。它仅适用于调速性能要求不高的生产机械，如普通车床、桥式起重机等。

一、调速的性能指标

电动机的调速方法有多种，各种调速方法性能的好坏，常用调速的性能指标来评价。主要的调速性能指标有以下几种，现分述如下。

(1) 调速范围

生产机械所要求的调速范围，一般是指在额定负载时，电力拖动系统所能达到的最高转速和最低转速之比，表示为

$$D=\frac{n_{\max}}{n_{\min}} \tag{2-31}$$

最高转速受电动机换向条件及机械强度的限制，一般取额定转速，即 $n_{max}=n_N$。在额定转速以上，转速提高的范围是不大的。最低转速则受生产机械对转速的相对稳定性要求的限制。

不同的生产机械对调速范围的要求是不同的。例如某些轧钢机的调速范围 $D=8\sim10$，龙门刨床的调速范围 $D=10\sim20$。

(2) 调速的平滑性

我们以电动机相邻两级的转速之比来衡量调速的平滑性。即

$$K=\frac{n_i}{n_{i-1}} \tag{2-32}$$

式中，K 称为平滑系数。在一定的调速范围内，级数越多，相邻两级转速的差值越小，K 越接近于1，平滑性越好。

(3) 静差率

静差率是指电动机在某一机械特性上运行时，电动机从理想空载到额定负载时转速的变化率，用 δ 来表示为

$$\delta\%=\frac{n_0-n}{n_0}\times100\%=\frac{\Delta n}{n_0}\times100\% \tag{2-33}$$

静差率越小，负载变动时转速的变化就越小，转速的相对稳定性也就越好。

由式（2-33）可知，静差率取决于理想空载转速 n_0 及在额定负载下的额定转速降。在调速时若 n_0 不变，那么，机械特性越软，在额定负载下的转速降就越大，静差率也大。例如图 2-34 所示的他励直流电动机固有机械特性和电枢串电阻的人为机械特性，在 $T_L=T_N$ 时，它们的静差率就不相同。前者静差率小，后者静差率则较大。所以，在电枢串电阻调速时，外串电阻越大，转速就越低，在 $T_L=T_N$ 时的静差率也越大。如果生产机械要求静差率不能超过某一最大值 δ_{min}，那么，电动机在 $T_L=T_N$ 时的最低转速 n_{min} 也就确定了。于是，满足静差率 δ_{min} 要求的调速范围也就相应地被确定了。

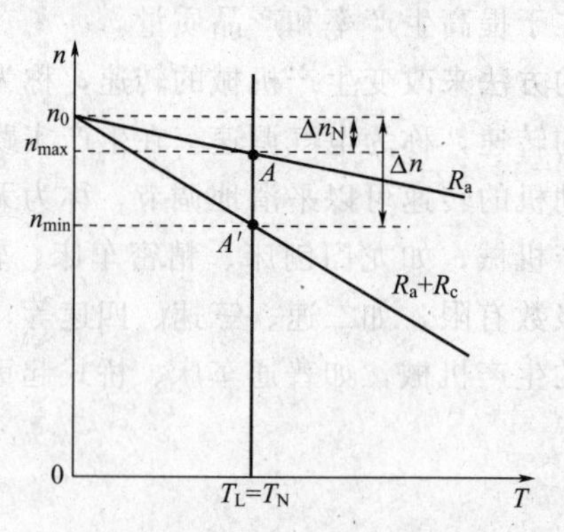

图 2-34 电枢串电阻调速时静差率及调速范围

如果在调速过程中理想空载转速变化，但机械特性曲线的斜率不变，例如他励直流电动机改变电源电压调速就是如此。这时，由于各条人为机械特性曲线都与固有机械特性曲线平行，$T_L=T_N$ 时转速降相等，都等于 Δn_N。因此理想空载转速越低，静差率就越大。当电动机电源电压最低的一条人为机械特性在 $T_L=T_N$ 时的静差率能满足要求时，其他各条机械特性的静差率就都能满足要求。这条电压最低的人为机械特性，在 $T_L=T_N$ 时的转速就是调速时的最低转速 n_{min}，于是，调速范围 D 也就被确定了，如图 2-35 所示。

现利用图 2-35 中的特性 1 与 3，推导调速范围 D 与低速静差率 δ 之间的关系。

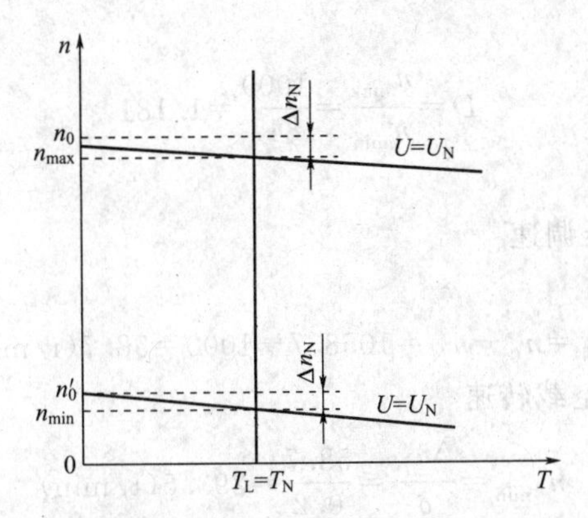

图 2-35　降低电源电压调速时静差率及调速范围

$$D=\frac{n_{\max}}{n_{\min}}=\frac{n_{\max}}{n'_0-\Delta n_N}=\frac{n_{\max}}{n'_0\left(1-\frac{\Delta n_N}{n'_0}\right)}=\frac{n_{\max}}{\frac{\Delta n_N}{\delta}(1-\delta)}=\frac{n_{\max}\delta}{\Delta n_N(1-\delta)} \tag{2-34}$$

式中　δ——用小数值表示的静差率；

Δn_N——低速特性额定负载下的转速降落，如用特性 3，则 $\Delta n_N=\Delta n_{N3}$。

一般设计调速方案前，D 与 $\delta\%$ 已由生产机械的要求确定下来，这时可算出允许的转速降落 Δn_N，式(2-34) 可写成另外一种形式：

$$\Delta n_N=\frac{n_{\max}\delta}{D(1-\delta)} \tag{2-35}$$

通过以上分析可以看出，调速范围 D 与静差率 δ 互相制约。当采用某种调速方法时，允许的静差率 δ 值大，即对静差率要求不高时，可以得到较大的调速范围；反之，如果要求的静差率小，调速范围就不能太大。当静差率一定时，采用不同的调速方法，能得到的调速范围也不同。由此可见，对需要调速的生产机械，必须同时给出静差率和调速范围两项指标，这样才能合理地确定调速方法。

各种生产机械对静差率和调速范围的要求是不一样的，例如车床主轴要求 $\delta\leqslant30\%$，$D=10\sim40$，龙门刨床 $\delta\leqslant10\%$，$D=10\sim40$；造纸机 $\delta\leqslant0.1\%$，$D=3\sim20$。

【例 2-8】 一台他励直流电动机，数据为 $P_N=60\text{kW}$，$U_N=220\text{V}$，$I_N=350\text{A}$，$n_N=1000\text{r/min}$，$R_a=0.04\Omega$，生产机械要求的静差率 $\delta\leqslant20\%$，调速范围 $D=4$，最高转速 $n_{\max}=1000\text{r/min}$，试问采用哪种调速方法能满足要求？

解：(1) 电动机的 $C_e\Phi_N$

$$C_e\Phi_N=\frac{U_N-I_NR_a}{n_N}=\frac{220-305\times0.04}{1000}=0.2078$$

(2) 理想空载转速

$$n_0=\frac{U_N}{C_e\Phi_N}=\frac{220}{0.2078}=1058.7(\text{r/min})$$

由于是向下调速，所以只能采用降低电源电压及电枢串电阻两种调速方法。

(3) 采用电枢串电阻方法

① 最低转速

$$n_{\min}=n_0-\delta n_0=n_0(1-\delta)=1058.7(1-0.2)=847(\text{r/min})$$

② 调速范围

$$D=\frac{n_{\max}}{n_{\min}}=\frac{1000}{847}=1.181$$

不能满足要求。

（4）采用降低电源电压调速

① 额定转速降

$$\Delta n_{\text{N}}=n_0-n_{\text{N}}=1058.7-1000=58.7(\text{r/min})$$

② 最低转速时的理想空载转速

$$n_{0\min}=\frac{\Delta n_{\text{N}}}{\delta}=\frac{58.7}{0.2}=293.5(\text{r/min})$$

③ 最低转速

$$n_{\min}=n_{0\min}-\Delta n_{\text{N}}=293.5-58.7=234.8(\text{r/min})$$

④ 调速范围

$$D=\frac{n_{\max}}{n_{\min}}=\frac{1000}{234.8}=4.26$$

$D>4$ 满足要求，应采用降低电源电压调速。

二、他励直流电动机的调速方法

已知他励直流电动机的机械特性方程式为

$$n=\frac{U}{C_{\text{e}}\Phi}-\frac{R_{\text{a}}+R_{\text{c}}}{C_{\text{T}}\Phi C_{\text{e}}\Phi}T$$

由上式可知，改变电枢外串电阻 R_{c}、电源电压 U、和气隙磁通 Φ 三者中任何一个参数，都可以改变电动机的机械特性，实现速度调节。

（一）电枢串电阻调速

他励直流电动机保持电源电压和气隙磁通为额定值，在电枢回路中串入不同阻值时，可以得到如图 2-36 所示的一簇人为机械特性。它们与负载机械特性的交点，即工作点，都是稳定的，电动机在这些工作点上运行时，可以得到不同的转速。外串电阻 R_{c}的阻值越大，机械特性的斜率就越大，电动机的转速也越低。

在额定负载下，电枢串电阻调速时能达到的最高转速为额定转速，所以其调速方向应由额定转速向下调节。电枢串电阻调速时，如果负载转矩 T_{L}为常数，那么，电动机在不同的转速下运行时，由于电磁转矩都与负载转矩相等，因此电枢电流

$$I_{\text{a}}=\frac{T}{C_{\text{T}}\Phi_{\text{N}}}=\frac{T_L}{C_{\text{T}}\Phi_{\text{N}}}=\text{常数}$$

即 I_{a} 与 n 无关。若 $T_{\text{L}}=T_{\text{N}}$，则 I_{a} 将保持额定值 I_{N} 不变。

电枢串电阻调速时，外串电阻 R_{c} 上要消耗电功率 $I_{\text{a}}^2R_{\text{c}}$，使调速系统的效率降低。调速系统的效率可用系统输出的机械功率 P_2 与输入的电功率 P_1 之比的百分数表示。当电动机的负载转矩 $T_{\text{L}}=T_{\text{N}}$时，$I_{\text{a}}=I_{\text{N}}$，$P_1=U_{\text{N}}I_{\text{N}}=$常数。忽略电动机的空载损耗 p_0，则 $P_2=P_{\text{em}}=E_{\text{a}}I_{\text{N}}$。这时，调速系统的效率为

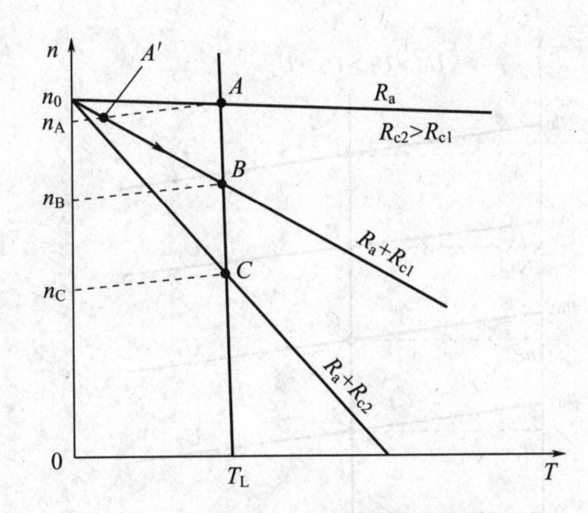

图 2-36 电枢串电阻调速时的机械特性

$$\eta_R=\frac{P_2}{P_1}\times100\%=\frac{E_aI_N}{U_NI_N}\times100\%=\frac{n}{n_0}\times100\%$$

可见调速系统的效率将随 n 的降低成正比的下降。当把转速调到 $0.5n_0$时，输入功率将有一半损耗在 R_a+R_c上，所以这是一种耗能的调速方法。

电枢串电阻的人为机械特性，是一簇通过理想空载点的直线，串入的调速电阻越大，机械特性越软。这样，在低速下运行时，负载稍有变化，就会引起转速发生较大的变化，因此转速的稳定性较差。

外串电阻 R_c只能分段调节，所以这种调速方法不能实现无级调速。

电动机在额定电流下，有可能在不同的转速上长期运行，所以应按允许长期通过额定电枢电流来选择外串电阻 R_c的功率，这使得电阻器的体积大、笨重。

尽管电枢串电阻调速方法所须设备简单，但由于存在功率损耗大、低速运行时转速稳定性差、不能实现无级调速等缺点，只能适合于对调速性能要求不高的中、小功率电动机，大功率电动机不宜采用。

电枢串电阻调速方法的特点总结如下：

① 其调速方向应由额定转速向下调节；

② 电枢串电阻调速时，外串电阻 R_c 上要消耗电功率 $I_a^2R_c$，使调速系统的效率降低；

③ 串入的调速电阻越大，机械特性越软，稳定性越差；

④ 外串电阻 R_c只能分段调节，所以这种调速方法不能实现无级调速；

⑤ 功率损耗大。

（二）降低电源电压调速

保持他励直流电动机的磁通为额定值，电枢回路不串电阻，若将电源电压降低为 U_1、U_2、U_3等不同数值时，则可得到与固有机械特性互相平行的人为机械特性，如图 2-37 所示。当电动机拖动恒转矩负载 T_L，电源电压为额定值时，工作点为 A，电动机的转速为 n_A；电源电压降到 U_1时，工作点为 B，转速为 n_B；电源电压降到 U_2时，工作点为 C，转速为 n_C，……。电源电压越低，转速也越低，因此降低电源电压调速是从额定转速向下调节。

降低电源电压调速时，$\Phi=\Phi_N$是不变的，若电机拖动恒转矩负载，那么系统在不同转速下运行时，电磁转矩 $T=T_L=$常数，电枢电流为

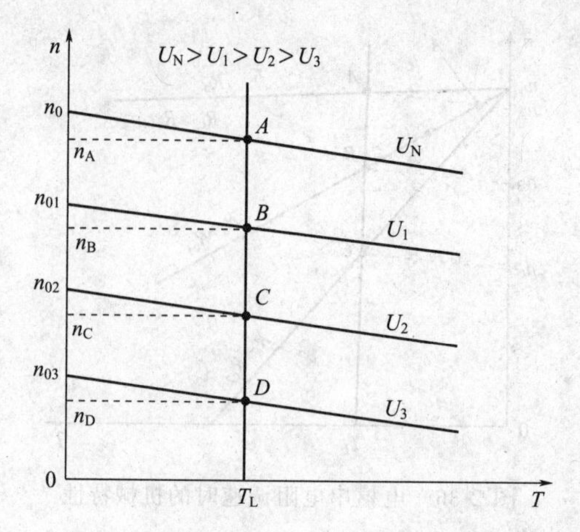

图 2-37 降低电源电压调速时机械特性

$$I_a = \frac{T_L}{C_T\Phi_N} = 常数$$

如果 $T_L = T_N$，则 $I_a = I_N$ 不变，与转速无关。调速系统的铜损耗为 $I_N^2 R_a$ 也与转速无关，而且数值较小，所以降低电源电压调速效率高。

当电源电压为不同值时，机械特性的斜率都与固有机械特性斜率相等，特性较硬，当降低电源电压在低速下运行时，转速随负载变化的幅度较小。与电枢回路串电阻调速方法比较，转速的稳定性要好得多。

降低电源电压调速需要独立可调的直流电源，可采用他励直流发电机或晶闸管可控整流器作为供电电源。无论采用哪种方法，输出的直流电压都是连续可调的，能实现无级调速。因此降低电源电压调速是一种性能优越的调速方法，广泛应用于对调速性能要求较高的电力拖动系统中。

降压调速方法以下特点：

① 降低电源电压调速是从额定转速向下调节；

② 降低电源电压调速时，$\Phi = \Phi_N$是不变的；

③ 降低电源电压调速时，电枢不串电阻，即 $R_c = 0$；

④ 如果 $T_L = T_N$，则 $I_a = I_N$ 不变，速系统的铜损耗为 $I_N^2 R_a$ 也与转速无关，而且数值较小，所以降低电源电压调速效率高；

⑤ 当电源电压为不同值时，机械特性的斜率都与固有机械特性斜率相等，特性较硬，当降低电源电压在低速下运行时，转速随负载变化的幅度较小；

⑥ 降低电源电压调速时输出的直流电压都是连续可调的，能实现无级调速。

（三）减弱磁通调速

保持他励直流电动机的电源电压为额定值，电枢回路不外串电阻，仅改变电动机的励磁磁通时，他励直流电动机的机械特性方程式为

$$n = \frac{U_N}{C_e\Phi} - \frac{R_a}{C_T C_e \Phi^2} T = n_0 - \Delta n$$

减弱磁通 Φ 时，n_0 与 Φ 成正比地增加；Δn 与 Φ^2 成反比地增加。如果负载不是很大，则 n_0 增加较多，Δn 增加较少，减弱磁通后电动机的转速将升高。

他励直流电动机拖动恒转矩负载减弱磁通升速过程，可用图 2-38 的机械特性来说明。设电动机拖动恒转矩负载原在固有机械特性上的 A 点运行，转速为 n_A。当磁通从 Φ_N降到 Φ_1时，弱磁瞬间转速 n_A不能突变，而电枢电动势 $E_a=C_e\Phi n_A$ 则因 Φ 下降而减小，电枢电流 $I_a=(U-E_a)/R_a$ 增大。由于 R_a 较小，E_a 稍有变化就能使 I_a 增加很多，此时虽然 Φ 减小了，但它减小的幅度小，I_a 增加的幅度大，所以电磁转矩 $T=C_e\Phi I_a$ 总的来说是增加了。增大的电磁转矩为图中的 T'，由于 $T'-T_L>0$，电动机开始升速。随着转速升高，E_a 增大，I_a 及 T 下降，直到 B 点，$T=T_L$ 为止，系统达到新的平恒，电动机在 B 点稳定运行，$n=n_B>n_A$。这里需要注意的是：虽然弱磁前后电磁转矩不变，但弱磁后在 B 点运行时，因磁通减小，电枢电流将与磁通成反比地增大。

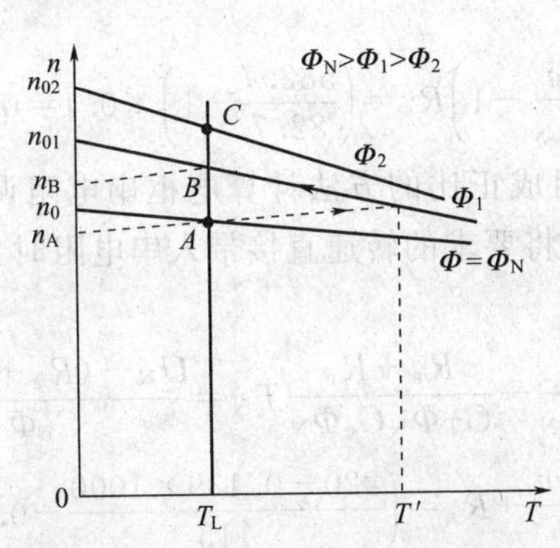

图 2-38　他励直流电动机弱磁调速

弱磁调速方法具有以下特点：

① 弱磁调速只能在额定转速以上调速；

② 在电流较小的励磁回路内进行调节，因此控制方便，功率损耗小；

③ 用于调节励磁电流的变阻器功率小，可以较平滑地调节转速。如果采用可以连续可调的直流电源控制励磁电压进行弱磁，则可实现无级调速；

④ 由于受电动机换向能力和机械强度的限制，弱磁调速时转速不能升得太高。一般只能升到 $(1.2\sim1.5)n_N$。特殊设计的弱磁调速电动机，则可升到 $(3\sim4)n_N$。

在实际生产中，通常把降压调速和弱磁调速配合起来使用，以实现双向调速，扩大转速的调节范围。

【例 2-9】 一台他励直流电动机的铭牌数据为数据为 $P_N=22\text{kW}$，$U_N=220\text{V}$，$I_N=115\text{A}$，$n_N=1500\text{r/min}$，$R_a=0.1\Omega$，该电动机拖动额定负载运行，要求把转速降低到 1000r/min，不计电动机的空载转矩 T_0，试计算：

(1) 用电枢串电阻调速时需串入的电阻值。

(2) 用降低电源电压调速时需把电源电压降低到多少伏？

(3) 上述两种情况下拖动系统输入的电功率和输出的机械功率。

解：(1) 电枢串电阻调速时需串入的电阻值的计算

先计算 $C_e\Phi_N$

$$C_e\Phi_N=\frac{U_N-I_NR_a}{n_N}=\frac{220-115\times0.1}{1500}=0.139$$

理想空载转速为

$$n_0=\frac{U_N}{C_e\Phi_N}=\frac{220}{0.139}=1582.7(\text{r/min})$$

额定转速降为

$$\Delta n_N=n_0-n_N=1582.7-1500=82.7(\text{r/min})$$

在人为机械特性上运行时的转速降为

$$\Delta n=n_0-n=1582.7-1000=582.7(\text{r/min})$$

$T=T_N$时

$$\frac{\Delta n}{\Delta n_N}=\frac{R_a+R_c}{R_a}$$

所以

$$R_c=\left(\frac{\Delta n}{\Delta n_N}-1\right)R_a=\left(\frac{582.7}{82.7}-1\right)\times0.1=0.604(\Omega)$$

以上是应用转速降与电阻成正比的方法计算电枢串电阻调速时应串入电枢回路的电阻值。也可以用其他方法，例如将要求的转速直接带入串电阻时人为机械特性的计算公式，算法如下：

$$n=\frac{U_N}{C_e\Phi_N}-\frac{R_a+R_c}{C_T\Phi_N C_e\Phi_N}T_N=\frac{U_N-(R_a+R_c)I_N}{C_e\Phi_N}$$

$$R_c=\frac{U_N-C_e\Phi_N n}{I_N}-R_a=\left(\frac{220-0.139\times1000}{115}-0.1\right)=0.604(\Omega)$$

(2) 降低电源电压的计算

降压后的理想空载转速

$$n_{01}=n+\Delta n_N=1000+82.7=1082.7(\text{r/min})$$

降压后的电源电压

$$U_1=\frac{n_{01}}{n_0}U_N=\frac{1082.7}{1582.7}\times220=150.5(\text{V})$$

也可以将要求的转速直接带入降压的人为机械特性中计算所需的电压值：

$$n=\frac{U_1}{C_e\Phi_N}-\frac{R_a}{C_e\Phi_N}I_N$$

$$U_1=C_e\Phi_N n+R_a I_N=0.139\times1000+0.1\times115=150.5(\text{V})$$

(3) 降压后系统输出功率和输入功率的计算

系统输出功率

$$T_2=T_N=9550\,\frac{P_N}{n_N}=9550\times\frac{22}{1500}=140.1(\text{N})$$

电枢串电阻调速时系统输入的电功率

$$P_N=U_N I_N=220\times115=25300\text{W}=25.3(\text{kW})$$

降低电源电压时调速系统输入的电功率

$$P_N=U_1 I_N=150.5\times115=17380\text{W}=17.38(\text{kW})$$

【例 2-10】 电动机的铭牌数据与［例 2-9］相同，采用弱磁调速，$\Phi=0.8\Phi_N$，如果不使电动机超过额定电枢电流，求电动机能输出的最大转矩是多少？电动机输出的功率是多少？

解：$\Phi=0.8$、$I_a=I_N$ 时允许输出的转矩

$$T=9.55\times0.8C_e\Phi_NI_N=9.55\times0.8\times0.139\times115=122(\text{N}\cdot\text{m})$$

理想空载转速

$$n_0'=\frac{n_0}{0.8}=\frac{1582.7}{0.8}=1978.4(\text{r/min})$$

转速降

$$\Delta n'=\frac{R_aI_N}{0.8C_e\Phi_N}=\frac{0.1\times115}{0.8\times0.139}=103.42(\text{r/min})$$

电动机的转速

$$n'=n_0'-\Delta n'=1978.4-103.42=1875(\text{r/min})$$

电动机的输出功率

$$P_2=\frac{Tn'}{9550}=\frac{122\times1875}{9550}=23.95(\text{kW})$$

$$\frac{P_2}{P_N}=\frac{23.95}{22}=1.088$$

可见，弱磁调速时，若保持 $I_a=I_N$ 不变，则电动机输出的功率接近恒定。

本章小结

凡是由电动机将电能变为机械能拖动生产机械，并完成一定工艺要求的系统，都称为电力拖动系统。生产实践中的电力拖动系统有很多种，虽然所用电动机、传动机构、生产机械都可以有所不同，但是它们都是一个动力学整体，因而可以用运动方程式来研究。

电动机的 $n=f(T)$ 和 $n=f(I_a)$ 的函数关系称为电动机的机械特性。他励直流电动机的机械特性方程式为

$$n=\frac{U}{C_e\Phi}-\frac{R}{C_TC_e\Phi^2}T$$

当 $U=U_N$、$\Phi=\Phi_N$、$R=R_a$ 时，为固有机械特性。分别改变 U、R、Φ 可以得到人为特性。因为他励直流电动机的机械特性是一条直线，所以可用点绘方法计算和绘制其机械特性。

负载的机械特性指折算到电动机轴上后的转矩 T_L 与转速 n 的函数关系，即 $T_L=f(n)$。根据机械特性不同，负载分成如下几种类型：反抗性恒转矩负载、位能性恒转矩负载、恒功率负载及泵类负载。实际生产机械往往是以某种类型负载为主，其他类型负载也同时存在。

电力拖动系统的运动方程式描写了电动机轴上的电磁转矩、负载转矩与转速三者之间的关系，即

$$T-T_L=\frac{GD^2}{375}\frac{dn}{dt}$$

若 $T=T_L$，则 $\frac{dn}{dt}=0$。系统恒速稳定运行，工作点是电动机机械特性曲线与负载机械特性曲线的交点。

若 $T>T_L$，则 $\frac{dn}{dt}>0$。系统加速运行，若 $T<T_L$，则 $\frac{dn}{dt}<0$，系统减速运行。加速与

减速运行，都属于过渡过程。

运动方程式表征了电力拖动系统机械运动的普遍规律，是研究电力拖动系统各种运动状态的基础，也是生产实践中设计计算的基础，是个很重要的公式。

任何一个复杂的多轴电力拖动系统都可以等效成简单的单轴电力拖动系统。所谓“等效”，就是保持折算前后两个系统传送的功率及储存的动能相等。按此原则将负载转矩和飞轮矩折算到电动机轴上。

直流电动机启动时，因为外加电压全部加在电枢电阻 R_a 上，该电阻又很小，致使起动电流很大，一般不允许直接起动。为了限制过大的起动电流，多采用电枢串电阻和降压起动。

他励直流电动机的制动方法有三种，即反接制动、能耗制动和回馈制动。应重点掌握如何实现各种制动状态、制动特性、制动过程、能量关系、特点和应用等等。

在负载恒定不变时，人为地分别改变电动机的外加电压 U、电枢外串 R_c 电阻、主磁通 Φ，都可以得到不同的运行速度，叫他励直流电动机的调速。它和由于负载波动引起的转速变化是不同的。可以用调速的基本指标分析各种调速方法的调速性能。

本章习题

一、填空题

1. 他励直流电动机的机械特性是一条穿越三个象限的一条（　　）。

2. 他励直流电动机电枢串电阻的人为机械特性曲线是由 n_0 出发的（　　）。

3. 他励直流电动机改变电源电压的人为机械特性曲线是一组与固有特性（　　）。

4. 他励直流电动机改变磁通的人为机械特性曲线与固有特性相比，即不平行，又非放射。磁通减弱时，特性（　　）。

5. 直流电动机的起动方法有（　　）。

6. 他励直流电动机从静止状态到达某一种稳定状态的过程叫（　　）。

7. 当电动机的旋转速度超过（　　）时，出现回馈制动。

8. 直流电动机电枢回路中串接启动电阻的目的是（　　）。

9. 位能性负载转矩特性位于（　　）。

10. 反抗性负载转矩特性位于（　　）。

11. 他励直流电动机的励磁磁通和负载转矩不变时，如降低电枢电压，则稳定运行的电枢电流将（　　）。

12. 他励直流电动机的励磁磁通和负载转矩不变时，如降低电枢电压，则输入功率不变，输出功率将（　　）。

13. 他励直流电动机带位能性负载额定运行时，若要实现匀速下放重物，可采用（　　）三种方法实现。

14. 他励直流电动机带位能性负载额定运行时，若要实现匀速下放重物，其中消耗能量最多的方法是（　　）。

15. 直流电机的 $U>E_a$ 时运行于（　　）；直流电机的 $U<E_a$ 时运行于（　　）。

16. 正向回馈制动是由（　　）；反向回馈制动是由（　　）。

二、判断题（正确的打√，错误的打×）

1. 在电力拖动系统中，他励直流电动机的机械特性是指电动机的电磁转矩和转速之间的函数关系。（ ）

2. 直流电动机的人为特性都比固有特性软。（ ）

3. 直流电动机串多级电阻起动。在起动过程中，每切除一级起动电阻，电枢电流都将突变。（ ）

4. 提升位能负载时的工作点在第一象限内，而下放位能负载时的工作点在第四象限内。（ ）

5. 他励直流电动机的降压调速属于恒转矩调速方式，因此只能拖动恒转矩负载运行。（ ）

6. 他励直流电动机的机械特性是一条穿越三个象限的一条直线。（ ）

7. 他励直流电动机电枢串电阻的人为机械特性曲线是由 n_0 出发的一簇放射性曲线。（ ）

8. 他励直流电动机改变电源电压的人为机械特性曲线是一组与固有特性相平行的曲线。（ ）

9. 他励直流电动机改变磁通的人为机械特性曲线与固有特性相比，即不平行，又非放射。磁通减弱时，特性上移变软。（ ）

10. 他励直流电动机降压或串电阻调速时，最大静差率数值越大，调速范围也越大。（ ）

11. 直流电机中减弱磁通人为机械特性的一般 Φ 减弱，n 上升，但负载过大速度反而会下降。（ ）

12. 直流电机中电枢串接电阻时的人为机械特性变硬，稳定性变好。（ ）

13. 直流电机降压时的人为机械特性变软，稳定性变差。（ ）

14. 反抗性恒转矩负载的特点是不管生产机械的运动方向如何，其作用方向总是与旋转方向相反，而绝对值的大小是不变的。（ ）

15. 位能性恒转矩负载的转矩是由重力作用产生的。其特点是工作机构的转矩绝对值大小恒定不变，而且作用方向保持不变。（ ）

16. 励磁绕组断线的他励直流电动机，空载启动时，将出现飞车情况。（ ）

三、单项选择题

1. 下列哪种电动机的机械特性最硬，用途最广（ ）。

(A) 他励直流电动机　　(B) 并励直流电动机

(C) 串励直流电动机　　(D) 复励直流电动机

2. 他励直流电动机的人为特性与固有特性相比，其理想空载转速和斜率均发生了变化，那么这条人为特性一定是（ ）。

(A) 串电阻的人为特性　　(B) 降压的人为特性

(C) 弱磁的人为特性　　(D) 增磁的人为特性

3. 他励直流电动机的人为特性与固有特性相比，其理想空载转速发生了变化，而斜率没有变化，那么这条人为特性一定是（ ）。

(A) 串电阻的人为特性　　(B) 降压的人为特性

(C) 弱磁的人为特性　　　　　　　　　　(D) 增磁的人为特性

4. 他励直流电动机的人为特性与固有特性相比，其理想空载转速没有变化，而斜率发生了变化，那么这条人为特性一定是（　　）。

(A) 电枢串电阻的人为特性　　　　　　　(B) 降压的人为特性

(C) 弱磁的人为特性　　　　　　　　　　(D) 增磁的人为特性

5. 直流电动机采用降低电源电压的方法启动，其目的是（　　）。

(A) 为了使启动过程平稳　　　　　　　　(B) 为了减小启动电流

(C) 为了减小启动转矩　　　　　　　　　(D) 为了减小启动过程

6. 当电动机的电枢回路铜损耗比电磁功率或轴上输出入的机械功率都大时，这时电动机处于（　　）。

(A) 能耗制动状态　　　　　　　　　　　(B) 反接制动状态

(C) 回馈制动状态　　　　　　　　　　　(D) 电动状态

7. 他励直流电动机稳态运行时，电动势平衡方程式为（　　）。

(A) $U_a=E_a+I_aR_a$　　　　　　　　(B) $E_a=I_aR_a+U_a+L_a di_a/dt$

(C) $E_a=U_a+I_aR_a$　　　　　　　　(D) $U_a=I_aR_a+E_a+L_a di_a/dt$

8. 他励直流发电机稳态运行时，电动势平衡方程式为（　　）。

(A) $U_a=I_aR_a+E_a$　　　　　　　　(B) $E_a=I_aR_a+U_a+L_a di_a/dt$

(C) $E_a=I_aR_a+U_a$　　　　　　　　(D) $U_a=I_aR_a+E_a+L_a di_a/dt$

9. 他励或者并励直流电动机的理想空载转速应是（　　）。

(A) $E_a/C_e\Phi$　　　　　　　　　　(B) $I_aR_a/C_e\Phi$

(C) $U_a/C_e\Phi$　　　　　　　　　　(D) $U_a/C_T\Phi$

10. 他励直流电动机运行效率最高时应是（　　）。

(A) 不变损耗与机械损耗相等　　　　　　(B) 应是铁耗与铜耗相等时

(C) 铁耗与磁滞损耗相等时　　　　　　　(D) 可变损耗与不变损耗相等

11. 他励直流电动机的电磁转矩为（　　）。

(A) $T_{em}=C_e\Phi I_a$　　　　　　　　(B) $T_{em}=C_e/\Phi I_a$

(C) $T_{em}=C_T\Phi I_a$　　　　　　　　(D) $T_{em}=C_T/\Phi I_a$

12. 直流电动机正向电动状态位于第几象限（　　）。

(A) Ⅰ象限　　(B) Ⅱ象限　　(C) Ⅲ象限　　(D) Ⅳ象限

13. 直流电动机反向电动状态位于第几象限（　　）。

(A) Ⅰ象限　　(B) Ⅱ象限　　(C) Ⅲ象限　　(D) Ⅳ象限

14. 直流电动机正向回馈状态位于第几象限（　　）。

(A) Ⅰ象限　　(B) Ⅱ象限　　(C) Ⅲ象限　　(D) Ⅳ象限

15. 直流电动机能耗制动运行状态位于第几象限（　　）。

(A) Ⅰ象限　　(B) Ⅱ象限　　(C) Ⅲ象限　　(D) Ⅳ象限

16. 直流电动机电源反接制动状态位于第几象限（　　）。

(A) Ⅰ象限　　(B) Ⅱ象限　　(C) Ⅲ象限　　(D) Ⅳ象限

四、多项选择题

1. 直流电动机按励磁方式分为（　　）。

(A) 他励直流电动机　　　　　　　　　　(B) 并励直流电动机

(C) 串励直流电动机　　　　　　　　　　(D) 复励直流电动机

2. 直流电动机的机械特性的表达方式包括（　　）。

(A) 机械特性的定义　　　　　　　　　　(B) 机械特性方程式

(C) 机械特性曲线　　　　　　　　　　(D) 转速方程式（当 $T \propto I\mathrm{a}$ 时）

3. 下列结构部件中属于直流电动机旋转部件的是（　　）。

(A) 主磁极　　　　　　　　　　(B) 电枢

(C) 换向器　　　　　　　　　　(D) 电枢绕组

4. 并励直流发电机发电电压建立有一下条件（　　）。

(A) 发电机内部必须有剩磁　　　　　　(B) 励磁绕组和电枢绕组的接法要正确

(C) 励磁电阻 $r_f \leqslant r_{fLj}$ 临界电阻　　　　(D) 励磁电阻 $r_f \geqslant r_{fLj}$ 临界电阻

5. 下列电机属于单边或者双边励磁的电机分别是（　　）。

(A) 直流电动机　　　　　　　　　　(B) 变压器

(C) 三相异步电动机　　　　　　　　(D) 交流电机

6. 直流电动机电枢反应的结果为（　　）。

(A) 总的励磁磁势被削弱

(B) 磁场分布的波形发生畸变

(C) 与空载相比，磁场的物理中性线发生偏移

(D) 物理中性线逆旋转方向偏移

7. 常用调速的性能指标来评价直流电动机调速性能的好坏，直流电动机调速的性能指标有（　　）。

(A) 调速范围　　(B) 调速的平滑性　　(C) 静差率　　(D) 调速的稳定性

8. 直流电动机调速方法有（　　）。

(A) 电枢回路串电阻调速　　　　　　(B) 改变电源电压调速

(C) 弱磁调速　　　　　　　　　　　(D) 改变电动机结构调速

9. 直流电机电气制动的方法有（　　）。

(A) 电源反接制动　　　　　　　　　(B) 能耗制动

(C) 回馈制动　　　　　　　　　　　(D) 倒拉反接制动

10. 起重机在下放重物时，重物能保持一定的速度匀速下降，而不会像自由落体一样的落下，主要是电机此时处于（　　）。

(A) 倒拉反接制动状态　　　　　　　(B) 能耗制动状态

(C) 回馈制动状态　　　　　　　　　(D) 电枢串大电阻

五、简答题

1. 为什么直流电动机不允许直接启动？如直接启动有什么问题？采用什么方法启动比较好？

2. 如何用直流电动机的运动方程式判断电动机的工作状态？

3. 他励直流电动机启动时，为什么要先加励磁电压，如果未加励磁电压（或因励磁线圈断线），而将电枢通电源，在空载起动或负载起动会有什么后果？

4. 直流电动机电气调速方法有几种？各有什么特点？

六、计算题

1. 直流电动机的铭牌数据为 $P_N=60\mathrm{kW}$，$U_N=220\mathrm{V}$，$I_N=305\mathrm{A}$，$n_N=1000\mathrm{r/min}$。

试计算并画出下列特性曲线。

（1）固有特性曲线；

（2）电枢回路总电阻为 $0.5R_N$时的人为特性曲线；

（3）电枢回路总电阻为 $2R_N$时的人为特性曲线；

（4）电源电压为 $0.5U_N$，电枢回路不串电阻时的人为特性曲线；

（5）电源电压为 U_N，电枢回路不串电阻，$\Phi=0.5\Phi_N$ 时的人为特性曲线。

2. 一台他励直流电动机的铭牌数据为：型号 Z-290，额定功率 $P_N=29kW$，额定电压 $U_N=440V$，额定电流 $I_N=76A$，额定转速 $n_N=1000r/min$，电枢绕组电阻 $R_a=0.377\Omega$，试用解析法计算四级启动时的启动电阻。

3. 他励直流电动机，$P_N=13kW$，$U_N=220V$，$I_N=68.7A$，$n_N=1500r/min$，$R_a=0.224\Omega$，采用电枢串电阻调速，要求 $\delta_{max}=30\%$，采取串电阻调速。求：

（1）电动机拖动额定负载时最低转速；

（2）调速范围；

（3）电枢需串入的电阻值；

（4）拖动额定负载在最低转速下运行时，电动机电枢回路输入功率、输出功率（忽略 T_0）及外串电阻上消耗的功率。

4. 他励直流电动机，$P_N=13kW$，$U_N=220V$，$I_N=68.7A$，$n_N=1500r/min$，$R_a=0.224\Omega$，要求 $\delta_{max}=30\%$，采用降低电源电压调速，求：

（1）电动机拖动额定负载时最低转速；

（2）调速范围；

（3）电源电压需调到的最低数值；

（4）拖动额定负载在最低转速下运行时从电源输入的功率及输出功率。（不计 T_0）

5. 他励直流电动机，$P_N=29kW$，$U_N=440V$，$I_N=76A$，$n_N=1000r/min$，$R_a=0.376\Omega$，采用降压及弱磁调速，要求最低理想空载转速 $n_{0min}=30r/min$，最高理想空载转速 $n_{0min}=30r/min$，试求：

（1）$T_2=T_N$ 时的最低转速及此时的静差率；

（2）拖动恒功率负载 $P_2=P_N$ 时的最高转速；

（3）调速范围。

6. 一台他励直流电动机，$P_N=3kW$，$U_N=110V$，$I_N=35.2A$，$n_N=750r/min$，$R_a=0.35\Omega$。电动机原工作在额定电动状态下，最大允许电枢电流为 $I_{amax}=2I_N$。

试求：（1）采用能耗制动停车，电枢中应串入多大电阻？

（2）采用电压反接制动停车，电枢中应串入多大电阻？

（3）两种制动方法在制动 $n=0$ 时，电磁转矩各是多大？

（4）要使电动机以 $-500r/min$ 的转速下放位能负载，$T_L=T_N$，采用能耗制动运行时电枢应串入多大电阻？

7. 一台他励直流电动机，$P_N=17kW$，$U_N=110V$，$I_N=185A$，$n_N=1000r/min$，已知电动机最大允许电流 $I_m=1.8I_N$，电动机拖动 $T_L=0.8T_N$ 负载在电动运行状态，试求：

（1）若采用能耗制动停车，电枢应串入多大电阻？

（2）若采用反接制动停车，电枢应串入多大电阻？

（3）两种制动方法在制动开始瞬间的电磁转矩各是多大？

(4) 两种制动方法在制动到 $n=0$ 时的电磁转矩各是多大？

8. Z_2-92 型他励直流电动机额定数据如下：$P_N=40kW$，$U_N=220V$，$I_N=210A$，$n_N=1000r/min$，电枢内阻 $R_a=0.07\Omega$。试求：

(1) 在额定负载下进行能耗制动，欲使制动电流等于 $2I_N$ 时，电枢应外接多大电阻？

(2) 求出它的机械特性方程。

(3) 如果电枢直接短接，制动电流应多大？

(4) 若电动机拖动位能负载，$T_L=0.8T_N$，要求在能耗制动中以 800r/min 的稳定转速下放重物，求电枢回路中应串接的电阻值。

9. 一台他励直流电动机，数据为 $P_N=60kW$，$U_N=220V$，$I_N=350A$，$n_N=1000r/min$，$R_a=0.04\Omega$，生产机械要求的静差率 $\delta\leqslant20\%$，调速范围 $D=4$，最高转速 $n_{max}=1000r/min$，试问采用哪种调速方法能满足要求？

10. 一台他励直流电动机，$P_N=29kW$，$U_N=440V$，$I_N=76A$，$n_N=1000r/min$，$R_a=0.377\Omega$。试求：

(1) 电动机在回馈制动状态下工作，$I_a=-60A$，电枢电路不串电阻，求电动机的转速及电动机向电网回馈的功率；

(2) 电动机带位能性负载在能耗制动状态下工作，转速 $n=-500r/min$，$I_a=I_N$，求电枢电路串入的电阻及电动机轴上的输出转矩；

(3) 电动机在反接制动状态下工作，$n=-600r/min$，$I_a=50A$，求电枢电路串入的电阻、电动机轴上的输出转矩、电网供给的功率、从轴上输入的功率、在电枢电路中电阻上消耗的功率。

11. 一台他励直流电动机 $P_N=13kW$，$U_N=220V$，$I_N=68.7A$，$n_N=1500r/min$，$R_a=0.195\Omega$，拖动一台吊车的提升机构，吊装时用抱闸抱住，使重物停在空中。若提升某重物吊装时抱闸坏了，需要用电动机把重物吊在空中不动，已知重物的负载转矩 $T_L=T_N$，问此时电动机电枢回路应串入多大电阻？

12. 一台他励直流电动机的额定数据为：$P_N=17kW$，$U_N=220V$，$I_N=90A$，$n_N=1500r/min$，$R_a=0.147\Omega$。试计算：

(1) 直接启动时的电流；

(2) 若限制最大启动电流为额定电流的两倍，有几种方法可以做到？并计算出所采用方法的参数。

13. 一台他励直流电动机额定功率 $P_N=29kW$，$U_N=440V$，$I_N=76A$，$n_N=1000r/min$，$R_a=0.376\Omega$。采用电枢回路串电阻方法调速，已知最大静差率为 $\delta_{max}=30\%$，试计算：

(1) 调速范围；

(2) 电枢回路串入的最大电阻值；

(3) 拖动额定负载转矩运行在最低转速时电动机输出功率和外串电阻上消耗的功率。

14. 一台他励直流电动机额定功率 $P_N=10kW$，$U_N=220V$，$I_N=53A$，$n_N=1100r/min$，$R_a=0.3\Omega$，拖动反抗性恒转矩负载运行于额定运行状态。若进行反接制动，电枢回路串入电阻 $R=3.5\Omega$。请计算制动开始瞬间与制动到转速 $n=0$ 时电磁转矩的大小，并说明电动机会不会反转。

15. 某台他励直流电动机，额定功率 $P_N=22kW$，额定电压 $U_N=220V$，额定电流 $I_N=$

115A，额定转速 $n_N=1500\text{r/min}$，电枢回路总电阻 $R_a=0.1\Omega$，忽略空载转矩 T_0，电动机带额定负载运行时，要求把转速降到 1000r/min，计算：

（1）采用电枢串电阻调速需串入的电阻值；

（2）采用降低电源电压调速需把电源电压降到多少；

（3）上述两种调速情况下，电动机的输入功率和输出功率（输入功率不计励磁回路之功率）。

第三章

变　压　器

学习导航

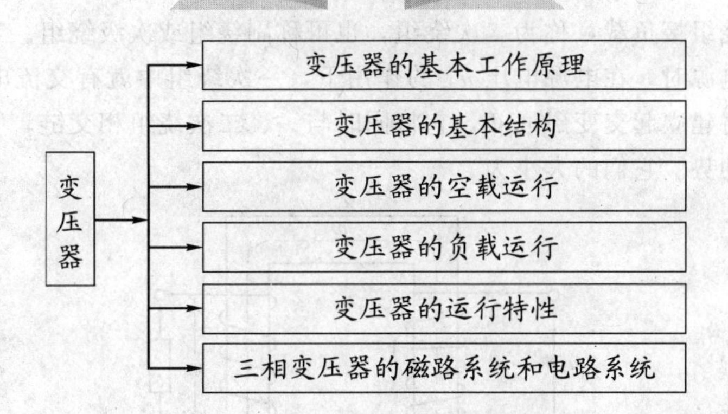

学习目标

学习目标	学习内容
知识目标	1. 变压器的主要结构及用途 2. 变压器的基本工作原理及主要额定值 3. 变压器空载运行时电压平衡方程式、相量图和等值电路 4. 变压器负载运行时的基本方程式、等值电路及相量图 5. 变压器的运行特性 6. 三相变压器的磁路系统 7. 三相变压器的电路系统——绕组的连接组
能力目标	1. 单相变压器空载参数和短路参数的测定 2. 单相变压器运行特性的测定 3. 三相变压器空载及短路参数的测定、三相变压器的变比的测定 4. 变压器的设计 5. 变压器参数的计算及拆装

变压器是一种静止电器。它利用电磁感应原理，将一种电压等级的交流电能变换成同频率的另一种电压等级的交流电能。

变压器是电力系统中一种重要的电器设备，它对电能的经济传输，灵活分配和安全使用具有重要的意义。此外各种用途的控制变压器、仪用互感器等也应用得十分广泛。

本章以普通双绕组电力变压器为主要研究对象，说明变压器的工作原理，分类及其基本结构，然后着重阐述变压器的运行原理和运行特性。最后，对特殊用途的变压器予以概述。

第一节　变压器的基本工作原理、用途及结构

一、变压器的基本工作原理

由于变压器是利用电磁感应原理工作的，因此它主要由铁芯和套在铁芯上的两个互相绝缘的绕组组成，如图 3-1 所示。通常一个绕组接交流电源，称为一次绕组，也可称原组或初级绕组；另一个绕组接负载，称为二次绕组，也可称副绕组或次级绕组。当在一次绕组两端加上合适的交流电源时，在电源电压 u_1 的作用下，一次绕组中就有交流电流流过，此电流在变压器铁芯中将建立起交变磁通 Φ，它将同时与一、二次绕组相交链，于是在一、二次绕组中产生感应电动势。它们的大小为

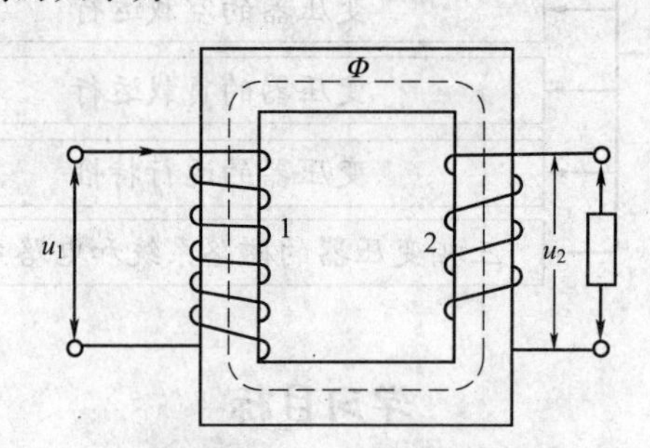

图 3-1　变压器原理图

$$e_1=-N_1\frac{\mathrm{d}\Phi}{\mathrm{d}t} \tag{3-1}$$

$$e_2=-N_2\frac{\mathrm{d}\Phi}{\mathrm{d}t} \tag{3-2}$$

式中　N_1、N_2——变压器一、二次绕组的匝数。

忽略变压器绕组内部压降，$u_1\approx e_1$，$u_2\approx e_2$，则一、二次电压之比为

$$\frac{u_1}{u_2}\approx\frac{e_1}{e_2}=\frac{-N_1\dfrac{\mathrm{d}\Phi}{\mathrm{d}t}}{-N_2\dfrac{\mathrm{d}\Phi}{\mathrm{d}t}}=\frac{N_1}{N_2} \tag{3-3}$$

式(3-3) 表明，变压器一、二次绕组的电压比等于一、二次绕组的匝数比。只要改变一次或二次绕组的匝数，即可改变输出电压的大小。这就是变压器的基本工作原理。

二、变压器的用途

在电力系统中，要将大功率电能从发电站输送到远距离的用电区，通常采用高压输电。因为输送一定的电功率，电压越高，线路中的电流越小，线路中有色金属的用量越少，线路

的电压降和功率损耗也就越小，从而降低线路的投资费用。一般来说，输电距离越远，输送功率越大，要求输电电压越高。一般高压输电线路的电压为 110kV、220kV、330kV 或 500kV。由于发电机发出的电压受到绝缘等条件的限制不能太高，通常为 10.5kV，因此需用升压变压器将电压升高到输电电压，再把电能输送出去。当电能输送到用电区后，为了用电安全，又必须用降压变压器把输电电压降到配电电压，送往各用电区，最后用配电变压器把电压降到用户电压（大型动力用电采用 10kV 或 6kV；小型动力用电和照明用电采用 380V 和 220V），供用户使用。从发电、输电到配电的整个过程中，通常需要经过多次变压，因此变压器在电力系统中对电能的生产、输送、分配和使用起着十分重要的作用。如图 3-2 所示。

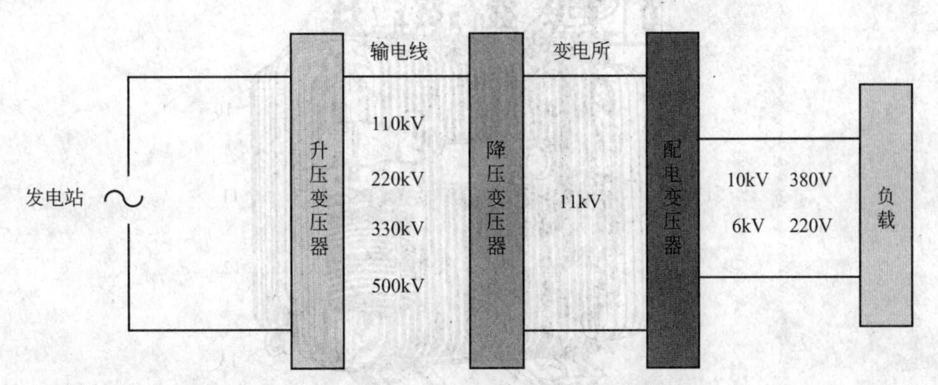

图 3-2　发电、输电及配电过程示意图

三、变压器的分类

变压器的种类繁多，按其用途可分为以下几种：

① 电力变压器——主要应用于电力系统中升降电压；

② 特殊电源用变压器——如电炉、电焊、整流变压器等；

③ 仪用变压器——供测量和继电保护用的变压器，如电压、电流互感器等；

④ 实验变压器——专供电气设备作耐压用的高压变压器；

⑤ 调压器——能均匀调节输出电压的变压器，如自耦调压器、感应调压器等；

⑥ 控制用变压器——用在控制系统中的小功率变压器、脉冲变压器、变频变压器以及在电子设备中作为电源、隔离、阻抗匹配等小容量的变压器。

其中，电力变压器又可分为升压变压器、降压变压器、配电变压器、联络变压器和厂用变压器等几种，此外，它还可按相数、耦合方式、线圈数、冷却方式以及调压方式等分类，不再赘述。

四、变压器的基本结构

如图 3-3 所示，一般的电力变压器由下列主要部分组成：铁芯、绕组（合称为器身）、油箱（如果变压器是油浸式的）及其附件，下面分别予以介绍。

1. 铁芯

铁芯是变压器的磁路部分，又作为绕组的支撑骨架。铁芯由铁芯柱（外面套绕组的部分）和铁轭（连接两个铁芯柱的部分）组成。为了提高铁芯的导磁性能，减小磁滞损耗和涡流损耗，铁芯多采用厚度为 0.35mm，表面涂有绝缘漆的热轧或冷轧硅钢片叠装而成。铁芯的基本结构形式有芯式和壳式两种，如图 3-3 所示。芯式结构的特点是绕组包围着铁芯，如图 3-4(a) 所示，这种结构比较简单，绕组的装配及绝缘也比较容易，适用于容量大而电压高的变压器，国产电力变压器均采用芯式结构。壳式结构的特点是铁芯包围着绕组。如图 3-4(b)所示，这种结构的机械强度较好，但外层绕组的铜线用量较多，制造工艺又复杂，除电炉变压器和小型干式变压器外很少采用。

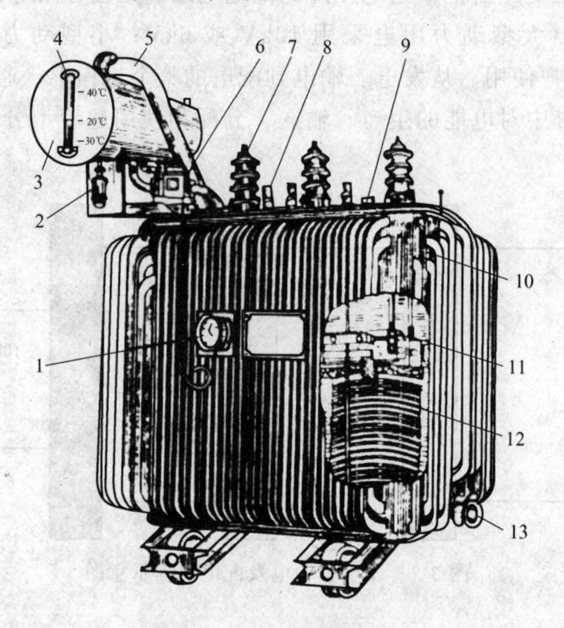

图 3-3　油浸式电力变压器

1—信号温度计；2—吸湿器；3—储油柜；4—油表；5—安全气道；
6—气体继电器；7—高压套管；8—低压套管；9—分接开关；
10—油箱；11—铁芯；12—线圈；13—放油阀门

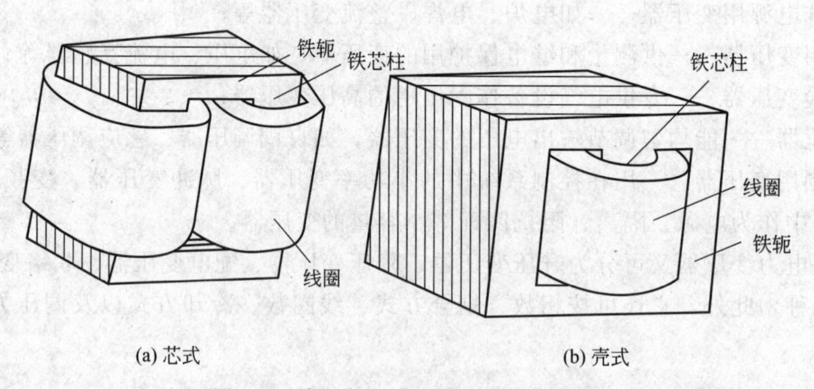

(a) 芯式　　(b) 壳式

图 3-4　单相变压器的铁芯的结构形式

为了减小磁路的磁阻和励磁电流，铁芯的磁回路不能有间隙，因此相邻两层铁芯叠片的接缝要相互错开，图 3-5 所示是硅钢片的排法。

小容量变压器的铁芯柱截面一般采用方形或长方形，在容量较大的变压器中，为了充分利用绕组内圆的空间，常采用阶梯形截面，容量越大，则阶梯越多，如图 3-6 所示。

2. 绕组

绕组是变压器的电路部分，常用绝缘铜线或铝线绕制而成，近年来还有用铝箔绕制而成

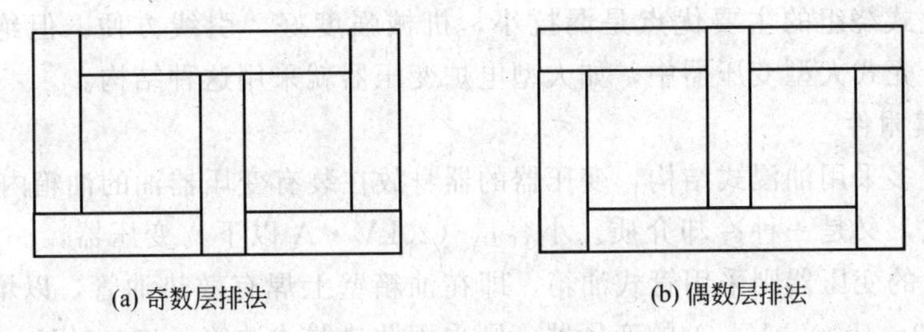

图 3-5　硅钢片的排法

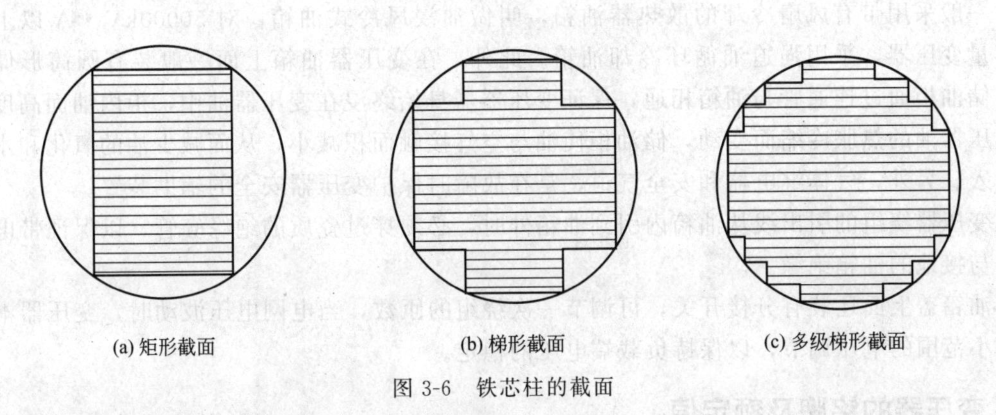

图 3-6　铁芯柱的截面

的，为了使绕组便于制造和在电磁力作用下受力均匀以及机械性能良好，一般电力变压器都把绕组绕制成圆形。

变压器的高低压绕组实际上并不是像图 3-1 所示那样分别套装在两个铁芯柱上，而是把它们套装在同一铁芯柱上，并且紧靠在一起。这是为了尽量减小漏磁通，高低压绕组在铁芯柱上的排列方式有同芯式和交叠式两种类型。

（1）同芯式绕组

同芯式绕组是将高、低压绕组在同一铁芯柱上同心排列。为了便于绕组与铁芯之间的绝缘，通常低压绕组在内，高压绕组在外，如图 3-7(a) 所示。在高，低压绕组之间及绕组与铁芯之间都加有绝缘。同芯式绕组具有结构简单，制造方便的特点，国产变压器多采用这种结构。

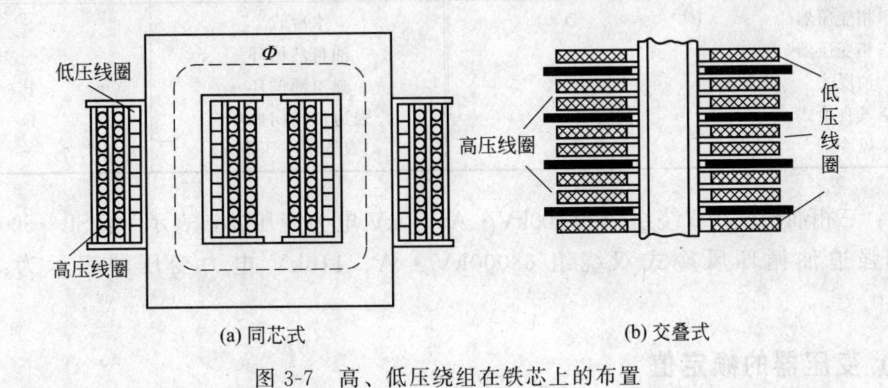

图 3-7　高、低压绕组在铁芯上的布置

（2）交叠式绕组

交叠式绕组又称为饼式绕组，它是将高、低压绕组分成若干个线饼，沿着铁芯柱的高度方向交替排列。为了便于绝缘，一般靠近铁轭的最上层和最下层放置低压绕组，如图 3-7

(b) 所示。交叠式绕组的主要优点是漏抗小，机械强度好，引线方便，但绝缘比较复杂。这种绕组只适于壳式大型变压器中，如大型电炉变压器就采用这种结构。

3. 油箱及其附件

电力变压器多采用油浸式结构，变压器的器身放在装有变压器油的油箱内。变压器油既是一种绝缘介质，又是一种冷却介质。小容量（20kV·A 以下）变压器，一般采用平壁式油箱，容量稍大的变压器则采用管式油箱，即在油箱壁上焊有散热油管，以增加散热面积。对于容量在 3000～10000kV·A 的变压器，则采用散热器式油箱。10000kV·A 以上的变压器，一般采用带有风扇冷却的散热器油箱，叫做油浸风冷式油箱，对 50000kV·A 以上的大容量变压器，采用强迫油循环冷却油箱。此外，在变压器油箱上面一般装有圆筒形储油柜，储油柜通过连通管与油箱相通，保证变压器器身始终浸在变压器油中，柜内油面高度随着变压器油的热胀冷缩而变动，储油柜使油与空气接触面积减小，从而减少油的氧化和水份的浸入。另外，气体继电器和安全气道，是在故障时保护变压器安全的辅助装置。

变压器绕组的引出线从油箱内引到油箱外时，必须穿过瓷质的绝缘套管，以保证带电的引线与接地的油箱绝缘。

油箱盖上面还装有分接开关，可调节一次绕组的匝数，当电网电压波动时，变压器本身能做小范围的电压调节，以保持负载端电压的稳定。

五、变压器的铭牌及额定值

为了使变压器安全、经济、合理地运行，同时使用户对变压器的性能有所了解，变压器出厂时都安装了一块铭牌，上面标明了变压器型号及各种额定数据。

下面着重介绍变压器的型号和额定值。

(一) 变压器的型号

变压器的型号表明了变压器的结构特点、额定容量（kV·A）和高压侧电压等级（kV）。按照 GB 1094—79 中规定，基本型号字母所表示的含义如表 3-1 所示。

表 3-1　变压器型号含义

分类项目	代表符号	分类项目	代表符号
单相变压器	D	水冷式	S
三相变压器	S	油自然循环	—
油浸式	—	强迫油循环	P
空气自冷式	—	强迫油导向循环	D
风冷式	F	双绕组变压器	—

例如：三相油浸自冷双绕组铝线 500kV·A、10kV 电力变压器，表示为：SL—500/10，又如：三相强迫油循环风冷式双绕组 63000kV·A、110kV 电力变压器表示为：SFP—63000/110。

(二) 变压器的额定值

1. 额定容量 S_N

S_N 是指额定工作状态下变压器的视在功率。单位为 kV·A。由于变压器效率高，通常把一次侧和二次侧的额定容量设计得相等。

2. 额定电压 U_{1N}、U_{2N}

U_{1N}是指加到变压器一次侧的额定电源电压值。U_{2N}是指当一次侧加额定电压，二次侧开路时的空载电压值。单位是 V 或 kV。对三相变压器，额定电压是指线电压。

3. 额定电流 I_{1N}、I_{2N}

I_{1N}、I_{2N}是指根据额定容量和额定电压算出的一、二次侧的额定电流，单位为 A。对三相变压器，额定电流是指线电流。

对单相变压器
$$I_{1N}=\frac{S_N}{U_{1N}},I_{2N}=\frac{S_N}{U_{2N}} \tag{3-4}$$

对三相变压器
$$I_{1N}=\frac{S_N}{\sqrt{3}U_{1N}},I_{2N}=\frac{S_N}{\sqrt{3}U_{2N}} \tag{3-5}$$

4. 额定频率 f_N

中国规定标准电网额定频率 f_N 为 50Hz。

5. 短路电压

短路电压表示二次绕组在额定运行情况下的电压降落，用 u_k 表示。此外，额定运行时变压器的效率、温升等数据均属于额定值。除额定值外，铭牌上还标有变压器的相数、连接组和接线图、变压器的运行方式及冷却方式等。为考虑运输，有时铭牌上还标有变压器的总重、器身重量和外形尺寸等附属数据。

【例 3-1】 有一台三相油浸自冷式铝线变压器，$S_N=180\text{kV}\cdot\text{A}$，Y，yn 接法，$U_{1N}/U_{2N}=10/0.4\text{kV}$，试求一、二次绕组的额定电流各是多大？

解：
$$I_{1N}=\frac{S_N}{\sqrt{3}U_{1N}}=\frac{180\times10^3}{\sqrt{3}\times10\times10^3}=10.4(\text{A})$$

$$I_{2N}=\frac{S_N}{\sqrt{3}U_{2N}}=\frac{180\times10^3}{\sqrt{3}\times0.4\times10^3}=259.8(\text{A})$$

第二节 变压器的空载运行

变压器的一次绕组接在额定电压的交流电源上，而二次绕组开路，这种运行方式称为变压器的空载运行，如图 3-8 所示。

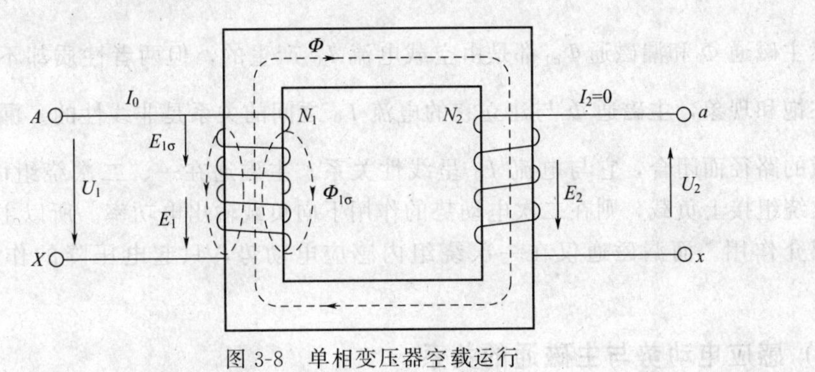

图 3-8 单相变压器空载运行

一、变压器中各量正方向的规定

由于变压器的电压、电流、磁通及电动势的大小和方向都随时间作周期性变化，为了能正确表明各量之间的关系，必须规定它们的正方向。一般采用电工惯例来规定其正方向：

① 同一条支路中，电压 U 的正方向与电流 I 的正方向一致；

② 电流 I 产生的磁动势在变压器铁芯中建立磁通 Φ，Φ 与 I 的正方向符合右手螺旋定则；

③ 磁通 Φ 产生的感应电动势 E，其正方向与产生该磁通的电流 I 方向一致。

图 3-8 中各量的正方向就是根据上述规定来确定的。

二、变压器空载运行时各量之间的关系

当变压器一次绕组加上交流电源电压 $\dot{U}_1$ 时，一次绕组中就有电流产生，由于变压器为空载运行，此时称一次绕组中的电流为空载电流 $\dot{I}_0$，由 $\dot{I}_0$ 产生空载磁动势 $\dot{F}_0=\dot{I}_0N_1$，并建立空载时的磁场。由于铁芯的磁导率比空气（或油）的磁导率大得多，所以绝大部分磁通通过铁芯闭合，同时与一、二次绕组交链，并产生感应电动势 $\dot{E}_1$ 和 $\dot{E}_2$，如果二次绕组与负载接通，则在感应电动势的作用下向负载输出电功率，所以这部分磁通起着传递能量的媒介作用，因此称之为主磁通 Φ；另有一小部分磁通（约为主磁通的 0.25%左右），主要经非磁性材料（空气或变压器油等）形成闭路，只与一次绕组交链，不参与能量传递，称之为一次绕组的漏磁通 $\Phi_{\sigma1}$，它在一次绕组中产生漏磁电动势 $\dot{E}_{\sigma1}$。另外，$\dot{I}_0$ 将在一次绕组中产生绕组压降 $\dot{I}_0r_1$。图 3-9 所示为变压器空载运行时的电磁关系。

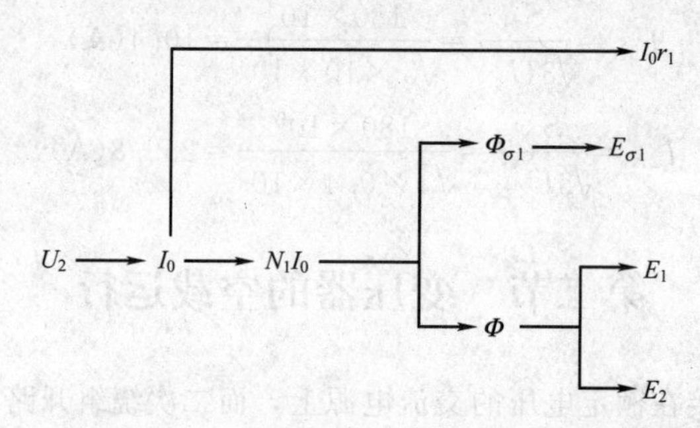

图 3-9　变压器空载运行时的电磁关系

虽然主磁通 Φ 和漏磁通 $\Phi_{\sigma1}$ 都是由空载电流 $\dot{I}_0$ 产生的，但两者性质却不同。由于铁磁材料存在饱和现象，主磁通 Φ 与建立它的电流 $\dot{I}_0$ 之间的关系是非线性的。漏磁通沿非铁磁材料构成的路径而闭合，它与电流 $\dot{I}_0$ 呈线性关系。主磁通在一、二次绕组内感应电动势，如果二次绕组接上负载，则在二次电动势的作用下向负载输出电功率。所以主磁通起着传递能量的媒介作用。而漏磁通仅在一次绕组内感应电动势，只起电压降的作用，不能传递能量。

（一）感应电动势与主磁通的关系

在变压器的一次绕组上加正弦交流电压 U_1 时，则 E_1 和 Φ 也按正弦规律变化。假设主磁通 Φ 为

$$\Phi=\Phi_{\rm m}\sin\omega t \tag{3-6}$$

根据电磁感应定律，则一次绕组的感应电动势

$$
\begin{aligned}
E_1 &= -N_1 \frac{\mathrm{d}\Phi}{\mathrm{d}t} = -\omega N_1 \Phi_\mathrm{m} \cos\omega t \\
&= \omega N_1 \Phi_\mathrm{m} \sin(\omega t - 90^\circ) \\
&= E_{1\mathrm{m}} \sin(\omega t - 90^\circ)
\end{aligned} \tag{3-7}
$$

由式(3-7) 可知，当主磁通 Φ 按正弦规律变化时，由它产生的感应电动势也按正弦规律变化，但在相位上滞后于主磁通90°。

由式(3-7) 还可知 E_1 的有效值为

$$
\begin{aligned}
E_1 &= \frac{E_{1\mathrm{m}}}{\sqrt{2}} = \frac{\omega N_1 \Phi_\mathrm{m}}{\sqrt{2}} = \frac{2\pi f N_1 \Phi_\mathrm{m}}{\sqrt{2}} \\
&= \sqrt{2}\pi f N_1 \Phi_\mathrm{m} = 4.44 f N_1 \Phi_\mathrm{m}
\end{aligned} \tag{3-8}
$$

同理，二次绕组感应电动势的有效值为

$$
E_2 = 4.44 f N_2 \Phi_\mathrm{m} \tag{3-9}
$$

E_1 和 E_2 用相量表示时为

$$
\begin{aligned}
\dot{E}_1 &= -\mathrm{j}4.44 f N_1 \dot{\Phi}_\mathrm{m} \\
\dot{E}_2 &= -\mathrm{j}4.44 f N_2 \dot{\Phi}_\mathrm{m}
\end{aligned} \tag{3-10}
$$

式(3-10) 表明，变压器一、二次绕组感应电动势的大小与电源频率 f、绕组匝数 N 及铁芯中主磁通的最大值 Φ_m 成正比，在相位上均滞后主磁通90°。

(二) 空载电流与主磁通的关系

变压器空载时，一次绕组实际上是一个铁芯线圈，因此空载电流 $\dot{I}_0$ 应包括无功的磁化电流 $\dot{I}_{0\mathrm{Q}}$和有功的铁损电流 $\dot{I}_{0\mathrm{P}}$两个分量

即
$$
\dot{I}_0 = \dot{I}_{0\mathrm{P}} + \dot{I}_{0\mathrm{Q}} \tag{3-11}
$$

式中 $\dot{I}_{0\mathrm{P}}$——空载电流的有功分量；

$\dot{I}_{0\mathrm{Q}}$——空载电流的无功分量。

$\dot{I}_{0\mathrm{Q}}$起励磁作用，用来建立空载磁场，它与主磁通 Φ 同相位；$\dot{I}_{0\mathrm{P}}$用来供给铁芯损耗，它超前于主磁通 Φ90°，即与$-\dot{E}_1$ 同相位，由于一般变压器都采取措施减小铁芯损耗，因此 $I_{0\mathrm{P}}$是不大的，通常 $I_{0\mathrm{P}} < 10\% I_0$，因此 $I_0 \approx I_{0\mathrm{Q}}$，即空载电流 I_0 主要用以产生主磁通，所以空载电流也称为励磁电流。同时 $\dot{I}_0$ 比 $\dot{\Phi}_\mathrm{m}$ 在相位上超前一个不大的角度，叫做铁耗角。对于电力变压器，一般空载电流 I_0 约为额定电流的 2%～10%，容量越大，I_0 相对越小。

(三) 漏磁电动势和空载电流的关系

变压器一次绕组的漏磁通 $\Phi_{\sigma1}$也将在一次绕组中感应产生一个漏磁电动势 $\dot{E}_{\sigma1}$。

根据前面的分析，同样可得出：

$$
\dot{E}_{\sigma1} = -\mathrm{j}\sqrt{2}\pi f N_1 \dot{\Phi}_{1\mathrm{m}} \tag{3-12}
$$

因漏磁路是线性的，由电工基础知识可知，线性磁路中漏磁通与电流大小成正比，相位相同，若用漏磁通的电感系数 L_1 来表示，即

$$L_1=\frac{N_1\Phi_{\sigma 1m}}{\sqrt{2}I_0} \tag{3-13}$$

将式(3-13) 代入式(3-12) 得

$$\dot{E}_{\sigma 1}=-\mathrm{j}\dot{I}_0\omega L_1=-\mathrm{j}\dot{I}_0 x_1 \tag{3-14}$$

式中 L_1——变压器一次绕组的漏电感；

x_1——变压器一次绕组的漏电抗（简称漏抗）。

式(3-14) 说明，漏磁通在变压器绕组中感应的漏磁电动势，大小和电流成正比，在相位上比电流滞后90°，由于漏磁通的磁路大部分是通过空气闭路，磁路不会饱和，漏磁路的磁导 $\mu_{\sigma 1}$ 是常数，因此，对已制成的变压器，漏电感 L_1 为一常数，在频率不变时，漏电抗 $x_1=\omega N_1^2\mu_{\sigma 1}$ 也是常数。漏电抗 x_1 是一次绕组的一个参数，它表征了漏磁通对电路的电磁效应。

（四）空载变压器的电压平衡方程，相量图和等值电路

1. 电压平衡方程

按照图 3-8 中规定的正方向，列出一次侧和二次侧用相量形式表示的电压平衡方程式如下

$$\begin{cases}\dot{U}_1=-\dot{E}_1-\dot{E}_{\sigma 1}+\dot{I}_0 r_1\\ \dot{U}_{20}=\dot{E}_2\end{cases} \tag{3-15}$$

将式(3-14) 代入式(3-15)，则空载运行时，一次侧和二次侧的电压平衡式

$$\begin{cases}\dot{U}_1=-\dot{E}_1+\mathrm{j}\dot{I}_0 x_1+\dot{I}_0 r_1=-\dot{E}_1+\dot{I}_0 Z_1\\ \dot{U}_{20}=\dot{E}_2\end{cases} \tag{3-16}$$

式中 r_1——变压器一次绕组的电阻；

Z_1——变压器一次绕组的漏阻抗，$Z_1=r_1+\mathrm{j}x_1$。

式(3-16) 表明，变压器空载运行时，电源电压 $\dot{U}_1$ 与一次绕组的感应电动势 $\dot{E}_1$ 和阻抗压降 $\dot{I}_0 Z_1$ 相平衡。空载运行时，阻抗压降 $\dot{I}_0 Z_1$ 很小（一般小于 0.5%U_{1N}），因此可近似认为 $U_1\approx E_1$。

通过式(3-8) 和式(3-9)，可以得到变压器的变比

$$\frac{U_1}{U_{20}}\approx\frac{E_1}{E_2}=\frac{N_1}{N_2}=k \tag{3-17}$$

对三相变压器，变比是指相电压的比值。

2. 等值电路

前已述及，对外加电源电压 $\dot{U}_1$ 而言，由漏磁通产生的漏磁电动势 $\dot{E}_{\sigma 1}$，其作用可看作是空载电流 $\dot{I}_0$ 流过漏电抗 x_1 时所产生的电压降。同样，当磁路未饱和时，由主磁通产生

的感应电动势 $\dot{E}_1$，其作用也可类似地引入一个参数来处理。考虑到主磁通在铁芯中还要引起铁芯损耗，所以不能单纯地引入一个电抗，而应该引入一个阻抗 Z_m 把 $\dot{E}_1$ 和 $\dot{I}_2$ 联系起来，这时 $\dot{E}_1$ 的作用可看作是空载电流 $\dot{I}_0$ 流过 Z_m 时所产生的电压降，即

$$-\dot{E}_1=\dot{I}_0 Z_m=\dot{I}_0(r_m+jx_m) \tag{3-18}$$

Z_m 为变压器的励磁阻抗 $Z_m=r_m+jx_m$；r_m 称励磁电阻，是变压器铁芯损耗的等效电阻，即为 $P_{Fe}=I_0^2 r_m$；x_m 为主磁通在铁芯中引起的等效电抗，称为励磁电抗，其大小正比于铁芯磁路的磁导，即

$$x_m=\omega L_m=\omega N_1^2 \mu_m \tag{3-19}$$

式中 L_m——铁芯电感；

μ_m——铁芯磁导。

将式(3-18) 代入式(3-16)，得

$$\dot{U}_1=-\dot{E}_1+\dot{I}_0 Z_1=\dot{I}_0 Z_m+\dot{I}_0 Z_1=\dot{I}_0(Z_m+Z_1) \tag{3-20}$$

相应的等值电路如图 3-10 所示

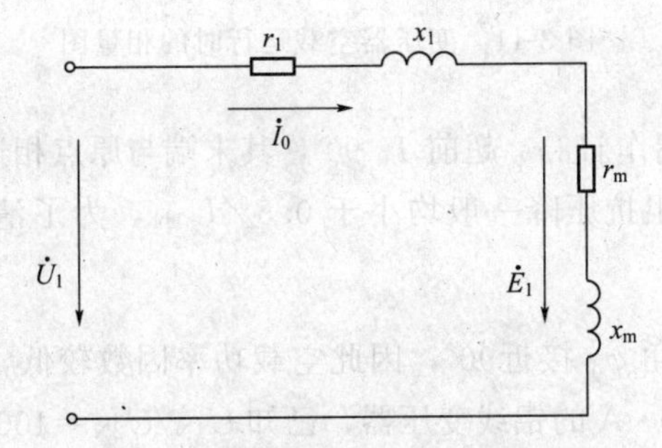

图 3-10 变压器空载时的等值电路

注意，当频率一定时 r_1、x_1 均为常数，但 r_m 和 x_m 都不是常数，它们随外加电压 U_1 的变化而变化。当 U_1 增加时，主磁通也增加，由于受铁芯磁路饱和度增大的影响，使磁导 μ_m 下降，x_m 随之下降；同时 I_0 比 Φ 增长得快，而 Φ 与外施电压 U_1 成正比，故 I_0 比 U_1 增长得快，使 r_m 下降。但通常电源电压是一定的，因此在变压器正常工作范围内，主磁通可看作不变，这样铁芯的饱和程度也就不变，可以认为 x_m 和 r_m 基本不变。

由于铁芯的导磁系数比空气的导磁系数要大得多，即 $\mu_m \gg \mu_{\sigma1}$，所以 $x_m \gg x_1$，又因为 $r_m \gg r_1$，故有 $Z_m \gg Z_1$。又因为变压器选用高质量的硅钢片作铁芯，因而铁芯损耗较小，故又有 $x_m \gg r_m$。

3. 变压器空载运行时的相量图

为了直观地表示变压器中各物理量的大小和相位关系，在同一张图上将各物理量用相量的形式来表示，称之为变压器的相量图。根据式(3-16) 作出空载运行时的相量图，如图 3-11所示。作法如下：①取主磁通 $\dot{\Phi}_m$ 作参考相量，画在水平线上；②根据 $\dot{E}_1$ 和 $\dot{E}_2$ 滞后 $\dot{\Phi}_m$ 90°可画出 $\dot{E}_1$ 和 $\dot{E}_2$；③使 $\dot{I}_{0Q}$ 与 $\dot{\Phi}_m$ 同相，$\dot{I}_{0P}$ 相位超前 $\dot{\Phi}_m$ 相位90°，$\dot{I}_{0Q}$ 和 $\dot{I}_{0P}$ 的合成相量即是空载电流 $\dot{I}_0$；$\dot{I}_0$ 超前 $\dot{\Phi}_m$ 一个不大的铁耗角 α_{Fe}；④在 $-\dot{E}_1$ 的末端作 $\dot{I}_0 r_1$ 平

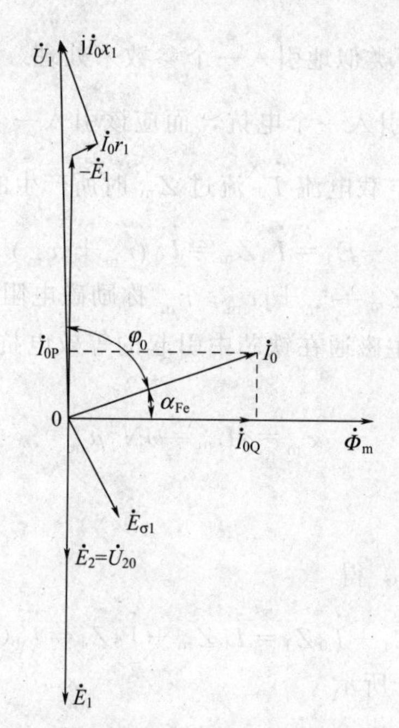

图 3-11 变压器空载运行时的相量图

行于 $\dot{I}_0$，再在 $\dot{I}_0r_1$ 的末端作 $\mathrm{j}\dot{I}_0x_1$ 超前 $\dot{I}_0$ 90°，其末端与原点相连，即为相量 $\dot{U}_1$。

注意，一次绕组的漏阻抗压降一般均小于 0.5%U_{1N}，为了清楚起见，作相量图时，有意对其放大了比例。

$\dot{U}_1$ 与 $\dot{I}_0$ 之间的相位角 φ_0 接近90°，因此空载功率因数较低，一般 $\cos\varphi_0=0.1\sim0.2$。

【例 3-2】 一台 180kV·A 的铝线变压器，已知 $U_{1N}/U_{2N}=10000/400$V，Yyn 接线，铁芯截面 $S_{Fe}=160\text{cm}^2$，铁芯中最大磁密 $B_m=1.445$T，试求一次及二次侧绕组匝数及变压器变比。

解：变压器变比 $k=\dfrac{U_1}{U_2}=\dfrac{10000/\sqrt{3}}{400/\sqrt{3}}=25$

铁芯中磁通 $\Phi_m=B_mS_{Fe}=1.445\times160\times10^{-4}=231\times10^{-4}(\text{Wb})$

高压绕组匝数 $N_1=\dfrac{U_1}{4.44f\Phi_m}=\dfrac{10000}{\sqrt{3}\times4.44\times50\times231\times10^{-4}}=1125(\text{匝})$

低压绕组匝数 $N_2=\dfrac{N_1}{k}=\dfrac{1125}{25}=45(\text{匝})$

第三节 变压器的负载运行

一、变压器负载运行时的电磁关系

当变压器一次绕组加上电源电压 $\dot{U}_1$，二次绕组接上负载 Z_L，则变压器就投入了负载运行，如图 3-12 所示。

变压器负载运行时，二次绕组中流过电流 $\dot{I}_2$，产生磁动势 $\dot{F}_2=\dot{I}_2N_2$，由于二次绕组

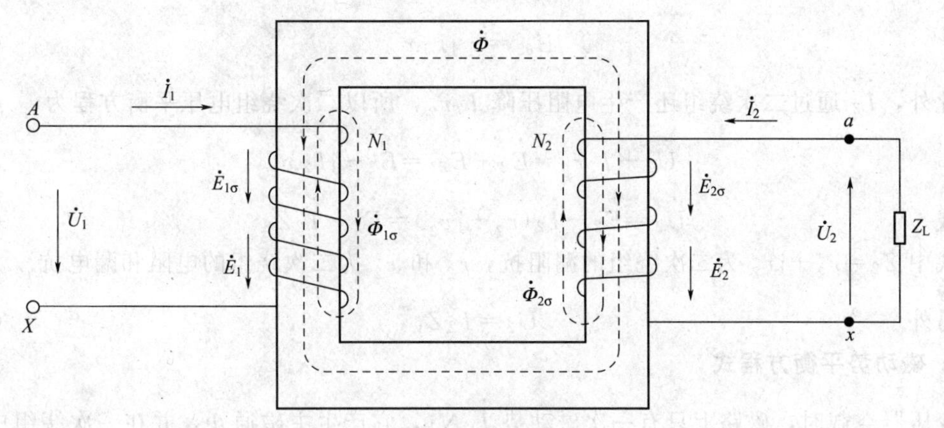

图 3-12　变压器负载运行

的磁动势也作用在同一条主磁路上，所以，负载时的主磁通由一、二次绕组的磁动势共同建立。根据楞次定律，该磁动势力图削弱空载时的主磁通 $\dot{\Phi}_m$，因而引起 $\dot{E}_1$ 的减小。由于电源电压 $\dot{U}_1$ 不变，所以 $\dot{E}_1$ 的减小会导致一次绕组电流的增加，由 $\dot{I}_0$ 增加到 $\dot{I}_1$。其增加的磁动势足以抵消 $\dot{I}_2N_2$ 对空载主磁通的去磁影响，使负载时的主磁通基本回升至原来空载时的值，使得电磁关系达到新的平衡。图 3-13 为变压器负载运行时的电磁关系。

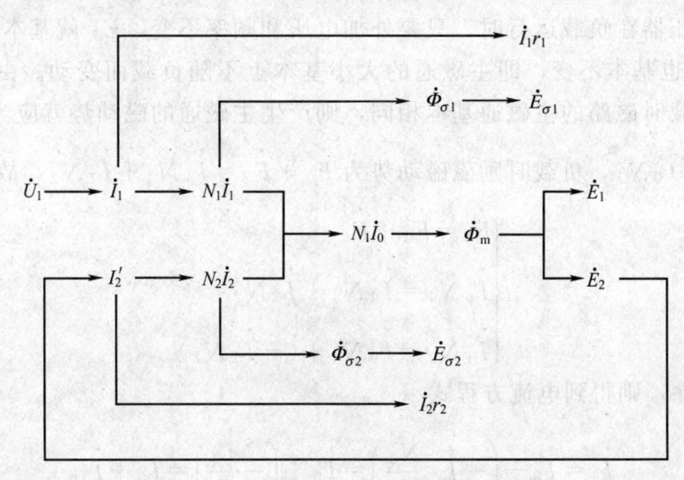

图 3-13　变压器负载运行时的电磁关系

二、基本方程式

1. 电压平衡方程式

参照图 3-11 所示正方向的规定，负载时一次绕组电压平衡方程式为

$$\dot{U}_1=-\dot{E}_1+\dot{I}_1r_1+\mathrm{j}\dot{I}_1x_1=-\dot{E}_1+\dot{I}_1Z_1 \tag{3-21}$$

负载电流 $\dot{I}_2$ 所产生的磁通中，有很小一部分磁通 $\dot{\Phi}_{\sigma2}$，称作二次漏磁通，它不穿过一次绕组，只穿过二次绕组本身，产生的漏磁电动势为 $\dot{E}_{\sigma2}$，$\dot{E}_{\sigma2}$ 也可用漏抗压降形式表示，即

$$\dot{E}_{\sigma2}=-\mathrm{j}\dot{I}_2x_2 \tag{3-22}$$

此外，$\dot{I}_2$ 通过二次绕组还产生电阻压降 $\dot{I}_2r_2$，所以二次绕组电压平衡方程为

$$\dot{U}_2+\dot{I}_2r_2=\dot{E}_2+\dot{E}_{\sigma2}=\dot{E}_2-\mathrm{j}\dot{I}_2x_2$$

或
$$\dot{U}_2=\dot{E}_2-\dot{I}_2(r_2+\mathrm{j}x_2)=\dot{E}_2-\dot{I}_2Z_2 \tag{3-23}$$

式中 $Z_2=r_2+\mathrm{j}x_2$ 为二次绕组的漏阻抗，r_2 和 x_2 为二次绕组的电阻和漏电抗。

另外
$$\dot{U}_2=\dot{I}_2Z_L \tag{3-24}$$

2. 磁动势平衡方程式

变压器空载时，磁路上只有一次磁动势 $\dot{I}_0N_1$，它产生主磁通 Φ，并在一次绕组中感生电动势 $-\dot{E}_1$，因为 $Z_1=r_1+\mathrm{j}x_1$ 很小，$\dot{I}_0$ 也很小，所以可略去一次漏阻抗压降 $\dot{I}_0Z_1$，认为 $\dot{U}_1=-\dot{E}_1$。变压器负载运行时，由于二次磁动势 $\dot{I}_2N_2$ 的出现，磁路上出现两个磁动势，$\dot{I}_1N_1$ 和 $\dot{I}_2N_2$。因此，磁路中的总磁动势为 $\dot{I}_1N_1+\dot{I}_2N_2$，这一合成磁动势产生总磁通 Φ，使一次电流由 $\dot{I}_0$ 增加到 $\dot{I}_1$，尽管 $\dot{I}_1$ 比 $\dot{I}_0$ 增加了很多，但压降 $\dot{I}_1Z_1$ 比起 $-\dot{E}_1$ 还是很小，（仅为 $5\%U_{1N}$），故仍可略去不计，所以变压器负载运行时仍可认为 $\dot{U}_1\approx-\dot{E}_1=$ 常量，就是说变压器在负载运行时，只要外加电压和频率不变，$\dot{E}_1$ 就基本保持不变。而 $E_1\propto\Phi_m$，所以 Φ_m 也基本不变，即主磁通的大小基本上不随负载而变动。由此推论：同一台变压器空载和负载时磁路的主磁通基本相同，则产生主磁通的磁动势就应当相等，空载时励磁磁动势为 $\dot{F}_0=\dot{I}_0N_1$，负载时励磁磁动势为 $\dot{F}_1+\dot{F}_2=\dot{I}_1N_1+\dot{I}_2N_2$，故有

即
或
$$\begin{cases}\dot{F}_0=\dot{F}_1+\dot{F}_2\\ \dot{I}_0N_1=\dot{I}_1N_1+\dot{I}_2N_2\\ \dot{I}_1N_1=\dot{I}_0N_1+(-\dot{I}_2N_2)\end{cases} \tag{3-25}$$

两边用 N_1 除，则得到电流方程式

$$\dot{I}_1=\dot{I}_0+\left(-\dot{I}_2\frac{N_2}{N_1}\right)=\dot{I}_0+\left(-\frac{\dot{I}_2}{k}\right)=\dot{I}_0+\dot{I}_{1L} \tag{3-26}$$

由式(3-26) 可知：负载时 $\dot{I}_1$ 由两个分量组成：一个是励磁电流 $\dot{I}_0$，用于建立主磁通 $\dot{\Phi}_m$；另一个是负载电流分量（$\dot{I}_{1L}=-\dot{I}_2/k$），用来补偿二次绕组磁动势 $\dot{I}_2N_2$ 对主磁通的影响，以保持主磁通基本不变。

式(3-26) 还表明变压器负载运行时，通过磁动势平衡关系，将一、二次绕组电流紧密地联系在一起。在外加电压和频率不变的条件下，磁通 Φ 和空载电流 I_0 是不变的，而 $\dot{I}_{1L}$ 只伴随着负载的出现而存在，且与二次电流成正比例地变化。所以，$\dot{I}_2$ 的增加或减小必然同时引起 $\dot{I}_1$ 的增加或减小，以平衡二次电流所产生的去磁影响。相应地，二次绕组输出功率的变化，必然引起一次绕组输入功率的变化，电能就是通过这种电磁感应，磁动势平衡的

方式从一次侧传递到二次侧的。

当负载增大到接近额定值时，$\dot{I}_0$ 与 $\dot{I}_{1L}$ 相比是很小的。常将 $\dot{I}_0$ 忽略不计，则式(3-26)为

$$\dot{I}_1 \approx -\frac{N_2}{N_1}\dot{I}_2 = -\frac{\dot{I}_2}{k} \tag{3-27}$$

上式表明，$\dot{I}_1$与$\dot{I}_2$相位上相差接近180°，考虑数值关系时，有

$$\frac{I_1}{I_2} \approx \frac{N_2}{N_1} \tag{3-28}$$

上式说明，一次侧和二次侧电流的大小，近似与它们的匝数成反比，因此高压绕组匝数多，通过的电流小，而低压绕组匝数少，通过的电流大。

综合以上分析，可得到变压器负载运行时的基本方程式为：

$$\begin{cases} \dot{U}_1 = -\dot{E}_1 + \dot{I}_1 Z_1 \\ \dot{U}_2 = \dot{E}_2 - \dot{I}_2 Z_2 \\ \dot{E}_1 = -\dot{I}_0 Z_m \\ E_1 = kE_2 \\ \dot{I}_1 N_1 + \dot{I}_2 N_2 = \dot{I}_0 N_1 \end{cases}$$

三、变压器的折算

利用前面导出的基本方程式，可以分析计算变压器的运行性能，但实际计算时，不仅十分繁琐，而且在变比 k 较大时，精确度也差，为此，希望能有一个既能正确反映变压器内部电磁过程，又便于工程计算的等效电路来代替实际的变压器，这种电路称为等值电路，采用绕组折算就能解决上述问题。

绕组折算就是将变压器的一、二次绕组折算成同样匝数，通常是将二次绕组折算到一次绕组，即取 $N_2'=N_1$，则 E_2 变为 E_2'，使 $E_2'=E_1$。折算仅仅是一种数学手段，它不改变折算前后的电磁关系，即折算前后功率、损耗、磁动势平衡关系等均保持不变。对于一次绕组来说，折算后的二次绕组与实际的二次绕组是等效的。由于折算前后二次绕组匝数不同，因此折算后的二次绕组的各物理量数值与折算前的不同，折算量用原来的符号加“′”表示。

1. 二次侧电动势和电压的折算

由于二次绕组折算后，$N_2'=N_1$，根据电动势大小与匝数成正比，则有

$$\frac{E_2'}{E_2} = \frac{N_2'}{N_2} = \frac{N_1}{N_2} = k$$

即

$$E_2' = kE_2 = E_1 \tag{3-29}$$

同理

$$E_{2\sigma}' = kE_{2\sigma} \tag{3-30}$$

$$U_2' = kU_2 \tag{3-31}$$

2. 二次电流的折算

为保持二次绕组磁动势在折算前后不变，即 $I_2'N_2'=I_2N_2$，则有

$$I_2' = \frac{N_2}{N_2'}I_2 = \frac{N_2}{N_1}I_2 = \frac{1}{k}I_2 \tag{3-32}$$

3. 二次阻抗的折算

根据折算前后消耗在二次绕组电阻及漏电抗上的有功、无功功率不变的原则，则有

$$I_2'^2 r_2' = I_2^2 r_2, \quad r_2' = \frac{I_2^2}{I_2'^2} r_2 = k^2 r_2 \tag{3-33}$$

$$I_2'^2 x_2' = I_2^2 x_2, \quad x_2' = \frac{I_2^2}{I_2'^2} x_2 = k^2 x_2 \tag{3-34}$$

因此
$$Z_2' = r_2' + \mathrm{j}x_2' = k^2 Z_2 \tag{3-35}$$

负载阻抗 Z_L 的折算值为

$$Z_L' = \frac{U_2'}{I_2'} = \frac{kU_2}{\frac{I_2}{k}} = k^2 \frac{U_2}{I_2} = k^2 Z_L \tag{3-36}$$

综上所述，若将二次绕组折算到一次绕组，折算值与原值的关系：

① 凡是电动势、电压都乘以变比 k；

② 凡是电流都除以变比 k；

③ 凡是电阻、电抗、阻抗都乘以变比 k 的平方；

④ 凡是磁动势、功率、损耗等，值不变。

四、变压器的等值电路及相量图

根据式(3-37)，可以分别画出变压器的部分等值电路，如图 3-14 所示，其中变压器一、二次绕组之间的磁耦合作用，由主磁通在绕组中产生的感应电势 $\dot{E}_1$、$\dot{E}_2$ 反映出来，经过绕组折算后，$\dot{E}_1 = \dot{E}_2'$，构成了

$$\begin{cases} \dot{U}_1 = -\dot{E}_1 + \dot{I}_1 Z_1 \\ \dot{U}_2' = \dot{E}_2' - \dot{I}_2' Z_2' \\ \dot{E}_1 = \dot{E}_2' = -\dot{I}_0 Z_m \\ \dot{I}_0 = \dot{I}_1 + \dot{I}_2' \end{cases} \tag{3-37}$$

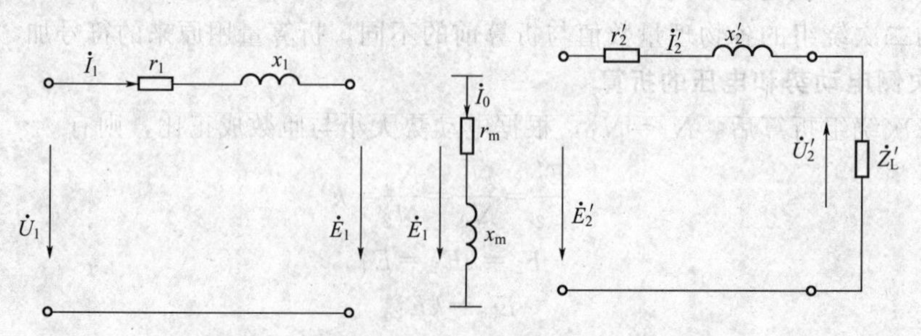

图 3-14　根据式(3-37) 画出的部分等值电路

相应主磁场励磁部分的等值电路。根据 $\dot{E}_1 = \dot{E}_2' = -\dot{I}_0 Z_m$ 和 $\dot{I}_0 = \dot{I}_1 + \dot{I}_2'$ 的关系式，可将一次、二次绕组的等值电路和励磁支路连在一起，构成变压器的 T 形等值电路。如图 3-15 所示。

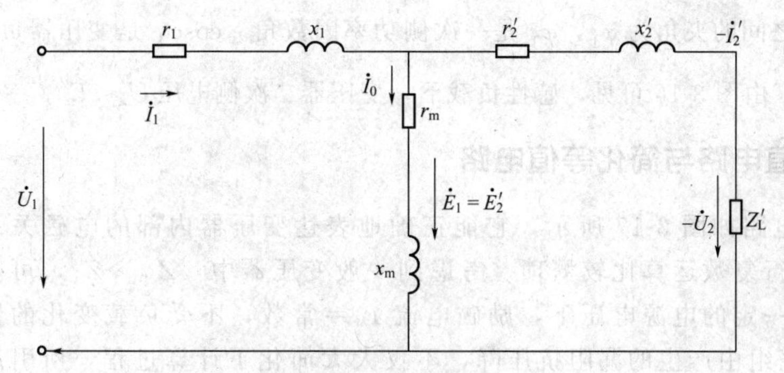

图 3-15　变压器 T 形等值电路

根据 T 形等值电路，可以画出变压器有负载时的相量图。相量图可直观地表达出变压器运行时各物理量的大小及相位关系。图 3-16 为感性负载时的相量图。

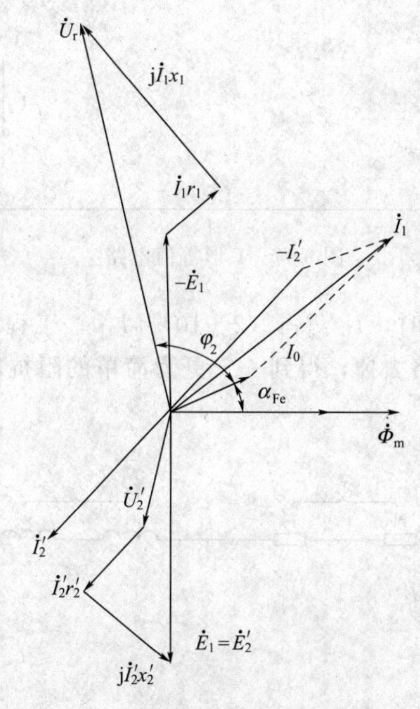

图 3-16　感性负载时的相量图

若给定 U_2、I_2、$\cos\varphi_2$、k 及各个参数，设变压器的负载为感性，作图步骤如下：

① 以 $\dot{U}_2'$为参考相量，而 $\dot{I}_2'$滞后 $\dot{U}_2'$一个 φ_2 角，画出 $\dot{U}_2'$及 $\dot{I}_2'$；

② 在 $\dot{U}_2'$向量上，加上 $\dot{I}_2'r_2'$，再加上 $j\dot{I}_2'x_2'$得出 $\dot{E}_2'$；

③ $\dot{E}_1'=\dot{U}_2'$；

④ 画出超前 $\dot{E}_1$ 90°的主磁通 $\dot{\Phi}_m$；

⑤ 根据 $\dot{I}_0=-\dot{E}_1/Z_m$，画出 $\dot{I}_0$，它超前 $\dot{\Phi}_m$ 一个铁耗角 $\alpha_{Fe}=\arctan\ (r_m/x_m)$；

⑥ 画出 $-\dot{I}_2'$，它与 $\dot{I}_0$ 的向量和为 $\dot{I}_1$；

⑦ 画出 $-\dot{E}_1$，加上 $\dot{I}_1r_1$，再加上 $j\dot{I}_1x_1$，得到一次侧电源电压 $\dot{U}_1$ 向量。

$\dot{U}_1$与$\dot{I}_1$之间的夹角为φ_1，φ_1是一次侧功率因数角。$\cos\varphi_1$是变压器负载运行时一次侧的功率因数。由图3-16可见，感性负载下，变压器二次侧电压$\dot{U}_2' < \dot{E}_2'$。

五、Γ型等值电路与简化等值电路

Γ形等值电路如图3-17所示，它能正确地表达变压器内部的电磁关系，但它属于混联电路，进行复数运算比较繁琐。考虑到一般变压器中，$Z_m \gg Z_1$，可把励磁支路前移，即认为在一定的电源电压下，励磁电流I_0=常数，不受负载变化的影响，同时忽略I_0在一次绕组中产生的漏阻抗压降，不仅大大简化了计算过程，所引起的误差也是很小的。

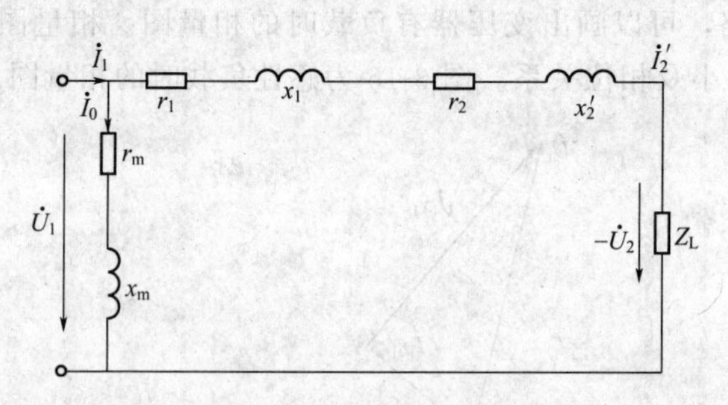

图3-17 Γ形等值电路

由于一般电力变压器运行时，I_0只占(2～10)%I_{1N}，工程计算时，可进一步把励磁电流I_0忽略不计，即将励磁支路去掉，得到一个更为简单的阻抗串联电路，称为简化等值电路如图3-18所示，并有：

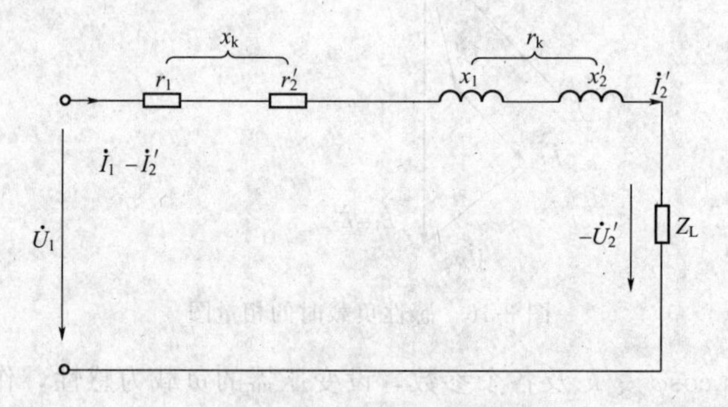

图3-18 变压器简化等值电路

$$\begin{cases} r_k = r_1 + r_2' \\ x_k = x_1 + x_2' \\ Z_k = Z_1 + Z_2' = r_k + jx_k \end{cases} \tag{3-38}$$

式中，Z_k为变压器的短路阻抗；r_k为短路电阻；x_k为短路电抗。

从图3-18可看出，当二次侧短路，即$Z_L=0$时，变压器的短路电流$I_k=\dfrac{U_1}{Z_k}$必然很大，可达额定电流的10～20倍。

第四节　变压器参数测定

变压器等值电路中的参数 Z_m、Z_k，对变压器的运行性能有着直接的影响。知道了变压器的参数，即可绘出等值电路，然后运用等值电路去分析和计算变压器的运行性能。变压器的参数可以通过空载试验和短路试验来测定。

一、空载试验

空载试验的目的是测定空载电流 I_0、空载损耗 P_0，求得变压器的变比 k 和励磁参数 r_m、x_m、Z_m。对于单相变压器作空载试验可按图 3-19 接线。然后在工频正弦额定电压 U_{1N}的作用下，测取 U_1、I_0、P_0 和 U_{20}。

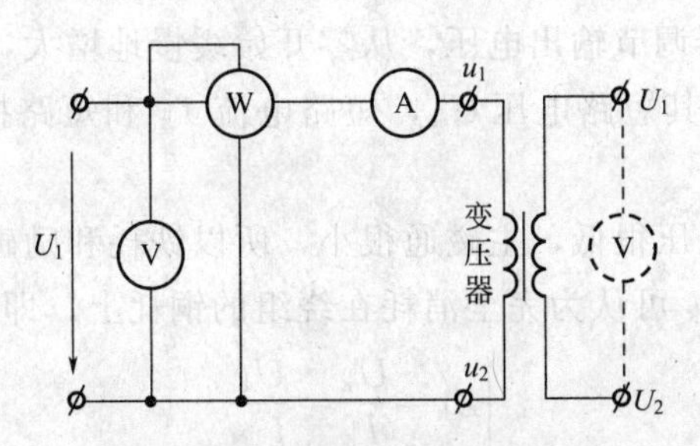

图 3-19　变压器空载试验电路图

为了测出空载电流和空载损耗随电压变化的曲线，外施电压要能在一定范围内进行调节。变压器空载运行时，输入功率 P_0 为铁芯损耗 P_{Fe} 与空载铜耗 $I_0^2r_1$ 之和，由于 $I_0^2r_1 \ll P_{Fe}$可忽略不计，故可认为变压器空载时的功率 P_0 完全用来补偿变压器的铁芯损耗，即 $P_0 \approx P_{Fe}$。

$$k=\frac{N_1(\text{高压})}{N_2(\text{低压})}\approx\frac{U_1}{U_{20}} \tag{3-39}$$

$$\begin{cases} Z_m=\dfrac{U_{1N}}{I_0} \\ r_m=\dfrac{P_0}{I_0^2} \\ x_m=\sqrt{Z_m^2-r_m^2} \end{cases} \tag{3-40}$$

根据空载等值电路（图 3-10）可知，变压器空载时总阻抗 $Z_0=Z_1+Z_m=(r_1+jx_1)+(r_m+jx_m)$，由于 $r_m \gg r_1$、$x_m \gg x_1$，因此 $Z_0 \approx Z_m$，这样根据测量结果，可计算变比及励磁参数

应当注意，由于励磁参数与磁路的饱和程度有关，不同电源电压下测出的数值是不同的，故应取额定电压下测读的数据来计算励磁参数。另外为了安全与方便起见，空载试验一般在低压侧进行，如果需要得到高压侧的数值时，还必须乘以变比 k 的平方。

二、短路试验

短路试验的目的是测定变压器的短路电压 U_k、短路损耗 P_k，然后根据测得的参数求出短路参数 r_k、x_k 和 Z_k。单相变压器短路试验接线图如图 3-20 所示。

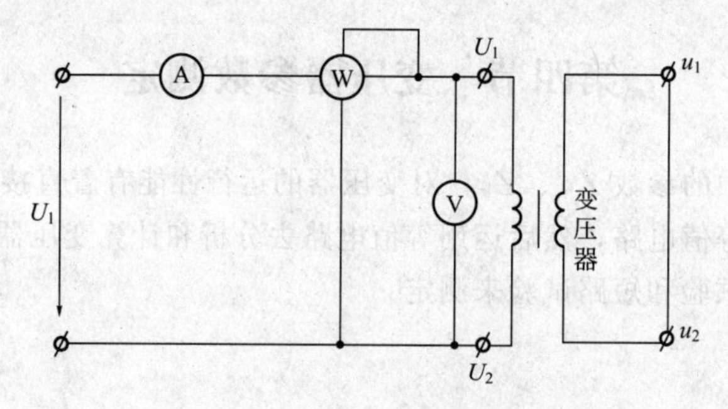

图 3-20 单相变压器短路试验接线图

由于短路试验时电流较大（加到额定电流），而外加电压却很低，一般短路电压约为额定电压的 4%～10%，因此为便于测量，一般在高压侧试验，将低压侧短路。

短路试验时，用调压器调节输出电压，从零开始缓慢地增大，使一次侧电流从零升到额定电流 I_{1N} 为止，分别测量其短路电压 U_k，短路电流 I_k 和短路损耗 P_k，并记录试验时的室温 θ。

由于短路试验时外加电压很低，主磁通很小，所以铁耗和励磁电流均可忽略不计，这时输入的功率（短路损耗）P_k 可认为完全消耗在绕组的铜耗上，即 $P_k \approx I_k^2 r_k$。

$$\begin{cases} Z_k = \dfrac{U_k}{I_k} = \dfrac{U_k}{I_{1N}} \\ r_k \approx \dfrac{P_k}{I_k^2} = \dfrac{P_k}{I_{1N}^2} \\ x_k = \sqrt{Z_k^2 - r_k^2} \end{cases} \tag{3-41}$$

根据测量结果，由简化等值电路计算室温下的短路参数（取 $I_k = I_{1N}$）。

由于绕组的电阻值将随温度的变化而改变，而短路实验一般在室温下进行，所以经过计算所得的电阻必须换算到基准工作温度时的数值。按国家标准规定，油浸式变压器的短路电阻值应换算到 75℃的值，所以

$$\begin{cases} r_{k75℃} = r_k \dfrac{K+75}{K+\theta} \\ Z_{k75℃} = \sqrt{r_{k75℃}^2 + x_k^2} \\ P_{kN75℃} = I_{1N}^2 r_{k75℃} \\ U_{kN75℃} = I_{1N} Z_{k75℃} \end{cases} \tag{3-42}$$

式中 θ——试验时的室温，℃；

K——常数，对于铜导线，$K=235$；对于铝导线，$K=228$；

$P_{kN75℃}$——标准温度下的额定短路损耗；

$U_{kN75℃}$——标准温度下的额定短路电压。

由于短路试验是在高压侧进行的，故测定的短路参数是属于高压侧的数值，若需要折算到低压侧时，应除以变比 k 的平方。

变压器的短路阻抗是变压器的重要参数，由于容量和电压不同，变压器短路阻抗的欧姆值相差很大。为了便于比较，可用相对单位来表示，即把短路电压用一次侧额定电压的百分数表示，把它叫做阻抗电压，即

$$u_k=\frac{U_{kN75℃}}{U_{1N}}\times100\%=\frac{I_{1N}Z_{kN75℃}}{U_{1N}}\times100\% \tag{3-43}$$

阻抗电压也称短路电压，标在变压器铭牌上，它的大小反映了变压器在额定负载下运行时，漏阻抗压降的大小。从运行的角度上看，希望 u_k 值小一些，使变压器输出电压的波动受负载变化的影响小些，但从限制变压器短路电流的角度来看，则希望 u_k 值大些，这样可使变压器在发生短路故障时的短路电流小一些。如电炉用变压器，由于短路的机会多，因此 u_k 值设计得比一般电力变压器的 u_k 值要大得多。一般中小容量电力变压器的 u_k 为 4%～10.5%，大容量变压器的 u_k 约为 12.5%～17.5%。

以上所分析的是单相变压器参数的计算方法，对于三相变压器，变压器的参数是指一相的参数，因此只要采用相电压、相电流、一相的功率（或损耗），即每相的数值进行计算即可。

【例 3-3】 SL-100/6 型三相铝线电力变压器，$S_N=100\text{kV}\cdot\text{A}$，$U_{1N}/U_{2N}=6000/400$，$I_{1N}/I_{2N}=9.63/144.5$，一、二次侧都接成星形，在室温 25℃时做空载试验和短路试验，试验数据如下：

试验项目	电压/V	电流/A	功率/W	备注
空载	400	9.37	600	电源加在低压侧
短路	325	9.63	2014	电源加在高压侧

试求折算到高压侧的励磁参数和短路参数。

解：由空载试验数据，先求低压侧的励磁参数：

$$Z_m=\frac{U_{1\Phi}}{I_{0\Phi}}=\frac{400}{\sqrt{3}\times9.37}=24.6(\Omega)$$

$$r_m=\frac{P_{0\Phi}}{I_{0\Phi}^2}=\frac{600}{3\times9.37^2}=2.28(\Omega)$$

$$x_m=\sqrt{Z_m^2-r_m^2}=\sqrt{24.6^2-2.28^2}=24.5(\Omega)$$

折算到高压侧的励磁参数：

因 $$k=\frac{6000/\sqrt{3}}{400/\sqrt{3}}=15$$

所以 $$Z'_m=k^2Z_m=15^2\times24.6=5535(\Omega)$$

$$r'_m=k^2r_m=15^2\times2.28=513(\Omega)$$

$$x'_m=k^2x_m=15^2\times24.5=5513(\Omega)$$

由短路试验数据，计算高压侧室温下的短路参数：

$$Z_k=\frac{U_{kF}}{I_{kF}}=\frac{325}{\sqrt{3}\times9.63}=19.5(\Omega)$$

$$r_k\approx\frac{P_{kF}}{I_{kF}^2}=\frac{2014}{3\times9.63^2}=7.24(\Omega)$$

$$x_k=\sqrt{Z_k^2-r_k^2}=\sqrt{19.5^2-7.24^2}=18.1(\Omega)$$

换算到标准工作温度 75℃时

$$r_{k75℃}=r_k\frac{228+75}{228+\theta}=7.24\times\frac{228+75}{228+25}\approx8.67(\Omega)$$

$$Z_{k75℃}^2=\sqrt{r_{k75℃}^2+x_k^2}=\sqrt{8.67^2+18.1^2}\approx 20.1(\Omega)$$

$$P_{kN75℃}=3I_{1N\Phi}^2 r_{k75℃}=3\times 9.63^2\times 8.67=2412(\mathrm{W})$$

阻抗电压相对值为

$$u_k=\frac{U_{kN75℃}}{U_{1N}}\times 100\%=\frac{9.63\times 20.1}{6000/\sqrt{3}}\times 100\%=5.58\%$$

第五节　变压器的运行特性

变压器的运行特性主要有外特性和效率特性。

一、变压器的外特性和电压变化率

由于变压器内部存在电阻和漏电抗，当负载电流流过二次绕组时，变压器内部将产生阻抗压降，使二次侧端电压随负载电流的变化而变化，这种变化关系用变压器的外特性来描述。

变压器的外特性是指一次绕组加额定电压，负载功率因数 $\cos\varphi_2$ 一定时，二次侧端电压 U_2 随负载电流 I_2 变化的规律，即 $U_2=f(I_2)$，变压器的外特性曲线如图 3-21 所示。

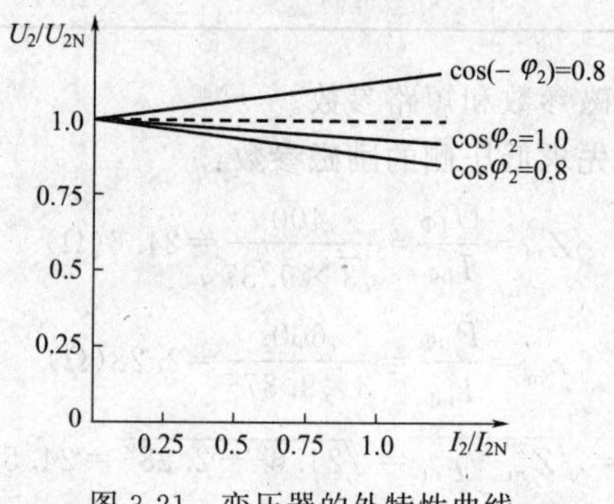

图 3-21　变压器的外特性曲线

变压器二次侧端电压随负载变化的程度用电压变化率 $\Delta U\%$ 来表示。所谓电压变化率是指：一次绕组加额定电压，负载功率因数一定，由空载至某一负载时二次侧电压的变化对二次额定电压的百分率。即

$$\Delta U\%=\frac{U_{20}-U_2}{U_{2N}}\times 100\%=\frac{U_{2N}-U_2}{U_{2N}}\times 100\%=\frac{U_{1N}-U_2'}{U_{1N}}\times 100\% \tag{3-44}$$

电压变化率可根据变压器的参数、负载的性质和大小由简化相量图求出。通过简化等值电路画出的简化相量图，如图 3-22 所示，由于 I_1Z_k 仅为 U_{1N} 的百分之几，所以相量 $\dot{U}_{1N}$ 与 $-\dot{U}_2'$ 的夹角非常小，一般仅为 1°～2°，所以可认为 $\overline{OA}\approx\overline{OD}$，因此有

$$\Delta U=U_{1N}-U_2'\approx\overline{CD}$$

所以，电压变化率为：

$$\Delta U\%=\frac{U_{1N}-U_2'}{U_{1N}}\times 100\%=\frac{I_1r_k\cos\varphi_2+I_1x_k\sin\varphi_2}{U_{1N}}\times 100\%$$

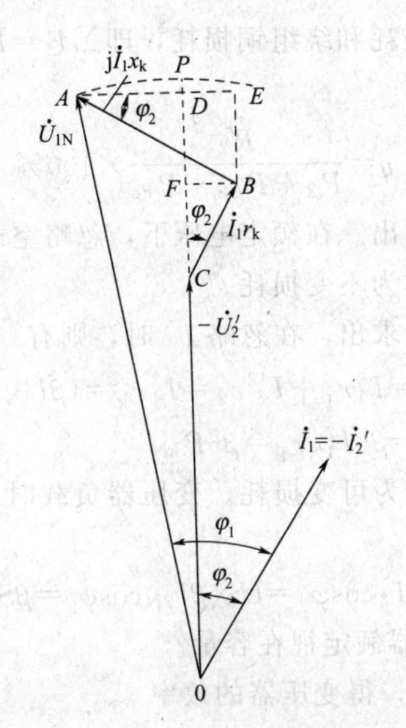

图 3-22　由简化相量图求 $\Delta U\%$

$$=\frac{I_1}{I_{1N}}\left(\frac{I_{1N}r_k\cos\varphi_2+I_{1N}x_k\sin\varphi_2}{U_{1N}}\right)\times100\%$$

$$=\beta\frac{I_{1N}r_k\cos\varphi_2+I_{1N}x_k\sin\varphi_2}{U_{1N}}\times100\% \tag{3-45}$$

式中　β——变压器负载系数，$\beta=\frac{I_1}{I_{1N}}=\frac{I_2}{I_{2N}}$。

从式(3-45) 可看出，电压变化率 $\Delta U\%$不仅与短路参数 r_k、x_k 和负载系数 β 有关，还与负载功率因数 $\cos\varphi_2$ 有关。

根据式(3-45)，可以画出变压器的外特性曲线，如图 3-21 所示。在实际变压器中，$x_k\gg r_k$，所以在纯电阻性负载，即 $\cos\varphi_2=1$ 时，$\Delta U\%$很小；感性负载时，$\varphi_2>0$，$\cos\varphi_2$ 和 $\sin\varphi_2$ 均为正值，$\Delta U\%$也为正值，说明二次侧电压 U_2 随负载电流 I_2 的增大而下降，而且在相同的负载电流 I_2 下，感性负载时 U_2 的下降比纯电阻负载时 U_2 下降得大；容性负载时，$\varphi_2<0$，$\cos\varphi_2>0$，而 $\sin\varphi_2<0$，当$|I_1r_k\cos\varphi_2|<|I_1x_k\sin\varphi_2|$时，$\Delta U\%$为负值，表明二次侧电压 U_2 随负载电流 I_2 的增加而升高。

电压变化率 $\Delta U\%$是变压器的主要性能指标，它反映了电源电压的稳定性，一定程度上反映了电能的质量。一般变压器的负载均为感性，在 $\cos\varphi_2=0.8$ 时，中小型变压器的电压变化率在 4%～5.5%左右。

二、变压器的效率

变压器的效率 η 是指它的输出功率 P_2 与输入功率 P_1 之比，用百分数表示，即

$$\eta=\frac{P_2}{P_1}\times100\% \tag{3-46}$$

由于电力变压器效率很高，一般都在 95%以上，用直接负载法测量 P_2 和 P_1 来确定效率，很难得到准确的结果，因此工程上常用间接法，通过求取损耗的方法计算效率。

变压器的总损耗包括铁芯损耗和绕组铜损耗，即$\sum P=P_{Cu}+P_{Fe}$，用$P_1=P_2+P_{Cu}+P_{Fe}$代入式(3-46) 得

$$\eta=\frac{P_2}{P_2+P_{Cu}+P_{Fe}}\times 100\% \tag{3-47}$$

变压器铁损可由空载试验求出。在额定电压下，忽略空载铜损耗不计时，$P_{Fe}=P_0=$常量，铁耗不随负载大小而变，称为不变损耗。

变压器铜损耗可由短路试验求出，在忽略I_0时，则有

$$\begin{aligned}P_{Cu}&=I_1^2r_1+I_2'^2r_2'=I_1^2r_k=(\beta I_{1N})^2r_k\\&=\beta^2I_{1N}^2r_k=\beta^2P_{kN}\end{aligned} \tag{3-48}$$

铜损耗随负载大小而变，称为可变损耗。变压器负载时二次侧输出功率，若假定$U_2\approx U_{2N}$，忽略电压变化，则可写出

$$P_2=U_2I_2\cos\varphi_2=U_{2N}\beta I_{2N}\cos\varphi_2=\beta S_N\cos\varphi_2 \tag{3-49}$$

式中，$S_N=U_{2N}I_{2N}$，称为变压器额定视在容量。

将上述关系代入公式(3-47)，得变压器的效率

$$\eta=\frac{\beta S_N\cos\varphi_2}{\beta S_N\cos\varphi_2+P_0+\beta^2P_{kN}}\times 100\% \tag{3-50}$$

对于给定的变压器，P_0和P_{kN}是一定的，当负载功率因数$\cos\varphi_2$一定时，效率只与负载系数β有关，我们把$\eta=f(\beta)$的关系曲线称为效率特性，或效率特性曲线，如图 3-23 所示。

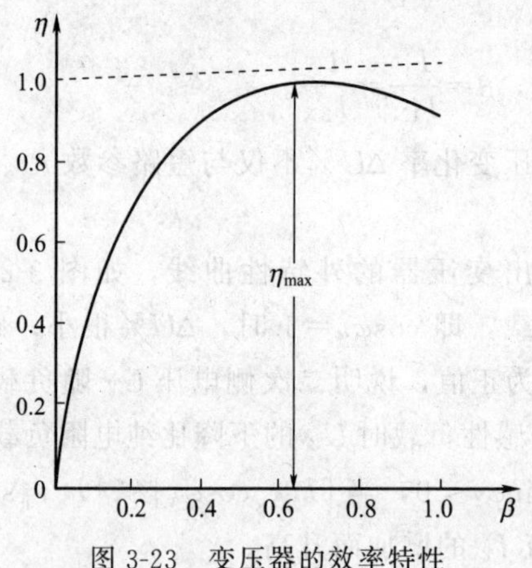

图 3-23　变压器的效率特性

从效率特性上可看出，当负载较小时，效率随负载的增大而快速上升，当负载达到一定值时，负载的增大反而使效率下降，因此，在$\eta=f(\beta)$曲线上有一个最高的效率点η_{max}。为了求出在某一负载下的最高效率，可以令$\frac{d\eta}{d\beta}=0$，从而求得发生最大效率时的β_m值，然后将此值代入式(3-50) 即可求得最高效率η_{max}。

按上述方法计算的结果表明，当可变损耗与不变损耗相等时，效率达最大值，即

$$P_0=\beta_m^2P_{kN}$$

因此

$$\beta_m=\sqrt{\frac{P_0}{P_{kN}}} \tag{3-51}$$

将式(3-51)代入式(3-50)，即可求得变压器的最大效率 η_{max}，由于变压器常年接在线路上，总有铁损，而铜损却随负载的变化而变化，同时，变压器不可能总在满载下运行，因此取铁损小一些对提高全年的效率比较有利。一般取 $P_0/P_{kN}=1/4\sim1/2$，故最大效率 η_{max} 发生在 $\beta_m=0.5\sim0.7$ 范围内。

【例 3-4】 用【例 3-3】中的数据，已知负载功率因数 $\cos\varphi_2=0.8$，电流滞后，求：

(1) 额定负载时的电压变化率和二次侧电压；

(2) 额定负载时的效率；

(3) 变压器的最大效率。

解：(1) 根据式(3-45)计算额定负载时的电压变化率

$$\Delta U\%=\beta\frac{I_{1N}r_k\cos\varphi_2+I_{1N}x_k\sin\varphi_2}{U_{1N}}\times100\%$$

$$=1\times\frac{9.63\times8.67\times0.8+9.63\times18.1\times0.6}{6000/\sqrt{3}}\times100\%=4.95\%$$

二次侧电压

$$U_2=(1-\Delta U\%)U_{2N}=(1-0.0495)\times400=380.2(\text{V})$$

(2) 根据式(3-50)计算额定负载时的效率

$$\eta=\frac{\beta S_N\cos\varphi_2}{\beta S_N\cos\varphi_2+P_0+\beta^2P_{kN}}\times100\%$$

$$=\frac{1\times100\times10^3\times0.8}{1\times100\times10^3\times0.8+600+1^2\times2412}\times100\%=96.4\%$$

(3) 最大效率时的负载系数

$$\beta_m=\sqrt{\frac{P_0}{P_{kN}}}=\sqrt{\frac{600}{2412}}=0.5$$

最大效率

$$\eta_{max}=\frac{\beta_mS_N\cos\varphi_2}{\beta_mS_N\cos\varphi_2+P_0+\beta_m^2P_{kN}}\times100\%$$

$$=\frac{0.5\times100\times10^3\times0.8}{0.5\times100\times10^3\times0.8+600+0.5^2\times2412}\times100\%$$

第六节　三相变压器

电力系统一般采用三相制供电，因而三相变压器得到了广泛的应用。三相变压器可以用三个单相变压器组成，称为三相变压器组或称组式变压器。也可用铁轭把三个铁芯柱联在一起而构成，称为三相芯式变压器。从运行原理和分析方法来说，三相变压器在对称负载下运行时，各相电压和电流大小相等，相位上彼此相差120°，故可取其一相进行讨论。这时，三相变压器的任意一相和单相变压器并没有什么区别。所以，分析单相变压器所用的方法和所得的结论完全适用于对称负载运行时的三相变压器。但三相变压器有它自己的一些特殊问题，如三相变压器的磁路系统、三相绕组连接法、感应电动势的波形以及三相变压器的并联运行等问题。

一、三相变压器的磁路系统

1. 三相变压器组的磁路

三相变压器组是由三台单相变压器组成的，由于三相磁通各有自己单独的磁路，彼此互不相关，当一次绕组施以对称三相电压时，各相主磁通必然对称，各相空载电流也是对称的，如图 3-24 所示。

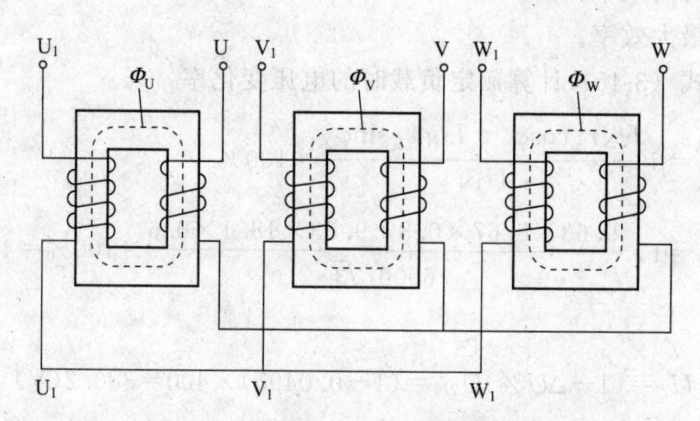

图 3-24　三相变压器组的磁路系统

2. 三相芯式变压器的磁路

三相芯式变压器的铁芯是由三台单相变压器的铁芯合在一起演变而来的，这种铁芯构成的磁路特点是三相磁路互相关联，各相磁通要借另外两相磁路闭合，如图 3-25 所示。如果把三台单相变压器的铁芯按图 3-25(a) 所示的位置靠拢在一起，在外施对称三相电压时，三相主磁通是对称的，此时中间铁芯柱内的磁通为 $\dot{\Phi}_U+\dot{\Phi}_V+\dot{\Phi}_W=0$，因此可以省掉中间芯柱，如图 3-25(b) 所示。为了制造方便和节省硅钢片，将三相铁芯柱布置在同一平面内，如图 3-25(c) 所示，即演变成常用的三相芯式变压器的铁芯，这种铁芯结构由于三相磁路长度不相等，中间 V 相最短，两边的 U、W 相较长，所以三相磁阻不相等。当外施对称三相电压时，三相空载电流便不相等，V 相最小，$I_{0U}=I_{0W}=(1.2\sim1.5)I_{0V}$，但由于变压器的空载电流很小，因而三芯式变压器空载电流的不对称对变压器负载运行的影响很小，可不予考虑。工程上空载电流取三相平均值。

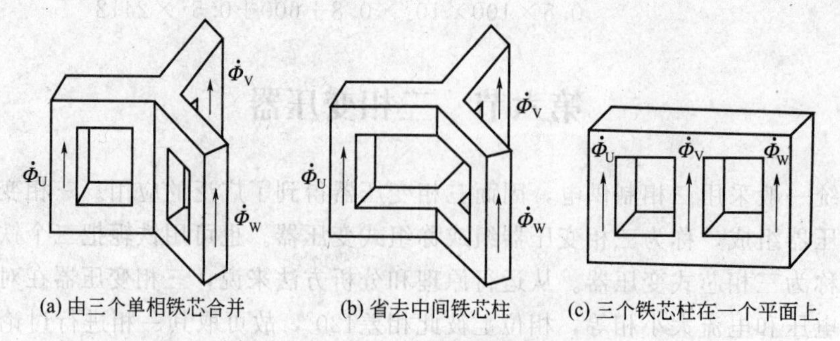

(a) 由三个单相铁芯合并　(b) 省去中间铁芯柱　(c) 三个铁芯柱在一个平面上

图 3-25　三相芯式变压器的磁路系统

目前国内外用得较多的是三相芯式变压器，它具有消耗材料少、效率高、维护简单、占地面积小等优点。但在大容量的巨型变压器中以及运输条件受限制的地方，为了便于运输及减少备用容量，往往采用三相组式变压器。

二、三相变压器的电路——绕组连接组

三相变压器的绕组连接组是一个很重要的问题，它关系到变压器电磁量中的谐波问题以及并联运行等一些运行上的问题。

（一）连接法

在三相变压器中，绕组的连接主要采用星形和三角形两种方法，为表明连接方法，对绕组的首端和末端标记规定如表 3-2 所示。

表 3-2　绕组首端和末端标记

绕组名称	单相变压器		三相变压器		中性点
	首端	末端	首端	末端	
高压绕组	U_1	U_2	U_1、V_1、W_1	U_2、V_2、W_2	N
低压绕组	u_1	u_2	u_1、v_1、w_1	u_2、v_2、w_2	n

作星形连接时，用 Y 或 y 表示，如果有中点引出，则用 YN 或 yn 表示；作三角形连接时，用 D 或 d 表示。三角形连接可分为逆连和顺连两种接法，如图 3-26 所示。

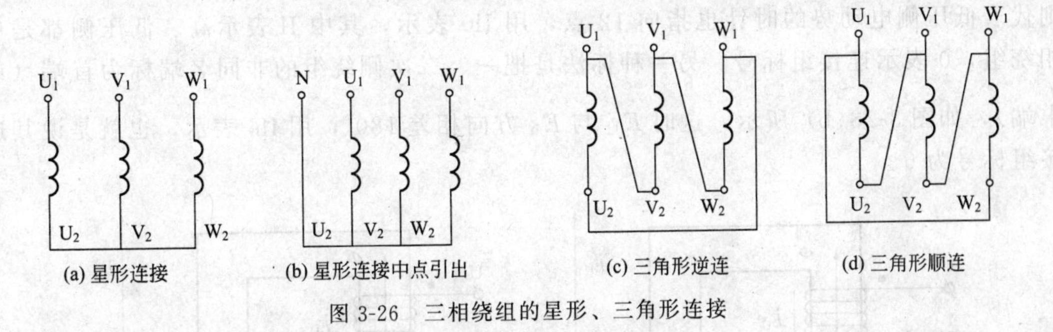

图 3-26　三相绕组的星形、三角形连接

（二）连接组

由于三相变压器的三个绕组可以采用不同的连接方法，使得一、二次绕组中的线电动势具有不同的相位差，因此按一、二次绕组线电动势的相位关系，把三相变压器绕组的连接法分成各种不同的组合，称为绕组的连接组。对于三相绕组，无论采用哪种连接法，一、二次侧线电动势的相位差总是 30°的倍数，因此，采用时钟表面上的 12 个数字来表示这种相位差较为简明，这种方法称为“时钟表示法”，即把高压侧线电动势的相量作为钟表上的长针，始终指向“12”，而把低压侧线电动势相量作为短针，它所指的数字即表示高低压侧线电动势相量间的相位差，这个数字称为三相变压器连接组标号。

1. 单相变压器的连接组

首先讨论单相变压器的连接组，因为它是研究三相变压器连接组的基础。单相变压器的一、二次绕组是绕在同一个铁芯柱上的，它们被同一主磁通 Φ 所交链，当 Φ 交变时，在一、二次绕组中感应的电动势有一定的极性关系，即任一瞬间，一个绕组的某一端点的电位为正时，另一绕组必有一个端点的电位也为正，这两个对应的同极性的端点称为同名端，用符号

“•”表示。同名端可能在两个绕组的相同端，如图 3-27(a) 所示，也可能在绕组的不同端，如图 3-27(b) 所示，这取决于两个绕组的绕向是否相同。

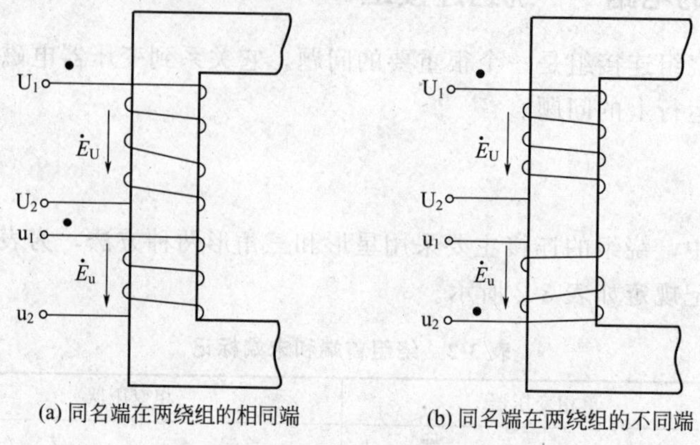

(a) 同名端在两绕组的相同端　　(b) 同名端在两绕组的不同端

图 3-27　单相变压器绕组的极性

单相变压器绕组的首端和末端有两种不同的标法，随着标法的不同，所得一、二次侧绕组电动势之间的相位差也不相同。一种是将一、二次绕组的同名端都标为首端（或末端），如图 3-28(a) 所示，这时一、二次侧绕组电动势 $\dot{E}_U$ 与 $\dot{E}_u$ 同相位（感应电动势的正方向均规定从首端指向末端），此时把代表高压侧电动势的分针指向 12 点，则代表低压侧电动势的时针也指向 12 点，用 II0 表示，其中 II 表示高、低压侧都是单相绕组，0 表示连接组标号。另一种标法是把一、二次侧绕组的非同名端标为首端（或末端），如图 3-28(b) 所示，这时 $\dot{E}_U$ 与 $\dot{E}_u$ 方向相差 180°，用 II6 表示，也就是说其连接组标号为 6。

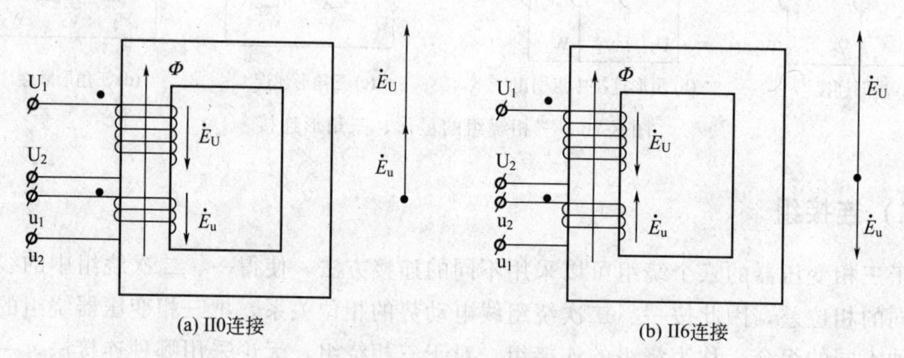

(a) II0连接　　(b) II6连接

图 3-28　单相变压器的两种不同连接

由以上分析可知，单相变压器一、二次侧相电动势的相位关系，取决于绕组的绕向和首末端的标记。国家标准规定，单相变压器采用 II0 作为标准连接组。

2. 三相变压器的连接组

三相变压器的连接组是由二次侧线电动势与一次侧对应线电动势的相位差来决定的，它不仅与绕组的绕向和首末端的标记有关，而且还与三相绕组的接法有关。确定三相变压器连接组标号的步骤应为：

① 按规定绕组的出线端标志所规定的连接法，画出连接图，如图 3-29(a) 所示。

② 作出高压侧电动势的相量图，确定某一线电动势的方向，如 $\dot{E}_{UV}$ 相量，如图 3-29(b)

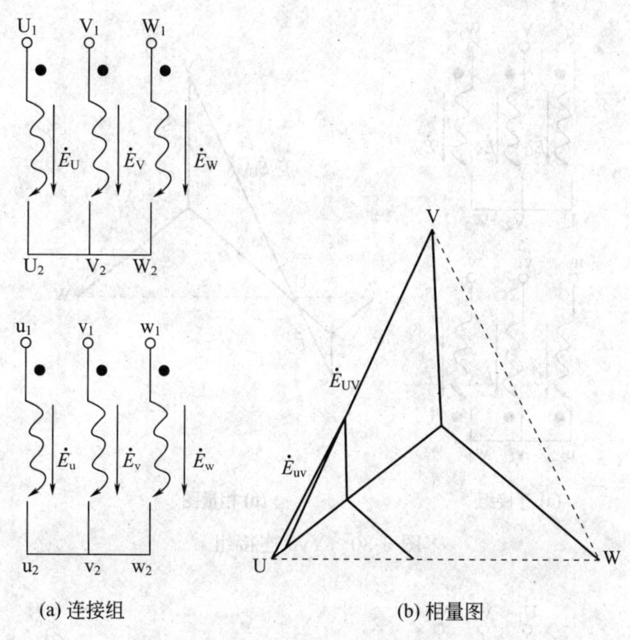

图 3-29　Yy0 连接组

所示。

③ 确定高、低压侧绕组对应的相电动势的相位关系（同相位或反相位），作出低压侧的电动势相量图，确定对应的线电动势相量的方向，如 $\dot{E}_{uv}$ 相量。为方便比较，将高、低压侧的电动势相量图画在一起，取 U 与 u 点重合。

④ 根据高、低压侧对应线电动势的相位关系确定连接组标号。

(1) Yy0 连接组

图 3-29(a) 所示为 Yy。接法时三相变压器绕组的连接图。图中将一、二次绕组的同名端标为首端，这时一、二次侧对应的相电动势同相，同时一、二次侧线电动势 $\dot{E}_{UV}$ 与 $\dot{E}_{uv}$ 也同相位，当 $\dot{E}_{UV}$ 指向钟面的“0”即“12”时，$\dot{E}_{uv}$ 也指向“0”点。所以标号为“0”，即为 Yy0 连接组。

(2) Yy6 连接组

如将上例中非同名端作为首端，如图 3-30(a) 所示，这时一、二次侧对应相的相电动势相位相反，则一、二次侧线电动势 $\dot{E}_{UV}$ 与 $\dot{E}_{uv}$ 也相差180°，如图 3-30(b) 所示，因而得到 Yy6 连接组。

(3) Yy4 连接

图 3-31(a) 仍是 Yy 连接的三相变压器绕组的连接图，但是它将二次侧的 v 相绕组作为 u 相，w 相绕组作为 v 相，而 u 相绕组作为 w 相。用类似上面的方法画出的这种情况下的线电动势 $\dot{E}_{UV}$ 与 $\dot{E}_{uv}$ 有120°的相位差，因而这种接法是 Yy4 连接组，如图 3-31(b) 所示。

(4) Yd 连接组

图 3-32(a)、(c) 是 Yd 接法时三相变压器的连接图。将一、二次绕组的同名端标为首端，二次绕组逆序角接，如图 3-32(a) 所示，这时一、二次侧对应相的相电动势同相位，但

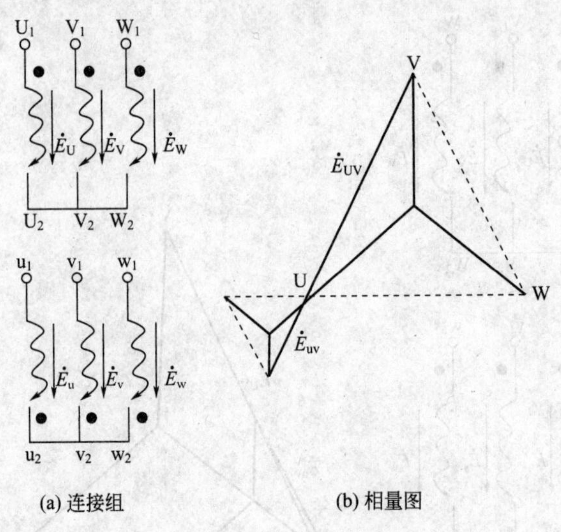

图 3-30　Yy6 连接组

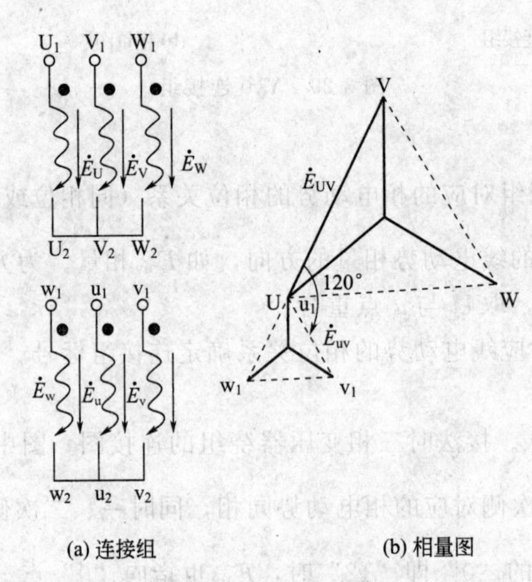

图 3-31　Yy4 连接

一次侧线电动势 $\dot{E}_{UV}$ 与二次侧线电动势 $\dot{E}_{uv}$ 相位差为 $11\times30^\circ=330^\circ$，如图 3-32(b) 所示。当 $\dot{E}_{UV}$ 指向 12 点时，则 $\dot{E}_{uv}$ 指向 11 点，所以得 Yd11 连接组，如图 3-32(b) 所示。

如将上例中二次绕组改成顺序角接，如图 3-32(c) 所示，这时 $\dot{E}_{UV}$ 与 $\dot{E}_{uv}$ 相位差为30°，而且 $\dot{E}_{uv}$ 滞后于 $\dot{E}_{UV}$，所以为 Yd1 连接组，如图 3-32(d) 所示。

综上所述可以看出，用改变绕组极性或线号标志的方法可以得到不同的连接组。实际上，连接组种类很多。但从一、二次侧线电动势之间相位差的关系来看，只有 12 种。Yy 连接可得到六个偶数连接组，Yd 连接可得六个奇数连接组。此外，Dd 连接可以得到与 Yy 连接同样的相位移关系，Dy 则得到与 Yd 连接相同的相位移。

连接组的数目很多，为了避免混乱和考虑并联运行的方便，国家标准规定，电力变压器的连接组有 Yyn0、Yd11、YNd11、YNy0、Yy0 等五种标准连接组，其中前三种最常用。

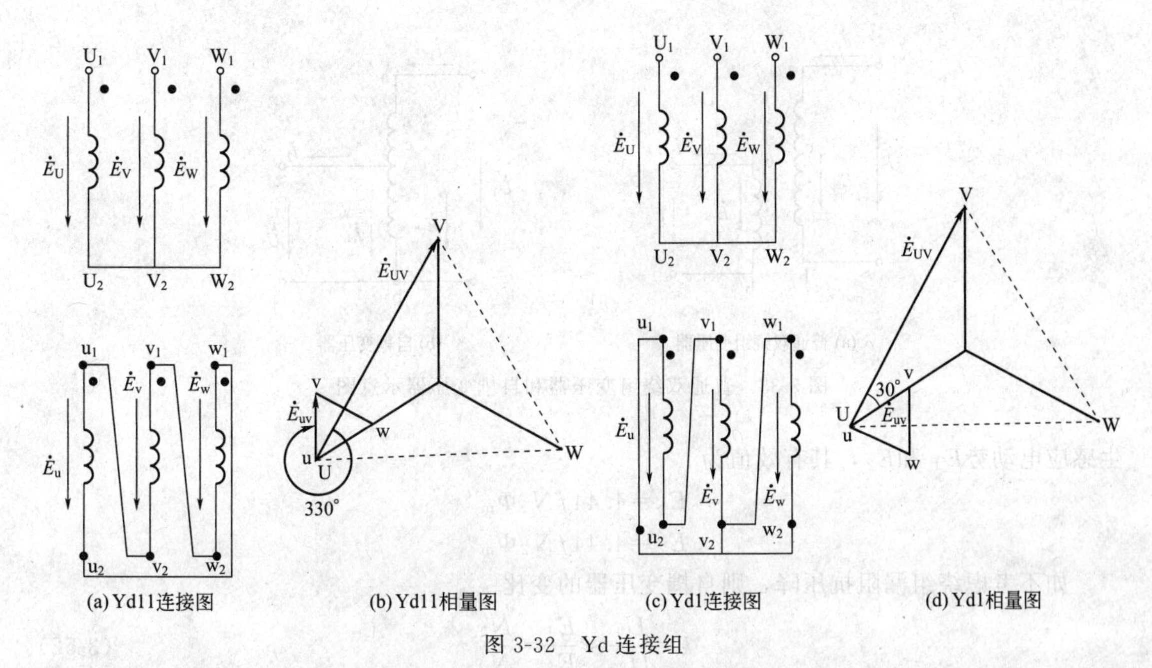

(a) Yd11连接图　(b) Yd11相量图　(c) Yd1连接图　(d) Yd1相量图

图 3-32　Yd 连接组

Yyn0 连接组的二次侧可引出中性线，成为三相四线制，用作配电变压器时可兼供动力和照明负载；Yd11 连接组用于二次侧电压超过 400V 的线路中，这时二次侧接成三角形，对运行有利；YNd11 连接组主要用于高压输电线路中，使电力系统的高压侧有可能接地。

第七节　特殊变压器

随着科学技术的不断发展，不仅在电力工业部门中大量采用双线圈的电力变压器，而且也出现了许多种满足用户特殊要求的变压器。在这一节里，将介绍几种应用广泛的特殊变压器，主要介绍它们的工作原理和特点。

一、自耦变压器

（一）自耦变压器的结构

普通双绕组变压器的一、二次绕组之间仅有磁的耦合，并无电的联系，如图 3-33(a) 所示。而自耦变压器仅有一个绕组，如图 3-33(b) 所示。其绕组一般按同心式放置。一次绕组的一部分兼作二次绕组用（指自耦降压变压器），或二次绕组的一部分兼作一次绕组用（指自耦升压变压器）。所以一、二次绕组之间既有磁的耦合，又有电的联系。

（二）自耦变压器电压、电流与容量的关系

我们以降压用的自耦变压器为例来分析其电压、电流和容量的关系。

在普通双绕组变压器中，通过电磁感应将功率从一次绕组传递到二次绕组，而在自耦变压器中，除了通过电磁感应传递功率外，还由于一次绕组和二次绕组之间电路相通，而直接传递一部分功率。

当在一次绕组中施加电源电压 $\dot{U}_1$ 时，由于主磁通 $\dot{\Phi}_m$ 的作用，在一次、二次绕组中产

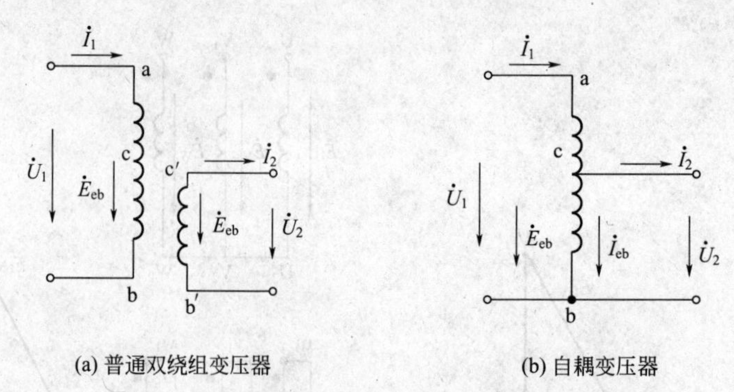

图 3-33　普通双绕组变压器和自耦变压器示意图

生感应电动势$\dot{E}_1$ 和$\dot{E}_2$，其有效值为

$$E_1=4.44fN_1\Phi_m$$
$$E_2=4.44fN_2\Phi_m$$

如不考虑绕组漏阻抗压降，则自耦变压器的变比

$$k=\frac{U_1}{U_{20}}\approx\frac{E_1}{E_2}=\frac{N_1}{N_2} \tag{3-52}$$

当自耦变压器负载运行时，根据磁动势平衡关系，负载时合成磁动势建立的主磁通与空载磁动势建立的主磁通相同，所以有

$$\dot{I}_1(N_1-N_2)+\dot{I}N_2=\dot{I}_0N_1$$

$$\dot{I}_1(N_1-N_2)+(\dot{I}_1+\dot{I}_2)N_2=\dot{I}_0N_1$$

即

$$\dot{I}_1N_1+\dot{I}_2N_2=\dot{I}_0N_1$$

由于空载电流$\dot{I}_0$ 很小，若忽略不计，则

$$\dot{I}_1N_1+\dot{I}_2N_2\approx 0$$

即

$$\dot{I}_1=-\frac{N_2}{N_1}\dot{I}_2=-\frac{\dot{I}_2}{k} \tag{3-53}$$

式(3-53) 表明，忽略空载电流时，一、二次绕组电流大小与绕组匝数成反比，相位互差180°。

公共绕组中的电流应为

$$\dot{I}=\dot{I}_1+\dot{I}_2=\dot{I}_2\left(1-\frac{1}{k}\right) \tag{3-54}$$

对自耦降压变压器，$I_2>I_1$，且相位互差180°。所以公共绕组中电流的大小为

$$I=I_2-I_1=I_2\left(1-\frac{1}{k}\right) \tag{3-55}$$

由于自耦变压器的变比k 一般接近于1，由式(3-55) 可知，这时I_1 和I_2 的数值相差不大，公共绕组中的电流I 较小，这表明绕组公共部分的导线截面可以缩小（相对双绕组变压器而言）。

由式(3-55) 还可得出 $I_2=I+I_1$，即二次绕组电流 I_2 是绕组的公共部分电流 I 和直接从电源流来的电流 I_1 的代数和。

由此得出，自耦变压器二次绕组的输出功率（视在功率）应为

$$U_2I_2=U_2I+U_2I_1=U_2I_2\left(1-\frac{1}{k}\right)+U_2I_1 \tag{3-56}$$

即

$$S_2=S_2'+S_2'' \tag{3-57}$$

式中的 $S_2'=U_2I$ 称为电磁功率，它是由绕组公共部分通过电磁感应的方式传到二次绕组的一部分功率；$S_2''=U_2I_1$ 称为传导功率，是由变压器一次绕组直接通过电传导的方式传递到二次绕组的一部分功率。传导功率是自耦变压器所特有的。

式(3-57) 表明，自耦变压器由于其二次绕组和一次绕组有电的联系，因此其功率传递的形式与普通变压器有所不同，它的二次绕组能直接向电源吸取功率，而且这一部分功率并不增加绕组的容量。

（三）自耦变压器的特点

由于变压器的电磁功率是设计变压器主要尺寸和材料消耗的依据，所以称为计算容量(也称为绕组容量或电磁容量)。在自耦变压器中，传导功率是一次绕组电流 I_1 通过传导关系直接传递给负载的，不需要增加变压器的计算容量。就是说，自耦变压器的计算容量比额定容量（即总的输出功率）小。所以在同样的额定容量下，自耦变压器的主要尺寸较小，有效材料（铜线和硅钢片）和结构材料（钢材）都相应地少一些，从而降低了成本。在电流密度和铁芯磁密饱和度基本不变的前提下，有效材料的减少使得铜耗和铁耗也相应地减少，故自耦变压器的效率较高。同时，由于缩小了主要尺寸，减轻了变压器的重量，而外形尺寸缩小有利于变压器的运输和安装。

由于自耦变压器一、二次绕组之间有电的直接联系，当一次侧过电压时，必然导致二次侧严重过电压，存在着高低压窜边的潜在危险。因此一般情况下一、二次侧均装设有避雷器。这样，当自耦变压器用于电力系统时，其过电压保护装置比较复杂。

由于自耦变压器的短路阻抗比双绕组变压器的小，当发生短路时，短路电流较大，从而给选择高电压电气设备增加了困难。为了提高自耦变压器承受突然短路的能力，在设计时，对自耦变压器的机械结构应适当加强，必要时应增大短路阻抗以限制短路电流。

自耦变压器可做成单相，也可做成三相，应用范围很广。主要用于连接不同的电力系统、交流电动机降压启动设备和实验室调压设备等。

二、仪用互感器

在高电压、大电流的输电设备中，通常不能直接用仪表去测量其电压、电流及功率等，而要借助于特制的仪用变压器将高电压降为低电压，大电流变为小电流后，再进行测量，这种专门用于变换电压和电流的仪用变压器称为互感器。互感器分电流互感器和电压互感器。

使用互感器的好处是：使测量回路与被测回路隔离，保证测量人员和仪表的安全，并可使用普通量程的电压表和电流表测量高电压和大电流，扩大仪表的量程。

（一）电流互感器

电流互感器实质上是一台二次绕组在短路状态下工作的双绕组变压器，它的一次绕组由

一匝或几匝截面较大的导线构成，将其串接在需要测量电流值的电路中。二次绕组的匝数较多，截面较小，它与阻抗很小的负载（电流表、瓦特表等的电流线圈）接成闭路，如图 3-34所示。正由于二次负载阻抗很小，所以说电流互感器是一台处于短路工作状态下的单相变压器。

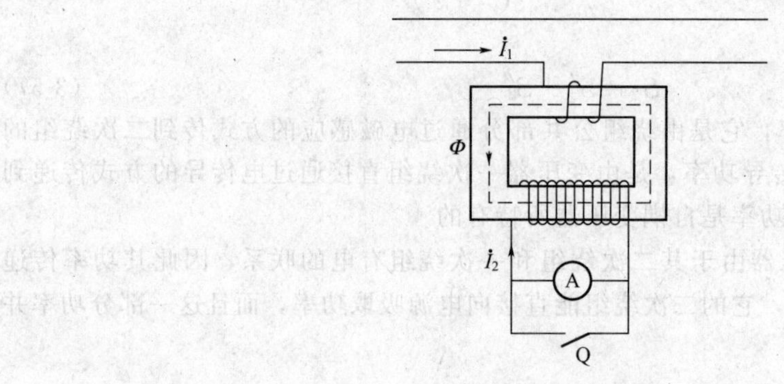

图 3-34 电流互感器原理图

在电流互感器里，一次绕组中的电流 I_1 是被测电流，它不随二次绕组中电流 I_2 变化而变化，正像普通变压器一样，二次电压的变化不致影响到一次电压。从这个角度来讲，电流互感器是一个电流源，而变压器则属于电压源。

从工作原理上看，电流互感器仍然是一种变压器，所以必然存在着磁动势平衡关系，即有 $\dot{I}_1N_1+\dot{I}_2N_2=\dot{I}_0N_1$，而且只有当 $\dot{I}_0N_1=0$ 时，$\dot{I}_2$ 才能随着 $\dot{I}_1$ 的变化成正比地变化，这时，磁动势平衡关系可近似地表示为 $I_1N_1=I_2N_2$，因而有

$$I_2=\frac{N_1}{N_2}I_1$$

即

$$I_2=\frac{I_1}{k} \tag{3-58}$$

由式(3-58) 可知，利用一、二次绕组不同的匝数关系，可将被测电路的大电流 I_1 变换成检测仪表上显示出的小电流 I_2。由此可见，当存在着励磁电流 I_0 时，不仅 I_2 在数值上，而且在相角上都不能正确地反映 I_1。也就是说，检测结果不仅存在着数值误差，而且也存在着相角误差。因此，对于电流互感器，励磁电流 I_0 越小越好。

为了提高测量的准确度，要求电流互感器误差要小。如上所述，电流互感器的励磁电流是造成测量误差的主要原因。励磁电流越大，测量误差越大。所以，提高检测准确度就必须尽量减小互感器的励磁电流。为此，互感器的铁芯磁密选得比较低，以确保磁路不饱和。在这种情况下，励磁电流就可忽略不计。实际上，互感器内总有一定的励磁电流，因而测量的结果总存在一定的误差。根据检测误差的大小，电流互感器分为 0.2、0.5、1.0、3.0 和 10 五个等级。例如 0.5 级，表示在额定电流时，一、二次侧电流变比的误差不超过±0.5%。

通常电流互感器的二次侧额定电流均设计为 5A，而一次侧额定电流的范围可以在 5～2500A，当与测量仪表配套使用时，电流表按一次测的电流值标出，即从电流表上直接读出被测电流值。

电流互感器工作时，二次绕组绝对不容许开路，因为二次绕组开路时，互感器成为空载运行，$I_2=0$，而 I_1 为恒值，根据 $\dot{I}_1N_1+\dot{I}_2N_2=\dot{I}_0N_1$ 可知，当 $I_2=0$ 时，一次绕组中的

被测大电流就完全成为励磁电流，使铁芯内的磁密比正常情况大大增加，磁路严重饱和，这样一方面铁耗增大，使铁芯过热，毁坏绕组绝缘，另一方面二次绕组感应出很高的电压，可能击穿绝缘，危及仪表及操作人员安全。因此，电流互感器二次绕组中绝对不允许装熔断器；运行中如需要拆下电流表等测量仪表，应先将二次绕组短路。另外，电流互感器的铁芯和二次绕组的一端必须可靠接地，以免绝缘损坏时，二次侧出现高压，发生事故。

另外，在实际工作中，为了方便检测带电现场线路中的电流，工程上常采用一种钳形电流表，工作原理和电流互感器相同。其结构特点是：铁芯像一把钳子，可以张合，二次绕组与电流表串联组成一个闭合回路。在测量导线中电流时，不必断开被测电路，只要压动手柄，将铁芯钳口张开，把被测导线夹于其中即可，此时被测载流导线就充当一次绕组（只有一匝），借助电磁感应作用，由二次绕组所接的电流表直接读出被测导线中电流的大小。

（二）电压互感器

电压互感器的一次绕组匝数很多，直接并联到被测的高压线路上；二次绕组匝数较少，接在高阻抗的电压表或瓦特表的电压线圈上。由于二次绕组接在高阻抗的仪表上，因而二次电流 I_2 很小。所以电压互感器的运行情况相当于是普通变压器的空载运行。如果忽略漏阻抗压降，则有$\frac{U_1}{U_2}=\frac{N_1}{N_2}=k$，即

$$U_2=\frac{U_1}{k} \tag{3-59}$$

式(3-59) 表明：利用一、二次侧不同的匝数比可将线路上的高电压转换成低电压。电压互感器二次侧额定电压通常设计为 100V。

为了提高电压互感器的准确度，必须减少励磁电流和一、二次绕组的漏阻抗。所以电压互感器的铁芯一般采用性能较好的硅钢片制成，并使其磁路不饱和。但误差总是存在的，我国目前生产的电力电压互感器按准确度分为 0.5、1.0 和 3.0 3 个等级。电压互感器的二次绕组不允许短路，否则会产生很大的短路电流。因此使用时，二次侧电路中应串接熔断器作短路保护。为了安全起见，电压互感器的二次绕组连同铁芯一起，必须可靠接地。另外，电压互感器的二次侧不宜接过多的仪表，以免电流过大引起较大的漏抗压降，影响互感器的准确度。

本章小结

变压器不同于旋转电机，它不能进行能量或讯号的变换，只能进行能量或讯号的传递。但是它也归属于电机类，其原因是变压器的工作原理也是建立在电磁感应和磁动势平衡这两个关系的基础上，所以变压器的基础理论可以推广到交流电机，特别是异步电机中。

由于变压器的一、二次绕组匝数不同，又由同一主磁通交链，所以它可以把某一电压等级的交流电能转换为频率相同的另一个电压等级的交流电能。

为了正确分析变压器中各交变电磁量，首先要掌握变压器中规定正方向的惯例，只有遵循规定的正方向惯例，方程式和相量图才能正确反映各电磁量之间的关系。

在变压器中，既有电路问题，又有磁路问题，通过耦合磁场将磁路和电路，一、二次绕组联系起来。因此变压器中存在着电动势平衡和磁动势平衡两种基本电磁关系。

变压器磁场的分布很复杂，为了便于研究，可把它等效为两部分磁通，即主磁通和漏磁通。因为这两部分磁通经过的磁路性质不同，它们所起的作用也不同。主磁通沿铁芯闭合，由于铁芯饱和，使得磁路是非线性的。主磁通在一、二次绕组中同时感应电动势 E、E_2，将电磁功率从一次绕组传递到二次绕组。漏磁通则经过非磁性材料而闭合，无饱和现象，是一种线性的磁路；漏磁通在各自的绕组中产生漏磁电动势，而不直接参与能量的传递。

对于这两部分磁通可以分别用励磁电抗 x_m 和漏磁电抗 x_1、x_2 来描述它们的作用。x_1、x_2 分别与一、二次绕组的漏磁通相对应，可以认为是常量；x_m 与主磁通相对应，随磁路饱和程度不同而有所变化，但在通常的工作条件下，外加电压和频率不变，可以认为 x_m 是常量。这样就把电磁场的问题简化成线性电路的问题来处理。

通过对变压器空载和负载运行时内部电磁关系的分析，导出了变压器的基本方程式，等值电路和相量图。方程式是电磁关系的数学表达形式，相量图是方程式的图形表示形式，等值电路是实际变压器的模拟电路，它以方程式为基础，把复杂的电磁关系用纯粹的电路来代替。三者形式虽然不同，但它们所描述的物理本质却是一致的。但由于基本方程式的求解比较复杂，所以在实际应用中，如作定性分析时，采用相量图比较直观和简便；如作定量分析计算时，采用等值电路比较方便。但应用等值电路时，必须注意到一、二次绕组中各量的折算关系。

衡量变压器的运行性能主要有两个指标，即电压变化率和效率。电压变化率的大小反映了变压器负载运行时，二次侧端电压的稳定性，直接影响供电的质量。而效率的高低则直接影响变压器运行的经济性。

三相变压器在对称情况下运行时，可用单相变压器的类似方法进行分析。但应注意三相变压器的特殊性，也就是要注意它的磁路系统，绕组的连接方式以及空载电动势波形，不同的磁路系统和绕组的连接方式对空载电动势波形有很大的影响。根据变压器磁路系统的结构不同，可分为三相组式变压器和三相芯式变压器两种。为了获得正弦波形的相电动势，三相组式变压器不应采用 Yy 连接，小容量的三相芯式变压器可以采用 Yy 连接。当变压器绕组采用 Dy 或 Yd 连接时，获得的相电动势接近正弦波形。

为了表示三相变压器的绕组连接方法和一、二次绕组线电动势的相位差，铭牌上标出了连接组。连接组由绕组连接方法和连接组标号构成。

本章习题

一、填空题

1. 变压器是一种静止的电气设备，它是利用（ ）原理工作的。

2. 变压器一、二次绕组的电压比等于一、二次绕组的（ ）比。

3. 在电力系统中，要将大功率电能从发电站输送到远距离的用电区，通常采用（ ）输电。

4. 变压器的一次绕组接在额定电压的交流电源上，而二次绕组开路，这种运行状态称为变压器的（ ）运行。

5. 空载电流主要用以产生变压器的主磁通，所以空载电流也称为（ ）电流。

6. 中国标准电网频率为（ ）Hz。

7. 对于三相变压器，变比指的是（ ）电压的比值。

8. 对于三相变压器绕组，无论采用哪种接法，一、二次侧线电动势的相位差总是(　　)的倍数。

9. 电力变压器主要应用于电力系统中（　　）电压。

10. 电力变压器多采用（　）结构，即变压器的器身放在装有变压器油的油箱内。

11. 变压器绕组的引出线从油箱内引到油箱外时，必须穿过瓷质的绝缘（　　），以保证带电的引线与接地的油箱绝缘。

12. 变压器出厂时必须安装（　　），上面标明了变压器型号及各种额定数据。

13. 空载试验的目的是通过测定空载电流、空载损耗，求得变压器的变比和(　　)。

14. 短路试验的目的是测定变压器的短路电压、电路损耗，根据测得的参数求出变压器的（　　）。

15. 为了安全与方便起见，空载试验一般在（　　）进行。

16. 为了便于测量，短路试验一般在（　　）进行。

二、判断题（正确的打√，错误的打×）

1. 变压器的工作方式是交流异步电动机转子不动时特殊运行形式。(　　)

2. 在电力系统中，输送一定的电功率，电压越高，线路中的电流越大。(　　)

3. 发电机发出的电压受到绝缘等条件的限制不能太高，通常为10.5kV。(　　)

4. 铁芯是变压器的磁路部分，又作为绕组的支撑骨架。(　　)

5. 绕组是变压器的电路部分，常用绝缘铜线或铝线绕制而成。(　　)

6. 变压器铁芯的基本形式有芯式和壳式两种，国产电力变压器均采用壳式结构。(　　)

7. 变压器的一次绕组接在额定电压的交流电源上，而二次绕组开路，这种运行状态称为变压器的空载运行。(　　)

8. 当变压器一次绕组加电源电压，二次绕组接负载，这种运行状态称为变压器的负载运行。(　　)

9. 变压器一、二次绕组的电压比等于一、二次绕组的匝数比。(　　)

10. 变压器空载运行时主磁通起着传递能量的媒介作用。(　　)

11. 变压器空载运行时，漏磁通并不参与能量的传递。(　　)

12. 由于铁磁材料存在饱和现象，主磁通与建立它的电流之间的关系是线性的。(　　)

13. 变压器的高低压绕组套装在同一铁芯柱上，并且紧靠在一起，尽量减小主磁通。(　　)

14. 变压器油箱盖上面装有分接开关，可以调节二次绕组的匝数。(　　)

15. 漏磁通在变压器绕组中感应的漏磁电动势，大小和电流成正比，在相位上超前电流90°。(　　)

16. U_{2N}是指当一次侧加额定电压，二次侧开路时的空载电压值。(　　)

三、单项选择题

1. 变压器是由铁芯和套在铁芯上的两个互相绝缘的（　　）组成。

(A) 引线　　(B) 绕组　　(C) 器身　　(D) 绝缘板

2. 若忽略变压器绕组内部的压降，变压器一、二次侧电压之比为一、二次侧绕组的(　　)。

（A）电流比　（B）功率比　（C）磁通比　（D）匝数比

3. 对于50MVA容量及以上的变压器，采用（　）作为冷却方式。

（A）风冷　（B）水冷　（C）强迫油循环　（D）自然冷却

4. 对于10MVA容量及以上的变压器，采用（　）作为冷却方式。

（A）风冷　（B）水冷　（C）强迫油循环　（D）自然冷却

5. 小型动力用电和照明用电多采用380V和（　）。

（A）110V　（B）220V　（C）330V　（D）66V

6. 绕组是变压器的电路部分，常用绝缘铜线或（　）绕制而成。

（A）铁线　（B）铂线　（C）钢线　（D）铝线

7. 三相强迫油循环风冷式双绕组63000kV·A、110kV电力变压器表示为（　）。

（A）SFP-63000/110　（B）SFZ　（C）ODSFZ　（D）SSFZ

8. 三相油浸自冷式双绕组铝线500kV·A、10kV电力变压器的型号为下列哪种（　）。

（A）OSFZ　（B）OSFPSZ　（C）ODSFZ　（D）SL-500/10

9. 对于单相变压器一次侧额定电流为（　）。

（A）$I_{1N}=S_N/\sqrt{3}U_{1N}$　（B）$I_{1N}=2S_N/U_{1N}$

（C）$I_{1N}=\sqrt{3}S_N/U_{1N}$　（D）$I_{1N}=S_N/U_{1N}$

10. 对于三相变压器一次侧额定电流为（　）。

（A）$I_{1N}=S_N/\sqrt{3}U_{1N}$　（B）$I_{1N}=2S_N/U_{1N}$

（C）$I_{1N}=\sqrt{3}S_N/U_{1N}$　（D）$I_{1N}=S_N/U_{1N}$

11. 变压器空载运行时一次侧绕组的感应电动势e_1的有效值E_1为（　）。

（A）$E_1=4.44fN_1\Phi_m$　（B）$E_1=4.44fN_2\Phi_m$

（C）$E_1=-4.44fN_1\Phi_m$　（D）$E_1=-4.44fN_2\Phi_m$

12. 对于三相变压器而言，变比是指（　）的比值。

（A）空载电压　（B）负载电压

（C）线电压　（D）相电压

13. 变压器负载运行时，通过（　）平衡关系，将一、二次绕组电流紧密地联系在一起。

（A）磁势　（B）电压　（C）电流　（D）功率

14. 变压器效率的公式为（　）。

（A）$\eta=\frac{P_1}{P_2}\times100\%$　（B）$\eta=\frac{P_2}{P_N}\times100\%$

（C）$\eta=\frac{P_2}{P}\times100\%$　（D）$\eta=\frac{P_2}{P_1}\times100\%$

15. Y形连接，绕组相电压与线电压的关系为（　）。

（A）相电压等于线电压的$1/\sqrt{3}$　（B）相电压等于线电压的$\sqrt{3}$倍

（C）相电压等于线电压　（D）相电压与线电压无关

16. D形连接，绕组相电压与线电压的关系（　）。

（A）相电压等于线电压的$1/\sqrt{3}$　（B）相电压等于线电压的$\sqrt{3}$倍

(C) 相电压等于线电压　(D) 相电压与线电压无关

17. Y形连接，绕组相电流与线电流的关系为（　）。

(A) 相电流等于线电流的 $1/\sqrt{3}$　(B) 相电流等于线电流的$\sqrt{3}$倍

(C) 相电流等于线电流　(D) 相电流与线电流无关

18. D形连接，绕组相电流与线电流的关系为（　）。

(A) 相电流等于线电流的 $1/\sqrt{3}$　(B) 相电流等于线电流的$\sqrt{3}$倍

(C) 相电流等于线电流　(D) 相电流与线电流无关

四、多项选择题

1. 我国高压输电线路的标准电压有（　）。

(A) 110kV　(B) 220kV　(C) 330kV　(D) 500kV

2. 大型动力电采用哪种电压等级（　）。

(A) 66kV　(B) 10kV　(C) 6kV　(D) 5kV

3. 下列哪种变压器属于电力变压器（　）。

(A) 整流变压器　(B) 升压变压器

(C) 配电变压器　(D) 联络变压器

4. 下列哪种变压器属于特种变压器（　）。

(A) 整流变压器　(B) 升压变压器

(C) 电炉变压器　(D) 电焊变压器

5. 变压器的铭牌上标明了（　）。

(A) 结构特点　(B) 额定容量

(C) 高压侧电压等级　(D) 低压侧电压等级

6. 变压器负载时的主磁通是由（　）建立的。

(A) 一次绕组的磁动势　(B) 二次绕组的磁动势

(C) 一次绕组的电流　(D) 二次绕组的电流

7. 变压器空载运行时，输入功率为（　）之和。

(A) 铁芯损耗　(B) 线圈损耗

(C) 空载铜耗　(D) 负载铜耗

8. 由于变压器内部存在（　），因此当负载电流流过二次绕组时，变压器内部将产生阻抗电压。

(A) 电感　(B) 电阻　(C) 电抗　(D) 漏电抗

9. 国家标准规定，电力变压器的标准连接组有（　）。

(A) Dy11　(B) Yyn0　(C) Yd11　(D) YNy0

10. 短路试验的目的是测定变压器的（　），然后根据测得的参数求出短路参数 r_k、x_k、Z_k。

(A) 短路电流　(B) 短路电压

(C) 短路损耗　(D) 短路磁通

11. 图 3-35 中属于三角形连接的有（　）。

12. 图 3-36 中属于星形连接的有（　）。

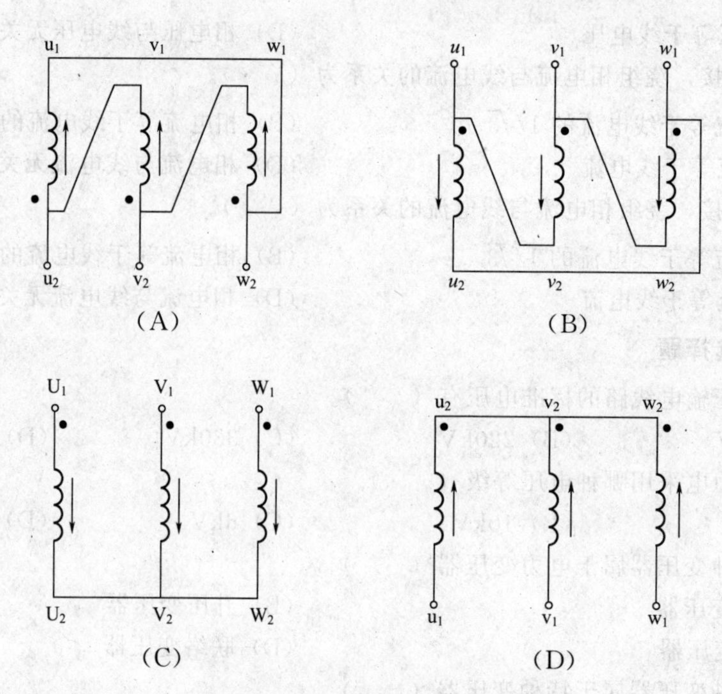

图 3-35　多项选择题 11 图

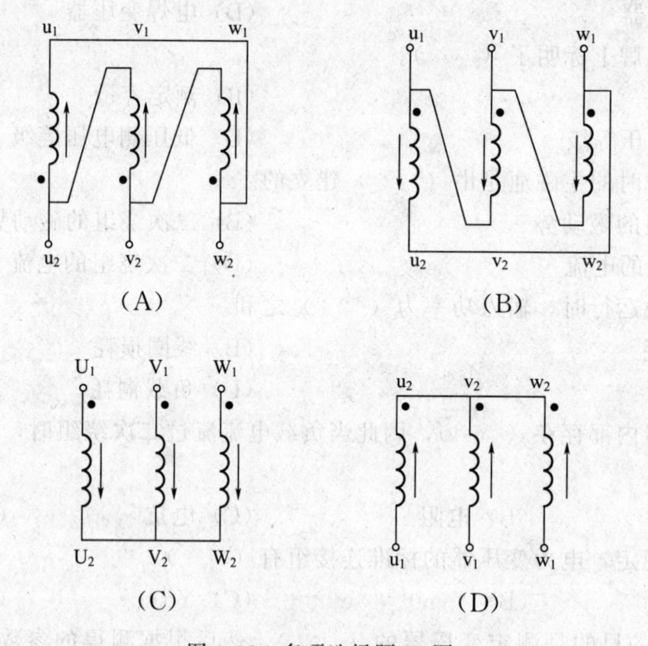

图 3-36　多项选择题 12 图

五、简答题

1. 变压器负载运行时的主磁通由什么建立的？
2. 在三相变压器中连接组标号 YNd6 的含义是什么？
3. 在三相变压器中连接组标号 Yyn5 的含义是什么？
4. 什么是变压器的油箱？油箱最基本的保证是什么？

六、计算题

1. 现有一台三相油浸自冷铝线变压器，$S_N=280kV\cdot A$，采用 Yd 接法，$U_{1N}/U_{2N}=10kV/0.4kV$，求高、低压绕组的额定电流 I_{1N} 和 I_{2N}。

2. 变压器的容量为 $S_N=180kV\cdot A$，已知 $U_{1N}/U_{2N}=10kV/0.4kV$，Y，y 接法，铁芯截面积 $S_{Fe}=160cm^2$，铁芯中最大磁通密度为 $B_m=1.732T$，求高、低压绕组匝数及变压器的变比。

3. 变压器型号为 SFZ-10000kV · A/110kV，低压侧额定电压为 11V，Yd 接法，求高低压测额定相电流。

4. 现有变压器高压匝数为 1125 匝，低压匝数为 45 匝，铁芯中最大磁通密度为 $B_m=1.445T$，Y，d 接法，铁芯截面积 $S_{Fe}=160cm^2$，求高、低压绕组的额定电压。

5. 有一台 6000/230V 单相变压器，其铁芯截面 $S_{Fe}=150cm^2$，铁芯中最大磁通密度为 $B_m=1.2T$，求高低压绕组匝数。

6. 有一台三相变压器，主要铭牌值为：额定容量 $S_N=5000kV\cdot A$，原、副绕组的额定电压为 $U_{1N}/U_{2N}=66kV/10.5kV$，一次侧为 Y 接法，二次侧为 d 接法。试求（1）额定电流 I_{1N} 和 I_{2N}；（2）线电流 I_{1L} 和 I_{2L}；（3）相电流 I_{1P} 和 I_{2P}。

7. SFZ-100/6 型三相铜线电力变压器，$S_N=100kV\cdot A$，$U_{1N}/U_{2N}=6000/400V$，$I_{1N}/I_{2N}=9.63/144.5$，Yy 接法，在室温 25℃时做空载试验和短路试验，试验数据记录如下：

空载试验（低压边接电源），电压为 400V，电流为 9.73A，功率为 600W；

短路试验（高压边接电源），电压为 325V，电流为 9.63A，功率为 2014W。

求折算到高压侧的励磁参数和短路参数。

8. 已知 3300/220V 单相降压变压器，$r_1=0.435\Omega$，$x_1=2.96\Omega$，$r_2=0.00194\Omega$，$x_2=0.0137\Omega$。求二次侧的 r_2、x_2 折算到一次侧的数值，折算到一次侧的短路电阻和感抗数值。

9. 三相变压器的额定功率 $S_N=5600kV\cdot A$，$U_{1N}/U_{2N}=6000/3300V$，Y，y 接法，空载损耗 $P_0=18kW$，短路损耗 $P_{kN}=56kW$，阻抗电压 $u_k=5.5\%$，求当输入电流 $I_2=I_{2N}$，$\cos\varphi_2=0.8$ 时的效率。

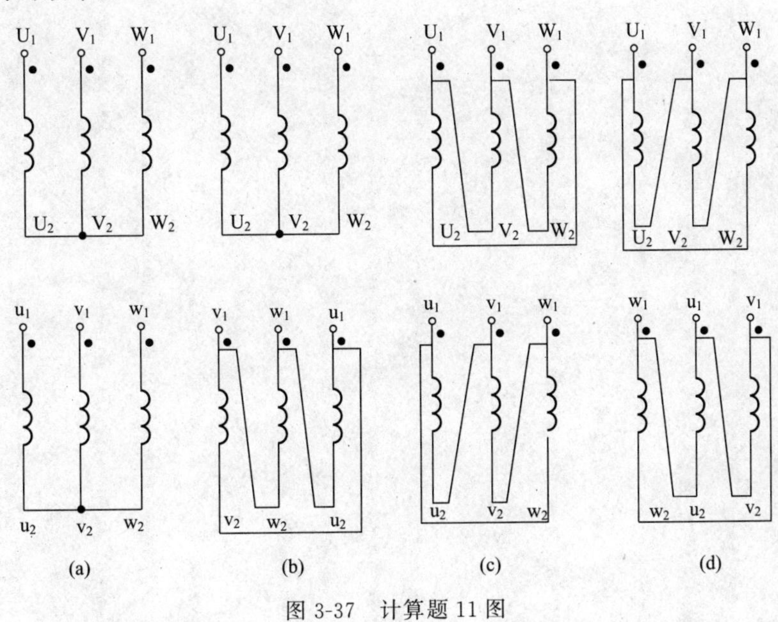

图 3-37 计算题 11 图

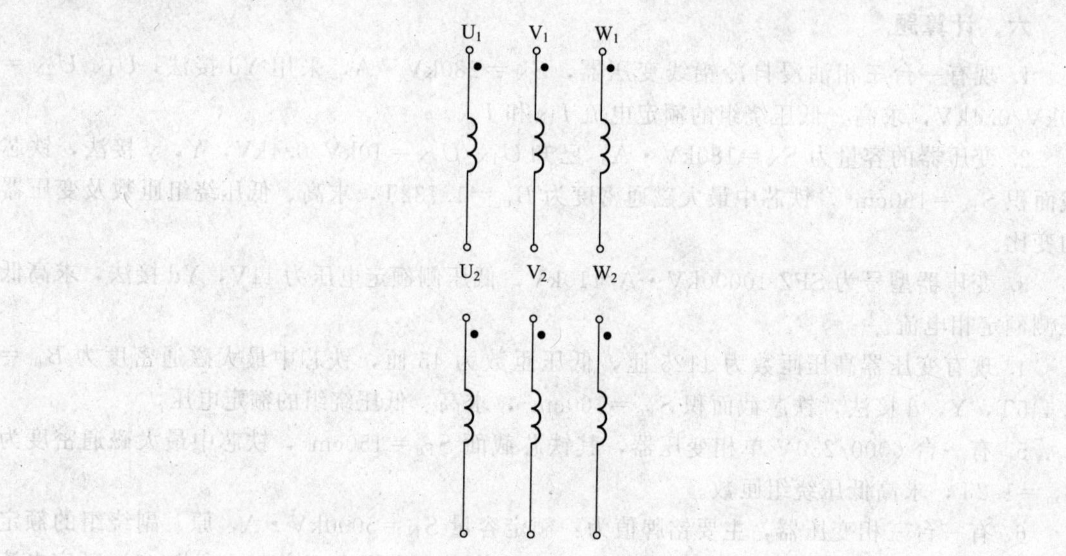

图 3-38　计算题 12 图

10. 有一铁芯线圈，加上 12V 直流电压时，电流为 1A；加上 110V 交流电压时，电流为 2A，消耗的功率为 88W。求后一种情况下线圈的铜损耗、铁损耗和功率因数。

11. 变压器高、低压绕组按图 3-37 连接，试画出它们的电动势相量图并标出连接组。

12. 有一台三相变压器，其高、低压绕组的同名端及一次绕组的端点标记如图 3-38 所示，把该变压器接成 Yd3、Yy8 的连接组。

第四章

三相异步电动机的基本工作原理

学习导航

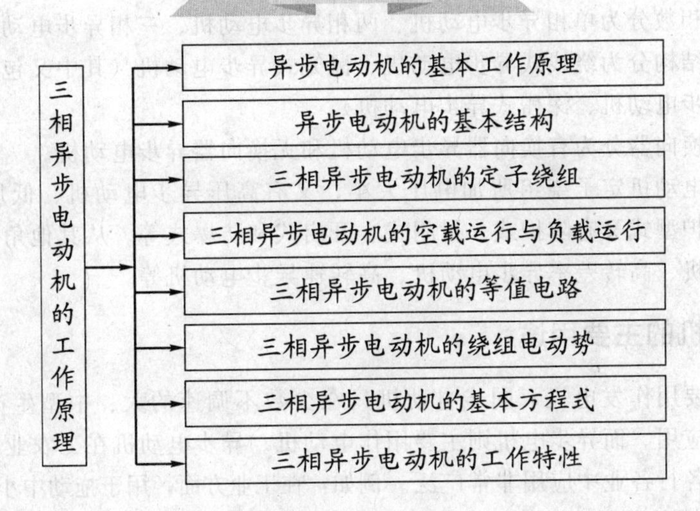

学习目标

学习目标	学习内容
知识目标	1. 三相异步电动机的主要结构及用途 2. 三相异步电动机的基本工作原理及主要额定值 3. 三相异步电动机的基本方程式、等值电路及相量图 4. 三相异步电动机的运行特性 5. 三相异步电动机的绕组电动势
能力目标	1. 三相异步电动机空载参数及短路参数的测定 2. 交流电机的设计 3. 交流电机参数的计算及拆装

第一节　异步电动机的主要用途与分类

一、异步电动机的分类

交流电机主要分为同步电机和异步电机两大类，它们的工作原理和运行特性有很大差别。同步电机的转速 n_1 与所接电网的频率 f_1 之间存在着严格不变的关系，即 $n_1=\frac{60f_1}{p}$。当极对数 p 一定且电网频率 f_1 不变时，转速 n_1＝常数，不随负载大小而变。而异步电动机则不然，并无此种关系。当异步电动机的定子绕组接上电源以后，由电源供给励磁电流，建立磁场，依靠电磁感应作用，使转子绕组生成感应电动势和转子电流，产生电磁转矩，实现机电能量转换。因其转子电流是由电磁感应作用而产生的，因而也称作感应电动机。

异步电动机的种类很多，从不同的角度看，有不同的分类法。

（1）按定子相数分为单相异步电动机、两相异步电动机、三相异步电动机。

（2）按转子结构分为绕线式异步电动机、鼠笼式异步电动机（其中又包括单鼠笼异步电动机、双鼠笼异步电动机、深槽式异步电动机）。

（3）按有无换向器分为有换向器异步电动机和无换向器异步电动机。

此外，根据电动机定子绕组所加电压大小，又有高压异步电动机、低压异步电动机之分。按机壳的防护型式又有防护式、封闭式、开启式和防爆式等。从其他角度看，还有高起动转矩异步电动机、高转差率异步电动机、高转速异步电动机等。

二、异步电动机的主要用途

同步电机主要用作发电机，同步电动机只在少数不调速的大、中型生产机械（如空压机、球磨机）中应用。而异步电机则主要用作电动机。异步电动机在工农业、交通运输、国防工业以及其他各行各业中应用非常广泛。例如：在工业方面，用于拖动中小型轧钢设备、各种金属切割机床、轻工机械、矿山机械等；在农业方面，用于拖动水泵、脱粒机、粉碎机以及其他农副产品的加工机械等；在民用电器方面，用于驱动电风扇、洗衣机、电冰箱、空调等。

异步电动机的特点是结构简单、制造方便、运行可靠、价格低廉、坚固耐用和运行效率较高。特别是和同容量的直流电动机相比，异步电动机的重量约为直流电动机的一半，而价格仅为直流电动机的$\frac{1}{3}$。据统计，交流异步电动机的用电量约为总用电量的$\frac{2}{3}$左右。但是，异步电动机也有一些缺点，最主要的是：不能经济地实现范围较广的平滑调速，必须从电网吸取滞后的励磁电流，使电网功率因数变坏。总的说来，由于大部分生产机械并不要求大范围的平滑调速，而电网的功率因数又可以采用其他办法进行补偿，因此，三相异步电动机仍不失为电力拖动系统中一个极为重要的元件。

第二节　三相异步电动机的基本工作原理及结构

一、三相异步电动机的基本工作原理

图 4-1 为三相异步电动机工作原理图。在图 4-1 中，N－S 是一对磁极，在两个磁极中

间装有一个能够转动的圆柱形铁芯，在铁芯外圆槽内嵌放有导体，导体两端各用一圆环把它们连在一起。

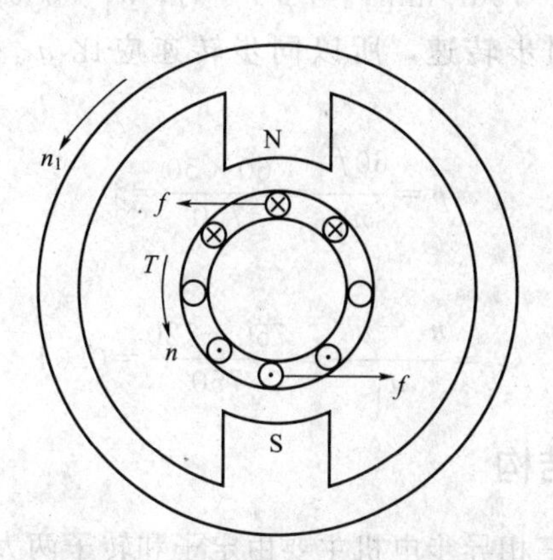

图 4-1　三相异步电动机工作原理

如使磁极以 n_1 的速度逆时针方向旋转，在定、转子之间的气隙中形成一个旋转磁场，转子导体切割磁力线而感应电动势 e。用右手定则可以判定，在转子上半部分的导体中，感应电动势的方向为⊗，下半部分导体的感应电动势方向为⊙。在感应电动势的作用下，导体中就有电流流通，若不计电动势与电流的相位差，则电流 i 与电动势 e 同方向。载流导体在磁场中将受到电磁力的作用，由左手定则可以判定电磁力 f 所形成的电磁转矩 T_{em} 使转子以 n 的速度旋转，旋转方向与磁场的旋转方向相同，这就是感应电动机的基本工作原理。

旋转磁场的旋转速度 n_1 称为同步转速。转子转动的方向与磁场的旋转方向是一致的，如果 $n=n_1$，则磁场与转子之间就没有相对运动，它们之间就不存在电磁感应关系，也就不能在转子导体中感应电动势、产生电流和形成电磁转矩。所以，感应电动机的转子速度不可能等于旋转磁场的同步转速，异步电动机由此而得名。

转子转速 n 与旋转磁场转速 n_1 之差称为转差 Δn，转差 Δn 与同步转速 n_1 之比，称为转差率 s，即：

$$s=\frac{n_1-n}{n_1} \tag{4-1}$$

转差率 s 是异步电动机的一个重要参数。它对电动机的运行有着极大的影响，它的大小同样也能反映转子的转速。即

$$n=n_1(1-s) \tag{4-2}$$

由于异步电机工作在电动状态时，其转速 n 与同步转速方向一致，但是低于同步转速。如果以同步转速 n_1 的方向作为正方向，则 $0<n<n_1$，可得转差率的范围为 $0<s<1$。在特殊情况下，异步电动机也可能工作在 $n>n_1$（$s<0$）和 $n<0$（$s>1$）的情况下，它们分别是回馈制动状态和反接制动状态。

对于普通异步电动机，为了使其在运行时效率较高，通常使它的额定转速略低于同步转速。故额定转差率 s_N 很小，一般在 2%～5%之间。

【例 4-1】 某三相 50Hz 异步电动机的额定转速 $n_N=720\text{r/min}$。试求该电机的额定转差率及极对数。

解：同步转速：

$$n_1=\frac{60f_1}{p}$$

当极对数 $p=1$ 时，$n_1=3000\text{r/min}$；当 $p=2$ 时，$n_1=1500\text{r/min}$；当 $p=3$ 时，$n_1=1000\text{r/min}$；当 $p=4$ 时，$n_1=750\text{r/min}$；当 $p=5$ 时，$n_1=600\text{r/min}$，……

由于额定转速略低于同步转速，所以同步转速应比 $n_N=720\text{r/min}$ 略高，即 $n_1=750\text{r/min}$。则其极对数为

$$p=\frac{60f_1}{n_1}=\frac{60\times50}{750}=4$$

其额定转差率

$$s_N=\frac{n_1-n_N}{n_1}=\frac{750-720}{750}=0.04$$

二、三相异步电动机的结构

与其他旋转电机一样，三相异步电机主要由定子和转子两大部分组成，定、转子之间有气隙。图 4-2 为三相笼形异步电动机的结构图。

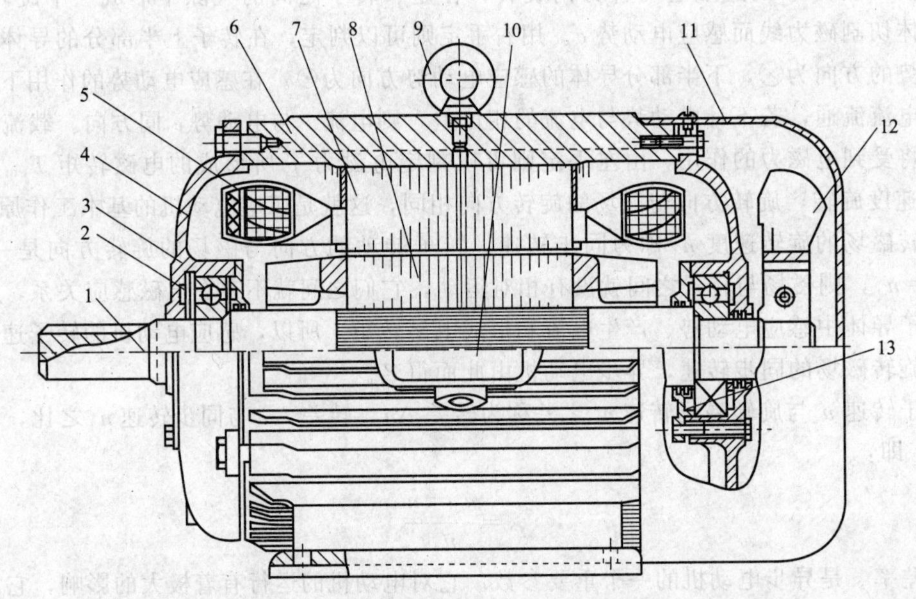

图 4-2　三相笼形异步电动机的结构图

1—轴；2—弹簧片；3—轴承；4—端盖；5—定子绕组；6—机座；7—定子铁芯；8—转子铁芯；9—吊环；10—出线盒；11—风罩；12—风扇；13—轴承端盖

(一) 定子部分

1. 定子铁芯

定子铁芯是异步电动机主磁通磁路的一部分。为了减少旋转磁场在铁芯中引起的涡流损耗和磁滞损耗，定子铁芯由导磁性能较好、厚度为 0.5mm 且冲有一定槽形的硅钢片叠压而成。对于容量较大（10kW 以上）的电动机，在硅钢片两面涂以绝缘漆，作为片间绝缘。在定子铁芯内圆开有均匀分布的槽，槽内放置定子绕组。图 4-3 所示为定子铁芯，其中图（a）是开口槽，用于大中型容量的高压异步电动机中；图（b）是半开口槽，用于中型 500V 以下的异步电动机中；图（c）是半闭口槽，用于低压小型的电机中。

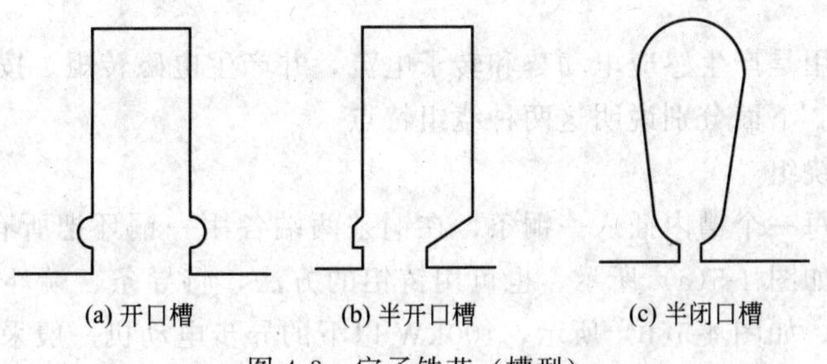

图 4-3　定子铁芯（槽型）

2. 定子绕组

定子绕组是异步电动机定子的电路部分，它由许多线圈按一定的规律连接而成。能分散嵌入半闭口槽。放入半开口槽的成型线圈用高强度漆包扁铝线或扁铜线，或用玻璃丝包扁铜线绕成。开口槽亦放入成型线圈，其绝缘通常用云母带。

三相异步电动机的定子绕组是一个三相对称绕组，它由三个完全相同的绕组所组成，每个绕组即一相，三个绕组在空间相差 120°电角度，每相绕组的两端分别用 U_1-U_2，V_1-V_2，W_1-W_2表示，可以根据需要接成星形或三角形，如图 4-4 所示。

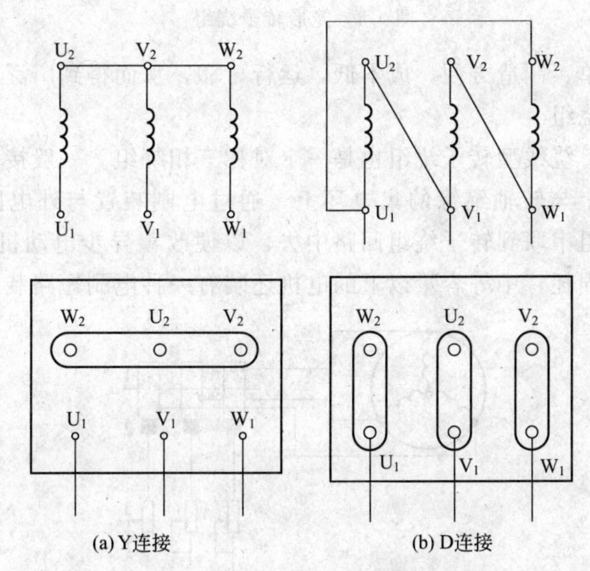

图 4-4　三相异步电动机的定子接线

3. 机座

机座的作用主要是为了固定与支撑定子铁芯，所以要求它有足够的机械强度和刚度。对中小型异步电机，通常采用铸铁机座；对大型电机，一般采用钢板焊接的机座。

（二）转子部分

1. 转子铁芯

转子铁芯是异步电动机主磁通磁路的一部分。转子铁芯的作用与定子铁芯相同，一方面作为电动机磁路的一部分，另一方面用来安放转子绕组。它用厚 0.5mm 且冲有转子槽型的硅钢片叠压而成，中小型电机的转子铁芯一般都直接固定在转轴上，而大型异步电机的转子则套在转子支架上，然后让支架固定在转轴上。

2. 转子绕组

转子绕组的作用是产生感应电动势和转子电流，并产生电磁转矩。按其结构形式分为鼠笼型和绕线型两种。下面分别说明这两种绕组特点。

（1）笼形转子绕组

在转子铁芯的每一个槽内插入一铜条，在铜条两端各用一铜环把所有的导条连接起来，这称为铜排转子，如图 4-5(a) 所示，也可用铸铝的方法，将导条、端环和风扇叶片一次铸成，称为铸铝转子，如图 4-5(b) 所示，100kW 以下的异步电动机一般采用铸铝转子。

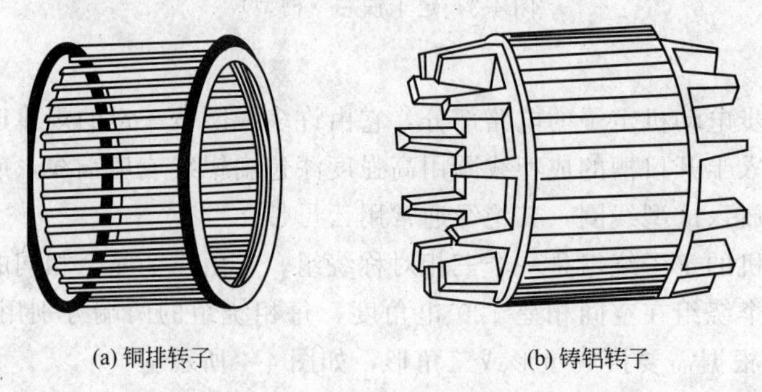

图 4-5　笼形转子绕组

笼形转子结构简单、制造方便，成本低，运行可靠，从而得到广泛运用。

（2）绕线型转子绕组

与定子绕组一样，绕线型转子绕组也是一个对称三相绕组。一般接成星型，三根引出线分别接到转轴上的三个与转轴绝缘的集电环上，通过电刷装置与外电路相接，如图 4-6 所示，它可以把外接电阻串联到转子绕组回路中去，以便改善异步电动机的启动及调速性能。为了减少电刷引起的损耗，中等容量以上的电机还装有一种电刷短路装置。

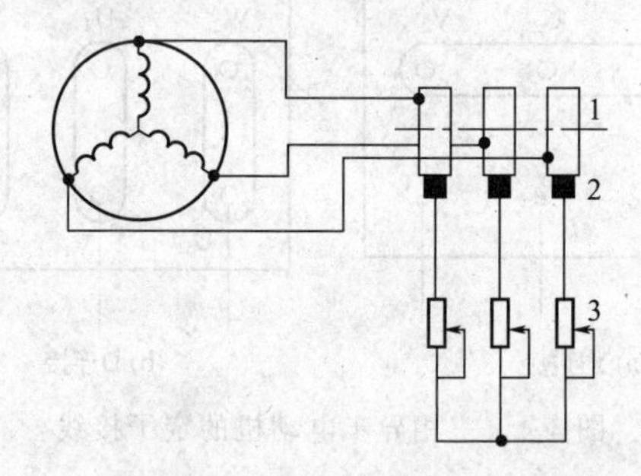

图 4-6　绕线型转子绕组与外加变阻器的连接

1—集电环；2—电刷；3—变阻器

（三）其他部分及气隙

除了定子和转子外，还有端盖、风扇等。端盖除了起防护作用外，还装有轴承，用以支承转子轴。风扇则用来通风冷却。

异步电动机的定子与转子之间的气隙，比同容量直流电动机的气隙小得多，一般为 0.2～2mm。气隙的大小对电动机的运行性能影响很大。气隙越大，由电网供给的励磁电流也越大，则功率因数（$\cos\varphi$）愈低，要提高功率因数，气隙应尽可能地减小。但由于装配上的要求及其他原因，气隙又不能过小。部分机座号的最小气隙如表 4-1 所示。

表 4-1　部分机座号的最小气隙

极数	机座号						
	3	4	5	6	7	8	9
	气隙值/mm						
2	0.3	0.5	0.6	0.7	0.8	1.1	1.6
4	0.28	0.3	0.4	0.5	0.6	0.7	1.9
6		0.3	0.4	0.5	0.5	0.6	0.65
8		0.3	0.4	0.45	0.5	0.6	0.65

三、三相异步电动机的铭牌数据及主要系列

(一) 三相异步电动机的铭牌数据

感应电动机在铭牌上表明的额定值主要有以下几项。

① 额定功率 P_N　是指电动机在额定运行时转轴上输出的机械功率，单位是 kW。

② 额定电压 U_N　是指额定运行时电网加在定子绕组上的线电压，单位是 V 或 kV。

③ 额定电流 I_N　是指电动机在额定电压下，输出额定功率时，定子绕组中的线电流，单位是 A。

④ 额定转速 n_N　是指额定运行时电动机的转速，单位是 r/min。

⑤ 额定频率 f_N　是指电动机所接电源的频率，单位是 Hz。我国的工频频率为 50Hz。

⑥ 绝缘等级　绝缘等级决定了电动机的允许温升，有时也不标明绝缘等级而直接标明允许温升。

⑦ 接法　用 Y 或 D 表示。表示在额定运行时，定子绕组应采用的连接方式。

若是绕线转子异步电动机，则还应有以下几项。

① 转子绕组的开路电压　是指定子接额定电压，转子绕组开路时的转子线电压，单位是 V。

② 转子绕组的额定电流　是指定子接额定电压，转子绕组开路时的转子线电流，单位是 A。

这两项主要用来作为配备起动电阻时的依据。

铭牌上除了上述的额定数据外，还表明了电动机的型号。型号一般用来表示电动机的种类和几何尺寸等。如新系列的异步电动机用字母 Y 表示，并用中心高表示电动机的直径大小；铁芯长度则分别用 S、M、L 表示，S 最短，L 最长；电动机的防护型式由字母 IP 和两个数字表示，I 是 International（国际）的第一个字母，P 为 Protection（防护）的第一个字母，IP 后面的数字代表第一种防护型式（防尘）的等级，第二个数字代表第二种防护形式（防水）的等级，数字越大，表示防护的能力越强。对于系列电动机，铭牌上有时也不标明防护型式。

(二) 三相异步电动机的主要系列简介

1. Y 系列

是一般用途的小型笼型电动机系列，取代了原先的 JO2 系列。额定电压为 380V，额定频率为 50Hz，功率范围为 0.55～90kW，同步转速为 750～3000r/min，外壳防护型式为 IP44 和 IP23 两种，B 级绝缘。Y 系列的技术条件已符合国际电工委员会（IEC）的有关标准。

2. JDO_2 系列

该系列是小型三相多速异步电动机系列。它主要用于各式机床以及起重传动设备等需要多种速度的传动装置。

3. JR 系列

该系列是中型防护式三相绕线转子异步电动机系列，容量为 45～410kW。

4. YR 系列

是一种大型三相绕线转子异步电动机系列，容量为 250～2500kW，主要用于冶金工业和矿山中。

5. YCT 系列

该系列是电磁调速异步电动机，主要用于纺织、印染、化工、造纸及要求变速的机械上。

第三节　三相异步电动机的定子绕组

一、三相交流绕组的分类

（一）三相交流绕组的分类

三相交流绕组按照槽内元件边的层数，分为单层绕组和双层绕组。单层绕组按连接方式不同分为等元件、链式、交叉式和同心式绕组等；双层绕组则分为双层叠绕组和波绕组。

单层绕组与双层绕组相比，电气性能稍差，但槽利用率高，制造工时少，因此小容量电动机（$P_N<10$kW），一般都采用单层绕组。

（二）关于交流绕组的一些基本量

为了便于分析三相绕组的排列和连接，先介绍一些有关交流绕组的基本量，其中极距 τ，线圈节距 y_1 等和直流电枢绕组是一样的，此外，在交流绕组中，还需要知道下列基本量。

1. 电角度

电动机圆周在几何上分成 360°，这个角度称为机械角度。从电磁观点来看，若电动机的极对数为 p，则经过一对磁极，磁场变化一周，相当于 360°电角度。因此，电动机圆周按电角度计算为 $p\times360°$，即

$$\text{电角度}=p\times\text{机械角度}$$

2. 槽距角 α

相邻两个槽之间的电角度称为槽距角 α。由于定子槽在定子内圆上均匀分布，所以当定子槽数为 Z_1，电机极对数为 p 时，有

$$\alpha=\frac{p\times360°}{Z_1} \tag{4-3}$$

3. 每极每相槽数 q

每一个极下每相所占有的槽数称为每极每相槽数 q，若绕组相数为 m_1，得

$$q=\frac{Z_1}{2m_1p} \tag{4-4}$$

若 q 为整数，称为整数槽绕组；若 q 为分数，称为分数槽绕组。分数槽绕组一般用在大型、低速的同步电机中。

4. 相带

每相绕组在一对极下所连续占有的宽度（用电角度表示）称为相带。在异步电动机中，一般将每相所占有的槽数均匀地分布在每个磁极下，因为每个磁极占有的电角度是180°，对三相绕组而言，每相占有的电角度是60°，又称60°相带。由于三相绕组在空间彼此相距120°电角度，所以相带的划分沿定子内圆排列应依次为 U_1、W_2、V_1、U_2、W_1、V_2，如图4-7所示。这样只要掌握了相带的划分和线圈的节距，就可以掌握绕组的排列规律。

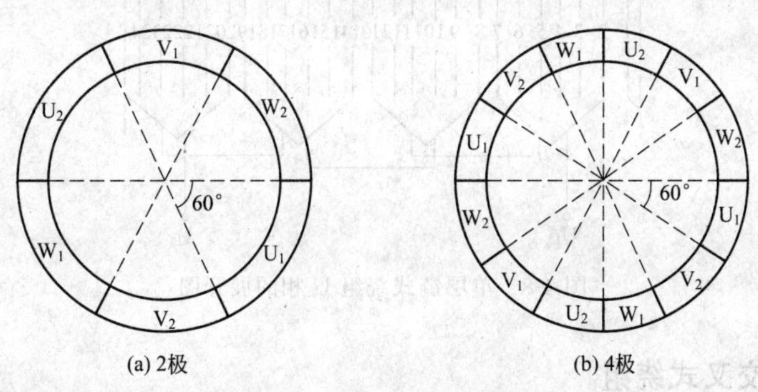

图4-7 60°相带三相绕组

二、单层绕组

单层绕组的每个槽内只放置一个线圈边，整台电动机的线圈总数等于定子槽数的一半。单层绕组分为链式绕组、交叉式绕组和同心式绕组。

（一）单层链式绕组

单层链式绕组是由形几何尺寸和节距都相同的线圈连接而成，就整个外形来说，形如长链，故称为链式绕组。下面以 $Z=24$，$2p=4$ 的三相异步电动机定子绕组为例，说明链式绕组的构成。

【例4-2】 有一台极数 $2p=4$，槽数 $Z=24$，三相单层链式绕组电机，说明单层链式绕组的构成原理并绘出绕组展开图。

解 （1）计算极距 τ、每极每相槽数 q 和槽距角 α

$$\tau=\frac{Z}{2p}=\frac{24}{4}=6$$

$$q=\frac{Z}{2mp}\frac{24}{2\times3\times2}=2$$

$$\alpha=\frac{p\times360°}{Z}=\frac{2\times360°}{24}=30°$$

（2）分相，将槽依次编号，按60°相带的排列次序，填入表4-2。

以U相为例，槽1与槽7，槽2与槽8，它们相距的电角度为 $\alpha\times6=180°$，可以把槽1与槽7的线圈边构成一个线圈。同理，槽2与槽8，槽13与槽19，槽14与20中的线圈边也都分别构成线圈，这样U相绕组就有4个线圈，把它们依次串联起来，就构成了一相绕组（也可以看成是8个导体串联而成），展开图如图4-8所示。

表 4-2　相带与槽号对应表

槽号＼相带	U_1	W_2	V_1	U_2	W_1	V_2
第一对极	1,2	3,4	5,6	7,8	9,10	11,12
第二对极	13,14	15,16	17,18	19,20	21,22	23,24

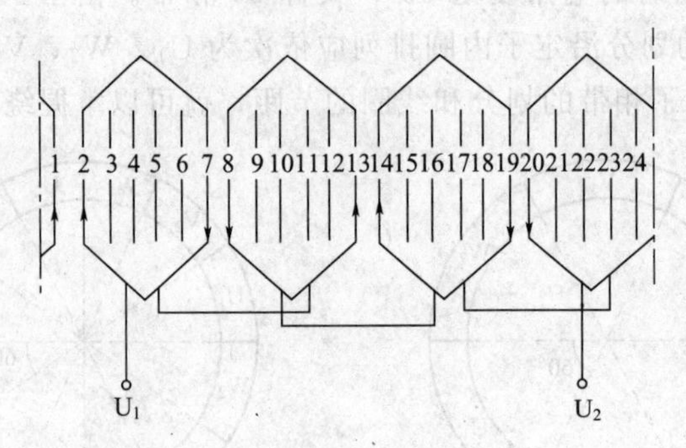

图 4-8　单层链式绕组 U 相的展开图

(二) 单层交叉式绕组

单层交叉式绕组的特点是，线圈个数和节距都不相等，但同一组线圈的形状、几何尺寸和节距都相同，各线圈组的端部互相交叉。

【例 4-3】 一台三相交流电动机，$Z=36$，$2p=4$，试绘出三相单层交叉式绕组展开图。

解　(1) 计算极距 τ、每极每相槽数 q 和槽距角 α

$$\tau=\frac{Z}{2p}=\frac{36}{4}=9$$

$$q=\frac{Z}{2mp}\frac{36}{4\times 3}=3$$

$$\alpha=\frac{p\times 360^{\circ}}{Z}=\frac{2\times 360^{\circ}}{36}=20^{\circ}$$

(2) 分相，由 $q=3$，按相带顺序列表，如表 4-3 所示。

表 4-3　相带与槽号对应表

槽号＼相带	U_1	W_2	V_1	U_2	W_1	V_2
第一对极	1、2、3	4、5、6	7、8、9	10、11、12	13、14、15	16、17、18
第二对极	19、20、21	22、23、24	25、26、27	28、29、30	31、32、33	34、35、36

根据 U 相绕组所占槽数不变的原则，把 U 相所属的每个相带内的槽导体分成两部分，一部分是把 2 号与 10 号槽、3 号和 11 号槽内导体相连，形成两个节距 $y=8$ 的“大线圈”，并串联成一组；另一部分是把 1 号和 30 号槽内导体有效边相连，组成另一个节距 $y=7$ 的线圈。同样将第二对极下的 20 号和 28 号槽、21 号和 29 号槽内导体组成 $y=8$ 的线圈，19 号和 12 号槽组成 $y=7$ 的线圈，然后根据电动势相加的原则，把这 4 组线圈按“头接头，尾接尾”的规律相连，即得 U 相交叉绕组，其展开图如图 4-9 所示。同样，可根据对称原则画

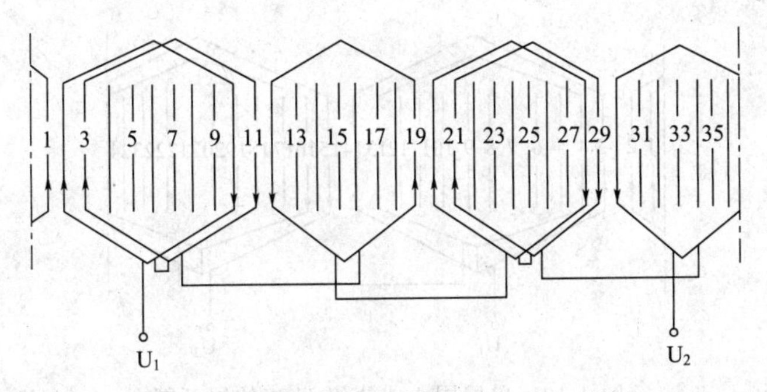

图 4-9　单层交叉式绕组 U 相的展开图

出 V、W 相绕组展开图。

可见，这种绕组由两个大小线圈交叉布置，故称交叉式绕组。交叉式绕组的端部连线较短，节约大量原材料，因此广泛应用于 $q>1$ 且为奇数的小型三相异步电动机中。

（三）单层同心式绕组

单层同心式绕组是由几个几何尺寸和节距不等的线圈连成同心形状的线圈组构成。

【例 4-4】　一台三相交流电动机，$Z=24$，$2p=2$，试绘出三相单层同心式绕组展开图。

解　(1) 计算极距 τ、每极每相槽数 q 和槽距角 α

$$\tau=\frac{Z}{2p}=\frac{24}{2}=12$$

$$q=\frac{Z}{2mp}\frac{24}{2\times 3}=4$$

$$\alpha=\frac{p\times 360^\circ}{Z}=\frac{1\times 360^\circ}{24}=15^\circ$$

(2) 分相，由 $q=4$ 和 60°相带的划分顺序，分相列表，填入表 4-4。

表 4-4　相带与槽号对应表

相带 / 槽号	U_1	W_2	V_1	U_2	W_1	V_2
一对极	1、2 3、4	5、6 7、8	9、10 11、12	13、14 15、16	17、18 19、20	21、22 23、24

把属于 U 相的每一相带内的槽分为两半，把 3 和 14 槽内导体的有效边连成一个节距 $y=11$的线圈，4 和 13 槽内导体连成一个节距 $y=9$ 的线圈，再把这两个线圈组成一组同心式线圈，同样，把 2 和 15 槽内导体、1 和 16 槽内导体构成另一个同心式线圈。两组同心式线圈再按“头接头，尾接尾”的规律相连，得 U 相同心式线圈的展开图，如图 4-10 所示。

用同样的方法，可以得到另外两相绕组的联接规律。

三、双层绕组

双层绕组每个槽内有上下两个线圈边，和直流电枢绕组一样，每个线圈的一边在一个槽的上层，另一个线圈边放在相隔节距 y_1 的另一个槽的下层，因此总的线圈数等于槽数。

双层绕组相带的划分与单层绕组相同，10kW 以上的电机一般采用双层绕组。双层绕组

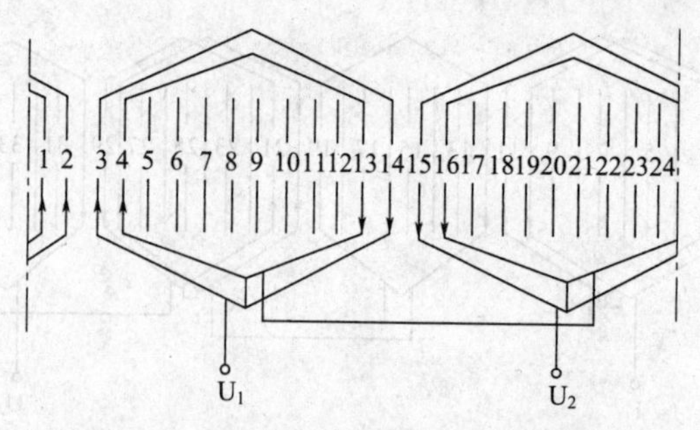

图 4-10　单层同心式绕组 U 相的展开图

有叠绕组和波绕组两种，读者可参阅其他有关书籍，这里就不讨论了。

综上所述，一般三相绕组的排列和联接的方法为：计算极距；计算每极每相槽数；划分相带；组成线圈组；按极性对电流方向的要求分别构成相绕组。

第四节　三相异步电动机定子绕组的电动势

三相异步电动机定子绕组接到三相电源后，在气隙内建立起旋转磁场。旋转磁场以同步转速 n_1 旋转，幅值不变，其分布接近正弦，就好像是一种旋转的磁极。它同时切割定、转子绕组，从而感应出电动势。虽然在定、转子绕组中感应出的电动势，其频率有所不同，但两者的定量计算方法是一样的。在本节，我们将讨论由正弦分布、以同步转速 n_1 旋转的旋转磁场在定子绕组中所产生的感应电动势。

和分析磁动势一样，先讨论一个线圈的感应电动势，进而讨论一个线圈组和一个相绕组的感应电动势。

一、线圈的感应电动势

（一）导体电动势

当磁场在空间作正弦分布，并以恒定的转速 n_1 旋转时，导体感应的电动势亦为一正弦波，其最大值为

$$E_{\mathrm{c1m}}=B_{\mathrm{m1}}lv \tag{4-5}$$

式中　B_{m1}——作正弦分布的气隙磁通密度的幅值；

E_{c1m}——导体感应电动势的幅值；

l——导体的有效长度。

导体电动势的有效值则为

$$E_{\mathrm{c1}}=\frac{E_{\mathrm{c1m}}}{\sqrt{2}}=\frac{B_{\mathrm{m1}}lv}{\sqrt{2}}=\frac{B_{\mathrm{m1}}l}{\sqrt{2}}\frac{2p\tau}{60}n_1=\sqrt{2}fB_{\mathrm{m1}}l\tau \tag{4-6}$$

式中　τ——极距；

f——电动势频率。

因为磁通密度作正弦分布，则每极磁通量 $\Phi_1=\frac{2}{\pi}B_{\mathrm{m1}}l\tau$，即

$$B_{\mathrm{m1}}=\frac{\pi}{2}\Phi_1\frac{1}{l\tau} \tag{4-7}$$

代入式(4-6)，得

$$E_{c1}=\frac{\pi}{\sqrt{2}}f\Phi_1=2.22f\Phi_1 \tag{4-8}$$

取磁通 Φ_1 的单位为 Wb，频率的单位为 Hz，则电动势 E_{c1} 的单位为 V。

(二) 整距线圈的电动势

设线圈的匝数为 N_c，每匝线圈有两个有效边。对于整距线圈，如果一个有效边在 N 极下，另一个有效边在 S 极下，如图 4-11(a) 所示，此时两有效边的电动势瞬时值大小相等、方向相反。但就一个线匝来说，两个电动势串联刚好相加。若把每个有效边的电动势的正方向都规定为从上向下，则用相量表示时，两有效边的电动势 $\dot{E}_{c1}$ 和 $\dot{E}'_{c1}$ 和的方向正好相反，这样每个线匝的电动势为

$$\dot{E}_{t1}=\dot{E}_{c1}-\dot{E}'_{c1}=2\dot{E}_{c1} \tag{4-9}$$

有效值

$$E_{t1}=2E_{c1}=4.44f\Phi_1 \tag{4-10}$$

在一个线圈内，每一匝电动势在大小和相位上都是相同的，所以整距线圈的电动势为

$$\dot{E}_{y1}=N_c\dot{E}_{t1} \tag{4-11}$$

有效值

$$E_{y1}=4.44fN_c\Phi_1 \tag{4-12}$$

(三) 短距线圈的电动势

对于短距线圈，其节距 $y_1<\tau$，如图 4-11(a) 中虚线所示，此时电动势 $\dot{E}_{c1}$ 和 $\dot{E}'_{c1}$ 相位差不是 180°，而是相差 γ 角度，γ 是线圈节距 y_1 所对应的电角度。

$$\gamma=\frac{y_1}{\tau}\times 180° \tag{4-13}$$

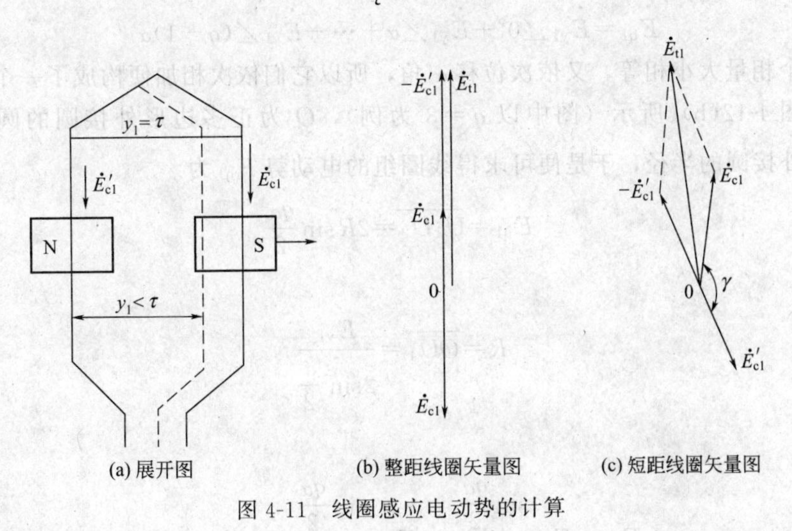

图 4-11 线圈感应电动势的计算

图 4-11(c) 是短距线圈电动势矢量图，在图示转向下，$\dot{E}_{c1}$ 领先 $\dot{E}'_{c1}$，如所示，则匝电

动势为

$$\dot{E}_{t1(y<\tau)}=\dot{E}_{c1}-\dot{E}'_{c1}=\dot{E}_{c1}+(-\dot{E}'_{c1}) \tag{4-14}$$

有效值

$$E_{t1(y<\tau)}=2E_{c1}\cos\frac{180°-\gamma}{2}=2E_{c1}\sin\frac{\gamma}{2}=2E_{c1}K_{y1} \tag{4-15}$$

式中　K_{y1}——短距系数，$K_{y1}=\sin\frac{\gamma}{2}$。

短距系数的物理意义是：短距线圈电动势相量为线圈边电动势相量的矢量和；而整距线圈电动势相量为线圈电动势相量的代数和。短距系数代表线圈短距后所感应的电动势与整距线圈的相比，所打的折扣。

这样便可以得出短距线圈的电动势

$$E_{y1(y<\tau)}=4.44fN_c\Phi_1K_{y1} \tag{4-16}$$

由此可见

$$K_{y1}=\frac{E_{y1(y<t)}}{4.44fN_c\Phi_1}=\frac{E_{y1(y<t)}}{E_{y1(y<t)}}$$

二、线圈组的电动势

由若干个均匀分布的线圈组成了线圈组，若干个线圈组按一定规律连成相绕组。在双层绕组中，每个极下 q 个线圈组成线圈组，而单层绕组则由每对极下的 q 个线圈组成线圈组。虽然有些线圈组在形式上是由不同节距的线圈组成，但实质上，由于线圈边联接次序对相电动势（对于合成磁动势也一样）来说是无关的，这些不同节距的线圈组可组成等效的等节距的线圈组。如图 4-12(a) 所示。

线圈组中每个线圈的匝数相等，节距相同。由于均匀分布，它们在空间上依次相差一个槽距角 α，因此旋转磁场在每个线圈中所感应的电动势大小、波形均相同，只是在时间上依次相差 α 电角度，故线圈组的总电动势应为 q 个线圈电动势的相量和，即

$$\dot{E}_{q1}=\dot{E}_{y1}\angle 0°+\dot{E}_{y1}\angle\alpha+\cdots+\dot{E}_{y1}\angle(q-1)\alpha \tag{4-17}$$

由于 q 个相量大小相等，又依次位移 α 角，所以它们依次相加便构成了一个正多边形的一部分，如图 4-12(b) 所示（图中以 $q=3$ 为例），O 为正多边形外接圆的圆心，$\overline{OU_1}=\overline{OU_2}=R$ 为外接圆的半径，于是便可求得线圈组的电动势 E_{q1} 为

$$E_{q1}=\overline{U_1U_2}=2R\sin\frac{q\alpha}{2}$$

而

$$R=\overline{OU_1}=\frac{E_{y1}}{2\sin\frac{\alpha}{2}}$$

所以

$$E_{q1}=E_{y1}\frac{\sin\frac{q\alpha}{2}}{\sin\frac{\alpha}{2}}=qE_{y1}\frac{\sin\frac{q\alpha}{2}}{q\sin\frac{\alpha}{2}}=qE_{y1}K_{q1} \tag{4-18}$$

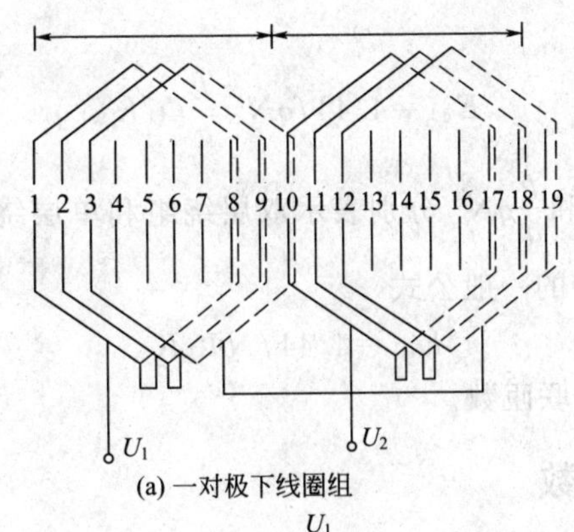

(a) 一对极下线圈组

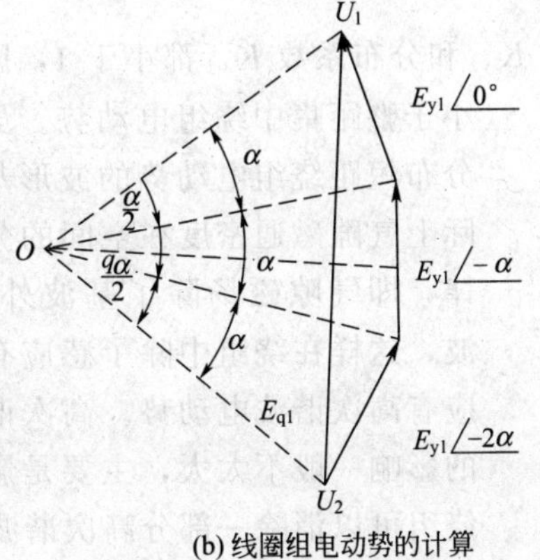

(b) 线圈组电动势的计算

图 4-12　线圈组的电动势的计算

式中　K_{q1}——分布系数，$K_{q1}=\dfrac{\sin\dfrac{q\alpha}{2}}{q\sin\dfrac{\alpha}{2}}$。

由式(4-18) 得

$$K_{q1}=\frac{E_{q1}}{qE_{y1}}=\frac{q\text{ 个线圈分布后的合成电动势}}{q\text{ 个线圈集中时的合成电动势}}$$

将式(4-16) 代入式(4-18)，得

$$E_{q1}=4.44qN_cK_{y1}K_{q1}f\Phi_1=4.44fqN_c\Phi_1K_{w1} \tag{4-19}$$

式中　K_{w1}——绕组系数，$K_{w1}=K_{y1}K_{q1}$。

三、相电动势

相绕组电动势等于每一条并联支路的电动势。一般情况下，每条支路中所串联的几个线圈组的电动势都是大小相等，相位相同的，因此，直接相加可得相电动势。对于双层绕组，每条支路由$\dfrac{2p}{a}$个线圈组串联而成，对于单层绕组，每条支路由$\dfrac{p}{a}$个线圈组串联而成，所以每相绕组电动势为：

双层绕组

$$E_{\varphi1}=4.44fqN_c\frac{2p}{a}\Phi_1K_{w1} \tag{4-20}$$

单层绕组

$$E_{\varphi1}=4.44fqN_{c}\frac{p}{a}\Phi_{1}K_{w1} \quad (4\text{-}21)$$

式(4-21) 中，$\frac{2p}{a}qN_{c}$ 和 $\frac{p}{a}qN_{c}$ 分别表示双层绕组和单层绕组每条支路的串联匝数 N，这样就可得到绕组相电动势的一般公式

$$E_{\varphi1}=4.44fN\Phi_{1}K_{w1} \quad (4\text{-}22)$$

式中　N——每相绕组的串联匝数。

四、短距系数与分布系数

由上述分析可见，短距系数 K_{y1} 和分布系数 K_{q1} 都小于 1，因此短距分布绕组电动势将小于整距集中绕组电动势。虽然基波电动势减小了，但分布短距绕组电动势的波形却更接近于正弦波。因为实际上气隙磁通密度在空间的分布不可能完全按照正弦规律，即气隙磁场除了基波外，还存在着一系列高次谐波，这样在绕组中除了感应有基波电动势外，同时也感应有高次谐波电动势。高次谐波电动势对相电动势大小的影响一般不太大，主要是影响它的波形，而采用短距绕组可以消除一部分高次谐波电动势。图 4-13 表示采用短距绕组消除 5 次谐波电动势的原理，图中实线表示整距的情况，这时 5 次谐波磁场在线圈两个有效边中感应的电动势大小相等、方向相反，沿线圈回路，两个电动势正好相加。如果把节距缩短 $\frac{\tau}{5}$，如图中虚线所示，则两个有效边中的 5 次谐波电动势大小相等、方向相同，沿线圈回路正好抵消，5 次谐波的合成电动势为零。一般说来，节距缩短 $\frac{\tau}{\nu}$，就能消除 m 次谐波电动势。这从短距系数的计算公式也可证明，因为 $K_{y}=\sin\frac{\gamma}{2}$，$\gamma=\frac{y_{1}}{\tau}\times180^{\circ}$，对 m 次谐波磁场，同一机械角度所相当的电角度为基波磁场的 m 倍，所以 $\gamma=\frac{y_{1}}{\tau}m\times180^{\circ}$。当节距缩短 $\frac{\tau}{m}$ 时，$y_{1}=\tau-\frac{\tau}{m}$，于是

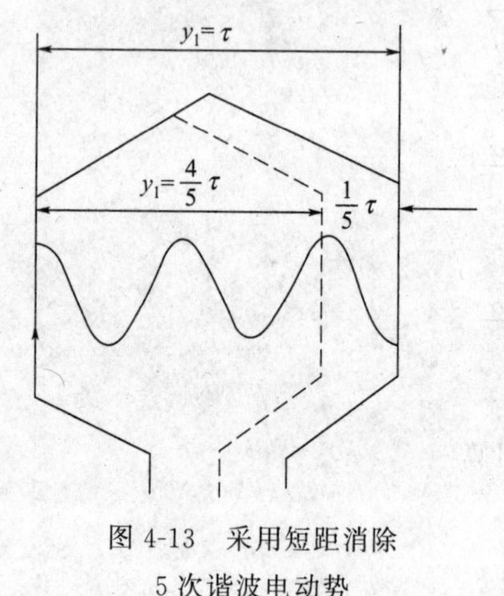

图 4-13　采用短距消除 5 次谐波电动势

$$K_{yn}=\sin\frac{\gamma}{2}=\sin\frac{m-1}{2}180^{\circ}$$

一般谐波磁场都是奇次谐波，即 $\frac{m-1}{2}$ = 整数，所以 $K_{yn}=0$。对三相绕组，不论采用星形联接还是采用三角形联接，线电压都不存在 3 次或 3 的倍数次谐波。因此在选择线圈节距时，主要考虑削弱 5 次和 7 次谐波电动势，通常采用 $y_{1}=\frac{5}{6}\tau$ 左右节距，这时 5 次和 7 次谐波电动势约只有整距时的 $\frac{1}{4}$ 左右，至于更高次谐波电动势，由于幅值很小，影响也很小。

因为单层绕组都是整距绕组，因此从电动势波形的角度来看，单层绕组的性能要比双层

短距绕组差一些。

采用分布绕组，同样可以起到削弱高次谐波的作用。如 $q=2$ 时，基波的分布系数 $K_{q1}=0.966$，而5次谐波的分布系数 $K_{q5}=0.259$。当 $q=5$ 时，$K_{q1}=0.957$，$K_{q5}=0.20$，这说明当 q 增加时，基波的分布系数减小不多，而谐波的分布系数却显著减小。

但是随着 q 的增大，电动机的槽数也增多，使电动机的成本提高。事实上，当 $q>6$ 时，高次谐波分布系数的下降已不太显著，如当 $q=6$ 时，$K_{q5}=0.197$，而当 $q=8$ 时，$K_{q5}=0.194$。因此一般交流电动机的每极每相槽数 q 均在2～6之间，小型感应电动机的 q 一般在2～4。

式(4-22) 是计算交流绕组每相电动势有效值的一个基本公式，它与变压器绕组中感应电动势的计算公式十分相似，仅多了一项绕组系数 K_w。事实上，因为变压器的主磁通同时交链着绕组的每个线匝，所以每个线匝的电动势大小、相位都相同。因此变压器绕组实际上是一个集中整距绕组，即 $K_w=1$。

式(4-21) 还说明一个分布、短距、实际匝数为 N 的交流绕组，可以用一个集中、整距、匝数为 NK_w 的交流绕组来等效，这时每极磁通就是这个等效绕组所匝链的最大磁通。虽然每极磁通是不变的，但是当磁场与绕组产生相对运动时，绕组所交链的磁通却是随时间而变化的，因此绕组电动势在相位上落后于磁通 Φ_1 90°，和变压器的结论一样。

第五节　三相异步电动机的空载运行

三相异步电动机的工作原理和变压器相似，即通过电磁感应而工作，定、转子电路之间没有直接的电的关系。它的定子绕组相当于变压器的一次绕组，转子绕组相当于变压器的二次绕组，因此对三相异步电动机的运行分析，可以参照变压器的分析方法进行。

一、空载电流和空载磁动势

当电动机空载，定子三相绕组接到对称的三相电源时，在定子绕组中流过的电流称为空载电流 I_0，大小约为额定电流的20%～50%。异步电动机的空载电流比变压器的空载励磁电流大，这是因为异步电动机的磁路中有气隙存在。三相空载电流所产生的合成磁动势基波分量的幅值为 $F_0=1.35\dfrac{I_0N_1}{p}K_{w1}$，若不计谐波磁动势，则 F_0 即为定子空载磁动势的幅值，它以同步转速 n_1 的速度旋转。

由于电动机空载，电动机轴上没有任何机械负荷，所以电动机的空载转速将非常接近于同步转速 n_1，在理想空载的情况下，可以认为 $n=n_1$，即转差率 $s=0$，因而转子导体中的电动势 $E_2=0$，转子导体中的电流 $I_2=0$。所以空载时电动机气隙磁场完全由定子空载磁动势 F_0 所产生。空载时的定子磁动势 F_0 即为励磁磁动势，空载时的定子电流 I_0 即为励磁电流。

空载电流 $\dot{I}_0$ 的有功分量 $\dot{I}_{0P}$ 用来供给空载损耗，包括空载时的定子铜损耗、定子铁心损耗和机械损耗。无功分量 $\dot{I}_{0Q}$ 用来产生气隙磁场，也称为磁化电流，它是空载电流中的主要部分，这样空载电流 $\dot{I}_0$ 可写成

$$\dot{I}_0=\dot{I}_{0P}+\dot{I}_{0Q} \tag{4-23}$$

励磁磁动势产生的磁通绝大部分同时与定、转子绕组相交链，这称为主磁通，用 Φ_m 表示，主磁通参与能量转换，在电动机中产生有用的电磁转矩。主磁通的磁路由定转子铁心和气隙组成，它受饱和的影响，为一非线性磁路。此外还有一小部分磁通仅与定子绕组相交链，称为定子漏磁通。漏磁通不参与能量转换，并且主要通过空气闭合，受磁路饱和的影响较小，在一定条件下，漏磁通的磁路可以看作是一线性磁路。

二、空载时定子电压平衡关系

设定子绕组上每相所加的端电压为 $\dot{U}_1$，相电流为 $\dot{I}_0$，主磁通在定子绕组中感应的每相电动势为 $\dot{E}_1$，定子漏磁通在每相绕组中感应的电动势为 $\dot{E}_{\sigma1}$，定子绕组的每相电阻为 r_1，类似于变压器空载时的一次侧，根据基尔霍夫第二定律，可以列出电动机空载时每相的定子电压平衡方程式

$$\dot{U}_1=-\dot{E}_1-\dot{E}_{\sigma1}+\dot{I}_0 r_1 \tag{4-24}$$

与变压器的分析方法相似，可写出

$$\dot{E}_1=-\dot{I}_0(r_m+jx_m)=-\dot{I}_0 Z_m \tag{4-25}$$

式中　Z_m——励磁阻抗，$Z_m=r_m+jx_m$；

r_m——励磁电阻，反映铁耗的等效电阻；

x_m——励磁电抗，与主磁通 Φ_m 相对应。

$$\dot{E}_{\sigma1}=-j\dot{I}_0 x_1 \tag{4-26}$$

式中　x_1——定子漏电抗，与漏磁通 $\Phi_{\sigma1}$ 相对应。

将式(4-26) 代入式(4-24) 中，于是电压平衡方程式为

$$\dot{U}_1=-\dot{E}_1+\dot{I}_0(r_1+jx_1)=-\dot{E}_1+\dot{I}_0 Z_1 \tag{4-27}$$

式中　Z_1——定子漏阻抗，$Z_1=r_1+jx_1$。

因为 $E_1 \gg I_0 Z_1$，可近似认为

$$\dot{U}_1\approx-\dot{E}_1 \text{ 或 } U_1\approx E_1 \tag{4-28}$$

由式(4-25) 和式(4-26)，可画出异步电动机空载时的等值电路，见图 4-14。

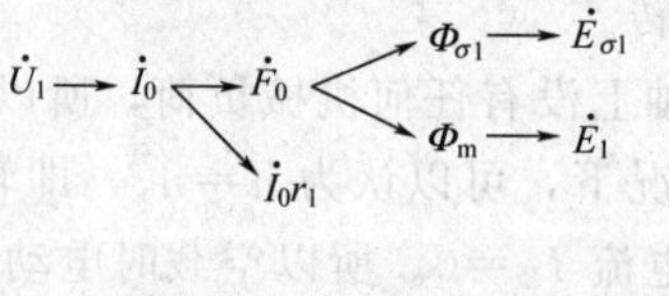

$\dot{U}_1 \rightarrow \dot{I}_0 \rightarrow \dot{F}_0$；$\dot{F}_0 \rightarrow \Phi_{\sigma1} \rightarrow \dot{E}_{\sigma1}$；$\dot{F}_0 \rightarrow \Phi_m \rightarrow \dot{E}_1$；$\dot{I}_0 \rightarrow \dot{I}_0 r_1$

图 4-14　三相异步电动机空载时的电磁关系

第六节　三相异步电动机的负载运行

负载运行时，电动机将以低于同步转速 n_1 的速度 n 旋转，其转向仍与气隙旋转磁场的转向相同。因此，气隙磁场与转子的相对转速为 $\Delta n=n_1-n=sn_1$，Δn 也就是气隙旋转磁场切割转子绕组的速度，于是在转子绕组中感应出电动势，产生电流，其频率为

$$f_2=\frac{p\Delta n}{60}=s\frac{pn_1}{60}=sf_1 \tag{4-29}$$

对异步电动机，一般 $s=0.02\sim0.06$，当 $f_1=50\text{Hz}$ 时，f_2 仅为 1～3Hz。负载运行时，除了定子电流 $\dot{I}_1$产生一个定子磁动势 F_1 外，转子电流 $\dot{I}_2$还产生一个转子磁动势 F_2，而总的气隙磁动势则是 F_1 和 F_2 的合成。下面对转子磁动势 F_2 加以说明。

一、转子磁动势的分析

不论是绕线式异步电动机还是鼠笼式异步电动机，其转子绕组都是对称的。对绕线式异步电动机而言，转子的极对数可以通过转子绕组的联接法做到与定子一样；而鼠笼式电动机，转子导条中的电动势和电流由气隙磁场感应而产生，因此转子导条中电流分布所形成的磁极数必然等于气隙磁场的极数。由于气隙磁场的极数决定于定子绕组的极数，所以鼠笼式电动机转子的极数与定子绕组的极数相等，而与转子导条的数目无关，实际上，任何电动机其定、转子极数相等是产生恒定平均电磁转矩的必要条件。

因为转子绕组是对称的多相绕组，转子绕组中的电流也是一个对称的多相电流，那么由此而产生的转子合成磁动势 F_2 也必然是一个旋转磁动势，若不计谐波磁动势，则转子磁动势的幅值为

$$F_2=0.45\frac{m_2N_2K_{w2}}{p}I_2 \tag{4-30}$$

式中 m_2——转子绕组的相数；

N_2——转子绕组的每相串联匝数；

K_{w2}——转子绕组的基波绕组系数。

(一) 转子合成磁动势的旋转方向

因为转子电流的频率为 sf_1，转子绕组的极对数 $p_2=p_1$，转子合成磁动势相对转子的旋转速度为 $n_2=\frac{60f_2}{p_2}=s\frac{60f_1}{p_1}=sn_1$。若定子旋转磁场的转向为顺时针方向，因为 $n<n_1$，因此转子感应电动势或电流的相序也必然按顺时针方向排列。由于合成磁动势的转向决定于绕组中电流的相序，所以转子合成磁动势 F_2 的转向与定子磁动势 F_1 的转向相同，也为顺时针方向。

(二) 转子合成磁动势的旋转速度

转子磁动势 F_2 在空间的（即相对于定子）的旋转速度为

$$n_2+n=sn_1+n=n \tag{4-31}$$

即转子合成磁动势 F_2 的旋转速度等于定子磁动势 F_1 在空间的旋转速度。

式(4-31) 是在任意转速下得出的，这说明无论异步电动机的转速如何变化，定子磁动势 F_1 和转子磁动势 F_2 总是相对静止的，而定、转子磁动势相对静止是一切旋转电机能够正常运行的必要条件，因为只有这样，才能产生恒定的平均电磁转矩，从而实现机电能量的转换。

二、磁动势平衡方程式

由于定子磁动势 F_1 和转子磁动势 F_2 在空间相对静止，因此可以合并为一个合成磁动势 F_m，称为励磁磁动势。所以，异步电动机负载时在气隙内产生旋转磁场的是定、转子的合成磁动势，即

$$\dot{F}_1+\dot{F}_2=\dot{F}_m \longrightarrow \dot{B}_m(\dot{\Phi}_m) \tag{4-32}$$

而空载时

$$\dot{F}_{10}=\dot{F}_0 \longrightarrow \dot{B}_{m0}(\dot{\Phi}_{m0}) \tag{4-33}$$

式(4-32) 就称为异步电动机的磁动势平衡方程式，它也可以写成

$$\dot{F}_1=-\dot{F}_2+\dot{F}_m \tag{4-34}$$

在定子电动势平衡方程式中，定子绕组中的感应电动势 $\dot{E}_1$ 与电源电压 $\dot{U}_1$ 之间相差一个漏阻抗压降。当异步电动机从空载到额定负载范围内运行时，定子漏阻抗压降所占的比重很小，在 $\dot{U}_1$ 不变的情况下，电动势 $\dot{E}_1$ 的变化很小，可以认为是一个近似不变的数值。对于电动机来说，当频率一定时，电动势 $\dot{E}_1$ 与主磁通 Φ_m 成正比。当 $\dot{E}_1$ 值近似不变时，磁通 Φ_m 也近似不变，因此励磁磁动势也应不变。由此可见，在转子绕组中通过电流产生磁动势 F_2 的同时，定子绕组中就必然要增加一个电流分量，使这一电流分量产生磁动势-F_2 抵消转子电流产生的磁动势 F_2，从而保持总磁动势 F_m 近似不变，显然 F_m 等于空载时的定子磁动势 F_0，Φ_m 也等于 Φ_{m0}。

三、电动势平衡方程式

负载时，定子电流为 $\dot{I}_1$，根据对式(4-23) 的分析，可列出负载时定子的电动势平衡方程式

$$\dot{U}_1=-\dot{E}_1+\dot{I}_1(r_1+jx_1)=-\dot{E}_1+\dot{I}_1Z_1 \tag{4-35}$$

$$E_1=4.44f_1N_1K_{w1}\Phi_m \tag{4-36}$$

负载时转子电动势 E_{2s}的频率为 $f_2=sf_1$，大小为

$$E_{2s}=4.44f_2N_2K_{w2}\Phi_m \tag{4-37}$$

因为异步电动机的转子电路自成闭路，端电压 $U_2=0$，所以转子的电动势平衡方程式为

$$\dot{E}_{2s}-\dot{I}_2(r_2+jx_{2s})=0$$

即

$$\dot{E}_{2s}-\dot{I}_2Z_2=0 \tag{4-38}$$

式中 $\dot{I}_2$——转子每相电流；

r_2——转子每相电阻，对绕线型转子包括外加电阻；

x_{2s}——转子每相漏电抗，$x_{2s}=2\pi f_2L_2$，其中 L_2 为转子每相漏电感；

Z_2——转子每相漏阻抗。

转子电流的有效值为

$$I_2=\frac{E_{2s}}{\sqrt{r_2^2+x_{2s}^2}} \tag{4-39}$$

由式(4-35) 和式(4-39)，可画出三相异步电动机负载运行时的电磁关系，如图 4-15 所示。

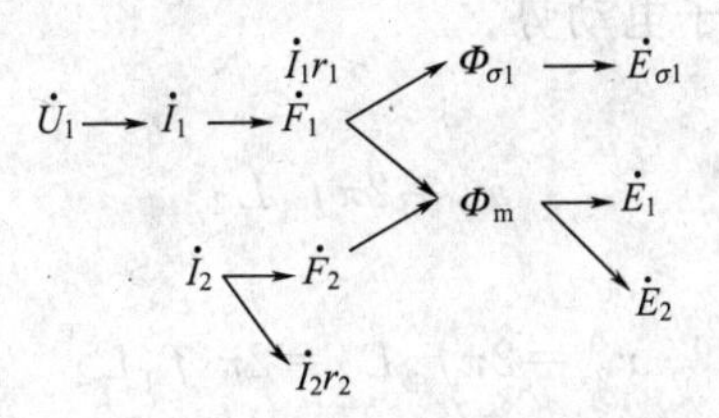

图 4-15　三相异步电动机负载运行时的电磁关系

第七节　异步电动机的等值电路

上节通过运行分析，我们得出了定、转子电动势及电流的基本关系，但由于定子和转子的频率、相数、匝数不同，不便于利用这些方程式进行分析和计算。如果将电磁关系利用等值电路表示出来，就可使运算大为简化。要得出异步电动机的等值电路，需进行频率折算和绕组折算。

一、频率折算

图 4-16(a) 为转子旋转时异步电动机的定、转子原理图。频率折算实质上是用静止的转子代替实际转动的转子。转子静止时，$n=0$，$s=1$，这时 $f_2=f_1$，即气隙磁场切割转子的速度为同步转速，因此在转子中感应的电动势 $\dot{E}_2$ 的频率为 f_1，大小为

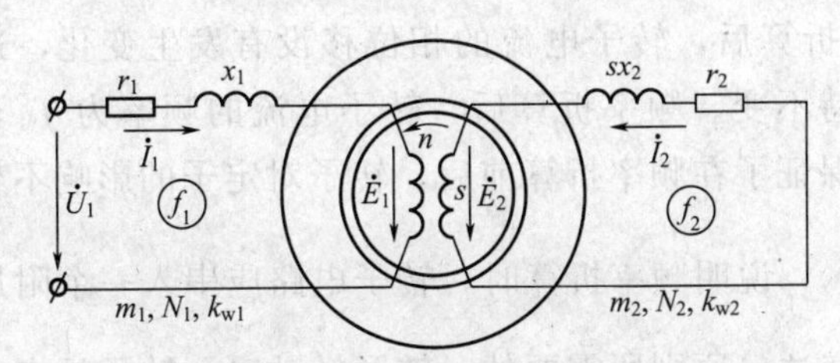

(a) 旋转时异步电动机的定、转子原理图

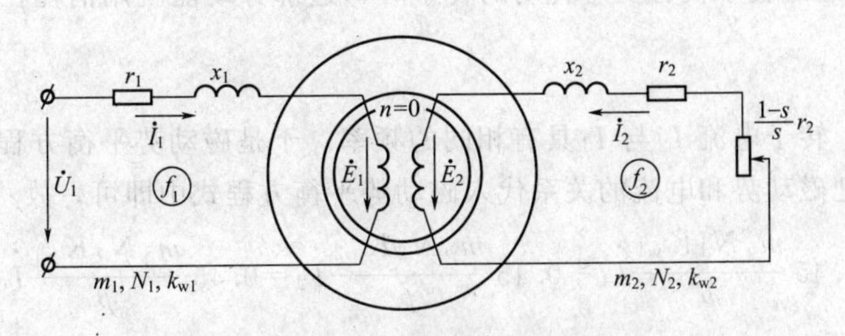

(b) 频率折算后异步电动机的定、转子原理图

图 4-16　异步电动机的定、转子原理图

$$E_2=4.44f_1N_2K_{w2}\Phi_m \tag{4-40}$$

因为转子转动时的转子电动势为

$$E_{2s}=4.44f_2N_2K_{w2}\Phi_m=4.44sf_1N_2K_{w2}\Phi_m \tag{4-41}$$

所以

$$E_{2s}=sE_2 \tag{4-42}$$

式中 E_2——转子不动时的转子电动势。

转子不动时，转子漏抗

$$x_2=2\pi f_1L_2 \tag{4-43}$$

转子转动时，转子漏抗

$$x_{2s}=2\pi f_2L_2=2\pi sf_1L_2$$

所以

$$x_{2s}=sx_2 \tag{4-44}$$

式中 x_2——转子不动时的转子漏抗。

将式(4-42) 和式(4-44) 代入式(4-38)，得

$$I_2=\frac{E_{2s}}{\sqrt{r_2^2+x_{2s}^2}}=\frac{sE_2}{\sqrt{r_2^2+(sx_2)^2}}=\frac{E_2}{\sqrt{\left(\frac{r_2}{s}\right)^2+x_2^2}} \tag{4-45}$$

式(4-45) 说明，进行频率折算后，只要用$\frac{r_2}{s}$代替r_2，就可保持转子电流的大小不变。而转子功率因数

$$\cos\varphi_2=\frac{\frac{r_2}{s}}{\sqrt{\left(\frac{r_2}{s}\right)^2+x_2^2}} \tag{4-46}$$

式(4-46) 说明频率折算后，转子电流的相位移没有发生变化，这样转子磁动势 F_2 的幅值和空间位置也就保持不变。频率折算后，转子电流的频率为 f_1，所以 F_2 在空间的转速仍为同步转速。这就保证了在频率折算前后，转子对定子的影响不变。

因为$\frac{r_2}{s}=r_2+\frac{1-s}{s}r_2$，说明频率折算时，转子电路应串入一个附加电阻$\frac{1-s}{s}r_2$，而这正是满足折算前后能量不变这一原则所需要的。转子转动时，转子具有动能（转化为输出的机械功率），当用静止的转子代替实际转动的转子时，这部分动能就用消耗在电阻$\frac{1-s}{s}r_2$上的电能来表示了。

频率折算后，转子电流 $\dot{I}_2$与 $\dot{I}_1$具有相同的频率。于是磁动势平衡方程式也可用电流的形式表示，只需把磁动势和电流的关系代入磁动势平衡方程式中即可，故

$$0.45\frac{m_1N_1K_{w1}}{p}\dot{I}_1+0.45\frac{m_2N_2K_{w2}}{p}\dot{I}_2=0.45\frac{m_1N_1K_{w1}}{p}\dot{I}_0 \tag{4-47}$$

化简得

$$\dot{I}_1=\dot{I}_0+\left(-\frac{m_2N_2K_{w2}}{m_1N_1K_{w1}}\dot{I}_2\right) \tag{4-48}$$

由式(4-48) 可知，负载时定子电流包含两个分量：一个是励磁电流分量 $\dot{I}_0$，另一个是

负载分量。负载时转子电流 $\dot{I}_2$ 增大，定子电流也要随之增大。

二、绕组折算

经过频率折算之后，由图 4-16(b) 电路可知，定、转子频率不同的问题虽解决了，但还不能把定、转子电路联接起来，因为两个电路的电动势还不相等，即 $\dot{E}_1 \neq \dot{E}_2$，电动机两端不是等电位点，所以还要像变压器那样经过折算才可得出等值电路。

和变压器的绕组折算一样，异步电动机的绕组折算即把实际上相数为 m_2，每相匝数为 N_2，绕组系数为 K_{w2} 的转子绕组折算成与定子绕组完全相同的一个等效绕组。折算后转子各量称为折算量，加上符号“′”表示。

若折算后的转子电流为 $\dot{I}'_2$，因保持折算前后转子磁动势不变，所以

$$0.45 = \frac{m_1 N_1 K_{w1}}{p} \dot{I}'_2 = 0.45 \frac{m_2 N_2 K_{w2}}{p} \dot{I}_2$$

即

$$\dot{I}'_2 = \frac{m_2 N_2 K_{w2}}{m_1 N_1 K_{w1}} \dot{I}_2 = \frac{1}{K_i} \dot{I}_2 \tag{4-49}$$

式中　K_i——电流变比，$K_i = \dfrac{m_1 N_1 K_{w1}}{m_2 N_2 K_{w2}}$。

若折算后的转子电动势为 $\dot{E}'_2$，因折算前后主磁通不变，所以电动势与有效匝数成正比，即

$$\frac{\dot{E}'_2}{\dot{E}_2} = \frac{N_1 K_{w1}}{N_2 K_{w2}} = K_e$$

$$\dot{E}'_2 = K_e \dot{E}_2 = \dot{E}_1 \tag{4-50}$$

若折算后转子的每相电阻为 r'_2，因折算前后转子铜耗不变，所以

$$m_1 I'^2_2 r'_2 = m_2 I^2_2 r_2$$

即

$$r'_2 = \frac{m_2 I^2_2}{m_1 I'^2_2} r_2 = K_e K_i r_2 \tag{4-51}$$

若折算后转子的每相电抗为 x'_2，因折算前后漏磁场储能不变，所以

$$\frac{1}{2} m_1 I'^2_2 L'_2 = \frac{1}{2} m_2 I^2_2 L_2$$

$$L'_2 = \frac{N_1 K_{w1} m_1 N_1 K_{w1}}{N_2 K_{w2} m_2 N_2 K_{w2}} L_2 = K_e K_i L_2$$

即

$$x'_2 = K_e K_i x_2 \tag{4-52}$$

显然，折算后转子的每相阻抗

$$Z'_2 = K_e K_i Z_2 \tag{4-53}$$

图 4-17 表示经过频率和绕组折算后的异步电动机定、转子原理图。

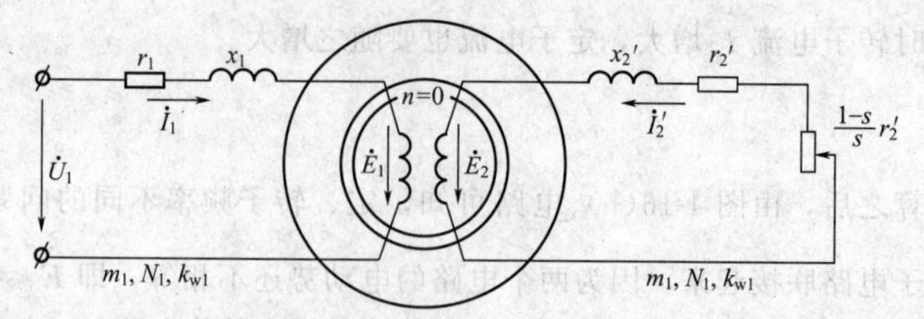

图 4-17　转子绕组折算后的异步电动机的定、转子原理图

三、异步电动机的等值电路

（一）基本方程式

经过两次折算后，异步电动机的基本方程组为

$$\left.\begin{aligned}
\dot{U}_1 &= -\dot{E}_1 + \dot{I}_1(r_1 + \mathrm{j}x_{\sigma1}) \\
\dot{E}_1 &= -\dot{I}_0(R_\mathrm{m} + \mathrm{j}X_\mathrm{m}) \\
\dot{E}_1 &= \dot{E}_2' \\
\dot{E}_2' &= \dot{I}_2'\left(\frac{r_2'}{s} + \mathrm{j}x_{\sigma2}'\right) \\
\dot{I}_1 + \dot{I}_2' &= \dot{I}_0
\end{aligned}\right\} \tag{4-54}$$

（二）等值电路

根据基本方程式，再仿照变压器的分析方法，可以画出异步电动机的 T 型等值电路，见图 4-18。

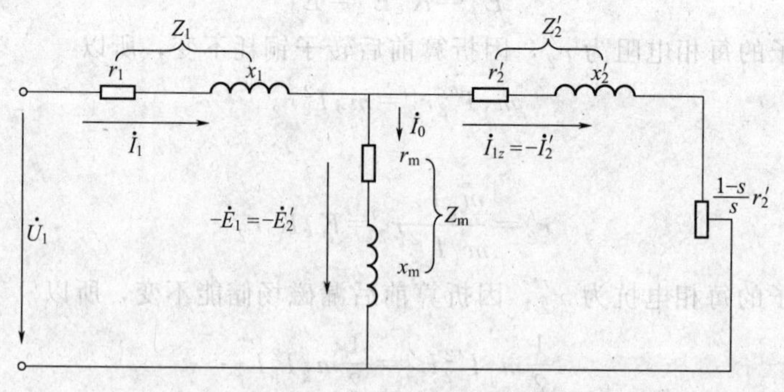

图 4-18　异步电动机的 T 型等值电路

【例 4-5】　一台三相异步电动机的有关数据如下：$P_\mathrm{N}=10\mathrm{kW}$，$U_\mathrm{N}=380\mathrm{V}$，$n_\mathrm{N}=1452\mathrm{r/min}$，$r_1=1.33\Omega$，$x_1=2.43\Omega$，$r_2'=1.12\Omega$，$x_2'=4.4\Omega$，$r_\mathrm{m}=7\Omega$，$x_\mathrm{m}=90\Omega$，定子绕组三角形接法。求额定负载时的定子电流、转子电流、励磁电流、功率因数、输入功率和效率。

解　额定负载时

$$s_\mathrm{N}=\frac{n_1-n}{n_1}=\frac{1500-1452}{1500}=0.0319$$

$$Z'=\frac{r_2'}{s_N}+\mathrm{j}x_2'=\frac{1.12}{0.0319}+\mathrm{j}4.4=35.1+\mathrm{j}4.4=35.4\angle 7.2°(\Omega)$$

$$Z_m=r_m+\mathrm{j}x_m=7+\mathrm{j}90=90.4\angle 85.5°(\Omega)$$

Z'与Z_m的并联值为

$$\frac{Z'Z_m}{Z'+Z_m}=\frac{35.4\angle 7.2°\times 90.4\angle 85.5°}{35.4\angle 7.2°+90.4\angle 85.5°}=\frac{3200\angle 92.7°}{103.5\angle 66°}=30.9\angle 26.7°\Omega=27.6+\mathrm{j}13.89(\Omega)$$

总阻抗为

$$Z_1+\frac{Z'Z_m}{Z'+Z_m}=1.33+\mathrm{j}2.43+27.6+\mathrm{j}13.89=33.23\angle 29.4°(\Omega)$$

计算定子电流$\dot{I}_1$，设$\dot{U}_1=380\angle 0°$

$$\dot{I}_1=\frac{380\angle 0°}{33.23\angle 29.4°}=11.42\angle -29.4°(\mathrm{A})$$

定子线电流有效值为

$$\sqrt{3}\times 11.42=19.8(\mathrm{A})$$

定子功率因数为

$$\cos\varphi_1=\cos 29.4°=0.87(滞后)$$

定子输入功率为

$$P_1=3U_1I_1\cos\varphi_1=3\times 380\times 11.42\times 0.87=11330(\mathrm{W})$$

转子电流$\dot{I}_2'$和励磁电流$\dot{I}_m$

$$|\dot{I}_2'|=\left|\dot{I}_1\frac{Z_m}{Z'+Z_m}\right|=11.42\times\frac{90.4}{103.5}=9.98(\mathrm{A})$$

$$|\dot{I}_m|=\left|\dot{I}_1\frac{Z'}{Z'+Z_m}\right|=11.42\times\frac{35.4}{103.5}=3.91(\mathrm{A})$$

效率为

$$\eta=\frac{P_2}{P_1}=\frac{10000}{11330}\%=88.27\%$$

1. 异步电机的空载运行

异步电动机空载运行时，转子转速与同步转速非常接近，因此转差率$s\approx 0$，T型等值电路中代表机械负载的附加电阻$\frac{1-s}{s}r_2'\to\infty$，转子电路相当于开路情况，这时定子电路中的电流$\dot{I}_m$滞后于外加电压$\dot{U}_1$的相位差接近于90°，所以异步电动机空载运行时，功率因数是滞后的，而且很低。

2. 异步电动机在额定负载下运行

异步电动机带有额定负载时，转差率s_N大约为5%左右，这时折算过的转子电路中的总电阻$\frac{r_2'}{s}$为折算过的转子电阻r_2'的20倍左右，这使折算过的转子电路基本上成为电阻性的，所以转子电路的功率因数较高。虽然定子电流$\dot{I}_1$是由励磁电流$\dot{I}_m$和负载分量（$-\dot{I}_2'$）（即折算过转子电流$\dot{I}_2'$的负值）合成的，定子的功率因数决定于这两部分电流的滞后程度，但是在负载情况下（$-\dot{I}'_2$）这个分量比 $\dot{I}_m$大得多，因此定子的功率因数能达到 0.8～0.85。由于负载时定子漏阻抗压降 $\dot{I}_1Z_1$ 的影响不大，E_1 和相应的主磁通比空载时略小。

3. 异步电动机启动时的情况

这里所说的"启动"，实际上为转子堵转状态。异步电动机堵转时，$n=0$，则 $s=1$，代表机械负载的附加电阻$\frac{1-s}{s}r'_2$等于零，相当于电路呈短路状态。所以启动电流（即堵转电流）很大，而功率因数也较低。为简化计算，可把 T 型等值电路中的励磁支路移到电源端，得到简化等值电路，如图 4-19 所示。

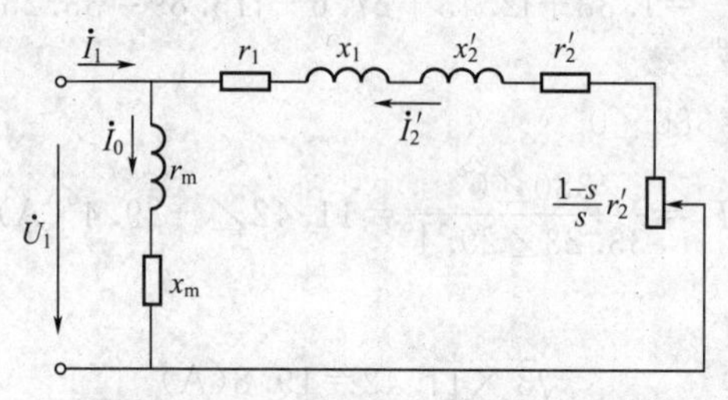

图 4-19　异步电动机的简化等值电路

无论使用 T 型等值电路还是简化电路，都必须注意：等值电路上定、转子所有的量，都是指一相的量或相值，且转子侧的所有量都为折算值。

第八节　三相异步电动机的功率和电磁转矩

异步电动机的机电能量转换过程与直流电动机相似。关键在于作为耦合介质的磁场对电系统和机械系统的作用和反作用。在直流电机中，这种磁场由定转子双边的电流共同励磁，而异步电机的耦合介质磁场仅由定子一边的电流来建立。这种特殊性表现为直流电机的气隙磁场是随负载而变化，由此发生了所谓电枢反应的问题；而异步电机的气隙磁场基本上与负荷无关，故无电枢反应可言。尽管如此，异步电动机由定子绕组输入电功率，从转子轴输出机械功率的总过程和直流电动机还是一样的，不过在异步电动机中的电磁功率却在定子绕组中发生，然后经由气隙送给转子，扣除一些损耗以后，在轴上输出。在机电能量转换过程中，不可避免地要产生一些损耗，其种类和性质也和直流电机相似，这里不再分析。下面仅就功率转换过程加以说明，然后导出功率方程式和相应的转矩方程式。

一、功率转换过程和功率平衡方程式

异步电动机在负载时，由电源供给的、从定子绕组输入电动机的功率为 P_1，其中有一部分消耗在定子绕组电阻 r_1、r_m上，称为定子铜耗 P_{Cu1}和定子铁耗 P_{Fe1}。由于异步电动机正常运行时，转子额定频率很低，f_2 仅为 1～3Hz，转子铁耗很小，所以定子铁耗实际上也就是整个电动机的铁损，$P_{Fe1}=P_{Fe}$。输入的电功率扣除了这部分损耗后，余下的功率便由气隙旋转磁场通过电磁感应传递到转子，这部分功率称为电磁功率 P_{em}。

$$P_{em}=P_1-P_{Fe}-P_{Cu1} \tag{4-55}$$

电磁功率减去转子绕组的铜耗 P_{Cu2}之后，得总机械功率 P_Ω：

$$P_{\Omega}=P_{em}-P_{Cu2} \tag{4-56}$$

总机械功率减去机械损耗 P_m 和附加损耗 P_s 后，才是转子轴上端输出的机械功率 P_2。

$$P_2=P_{\Omega}-P_m-P_s \tag{4-57}$$

由式(4-55)～式(4-57)，便可得出异步电动机的功率平衡方程式

$$\left.\begin{aligned}P_1&=P_{em}+P_{Cu1}+P_{Fe}\\P_{em}&=P_{\Omega}+P_{Cu2}\\P_{\Omega}&=P_2+P_m+P_s\end{aligned}\right\} \tag{4-58}$$

异步电动机功率和能量转换的关系可形象地用功率流程图来表示，见图 4-20。

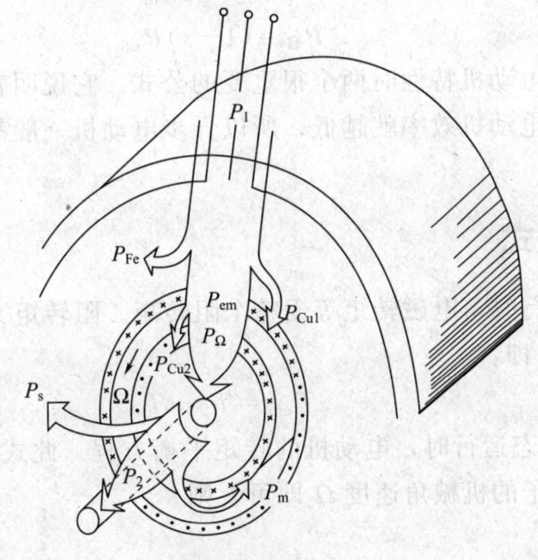

(a) 功率流程示意图

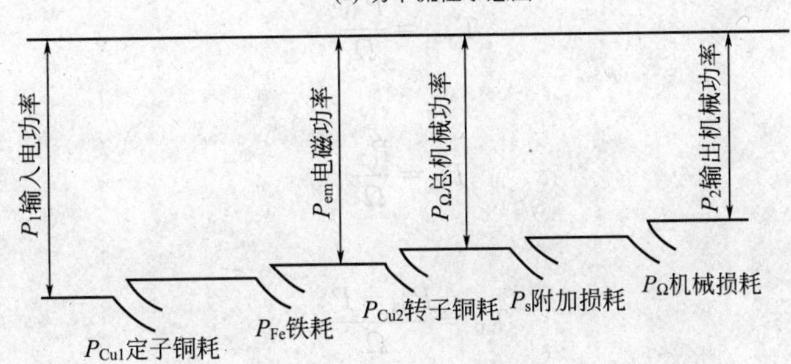

(b) 功率流程图

图 4-20　异步电动机的能量流程图

为了进一步对上述功率和损耗进行分析，可以利用等值电路，将这些功率和损耗用异步电动机的参数来表示。

由 T 型等值电路可知，定子铜耗 $P_{Cu1}=m_1I_1^2r_1$，因为等值电路是对定子每相而言的，所以总的定子铜耗 $I_1^2r_1$ 应乘以相数 m_1。电动机铁耗（即定子铁耗）$P_{Fe1}=m_1I_1^2R_m$。从电路的观点来看，输入功率 P_1 减去 r_1 和 r_m 上的损耗 P_{Cu1} 和 P_{Fe} 后，应等于在电阻上所消耗的功率，即

$$P_1-P_{Cu1}-P_{Fe}=m_1I'^2_2\frac{r'_2}{s}$$

则

$$P_{em}=m_1 I'^2_2 \frac{r'_2}{s} \tag{4-59}$$

因为转子铜耗 $P_{Cu2}=m_1 I'^2_2 r'_2$，所以由式(4-59)，得

$$P_{\Omega}=m_1 I'^2_2\left(\frac{r'_2}{s}-r'_2\right)=m_1 I'^2_2 \frac{1-s}{s}r'_2 \tag{4-60}$$

式(4-60) 进一步说明进行频率折算后，必需引入电阻$\frac{1-s}{s}r'_2$的物理意义。

由式(4-59) 和式(4-60)，得

$$P_{Cu2}=sP_{em} \tag{4-61}$$

$$P_{\Omega}=(1-s)P_{em} \tag{4-62}$$

这是在分析异步电动机特性时两个很重要的公式。它说明转差率 s 越大，消耗在转子铜耗中的比重就越大，电动机效率就越低，所以异步电动机一般都运行在 $s=0.02\sim0.06$ 的范围内。

二、转矩平衡方程式

当电动机稳定运行时，电磁转矩等于整个阻转矩。阻转矩又包括空载制动转矩 T_0 和负载的反作用转矩 T_2，即：

$$T_{em}=T_2+T_0 \tag{4-63}$$

式(4-63) 就是稳态运行时，电动机的转矩平衡方程。此式也可从式(4-57) 求得，只要在等式两边各除以转子的机械角速度 Ω 即可，则

电磁转矩

$$T_{em}=\frac{P_{\Omega}}{\Omega} \tag{4-64}$$

负载转矩

$$T_2=\frac{P_2}{\Omega} \tag{4-65}$$

空载转矩

$$T_0=\frac{P_{\Omega}+P_s}{\Omega} \tag{4-66}$$

将式(4-65) 代入式(4-62)，得

$$T_{em}=\frac{P_{\Omega}}{\Omega}=\frac{(1-s)P_{em}}{\Omega}=\frac{P_{em}}{\frac{\Omega}{1-s}}=\frac{P_{em}}{\Omega_1} \tag{4-67}$$

式中　Ω_1——旋转磁场的旋转角速度，即同步角速度。

式(4-67) 表明，电磁转矩 T_{em} 与电磁功率 P_{em} 成正比。电磁转矩 T_{em} 即等于总机械功率 P_{Ω} 除以转子机械角速度 Ω，也等于电磁功率 P_{em} 除以同步机械角速度 Ω_1，这是一个很重要的概念。前者是从转子本身产生机械功率导出的；后者则是从旋转磁场对转子做功得出的，由于旋转磁场以同步机械角速度 Ω_1 旋转而拖动转子旋转，其每秒所做的功就是通过气隙传送到转子上的总功率 P_{em}。

【例 4-6】 一台笼型异步电动机，$P_N=7.5\text{kW}$，$U_N=380\text{V}$，定子星形连接，$f_1=50\text{Hz}$，$n_N=960\text{r/min}$。额定运行时，$\cos\varphi_1=0.824$，$P_{Cu1}=474\text{W}$，$P_{Fe}=231\text{W}$，$P_{\Omega}+$

$P_s=82.5$W。当电机额定运行时试求：(1) 额定转差率 s_N；(2) 转子电流频率 f_2；(3) 总机械功率 P_Ω；(4) 转子铜损耗 P_{Cu2}；(5) 输入功率 P_1；(6) 额定效率 η_N；(7) 定子额定电流 I_{1N}；(8) 额定输出转矩 T_{2N}；(9) 空载转矩 T_0；(10) 电磁转矩 T_{em}。

解：(1) 额定转差率 s_N

根据转速 $n_N=960$r/min 可以判断出同步转速为 1000r/min，因此有

$$s_N=\frac{1000-960}{1000}=0.04$$

(2) 转子电流频率 f_2

$$f_2=s_N f_1=0.04\times 50=2(\text{Hz})$$

(3) 总机械功率 P_Ω

$$P_\Omega=P_N+P_\Omega+P_s=7500+82.5=7582.5(\text{W})$$

(4) 转子铜损耗 P_{Cu2}

$$P_{Cu2}=\frac{s_N}{1-s_N}P_\Omega=\frac{0.04}{1-0.04}\times 7582.5=315.94(\text{W})$$

(5) 输入功率 P_1

$$P_1=P_\Omega+P_{Cu1}+P_{Fe}+P_{Cu2}=7582.5+474+231+315.64=8603.44(\text{W})$$

(6) 额定效率 η_N

$$\eta_N=\frac{P_N}{P_1}==0.872$$

(7) 定子额定电流 I_{1N}

$$I_{1N}=\frac{P_1}{\sqrt{3}U_N\cos\varphi_N}=\frac{8603.44}{\sqrt{3}\times 380\times 0.824}=15.86(\text{A})$$

(8) 额输出转矩 T_{2N}

$$T_{2N}=9550\frac{P_N}{n_N}=9550\times\frac{7.5}{960}=74.61(\text{N}\cdot\text{m})$$

(9) 空载转矩 T_0

$$T_0=9550\frac{P_\Omega+P_s}{n_N}=9550\times\frac{0.0825}{960}=0.82(\text{N}\cdot\text{m})$$

(10) 电磁转矩 T_{em}

$$T_{em}=T_{2N}+T_0=74.61+0.82=75.43(\text{N}\cdot\text{m})$$

第九节　三相异步电动机的工作特性

异步电动机的工作特性是指在额定电压、额定频率下，电动机的转速 n、定子电流 I_1、功率因数 $\cos\varphi_1$、电磁转矩 T_{em}、效率 η 与输出功率 P_2 的关系曲线，即 n、I_1、$\cos\varphi_1$、T_{em}、$\eta=f(P_2)$。

一、转速特性

电动机的转速 n 与输出功率 P_2 的关系曲线 $n=f(P_2)$ 为三相异步电动机的转速特性。因为

$$P_{Cu2}=sP_{em}$$

所以

$$s=\frac{P_{Cu2}}{P_{em}}=\frac{m_1 I'^2_2 r'_2}{m_1 E'_2 I'_2 \cos\varphi_2} \tag{4-68}$$

理想空载时，$I_2=0$，$s=0$，故 $n=n_1$。随着负载的增加，转子电流 I_2 增大，P_{Cu2} 和 P_{em} 也随之增大，因为 P_{Cu2} 与 I'_2 的平方成正比。而 P_{em} 则近似地与 I'_2 的一次方成正比，因此，随着负载的增大，s 也增大，转速 n 就降低。为了保证电动机有较高的效率，一般在额定负载时的转差率 $s_N=0.02\sim0.06$，相应的额定负载时的转速 $n_N=(1-s_N)n_1=(0.98\sim0.94)n_1$，与同步速度十分接近。由此可见，异步电动机的转速特性 $n=f(P_2)$ 是一条略微下降倾斜的曲线，与并励直流电动机的转速调整特性相似。

二、定子电流特性

电动机的定子电流 I_1 与输出功率 P_2 的关系曲线 $I_1=f(P_2)$ 称为三相异步电动机的定子电流特性。由磁动势平衡方程式 $\dot{I}_1=\dot{I}_0+(-\dot{I}'_2)$，理想空载时，$\dot{I}'_2=0$，所以 $\dot{I}_1=\dot{I}_0$。随着负载的增加，转子转速下降，转子电流增大，于是定子电流及磁动势也跟着增大，抵消转子电流产生的磁动势，以保持磁动势的平衡，所以 I_1 随 P_2 的增大而增大。

三、功率因数特性

电动机的功率因数 $\cos\varphi_1$ 与输出功率 P_2 的关系曲线 $\cos\varphi_1=f(P_2)$ 称为三相异步电动机的功率因数特性。异步电动机是从电网吸取滞后的无功电流进行励磁的。空载时，定子电流基本上是励磁电流，功率因数很低，仅为 0.1～0.2；随着负载的增加，定子电流的有功分量增加，功率因数逐渐上升，在额定负载附近，功率因数达最大值；超过额定负载后，由于转速降低，转差率增大，转子功率因数下降较多，使定子电流中与之平衡的无功分量也增大，功率因数反而有所下降。对小型异步电动机，额定功率因数约在 0.76～0.90 的范围内。因此电动机长期处于轻载或空载运行，是很不经济的。

四、转矩特性

电动机的电磁转矩 T_{em} 与输出功率 P_2 的关系曲线 $T_{em}=f(P_2)$ 称为三相异步电动机的转矩特性。因负载转矩 $T_2=\frac{P_2}{\Omega}$，考虑到异步电动机从空载到满载，转速 Ω 变化不大，可以认为 T_2 与 P_2 成正比，所以 $T_2=f(P_2)$ 为一直线。而 $T_{em}=T_2+T_0$，因 T_0 近似不变，所以 $T_{em}=f(P_2)$ 也是为一直线，且斜率为$\frac{1}{\Omega}$。

五、效率特性

电动机的效率 η 与输出功率 P_2 的关系曲线 $\eta=f(P_2)$ 为三相异步电动机的效率特性。根据效率的定义，异步电动机的效率为

$$\eta=\frac{P_2}{P_1}=\frac{P_1-\sum P}{P_1}=\frac{P_2}{P_2+\sum P}$$

与直流电机相似，异步电动机中的损耗也可分为不变损耗 P_{Fe}、P_{Ω} 和可变损耗 P_{Cu1}、

P_{Cu2}、P_s两部分。当输出功率P_2增加时，可变损耗增加较慢，所以效率上升很快，当可变损耗等于不变损耗时，异步电动机的效率达到最大值。随着负载继续增加，可变损耗很快增加，效率则随着降低。对于中小型异步电动机，最大效率大约出现在$\frac{3}{4}$的额定负载时，同时电动机容量愈大，效率就愈高。

各种特性均表示在图4-21中。

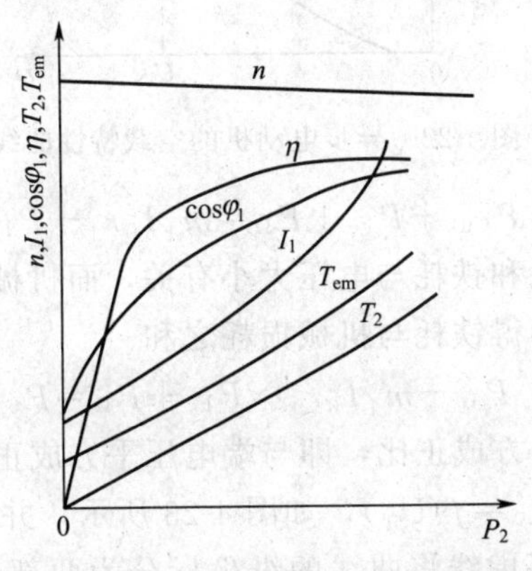

图4-21　异步电动机的工作特性图

第十节　三相异步电动机的参数测定

异步电动机有两种参数，一种是表示空载状态的励磁参数，即r_m、x_m；另一种是表示短路状态的短路参数，即r_1、r_2'、x_1、x_2'，前者决定于电机主磁路的饱和程度，所以是一种非线性参数；后者基本上与电机的饱和程度无关，是一种线性参数。励磁参数、短路参数可分别通过空载试验和短路试验测定。

一、空载试验与励磁参数的确定

（一）空载试验

异步电动机空载运行，是指在额定电压和额定频率下，轴上不带任何负载时的运行。试验在电机空载时进行，定子绕组上施加频率为额定值的对称三相电压，将电动机运转一段时间（30min）使其机械损耗达到稳定值，然后调节电源电压从1.10～1.30倍额定电压值开始，逐渐降低到可能达到的最低电压值，测量7～9点，每次记录端电压U_1、空载电流I_0、空载功率P_0和转速n。根据记录数据，绘制电动机的空载物性曲线$I_0=f(U_1)$和$P_0=f(U_1)$，如图4-22所示。

（二）励磁参数r_m、x_m与铁耗及机械损耗的确定

由异步电动机的空载特性可确定等值电路中的励磁参数、铁耗和机械损耗。

1. 机械损耗和铁耗的分离

异步电动机空载时，$s\approx0$，$I_2\approx0$，此时输入电动机的功率用来补偿定子铜耗P_{Cu1}、铁耗P_{Fe}和机械损耗P_Ω，即

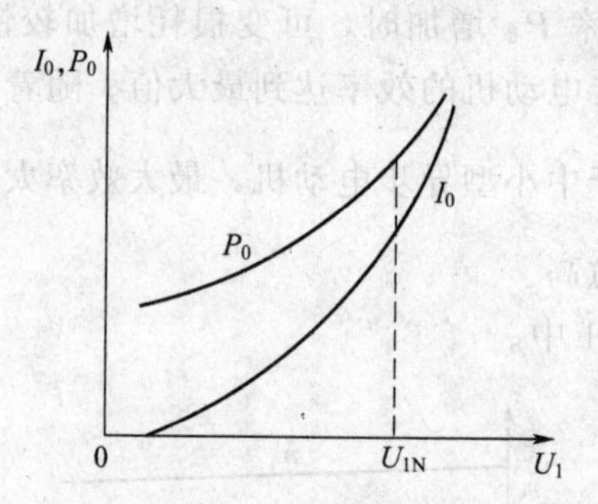

图 4-22　异步电动机的空载特性曲线

$$P_{10} \approx P_{Cu1} + P_{Fe} + P_{\Omega} = m_1 I_0^2 r_1 + P_{Fe} + P_{\Omega} \tag{4-69}$$

在空载损耗中，定子铜耗和铁耗与电压大小有关，而机械损耗仅与转速有关。从空载功率中，扣除定子铜耗以后，即得铁耗与机械损耗之和

$$P_{10} - m_1 I_0^2 r_1 \approx P_{Fe} + P_{\Omega} = P'_0 \tag{4-70}$$

由于铁耗可认为与磁密平方成正比，即与端电压平方成正比，故须绘制铁耗与机械损耗之和与端电压平方值的曲线 $P'_0 = f(U_1^2)$，如图 4-23 所示，并将曲线延长相交于横轴 $U_1 = 0$ 处，得交点 0′，过 0′作一水平虚线将曲线的纵坐标分为两部分，由于机械损耗仅与电动机的转速有关，而在空载状态下，电动机的转速 $n \approx n_1$，则机械损耗可认为是常数。所以虚线下部纵坐标表示与电压大小无关的机械损耗，虚线上部纵坐标表示对应于 U_1 大小的铁耗。

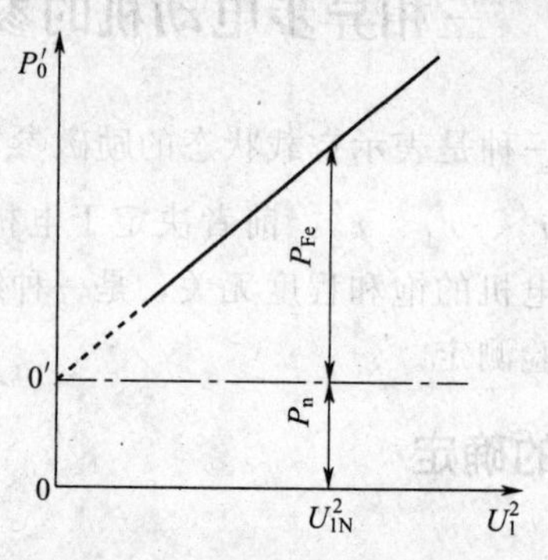

图 4-23　机械损耗和铁耗曲线

2. 励磁参数的确定

空载时，转差率 $s \approx 0$，则 T 形等值电路中的附加电阻 $\frac{1-s}{s} r'_2 \approx \infty$，则等值电路呈短路状态。根据电路计算，可得励磁参数如下

$$x_m + x_1 = x_0 \approx \frac{U_1}{I_0} \tag{4-71}$$

式中　U_1——相电压；

I_0——相电流；

x_1——可由下面短路试验确定。

$$r_m = \frac{P_{Fe}}{m_1 I_0^2} \tag{4-72}$$

$$Z_m = \sqrt{r_m^2 + x_m^2} \tag{4-73}$$

二、短路试验与短路参数的确定

(一) 短路试验

就异步电动机而言，短路是指 T 型等值电路中的附加电阻$\frac{1-s}{s}r'_2=0$的状态。在这种情况下，$s=1$，$n=0$，即电动机在外施电压下处于静止状态。因此短路试验必须在电动机堵转情况下进行。故短路试验亦称堵转试验。为了使短路试验时电动机的短路电流不致过大，可降低电源电压进行，一般从$U_1=0.4U_N$开始，然后逐渐降低电压。为了避免定子绕组过热，试验应尽快进行。测量 5～7 点，每次记录端电压、定子短路电流和短路功率，并测量定子绕组的电阻。根据记录数据，绘制电动机的短路特性$I_k=f(U_1)$和$P_k=f(U_1)$，如图 4-24 所示。

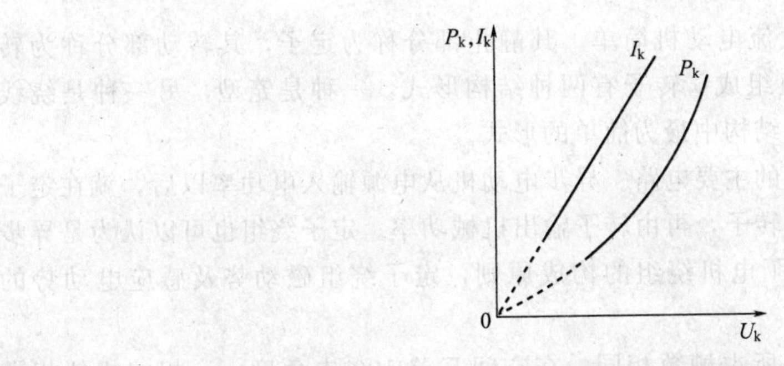

图 4-24 异步电动机的短路特性

(二) 短路参数的确定

电动机堵转时，$s=1$代表总机械功率的附加电阻$\frac{1-s}{s}r'_2=0$，由于$Z_m \gg Z_2$，可以认为励磁支路开路，则$I_m \approx 0$，铁耗可忽略不计。此时输出功率和机械损耗为零，全部输入功率都变成定子铜耗与转子铜耗。因为$I_m \approx 0$，则可认为$I'_2 \approx I_1=I_k$。

所以

$$P_k \approx m_1 I_1^2 r_1 + m_1 I'^2_2 r'_2 = m_1 I_k^2 (r_1 + r'_2) = m_1 I_k^2 r_k \tag{4-74}$$

根据短路试验数据，可求出短路阻抗Z_k，短路电阻r_k和短路电抗x_k，即

$$\left.\begin{aligned} Z_k &= \frac{U_k}{I_k} \\ r_k &= r_1 + r'_2 = \frac{P_k}{m_1 I_k^2} \\ x_k &= x_1 + x'_2 = \sqrt{Z_k^2 - r_k^2} \end{aligned}\right\} \tag{4-75}$$

式中，定子电阻r_1可直接测得，将r_k减去r_1即得r'_2。对于大、中型异步电动机，可认为$x_1=x'_2=\frac{1}{2}x_k$；对于 100kW 以下小型异步电动机，有

$$\left.\begin{aligned} 2p \leqslant 6 \text{ 时}，x'_2 = 0.67x_k \\ 2p \geqslant 8 \text{ 时}，x'_2 = 0.57x_k \end{aligned}\right\} \tag{4-76}$$

必须指出，短路参数受磁路饱和的影响，它的数值是随电流数值的不同而不同的，因此，根据计算目的的不同，应该选取不同的短路电流进行计算，如求最大转矩时，应取$I_k=(2\sim3)I_N$时的短路参数计算。

本章小结

三相异步电动机定子绕组接入三相交流电源电压，在定、转子气隙中产生旋转磁场，该旋转磁场切割转子产生感应电动势，因转子是闭合的，导体中就有电流流通，电流与磁场作用产生电磁力及电磁转矩，从而使转子沿旋转磁场方向转动。转动时转子的转速与旋转磁场的转速不等，因而称异步电动机。转差率$s=\frac{n_1-n}{n_1}$是异步电动机的一个重要参数，s_N约在0.02～0.06之间。

三相异步电动机的结构较直流电动机简单。其静止部分称为定子，其转动部分称为转子，定子和转子均由铁心和绕组组成。转子有两种结构形式，一种是笼型，另一种是绕线型。笼型转子是旋转电机的转子结构中最为简单的形式。

定子绕组是三相异步电动机的主要电路。异步电动机从电源输入电功率以后，就在定子绕组中以电磁感应的方式传递到转子，再由转子输出机械功率。定子绕组也可以认为是异步电动机的“心脏”。因此需要明了电机绕组的构成原则，定子绕组磁动势及感应电动势的性质。

三相绕组的构成原则：每相所占槽数相同，在空间互差120°电角度；一相的相邻相带的电流方向相反。只要保持槽分配及电流方向不变，不论各导体端部怎样连接，产生的磁场都是相同的。

绕组有单层绕组和双层绕组之分，单层绕组又分同心式、链式和交叉链式等，双层绕组分叠绕组和波绕组。两极三相小型异步电动机常用同心式绕组，下线方便。容量在10kW以下的异步电动机，$q=2$的采用单层链式绕组，$q=3$的采用交叉链式绕组。容量在10kW以上的异步电动机，采用双层叠绕组，短距可改善电机性能。绕组的感应电动势$E_{\phi1}=4.44fN\Phi_1K_{w1}$，绕组系数$K_{w1}=K_{y1}K_{q1}$，在磁动势与电动势公式中是统一的，它由短距和分布情况而定，绕组系数虽使基波磁动势与电势有所减小，但它能使谐波大大削减，因而使波形接近正弦波。

电动机负载运行时，机械负载以阻转矩作用于电动机轴上，随负载的加大，转速降低，转子电流增加，通过磁的耦合，定子电流也要加大。电机中存在着功率、转矩、电动势及磁动势的平衡关系。

异步电动机的定子电动势平衡方程式$\dot{U}_1=\dot{I}_1r_1+j\dot{I}_1x_1-\dot{E}_1$。转子电动势平衡方程式$\dot{E}_{2s}=\dot{I}_{2s}(r_2+jx_{2s})$，其频率为$f_2=sf_1$。定子磁动势和转子磁动势是同向同速旋转的，电压$U_1$恒定，则主磁通基本上是常值。

等值电路是分析异步电动机的有效工具，与分析变压器一样用“折算”的方法可得到。通过折算将转动的转子折算成静止的转子，即进行频率折算，再把转子绕组的参数折算成与定子绕组的相数、匝数、绕组系数相同，即进行绕组折算。

异步电动机折算后的方程组与变压器的方程组基本相同，其T形等值电路及简化电路与变压器的T形等值电路也相似。等值电路中出现附加电阻$\frac{1-s}{s}r'_2$，应深刻理解它是机械负载的模拟电阻，与转差率s有关。异步电动机等值电路的参数可以通过空载与短路试验确定。

异步电动机的工作特性，即n、I_1、T、$\cos\varphi_1$、$\eta=f(P_2)$。异步电动机基本上是一种恒速的电动机，它空载或轻载时，功率因数和效率都比较低，这也是它的不足之处，选用异步电动机时，应使其在（0.7～1）P_N的范围内运行为宜。

本章习题

一、填空题

1. 交流电机主要分为（　　）两大类。

2. 同步转速n_1与所接电网的频率f_1之间存在着严格不变的关系，即（　　）。

3. 交流异步电动机的用电量约为总用电量的（　　）左右。

4. 异步电动机旋转磁场的旋转速度称为（　　）。

5. 异步电动机转子转动的方向与磁场的旋转方向（　　）。

6. 三相异步电动机的旋转磁场与转子之间（　　）相对运动。

7. 对于普通异步电动机，为了使其在运行时效率高，通常使它的额定转速略低于同步转速。故额定转差率很小，一般在（　　）之间。

8. 中国工业交流电标准频率为（　　）。

9. 某些国家的工业交流电标准频率为60Hz，这种频率下的三相异步电动机在$p=1$时的同步转速是（　　）。

10. 在中国的标准频率下的三相异步电动机，在$p=1$时的同步转速是（　　）。

11. 异步电动机转子绕组的作用是产生（　　），流过电流并产生电磁转矩。

12. 异步电动机旋转磁场是传递能量的（　　）。

13. 若异步电动机的极对数为p，则经过一对磁极，磁场变化一周，相当于360°电角度，因此，电动机一周的电角度为（　　）。

14. 异步电动机主磁通参与能量转换，在电动机中产生（　　）。

15. 异步电动机漏磁通（　　）能量转换。

16. 异步电动机励磁磁动势产生的磁通中，有一小部分磁通仅与定子绕组相交链，通过空气闭合，称为（　　）。

17. 一台6极三相异步电动机接于50Hz的三相对称电源；其$s=0.05$，则此时转子转速为（　　）。

18. 一台6极三相异步电动机接于50Hz的三相对称电源；其$s=0.05$，则定子旋转磁势相对于转子的转速为（　　）。

二、判断题

1. 交流电机主要分为同步电机和异步电机两大类。（　　）

2. 同步转速n与所接电网的频率f_1之间存在着严格不变的关系，即$n_1=\frac{60f_1}{p}$

（　）。

3. 三相异步电动机的旋转磁场与转子之间不存在相对运动。（　）

4. 对于普通异步电动机，为了使其在运行时效率高，通常使它的额定转速略低于同步转速。故额定转差率很小，一般在5%～10%之间。（　）

5. 定子铁心是异步电动机的主磁通磁路的一部分。（　）

6. 定子绕组是异步电动机定子的电路部分。（　）

7. 三相异步电动机的铭牌数据有额定功率、额定电压、额定电流、额定转速和、额定频率、绝缘等级、接法、转子绕组的开路电压及转子绕组的额定电流等。（　）

8. 若异步电动机的极对数为 p，则经过一对磁极，磁场变化一周，相当于360°电角度，因此，电动机一周的电角度为 $p\times360°$ 或 $p\times$ 机械角度。（　）

9. 异步电动机气隙磁场除了基波外，还存在这一系列高次谐波，在绕组中除了感应基波电动势外，同时也感应有高次谐波电动势，高次谐波电动势对相电动势大小的影响一般不太大，主要影响他的波形，而采用短距绕组可以消除一部分高次谐波电动势，从而改善相电动势的波形。（　）

10. 励磁磁动势产生的磁通绝大部分同时与定转子绕组相交链，这称为主磁通。（　）

11. 主磁通不参与能量转换。（　）

12. 漏磁通参与能量转换。（　）

13. 励磁磁动势产生的磁通中，有一小部分磁通仅与定子绕组相交链，通过空气闭合，称为漏磁通。（　）

14. 某交流电动机的定子30槽，是一个4极电机，则电角度是10°。（　）

15. 某交流电动机的定子24槽，是一个8极电机，则电角度是20°。（　）

16. 三相异步电动机，在 Φ_m、N 和 f 相同的情况下，整距集中绕组与短距分布绕组相比，短距分布绕组）的电动势大。（　）

三、单项选择题

1. 异步电动机按定子相数分为（　）。

（A）单相异步电动机

（B）单相异步电动机、两相异步电动机

（C）单相异步电动机、两相异步电动机、三相异步电动机

（D）单相异步电动机、两相异步电动机、三相异步电动机、六相异步电动机

2. 异步电动机按转子结构分为（　）。

（A）绕线式异步电动机

（B）绕线式异步电动机、鼠笼式异步电动机

（C）绕线式异步电动机、单鼠笼异步电动机、双鼠笼异步电动机

（D）绕线式异步电动机、鼠笼式异步电动机、深槽式异步电动机

3. 下列异步电动机哪些是属于按机壳的防护型式分类的（　）。

（A）绕线式异步电动机、鼠笼式异步电动机

（B）单相异步电动机、两相异步电动机、三相异步电动机

（C）防护式异步电动机、封闭式异步电动机、开启式异步电动机、防爆式异步电动机

（D）高压异步电动机、低压异步电动机

4. 三相异步电动机的额定数据有（　）。

(A) 额定功率、额定电压、额定电流、额定转速和、额定频率
(B) 定子绕组的接法、转子绕组的开路电压及转子绕组的额定电流
(C) 异步电动机的型号
(D) 异步电动机的防护型式

5. 三相异步电动机旋转磁场的旋转速度称为（　）。
(A) 理想空载转速　(B) 同步转速　(C) 额定转速　(D) 转子转速

6. 异步电动机转子转动的方向与磁场的旋转方向（　）。
(A) 相同　(B) 相反　(C) 相等　(D) 没有可比性

7. 美国等一些国家的工业标准频率为（　）。
(A) 40Hz　(B) 50Hz　(C) 55Hz　(D) 60Hz

8. 一台国外进口设备中，交流电机的频率是60Hz，额定转速为870r/min，则其极数为（　）。
(A) 8　(B) 4　(C) 10　(D) 6

9. 一台国外进口设备中，交流电机的频率是60Hz，额定转速为1160r/min，则其极数为（　）。
(A) 8　(B) 4　(C) 10　(D) 6

10. 异步电机中主磁通参与能量转换，在电动机中产生（　）。
(A) 定子电流　(B) 定子电压　(C) 电磁转矩　(D) 转子损耗

11. 三相异步电动机的空载电流比同容量变压器大的原因是（　）。
(A) 异步电动机是旋转的　(B) 异步电动机的损耗大
(C) 异步电动机有气隙　(D) 异步电动机有漏抗

12. 励磁磁动势产生的磁通中，有一部分磁通仅与定子绕组相交链，通过空气闭合，称为（　）。
(A) 主磁通　(B) 主磁通的一部分
(C) 漏磁通　(D) 漏磁通的一部分

13. 三相异步电动机空载时，气隙磁通的大小主要取决于（　）。
(A) 电源电压　(B) 气隙大小
(C) 定、转子铁心材质　(D) 定子绕组的漏阻抗

14. 三相异步电动机能画出像变压器那样的等效电路是由于（　）。
(A) 它们的定子或原边电流都滞后于电源电压
(B) 气隙磁场在定、转子或主磁通在原、副边都感应电动势
(C) 它们都有主磁通和漏磁通
(D) 它们都由电网取得励磁电流

15. 某三相 50Hz 异步电动机的额定转速 $n_N=720$r/min。该电机的额定转差率是（　）。
(A) 0.04　(B) 0.05　(C) 0.06　(D) 0.07

16. 某三相50Hz异步电动机的额定转速 $n_N=980$r/min，该电机的极对数是（　）。
(A) 2　(B) 3　(C) 6　(D) 8

17. 三相异步电动机，当极对数 $p=2$ 时，同步转速为（　）。
(A) 3000r/min　(B) 1500r/min　(C) 1000r/min　(D) 750r/min

18. 三相异步电动机，当极对数 $p=3$ 时，同步转速为（　　）。

（A）3000r/min　（B）1500r/min　（C）1000r/min　（D）750r/min

四、多项选择题

1. 下列问题中，哪些属于三相异步电动机的优点？（　　）

（A）结构简单、运行可靠、价格低廉、坚固耐用和运行效率高

（B）制造方便

（C）使电网的功率因数变好

（D）调速范围广

2. 下列问题中，哪些属于三相异步电动机的缺点？（　　）

（A）不能经济地实现范围较广的平滑调速

（B）必须从电网吸取滞后的励磁电流，使电网的功率因数变坏

（C）结构复杂

（D）坚固耐用和运行效率高

3. 三相异步电动机定子绕组是一个三相对称绕组，可以根据需要接成（　　）。

（A）Y　（B）D　（C）y　（D）d

4. 相异步电动机产生电磁转矩的必要条件有哪些？（　　）

（A）在定子绕组通入三相交流电流，以产生旋转磁场

（B）转子与旋转磁场之间存在相对运动

（C）三是转子绕组是闭合的，这样才能在转子绕组中产生感应电流，转子电流与旋转磁场相互作用才能产生电磁转矩

（D）A、B、C 都对

5. 三相异步电动机笼型转子的优点有哪些？（　　）

（A）结构简单　（B）制造方便　（C）成本低　（D）运行可靠

6. 三相异步电动机的转子绕组是对称的，所以（　　）。

（A）转子绕组中电流也是对称的　（B）转子合成磁动势也是对称的

（C）转子感应电动势也是对称的　（D）转子每相电阻也是对称的

7. 要得出三相异步电动机等效电路时，一般情况下应（　　）。

（A）先进行频率折算，即使转子频率与定子频率相等，然后再折算其他参数

（B）把转动的转子看作不动的转子，然后进行其他参数的折算

（C）其实就是先进行 $s=1$ 时的讨论，然后进行其他参数的折算

（D）不管进行什么样的折算，能量平衡不能变

8. 三相交流异步电动机进行等效电路时，必须满足（　　）。

（A）等效前后转子电势不能变　（B）等效前后磁势平衡不变化

（C）等效前后转子电流不变化　（D）转子总的视在功率不变

9. 异步电动机定、转子之间的气隙越小越好是因为（　　）。

（A）气隙越小，由电网供给的励磁电流越小

（B）气隙越小，异步电动机的功率因数越高

（C）气隙越小，异步电动机的励磁阻抗压降越小

（D）气隙越小，异步电动机的励磁电阻压降越小

10. 三相异步电动机的工作特性为（　　）。

(A) 转速特性　　(B) 定子电流特性

(C) 功率因素特性　　(D) 转矩特性和效率特性

11. 异步电动机的不变损耗有（　　）。

(A) 铁损耗 P_{Fe}　　(B) 机械损耗 P_m

(C) 定子铜损耗 P_{Cu1}、P_{Cu2}　　(D) 附加损耗 P_s

12. 异步电动机的可变损耗有（　　）。

(A) 铁损耗 P_{Fe}　　(B) 机械损耗 P_m

(C) 定、转子铜损耗 P_{Cu1}、P_{Cu2}　　(D) 附加损耗 P_s

五、简答题

1. 转子转动方向与三相异步电动机的旋转磁场的旋转方向是否一致？三相异步电动机的旋转磁场与转子之间是否存在相对运动？为什么？

2. 当三相异步电动机运行时，定、转子电动势的频率分别是多少？由定子电流产生的旋转磁动势以什么速度切割定子，又以什么速度切割转子？由转子电流产生的旋转磁动势以什么速度切割转子，又以什么速度切割定子？它与定子旋转磁动势的相对速度是多少？

3. 简述感应电动势是怎样产生的，转子是怎样旋转起来的。

4. 试说明三相异步电动机产生电磁转矩的必要条件有哪些。

六、计算题

1. 某三相 50Hz 异步电动机的额定转速 $n_N=720\text{r/min}$。试求该电机的额定转差率及极对数。

2. 一台三相四极交流异步电动机，已知电源频率 $f=50\text{Hz}$，额定转速 $n_N=1450\text{r/min}$，求额定转差率 s_N。

3. 一台三相异步电动机，定子频率 $f_1=50\text{Hz}$，磁极对数 $p=2$。在带负载运行时，转差率 $s=0.03$，求该电机的同步转速 n_1 和转子转速 n。

4. 一台 50Hz，极数 $2p=8$ 的三相异步电动机，额定转差率 $s_N=0.04$，问该电动机的同步转速是多少？额定转速是多少？当该电动机运行在 700r/min 时，转差率是多少？当该电动机运行在 800r/min 时，转差率是多少？当该电动机启动时，转差率是多少？

5. 一台三相异步电动机的额定功率 $P_N=55\text{kW}$，Y/D 连接，380/220V，$\cos\varphi_N=0.8$，$\eta_N=80\%$，$n_N=1450\text{r/min}$，试求：

(1) 定子绕组接成 Y 形或 D 形时的定子额定电流；

(2) 同步转速 n_1 及定子极对数 p；

(3) 带额定负载时的转差率 s_N。

6. 已知一台三相四极异步电动机的额定数据为：$P_N=10\text{kW}$，$U_N=380\text{V}$，$I_N=11.6\text{A}$，定子为 Y 连接，额定运行时，定子铜损耗 $P_{Cu1}=560\text{W}$，转子铜损耗 $P_{Cu2}=310\text{W}$，机械损耗 $P_{mec}=70\text{W}$，附加损耗 $P_s=200\text{W}$，试计算该电动机在额定负载时的：

(1) 额定转速；

(2) 空载转矩；

(3) 转轴上的输出转矩；

(4) 电磁转矩。

7. 一台三相异步电动机 $U_N=380\text{V}$，$f_1=50\text{Hz}$，$n_N=1455\text{r/min}$，定子绕组 D 连接，

$r_1=2.08\Omega$，$x_{1\sigma}=3.12\Omega$，$r'_{2\sigma}=1.525\Omega$，$x'_{2\sigma}=4.25\Omega$，$r_m=4.12\Omega$，$x_m=62\Omega$，试求：

（1）电动机的极数；

（2）电动机的同步转速；

（3）额定负载运行时的转差率和转子电流频率。

8. 一台笼型异步电动机，$P_N=7.5\text{kW}$，$U_N=380\text{V}$，定子Y联接，$f_1=50\text{Hz}$，$n_N=960\text{r/min}$。额定运行时，$\cos\varphi_1=0.824$，$P_{\text{Cu1}}=474\text{W}$，$P_{\text{Fe}}=231\text{W}$，$P_\Omega+P_s=82.5\text{W}$。当电机额定运行时试求：（1）额定转差率$s_N$；（2）转子电流频率$f_2$；（3）总机械功率$P_\Omega$；（4）转子铜损耗$P_{\text{Cu2}}$；（5）输入功率$P_1$；（6）额定效率$\eta_N$；（7）定子额定电流$I_{1N}$；（8）额定输出转矩$T_{2N}$；（9）空载转矩$T_0$；（10）电磁转矩$T_{em}$。

9. 一台三相六极异步电动机，额定数据为：$P_N=28\text{kW}$，$U_N=380\text{V}$，$f_1=50\text{Hz}$，$n_N=950\text{r/min}$，额定负载时$\cos\varphi_1=0.824$，$P_{\text{Cu1}}+P_{\text{Fe}}=2.2\text{kW}$，$P_{em}=1.1\text{kW}$，$P_s=0$计算在额定负载时的$s_N$、$P_{\text{Cu2}}$、$\eta_N$、$I_{1N}$和$f_2$。

10. 某三相绕线式异步电动机，$U_N=380\text{V}$，$f_1=50\text{Hz}$，$r_1=0.5\Omega$，$r_2=0.2\Omega$，$r_m=10\Omega$，定子D联接，当该电动机输出功率$P_2=10\text{kW}$时，$I_1=12\text{A}$，$I_{2s}=30\text{A}$，$I_0=4\text{A}$，$P_0=100\text{W}$。求该电动机的总损耗$\sum P$、输入功率P_1、电磁功率P_{em}、机械功率P_Ω及其功率因数$\cos\varphi_1$和效率η。

第五章

三相异步电动机的电力拖动

学习导航

- 三相异步电动机的电力拖动
  - 机械特性
    - 固有特性
    - 人为特性
      - 电枢串电阻的人为特性
      - 改变电源电压的人为特性
      - 改变磁通的人为特性
  - 启动
    - 笼型转子三相异步电动机的启动
    - 绕线转子三相异步电动机的启动
  - 调速
    - 改变转差率调速
      - 降低电源电压调速
      - 绕线转子异步电动机转子串电阻高速
    - 改变旋转磁场速度调速
      - 变极调速
      - 变频调速
    - 串级高速
  - 各种运行状态
    - 电动运行状态
      - 正向电动运行状态
      - 反向电动运行状态
    - 制动状态
      - 能耗制动
      - 反接制动
        - 转速反向的反接制动
        - 定子两相反接制动
      - 回馈制动
        - 正向回馈制动
        - 反向回馈制动

学习目标

学习目标	学习内容
知识目标	1. 三相异步电动机的固有特性和人为特性 2. 三相异步电动机的启动 3. 三相异步电动机的调速 4. 三相异步电动机的各种运行状态
能力目标	1. 三相异步电动机的启动、制动与调速实验 2. 三相异步电动机的各种运转状态

第一节　三相异步电动机的机械特性

三相异步电动机的机械特性就是当定子电压、频率以及绕组参数都固定时，电动机的转速与电磁转矩之间的函数关系，即 $n=f(T)$。由于转差率与转速之间存在着线性关系 $s=\frac{n_1-n}{n_1}$，因此通常也用 $s=f(T)$ 表示三相异步电动机的机械特性。

从三相异步电动机内部的电磁关系来看，电磁转矩的变化是由转差率的变化引起的，因此在表示 T 与 s 之间的关系时，把 T 随 s 变化的规律 $T=f(s)$ 称为转矩—转差率特性。从电力拖动系统的观点来看，在稳态下三相异步电动机的电磁转矩由负载转矩 T_L 决定，因此 s 或 n 随 T 的变化规律就是电动机的机械特性。所以转矩—转差率特性和机械特性都是表示 T 与 s 之间的函数关系的。三相异步电动机的机械特性呈非线性关系，写成 $T=f(s)$ 形式较为方便，所以也将 $T=f(s)$ 称为三相异步电动机的机械特性表达式，在用曲线表示三相异步电动机的机械特性时，常以 T 为横坐标，以 s 或 n 为纵坐标。

三相异步电动机的机械特性表达式有三种形式，即物理表达式、参数表达式和实用表达式。现分别介绍如下。

一、机械特性的物理表达式

在电机学中已推导出三相异步电动机的电磁转矩公式：

$$T=C_T\Phi_m I_2'\cos\phi_2$$

该式虽不显含转差率 s，但是式中的 Φ_m、I_2' 及 $\cos\varphi_2$ 都是 s 的函数，通过它们与转差率的关系，可以定性地分析出三相异步电动机机械特性曲线的大致形状。

（一）Φ_m 与 s 的关系

三相异步电动机的气隙磁通为

$$\Phi_m=\frac{E_1}{4.44f_1N_1k_{w1}} \tag{5-1}$$

根据三相异步电动机的T形等值电路，可得如下等式：

$$-\dot{E}_1=\dot{U}_1-\dot{I}_1Z_1 \tag{5-2}$$

$$\dot{I}_1=\dot{I}_0-\dot{I}_2'=-\dot{E}_1\left(\frac{1}{Z_m}+\frac{1}{Z_2'}\right) \tag{5-3}$$

由式(5-2) 和式(5-3) 可以求得

$$-\dot{E}_1=\frac{\dot{U}_1}{1+\frac{Z_1}{Z_m}+\frac{Z_1}{Z_2'}}$$

由于 $Z_1/Z_m\ll1$，忽略 Z_1/Z_m，则式(5-3) 为

$$-\dot{E}_1=\frac{Z_2'}{Z_1+Z_2'}\dot{U}_1$$

$\dot{E}_1$ 的有效值为

$$E_1=\sqrt{\frac{\left(\frac{r_2'}{s}\right)^2+x_2'^2}{\left(r_1+\frac{r_2'}{s}\right)^2+(x_1+x_2')^2}}\cdot U_1 \tag{5-4}$$

将式(5-4) 带入式(5-1)，并令

$$\Phi_{mB}=\frac{U_1}{4.44f_1N_1k_{w1}}$$

则电动机的气隙磁通可表示为

$$\Phi_m=\Phi_{mB}\sqrt{\frac{\left(\frac{r_2'}{s}\right)^2+x_2'^2}{\left(r_1+\frac{r_2'}{s}\right)^2+(x_1+x_2')^2}} \tag{5-5}$$

当U_1恒定时，从空载到负载，转差率 s 值很小，并且数值变化不大，而 r_2'/s 则比 r_1 及 x_1+x_2'都大很多，若忽略 r_1 及 x_1+x_2'，按式(5-5) 可求得

$$\Phi_m=\Phi_{mB}=\frac{U_1}{4.44f_1N_1k_{w1}}$$

这就是说，由于定子漏阻抗压降 $\dot{I}_1Z_1$ 较小，$E_1\approx U_1$，所以，$\Phi_m=\Phi_{mB}$几乎为常数。但随着转差率 s 的增大，定子电流要增大，定子电动势 $\dot{E}_1$ 将随定子漏阻抗压降 $\dot{I}_1Z_1$ 的增加而减小，因此气隙磁通减少。当 $s=1$ 时，考虑到 $r_1\approx r_2'$，$x_1\approx x_2'$，由式(5-5) 可知，此时 $\Phi_m=0.5\Phi_{mB}$，即 Φ_m 比在额定状态下运行时大约减少一半。Φ_m 随 s 变化曲线如图 5-1 所示。

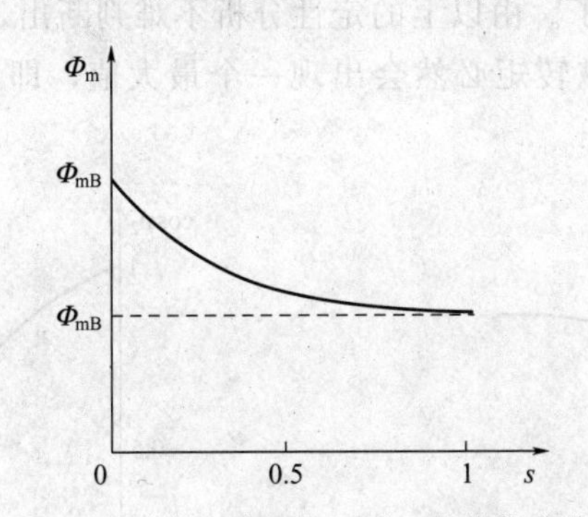

图 5-1　异步电动机 Φ_m 随 s 变化的曲线

（二）I_2'与 s 的关系

由三相异步电动机的 T 形等值电路可知

$$I_2'=\frac{E_1}{\sqrt{\left(\frac{r_2'}{s}\right)^2+x_2'^2}}$$

将式(5-4) 代入上式得

$$I_2'=\frac{U_1}{\sqrt{\left(r_1+\frac{r_2'}{s}\right)^2+(x_1+x_2')^2}} \tag{5-6}$$

当U_1恒定时，从空载到负载，s 值很小，r'_2/s 比r_1 及 $x_1+x'_2$都大很多，若忽略 r_1 及 $x_1+x'_2$，则 $I'_2\approx U_1 r'_2/s$，就是说在这种情况下 I'_2差不多与 s 成正比地增大。但随着 s 值的增大，r'_2/s 减小，式(5-6) 分母中漏抗逐渐起作用，因此随着 s 的增大，I'_2的增大逐渐缓慢。当 s 增加较多时，式(5-6) 分母中漏抗起主要作用，此时 I'_2基本不变。$I'_2=f(s)$ 曲线如图 5-2 所示。

（三）$\cos\varphi_2$ 与 s 的关系

转子回路功率因数

$$\cos\varphi'_2=\frac{\frac{r'_2}{s}}{\sqrt{\left(\frac{r'_2}{s}\right)^2+x'^2_2}}=\frac{r'_2}{\sqrt{r'^2_2+sx'^2_2}}=\cos\varphi_2$$

当 s 很小时，sx'_2的影响可忽略，$\cos\varphi_2\approx 1$。s 增大时 sx'_2 相应增大，$\cos\varphi_2$ 下降。图 5-3 给出了 $\cos\varphi_2$ 随 s 变化的曲线。

根据 Φ_m、I'_2及 $\cos\varphi_2$ 等随 s 变化的关系以及电磁转矩公式 $T=C_T\Phi_m I'_2\cos\varphi_2$，可以定性地分析三相异步电动机机械特性曲线的形状。

当 s 较小时，气隙磁通 $\Phi_m=\Phi_{mB}$基本不变，转子回路功率因数 $\cos\varphi_2\approx 1$，电磁转矩 T 的大小仅与转子电流 I'_2成正比的增大。当 s 增大很多时，例如 s 接近 1，从图 5-2 可知，I'_2基本不变，这时气隙磁通 Φ_m及转子回路功率因数 $\cos\varphi_2$ 对电磁转矩 T 的影响很大。从图 5-1及图 5-3 可以看出，在 s 接近 1 时，Φ_m 约减小一半，$\cos\varphi_2$ 的值也很低，所以尽管 I'_2较大但电磁转矩 T 却反而减小了。由以上的定性分析不难判断出，当转差率从零增大到 1 时，在某一确定的转差率下，电磁转矩必然会出现一个最大值，即三相异步电动机的最大转矩 T_{max}，如图 5-4 所示。

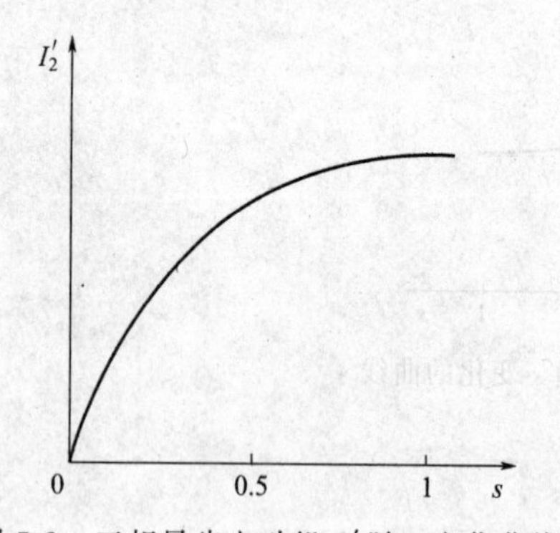

图 5-2　三相异步电动机 I'_2随 s 变化曲线

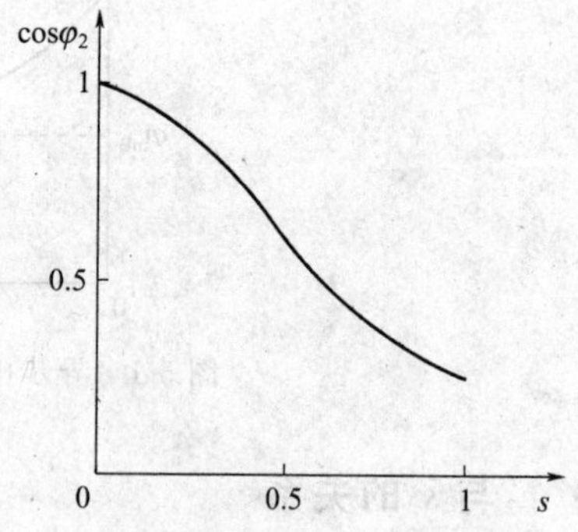

图 5-3　$\cos\varphi_2$ 随 s 变化曲线

$T=C_T\Phi_m I'_2\cos\varphi_2$ 在形式上与他励直流电动机的转矩公式 $T=C_T\Phi I_a$ 相似，它从物理概念上反映了三相异步电动机的电磁转矩是由气隙磁通 Φ_m与转子电流的有功分量 $I'_2\cos\varphi_2$ 相互作用产生的，这三个物理量的方向互相垂直且符合左手定则。由于式中的 Φ_m、I'_2及 $\cos\varphi_2$ 都与转差率有关，所以利用它可以从物理概念上分析三相异步电动机的机械特性。

二、机械特性的参数表达式

三相异步电动机的电磁转矩 T 可以用电磁功率 P_M 和同步角速度 Ω_1 表示，即

$$T=\frac{P_{\mathrm{em}}}{\Omega_1}=\frac{3I_2'^2\frac{r_2'}{s}}{\frac{2\pi f_1}{p}} \tag{5-7}$$

式中，$\Omega_1=2\pi f_1/p$，p 为极对数。

根据三相异步电动机的简化等值电路，有

$$I_2'=\frac{U_1}{\sqrt{\left(r_1+\frac{r_2'}{s}\right)^2+(x_1+x_2')^2}} \tag{5-8}$$

将式(5-8) 代入式(5-7) 可得

$$T=\frac{3p}{2\pi f_1}\cdot\frac{U_1^2\frac{r_2'}{s}}{\left(r_1+\frac{r_2'}{s}\right)^2+(x_1+x_2')^2} \tag{5-9}$$

式(5-9) 即为用电动机的电压、频率及结构参数表示的三相异步电动机机械特性公式，称为机械特性的参数表达式。按该式绘制的机械特性曲线如图 5-4 所示。对图 5-4 进行分析可见：

① 在第Ⅰ象限，旋转磁场的转向与转子转向一致，而 $0<n<n_1$，转差率 $0<s<1$。电磁转矩 T 及转子转速 n 均为正，电动机处于电动运行状态；

② 在第Ⅱ象限，旋转磁场的转向与转子转向一致，但 $n>n_1$，故 $s<0$；$T<0$，$n>0$，电动机处于制动运行状态，称为回馈制动；

③ 在第Ⅳ象限内，旋转磁场的转向与转子转向相反，$n_1>0$，$n<0$，转差率 $s>1$，此时 $T>0$，$n<0$，电动机处于制动状态，称为反接制动。

由图 5-4 还可以看出，三相异步电动机的机械特性曲线有三个特殊点，即图中的 A、B、C 三点。

① 同步运行点 A。在 A 点，$T=0$，$n=n_1=60f_1/p$，$s=0$。此时电动机不进行机电能量转换。

② 最大转矩点 B。在 B 点，电磁转矩为最大值 $T_{\max}$，相应的转差率为 s_{m}。当 $s>s_{\mathrm{m}}$ 时，随 T 增大，s 减小，n 升高，机械特性曲线的斜率为正。所以，最大转矩点是三相异步电动机机械特性曲线斜率改变符号的分界点，因此，称 s_{m} 为临界转差率。

从数学角度看，最大转矩点是函数 $n=f(T)$ 的极值点。因此，为了求出 $T_{\max}$，可对式(5-9) 求导，并令其导数为零，求得临界转差率

$$s_{\mathrm{m}}=\pm\frac{r_2'}{\sqrt{r_1^2+(x_1+x_2')^2}} \tag{5-10}$$

把 s_{m} 代入式(5-9) 得最大转矩

$$T_{\max}=\pm\frac{3p}{4\pi f_1}\frac{U_1^2}{\left[\pm r_1+\sqrt{r_1^2+(x_1+x_2')^2}\right]} \tag{5-11}$$

式(5-10)、式(5-11) 中“±”的“+”号为电动状态（Ⅰ象限）；“−”号为回馈制动状态（Ⅱ象限）。

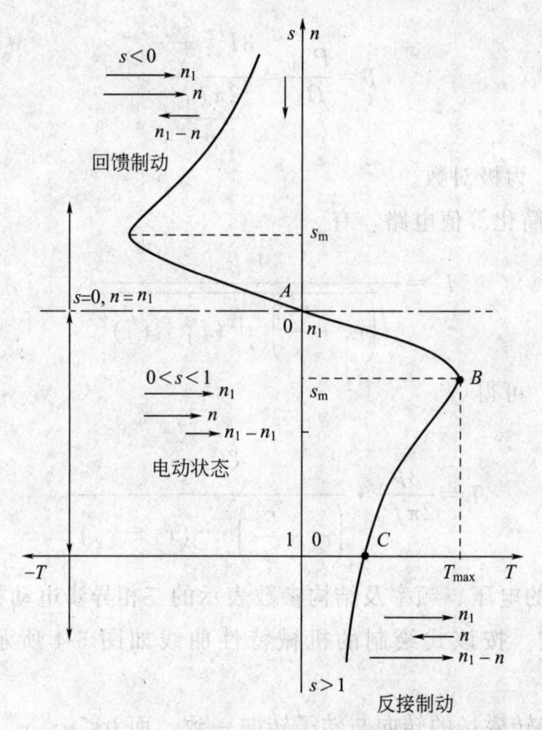

图 5-4　三相异步电动机机械特性曲线

通常 $r_1 \ll (x_1 + x_2')$，忽略 r_1，则有

$$T_{\max} \approx \pm \frac{3p}{4\pi f_1} \frac{U_1^2}{(x_1 + x_2')}$$

$$s_{\mathrm{m}} \approx \pm \frac{r_2'}{x_1 + x_2'}$$

由此可见：

- 当 f_1 及电动机的参数一定时，最大转矩 $T_{\max}$ 与定子电压 U_1 的平方成正比；
- $T_{\max}$ 与转子电阻 r_2 无关；
- 在给定的 U_1 及 f_1 下，$T_{\max}$ 与（$x_1 + x_2'$）成反比；
- 临界转差率 s_{m} 与 r_2' 成正比，与（$x_1 + x_2'$）成反比。

当增加转子电阻 r_2 时，$T_{\max}$ 不变，但 s_{m} 则与 r_2' 成正比地增大，使机械特性变软。

③ 启动点 C。在 C 点 $s=1$，$n=0$，电磁转矩为启动转矩 T_{q}。把 $s=1$ 代入式(5-9)可得

$$T_{\mathrm{q}} = \frac{3p}{2\pi f_1} \frac{U_1^2 r_2'}{(r_1 + r_2')^2 + (x_1 + x_2')^2} \tag{5-12}$$

可见启动转矩 T_{q} 具有如下特点：

- 在给定的定子频率及电动机参数的条件下，T_{q} 与电压 U_1 的平方成正比。
- 在一定范围内，增加转子回路电阻 r_2'，可以增大启动转矩 T_{q}。
- 当 U_1、f_1 一定时，（$x_1 + x_2'$）越大，T_{q} 就越小。

三相异步电动机机械特性的参数表达式常用来分析电动机的电压、频率以及结构参数对机械特性的影响。

三、机械特性的实用表达式

利用参数表达式计算三相异步电动机的机械特性时，需要知道电动机的绕组参数，而在实际应用中，这些参数不易得到。为了便于工程计算，可将参数表达式变换成能根据产品目录中给出的数据进行计算的形式。推导过程如下。

首先用式(5-11) 去除式(5-9)，得

$$\frac{T}{T_{\max}}=\frac{2r_2'\left[r_1+\sqrt{r_1^2+(x_1+x_2')^2}\right]}{s\left[\left(r_1+\frac{r_2'}{s}\right)^2+(x_1+x_2')^2\right]}$$

从式(5-10) 可知

$$\sqrt{r_1^2+(x_1+x_2')^2}=\frac{r_2'}{s_m}$$

于是

$$\frac{T}{T_{\max}}=\frac{2r_2'\left(r_1+\frac{r_2'}{s_m}\right)}{s\left[\left(\frac{r_2'}{s_m}\right)^2+\left(\frac{r_2'}{s}\right)^2+\frac{2r_1r_2'}{s}\right]}=\frac{2\left(1+\frac{r_1}{r_2'}s_m\right)}{\frac{s}{s_m}+\frac{s_m}{s}+2\frac{r_1}{r_2'}s_m} \tag{5-13}$$

为便于计算，可对式(5-13) 进一步化简。一般情况下 $s_m\approx0.1\sim0.2$；$r_1\approx r_2'$，而

$$\left(\frac{s_m}{s}+\frac{s}{s_m}\right)\geqslant2$$

所以$\left(\frac{s_m}{s}+\frac{s}{s_m}\right)\geqslant 2r_1s_m/r_2'$，因此可以忽略掉 $2r_1s_m/r_2'$，式(5-13) 可以简化为

$$\frac{T}{T_{\max}}=\frac{2}{\frac{s}{s_m}+\frac{s_m}{s}} \tag{5-14}$$

式中的最大转矩 $T_{\max}$ 可以用电动机的额定转矩乘以电动机的过载倍数 λ_m 表示，λ_m 可以从电机产品目录中查到。这样式(5-14) 可以表示为

$$T=\frac{2\lambda_m T_N}{\frac{s_m}{s}+\frac{s}{s_m}} \tag{5-15}$$

式(5-15) 即为三相异步电动机机械特性的实用表达式。电动机的额定转矩 T_N 可以根据额定功率 P_N 及额定转速 n_N 求出

$$T_N=9550\frac{P_N}{n_N}$$

式中，P_N 的单位为 kW；T_N 的单位为 N·m。

需要说明的一点是，式(5-15) 中的 T_N 应为额定电磁转矩，而根据 $T_N=9550P_N/n_N$ 求出的 T_N 实际上是额定输出转矩 T_{2N}，在此忽略了空载转矩 T_0，认为 $T_N=T_{2N}$。

在用实用表达式计算机械特性时，还需要知道临界转差率 s_m，即

$$s_m=s\left[\frac{\lambda_m T_N}{T}+\sqrt{\left(\frac{\lambda_m T_N}{T}\right)^2-1}\right] \tag{5-16}$$

例如，当 $T=T_N$ 时，$s=s_N$，则由式(5-16) 可得

$$s_m=s\left(\lambda_m+\sqrt{\lambda_m^2-1}\right)$$

把求得的 s_m 代入式(5-15)，就可以计算机械特性了。

当三相异步电动机在额定负载范围内运行时，转差率很小，仅为 0.02～0.05。这时，$\frac{s}{s_m}\leqslant\frac{s_m}{s}$，为进一步简化，可忽略式(5-14) 分母中的 s/s_m，于是实用表达式可以变为

$$T=\frac{2T_{max}}{s_m}s \tag{5-17}$$

这说明在 $0<s<s_N$ 的范围内三相异步电动机的机械特性呈线性关系，具有与他励直流电动机相似的特性。

四、固有机械特性的绘制

三相异步电动机的固有机械特性是指当定子电压和频率均为额定值，定子绕组按规定方式接线，转子绕组短路时的机械特性。下面介绍固有机械特性上的几个特殊点。

(1) 额定工作点

三相异步电动机带额定负载，电动机的转速、转矩、电流及功率均为额定值的点为额定工作点。机械特性曲线上的额定转矩是指额定电磁转矩，以 T_N 表示。与额定转速对应的转差率为额定转差率，其值在 0.02～0.05 之间。

(2) 最大转矩点

机械特性上转矩为最大转矩、转差率为临界转差率所对应的点为最大转矩点。最大转矩 T_{max} 是三相异步电动机的性能指标之一，它不仅反映了电动机的过载能力，对启动性能也有影响。在三相异步电动机的产品样本中通常用最大转矩与额定转矩之比表示过载倍数，即 $\lambda_m=T_{max}/T_N$。国产 Y 系列三相异步电动机，λ_m 的值为 2.4～3。

(3) 堵转点

在堵转点 $n=0$。国家标准规定，在固有机械特性上 $n=0$ 时的转矩称为堵转转矩 T_{KN}，相应的电流称为堵转电流 I_{KN}。Y 系列笼型转子三相异步电动机 $T_{KN}/T_N=1.7$～2.2；$I_{KN}/I_N=4$～7。

【例 5-1】 一台三相四极笼型转子三相异步电动机，技术数据为 $P_N=5.5\text{kW}$，$U_N=380\text{V}$，$I_N=11.2\text{A}$，三角形联接，$n_N=1442\text{r/min}$，$f_N=50\text{Hz}$，$\lambda_m=2.33$，绕组参数为 $r_1=2.83\Omega$，$r_2'=2.38\Omega$，$x_1=4.9\Omega$，$x_2'=8.26\Omega$。试根据机械特性的参数表达式及简化的机械特性实用表达式，分别绘制电动机的固有机械特性。

解 (1) 用机械特性的参数表达式计算。

同步转速

$$n_1=\frac{60}{p}f_1=\frac{60}{2}\times 50=1500(\text{r/min})$$

额定转差率

$$s_N=\frac{n_1-n_N}{n_1}=\frac{1500-1442}{1500}=0.0387$$

临界转差率

$$s_m=\frac{r'_2}{\sqrt{r_1^2+(x_1+x'_2)^2}}=\frac{2.38}{\sqrt{2.38^2+(4.94+8.26)^2}}=0.176$$

机械特性表达式

$$T=\frac{3p}{2\pi f_1}\cdot\frac{U_1^2\frac{r'_2}{s}}{\left(r_1+\frac{r'_2}{s}\right)^2+(x_1+x'_2)^2}$$

$$=\frac{3\times2}{2\pi\times50}\frac{380^2\times\frac{2.38}{s}}{\left(2.38+\frac{2.38}{s}\right)^2+(4.94+8.26)^2}=\frac{6567\times\frac{1}{s}}{\left(2.38+\frac{2.38}{s}\right)^2+174.2}$$

给出不同 s 值，按上式计算相应的电磁转矩 T。计算结果列于表 5-1 中，绘制的 $s=f(T)$ 曲线如图 5-5 中实线所示。

(2) 用简化的机械特性实用表达式计算

临界转差率

$$s_m=s_N\left(\lambda_m+\sqrt{\lambda_m^2-1}\right)=0.0387\left(2.33+\sqrt{2.33^2-1}\right)=0.172$$

额定转矩

$$T_N=9550\frac{P_N}{n_N}=9550\times\frac{5.5}{1442}=36.4(\text{N}\cdot\text{m})$$

简化的机械特性实用表达式

$$T=\frac{2\lambda_m T_N}{\frac{s_m}{s}+\frac{s}{s_m}}=\frac{169.6}{\frac{0.172}{s}+\frac{s}{0.172}}$$

给出不同 s 值按上式求得相应的 T 值。计算结果列于表 5-1 中，其机械特性曲线如图 5-5中虚线所示。

表 5-1 固有机械特性计算数据

s		0.02	0.387	0.08	0.176	0.25	0.6	0.8	1.0
T /N·m	按参数公式计算	21.9	39.3	66.4	84.5	80.4	49.7	39.5	32.6
	按实用公式计算	19.2	36.1	64.2	84.3	78.9	44.9	34.9	28.3

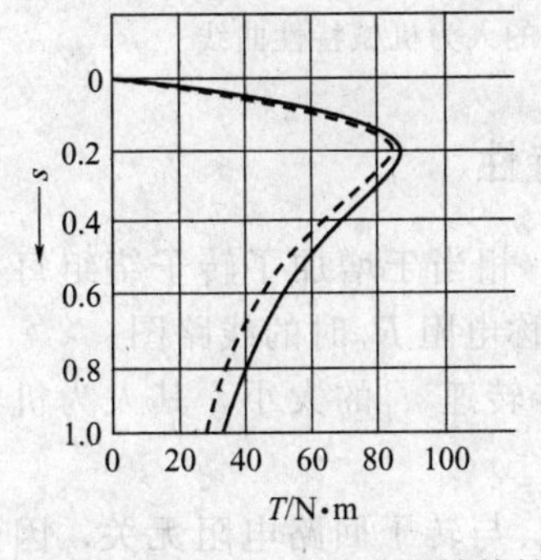

图 5-5 【例 5-1】的固有机械特性

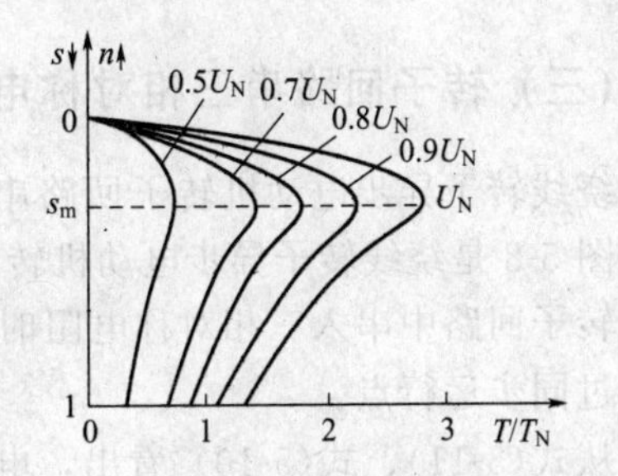

图 5-6 定子电压为不同值时的人为机械特性

从图 5-5 可以看出，当 $s<s_m$ 时，用两种方法求出的机械特性曲线十分接近，因此在工程计算时可以使用简化的实用公式。

五、人为机械特性的绘制

所谓人为机械特性就是改变机械特性的某一参数后所得到的机械特性。下面简要介绍三相异步电动机几种常用的人为机械特性。

（一）降低定子电压的人为机械特性

降低定子电压的人为机械特性除了降低定子电压之外，其他参数都与固有机械特性时相同。根据式(5-10)、式(5-11)、式(5-12) 可见，最大转矩 T_{max} 及启动转矩 T_q 与定子电压 U_1^2 成正比地降低；s_m 与 U_1 的降低无关；由于 $n_1=\frac{60f_1}{p}$，因此 n_1 也保持不变。图 5-6 示出了 U_1 为不同值时的人为机械特性曲线。

（二）定子回路串三相对称电阻或电抗时的人为机械特性

三相异步电动机定子串入三相对称电阻或电抗时，相当于增大了电动机定子回路的漏阻抗，由于电动机同步转速 n_1 与定子电阻或电抗无关，所以无论在定子回路串入三相对称电阻或电抗，其人为机械特性都要通过 n_1 点。

从式(5-10)、式(5-11) 及式(5-12) 可知，当定子回路串入三相对称电阻或电抗时，临界转差率 s_m、最大转矩 T_{max} 以及启动转矩 T_q 等都随外串电阻或电抗的增大而减小。

图 5-7(a) 和 (b) 分别为三相异步电动机定子串三相对称电阻 R_c 及串三相对称电抗时的人为机械特性曲线。

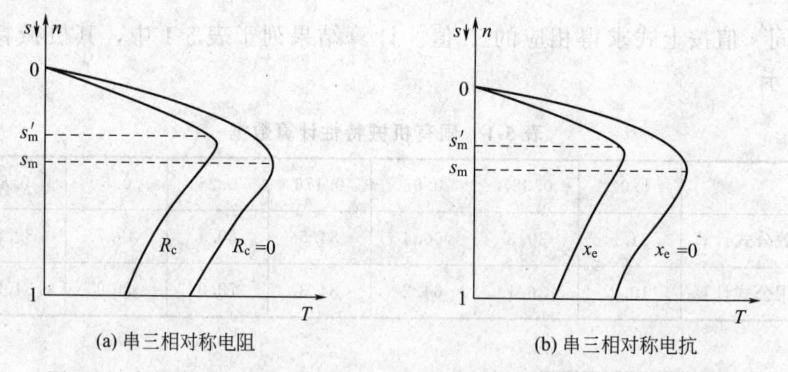

图 5-7 定子串三相对称电阻或三相对称电抗时的人为机械特性曲线

（三）转子回路串三相对称电阻时的人为机械特性

绕线转子异步电动机转子回路串入三相对称电阻时，相当于增加了转子绕组每相电阻值。图 5-8 是绕线转子异步电动机转子回路中串接三相对称电阻 R_c 时的线路图。

转子回路中串入三相对称电阻时，不影响电动机同步转速 n_1 的大小，其人为机械特性都通过同步运行点。

从式(5-11)、式(5-10) 看出，电动机的最大转矩 T_{max} 与转子回路电阻无关，因此转子回路外串电阻 R_c 时不改变 T_{max} 的大小，但临界转差率 s_m 则随转子回路电阻的增大而成正比地增加。

再看式(5-9)，由于除转子回路串接对称电阻 R_c 外，其他参数都保持固有机械特性时的数值不变，因此按式(5-9)，要保持电磁转矩不变，只有保持 $r_2'/s=(r_2'+R_c')/s'=$ 常数，即

$$\frac{s'}{s}=\frac{r_2'+R_c'}{r_2'}=\frac{r_2+R_c}{r_2} \tag{5-18}$$

式中，s 为固有机械特性上电磁转矩为 T_L 时的转差率；s' 为在同一电磁转矩下人为机械特性上的转差率，如图 5-9 所示。

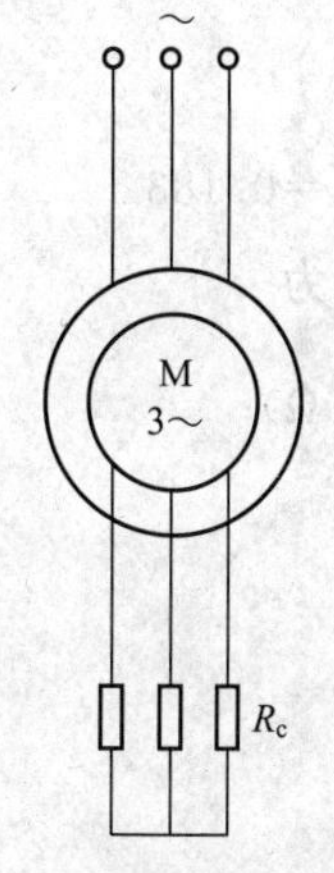

图 5-8　绕线转子三相异步电动机的接线

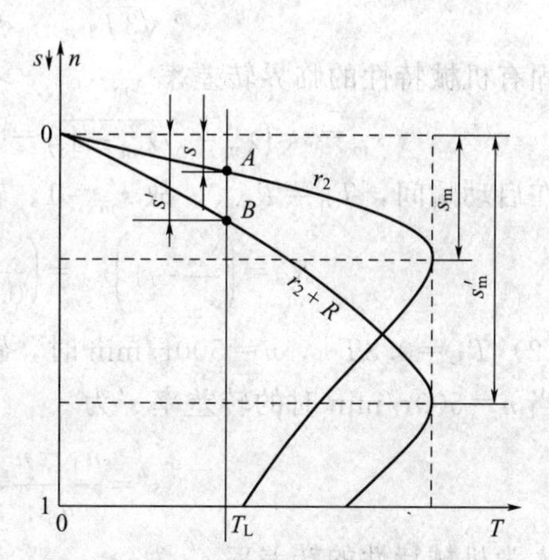

图 5-9　转子回路串接电阻的人为机械特性

这表明当转子回路串入附加电阻时，若保持电磁转矩不变，则串入附加电阻后电动机的转差率将于转子回路中的电阻成正比地增加，临界转差率也将与转子回路中的电阻成正比地增加，即

$$\frac{s'}{s}=\frac{s_m'}{s_m}=\frac{r_2+R_c}{r_2} \tag{5-19}$$

由此可得转子回路外串电阻 R_c 为

$$R_c=\left(\frac{s_m'}{s_m}-1\right)r_2 \tag{5-20}$$

式中，r_2 为转子每相绕组的电阻。

转子绕组为 Y 连接时，r_2 可按下式求出

$$r_2 \approx Z_{2s}=\frac{s_N E_{2N}}{\sqrt{3}I_{2N}} \tag{5-21}$$

式中，E_{2N}为转子额定电动势，单位为 V；I_{2N}为转子额定线电流，单位为 A；Z_{2s}为转子每相绕组的阻抗，$Z_{2s}=r_2+jx_{2s}=r_2+js_Nx_2$。因 $s_N<<1$，$r_2 \gg s_Nx_2$，故 $r_2 \approx Z_{2s}$。

E_{2N}及 I_{2N}的数据可在电动机的铭牌或产品目录中查到。

【例 5-2】 一台绕线转子三相异步电动机的技术数据为 $P_N=75\text{kW}$，$n_N=720\text{r/min}$，$I_{1N}=148\text{A}$，$E_{2N}=213\text{V}$，$I_{2N}=220\text{A}$，最大转矩倍数 $\lambda_m=2.4$。

(1) 为了使启动瞬间电动机产生的电磁转矩为最大转矩 T_{max}，求转子回路串入的电阻值。

（2）电动机拖动恒转矩负载 $T_L=0.8T_N$，要求电动机的转速为 $n=500\text{r/min}$。求转子回路串入的电阻值。

解 （1）启动瞬间电动机电磁转矩为最大转矩时转子回路外串电阻的计算

额定转差率 s_N

$$s_N=\frac{n_1-n_N}{n_1}=\frac{750-720}{750}=0.04$$

转子绕组每相电阻 r_2

$$r_2=\frac{s_N E_{2N}}{\sqrt{3}I_{2N}}=\frac{0.04\times 213}{\sqrt{3}\times 220}=0.0224(\Omega)$$

固有机械特性的临界转差率 s_m

$$s_m=s_N\left(\lambda_m+\sqrt{\lambda_m^2-1}\right)=0.04\times\left(2.4+\sqrt{2.4^2-1}\right)=0.183$$

在启动瞬间，$T_q=T_{max}$，故 $s'_m=1$。转子每相应串入的电阻值为

$$R_c=\left(\frac{s'_m}{s_m}-1\right)r_2=\left(\frac{1}{0.183}-1\right)\times 0.0224=0.1(\Omega)$$

（2）$T_L=0.8T_N$，$n=500\text{r/min}$ 时，转子外串电阻的计算

当 $n=500\text{r/min}$ 时的转差率 s' 为

$$s'=\frac{n_1-n}{n_1}=\frac{750-500}{750}=0.33$$

人为机械特性的转差率 s'_m 为

$$s'_m=s'\left[\frac{\lambda_m T_N}{T}+\sqrt{\left(\frac{\lambda_m T_N}{T}\right)^2-1}\right]=0.33\times\left[\frac{2.4T_N}{0.8T_N}+\sqrt{\left(\frac{2.4T_N}{0.8T_N}\right)^2-1}\right]=1.923$$

转子回路每相外串电阻 R_c 为

$$R_c=\left(\frac{s'_m}{s_m}-1\right)r_2=\left(\frac{1.923}{0.183}-1\right)\times 0.0224=0.213(\Omega)$$

当 $T_L=0.8T_N$ 时在固有机械特性上的转差率，因为固有特性时 $s<s_N$，略去式(5-15)中 s/s_m 项有

$$0.8T_N=\frac{2\lambda_m T_N}{s_m}s$$

$$s=\frac{0.8T_N s_m}{2\lambda_m T_N}=\frac{0.8\times 0.183}{2\times 2.4}=0.0305$$

$T_L=0.8T_N$ 时在串电阻后人为机械特性上的转差率为

$$s'=\frac{n_1-n}{n_1}=\frac{750-500}{750}=0.33$$

转子回路每相外串电阻 R_c 为

$$R_c=\left(\frac{s'}{s}-1\right)r_2=\left(\frac{0.33}{0.0305}-1\right)\times 0.0224=0.219(\Omega)$$

第二节　笼型异步电动机的启动

对笼型异步电动机启动的要求主要有以下几点。

① 启动电流不能太大。普通笼型异步电动机启动电流约为额定电流的4～7倍。过大的启动电流会使电网电压短时降落很多，超过规定值，这不仅使正在启动的电动机启动转矩减小很多，造成启动困难，同时影响同一电网上的其他用电设备的正常运行。此外电动机本身也将受到过大的电磁转矩的冲击。一般要求启动电流在电网上的电压降落不得超过10%；偶尔启动时不得超过15%。

② 要有足够的启动转矩。启动转矩是指在启动过程中，电动机产生的电磁转矩；当$U=U_N$、$f=f_N$、$n=0$时的启动转矩称为堵转转矩，以T_K表示；启动转矩与负载转矩的差值称为加速转矩。当拖动系统的飞轮矩一定时，启动时间取决于加速转矩，若负载转矩或飞轮矩很大而启动转矩不足，则启动时间将被拖长。由于启动电流很大，启动时间长将使电动机绕组严重发热，降低了它的寿命，甚至被烧毁。一般笼型三相异步电动机启动转矩应为额定转矩的1.15～2倍。

③ 启动设备要简单，价格低廉，便于操作及维护。

因此，必须根据电网容量和负载对启动转矩的要求，选择三相异步电动机的启动方法。一般地，笼型电动机有直接启动和降压启动两种方法。

一、笼型异步电动机的直接启动

利用闸刀开关或接触器将电动机直接接到具有额定电压的电网上，这种启动方法称为直接启动。笼型异步电动机直接启动的优点是启动设备和操作简单，缺点是启动电流大。为了利用直接启动的优点，现代设计的笼型异步电动机都按直接启动时的电磁力和发热来考虑它的机械强度和热稳定性，因此从电动机本身来说，笼型异步电动机都允许直接启动。直接启动方法的应用主要受电网容量的限制，一般情况下，只要直接启动时的启动电流在电网中引起的电压降落不超过10%～15%（对于经常启动的电动机取10%，不经常启动的电动机取15%），就允许采用直接启动。一般规定，异步电动机的功率小于7.5千瓦时允许直接启动。如果功率大于7.5kW，而电网容量较大，能符合下式的电动机也可直接启动：

$$K_I=\frac{I_{qz}}{I_N}\leqslant\left[\frac{3}{4}+\frac{\text{电源总容量(kV·A)}}{4\times\text{电动机容量(kW)}}\right] \tag{5-22}$$

【例5-3】 有两台笼型异步电动机，启动电流倍数都为$K_I=6.5$，电动机容量$P_{N1}=20\text{kW}$，$P_{N2}=75\text{kW}$，问能否直接启动？

解：根据式(5-22)：

第一台电动机 $\frac{3}{4}+\frac{560}{4\times20}=7.75>6.5$ 允许直接启动；

第二台电动机 $\frac{3}{4}+\frac{560}{4\times75}=2.62<6.5$ 不允许直接启动。

二、笼型三相异步电动机降压启动

当直接启动不能满足要求时，应采用降低定子电压的启动方法以限制启动电流。下面介绍几种常用的降压启动方法。

（一）定子串电阻或串电抗降压启动

电动机在启动时，在定子回路中串入启动电阻R_{st}或启动电抗x_{st}，启动电流在R_{st}或

x_{st}上产生压降，降低了定子绕组上的电压，从而减小了启动电流。

定子串电阻或串电抗启动时的接线图如图 5-10 所示。启动时接触器 1KM 闭合，2KM 断开，电动机定子绕组通过 R_{st} 或 x_{st} 接入电网降压启动；启动后，2KM 闭合，切除 R_{st} 或 x_{st}，电动机开始正常运行。

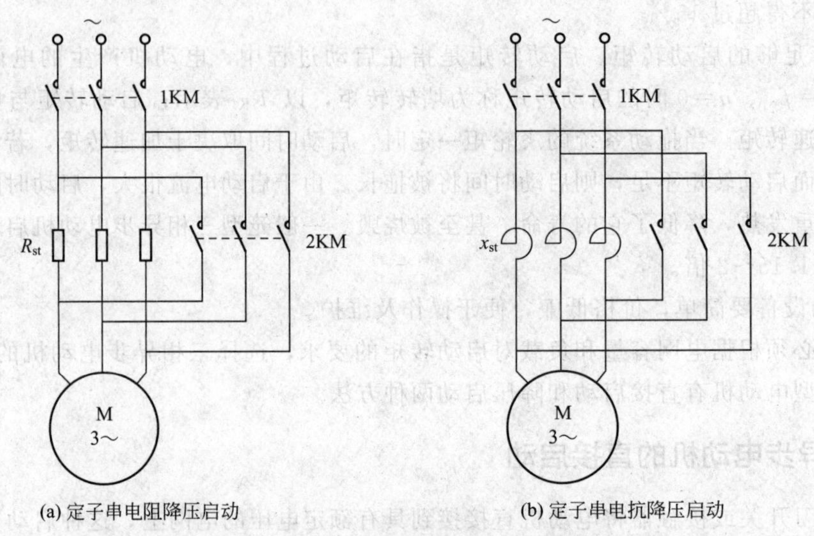

图 5-10 定子串电阻或电抗降压启动时接线图

（二）自耦变压器降压启动

笼型异步电动机用自耦变压器降压启动的接线图如图 5-11 所示，图中 TA 为自耦变压器。启动时接触器 2KM、3KM 闭合，电动机定子绕组经自耦变压器接至电网，降低了定子电压。当转速升高接近稳定转速时，2KM、3KM 断开，1KM 闭合，自耦变压器被切除，电动机定子绕组经 1KM 接入电网，启动结束。

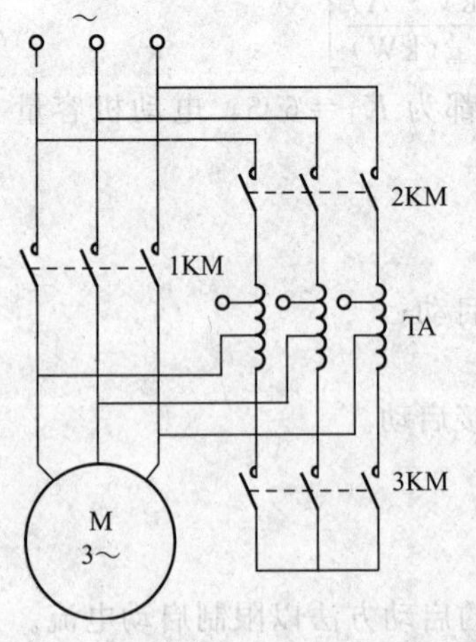

图 5-11 自耦变压器降压启动时的接线图

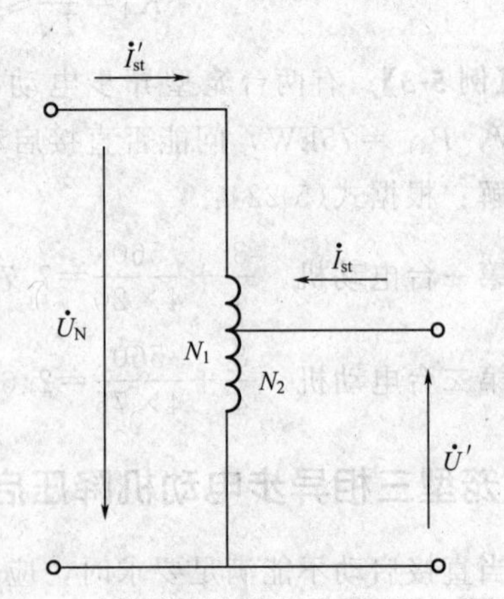

图 5-12 自耦变压器降压启动时的一相电路

图 5-12 为自耦变压器的一相电路。设 U_N 和 I'_{st} 分别为自耦变压器一次侧电压和电流，即电网电压和电流；U' 和 I_{st} 分别为自耦变压器二次侧的副边电压和电流，即电动机的定子电压和电流；N_1 和 N_2 分别表示自耦变压器的一、二次绕组匝数，k_A 为自耦变压器一、二

次侧电压比。由变压器原理，得

$$\frac{U'}{U_N}=\frac{N_2}{N_1}=k_A \tag{5-23}$$

设 I_{KN} 为电动机全压启动时的启动电流，则

$$\frac{I_{st}}{I_{KN}}=\frac{U'}{U_N}=k_A \tag{5-24}$$

再利用变压器原理，得

$$\frac{I'_{st}}{I_{st}}=\frac{N_2}{N_1}=k_A \tag{5-25}$$

将公式(5-25) 与式(5-24) 相乘，得

$$\frac{I'_{st}}{I_{KN}}=\left(\frac{N_2}{N_1}\right)^2=k_A^2$$

由式(5-23)～式(5-25) 可见：利用自耦变压器，将加到电动机定子上的电压降低到 k_AU_N (k_A 小于 1)，定子启动电流也降低到 k_AI_{KN}，电网供给自耦变压器一次侧的启动电流为

$$I'_{st}=\left(\frac{N_2}{N_1}\right)I_{st}=\left(\frac{N_2}{N_1}\right)^2 I_{KN}=k_A^2 I_{KN} \tag{5-26}$$

另外，由于 $U'=k_AU_N$，$T\propto U^2$，如果设 T_{KN} 为全压启动时的启动转矩，则自耦变压器降压启动时启动转矩为

$$T'_{st}=k_A^2 T_{KN} \tag{5-27}$$

不难看出，与定子串电阻或电抗降压启动相比较，当电动机启动转矩相同时，自耦变压器降压启动所需电网电流较小，或者说当电网供给的启动电流相同时，自耦变压器降压启动可以获得较大的启动转矩。所以，启动电流较小、启动转矩较大是自耦变压器降压启动的优点，它的缺点是启动设备体积大、笨重、价格贵、维修不方便。

通常把自耦变压器、接触器、保护设备等装在一起，组成一个自耦变压器降压启动控制柜，例如国产 JJ1 系列自耦降压控制柜，它适用于额定电压为 380～660V、功率为 11～315kW 的笼型异步电动机降压启动。为了满足不同负载的要求，自耦变压器的副绕组一般有三个抽头，分别为电源电压的 40%、60%和 80%（或 55%、64%和 73%），供选择使用。

(三) Y-D 降压启动

对于正常运行时定子绕组为 D 连接，并有六个出线端子的笼型异步电动机，为了减小启动电流，启动时将定子绕组 Y 连接，以降低启动电压，启动后再 D 联。这种启动方法称为 QZ 降压启动，其接线图如图 5-13 所示。启动时 1KM、3KM 闭合，定子绕组连接成星形，电动机降压启动，当电动机转速接近稳定转速时，3KM 断开，2KM 闭合，定子绕组连接成三角形，启动过程结束。

图 5-14 示出了 Y-D 启动时的电流及电压，启动时，电网供给电动机的启动电流为

$$I'_{st}=\frac{U_N}{\sqrt{3}Z_k}$$

三角形接法直接启动时电网供给的电流为

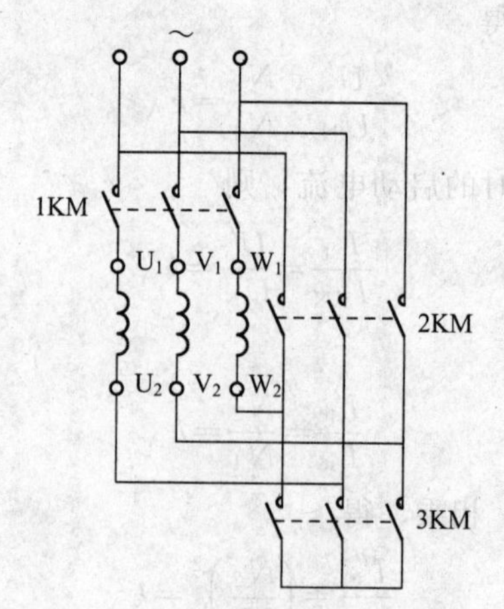

图 5-13　Y-D 启动时的接线图

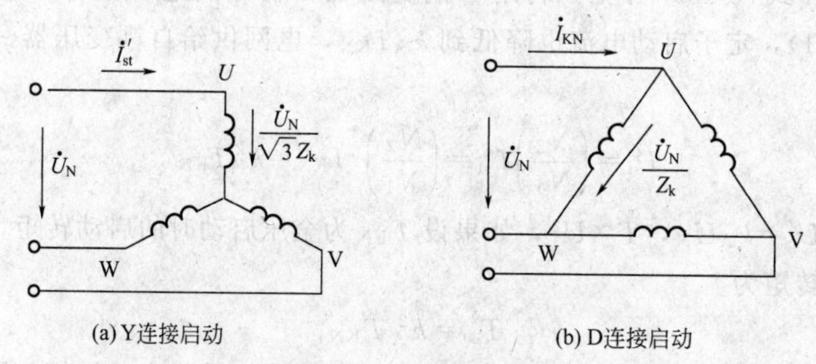

(a) Y连接启动　　(b) D连接启动

图 5-14　Y-D 启动时的电流和电压

$$I_{KN}=\sqrt{3}\frac{U_N}{Z_k}$$

因此有

$$\frac{I'_{st}}{I_{KN}}=\frac{1}{3} \tag{5-28}$$

Y-D 启动时的降压倍数

$$a=\frac{U_1}{U_N}=\frac{\frac{1}{\sqrt{3}}U_N}{U_N}=\frac{1}{\sqrt{3}}$$

由于电磁转矩 $T\propto a^2$，所以 Y-D 启动时，堵转电流 T_K、最小转矩 T_{min} 都降低为额定电压的 1/3。

与定子串电阻或电抗降压启动相比较，在降压倍数相同、电动机启动转矩相同的情况下，Y-D 降压启动时电网供给的电流较小。

Y-D 降压启动的优点是启动电流小、启动设备简单、价格便宜、操作方便，缺点是启动转矩小。它仅适合于 30kW 以下的小功率电动机空载或轻载启动。

为了便于比较笼型异步电动机的各种启动方法，表 5-2 列出了常用的几种启动方法的有关数据。

以上对笼型异步电动机的启动方法作了介绍。在确定启动方法时，应根据电网允许的最大启动电流、负载对启动转矩的要求以及启动设备的复杂程度、价格等条件综合考虑。

表 5-2　笼型转子异步电动机几种常用启动方法的比较

启动方法	直接启动	定子串电阻或定子串电抗降压启动	Y-D 降压启动	自耦变压器降压启动
电网电压	U_N	U_N	U_N	U_N
电动机电压	U_N	aU_N	$aU_N=U_N/\sqrt{3}$	$aU_N=U_N/k_A$
电动机电流	I_{KN}	aI_{KN}	$aI_{KN}=I_{KN}/\sqrt{3}$	$aI_{KN}=I_{KN}/k_A$
启动转矩	T_K	a^2T_K	$a^2T_K=T_K/3$	$a^2T_K=T_K/k_A^2$
电网电流	T_{KN}	a^2I_{KN}	$a^2I_{KN}=I_{KN}/3$	$a^2I_{KN}=I_{KN}/k_A^2$

【例 5-4】 一台 Y 系列三相笼形异步电动机的技术数据 $P_N=110kW$，$U_N=380V$，$\cos\varphi_N=0.89$，$\eta_N=0.925$，$n_N=2910r/min$，三角形联接，堵转电流倍数 $K_I=7$，堵转转矩倍数 $K_T=1.8$，最小转矩 $T_{min}=1.2T_N$，过载倍数 $\lambda_m=2.63$，电网允许的最大启动电流 $I_{max}=1000A$，启动过程中最大负载转矩 $T_{Lmax}=220N\cdot m$。试确定启动方法。

解：(1) 采用直接启动方法

电动机的额定电流为

$$I_N=\frac{P_N}{\sqrt{3}U_N\cos\varphi_N\eta_N}=\frac{110\times10^3}{\sqrt{3}\times380\times0.89\times0.925}=203(A)$$

直接启动时电网供给的最大启动电流为

$$I'_{st}=I_{KN}=K_I I_N=7\times203=1421(A)$$

$I'_{st}>I_{smax}=1000A$，不能采用直接启动。

(2) 采用定子串电抗启动

电动机的额定转矩为

$$T_N=9550\frac{P_N}{n_N}=9550\times\frac{110}{2910}=361(N\cdot m)$$

电动机的最小转矩

$$T_{min}=1.2T_N=1.2\times361=433.2(N\cdot m)$$

降压倍数为

$$a=\frac{I'_{st}}{I_{KN}}=\frac{1000}{1421}=0.704$$

启动过程中电动机产生的最小转矩为

$$T'_{min}=a^2T_{min}=0.704^2\times433.2=214.7(N\cdot m)$$

$T'_{min}<T_{Lmax}$，不能采用定子串电抗启动。

(3) 采用 Y-D 启动

Y-D 启动时降压倍数 $a=1/\sqrt{3}$，启动过程中电动机产生的最小转矩为

$$T'_{min}=a^2T_{min}=\left(\frac{1}{\sqrt{3}}\right)^2\times433.2=144.4(N\cdot m)$$

$T'_{min}<T_{Lmax}$，不能采用 Y-D 启动。

(4) 采用自耦变压器降压启动

为了把电网供给的启动电流降到 1000A，自耦变压器的电压比

$$k_A\geqslant\sqrt{\frac{I_{KN}}{I'_{st}}}=\sqrt{\frac{1421}{1000}}=1.19$$

取自耦变压器的抽头为80%，则电压比为

$$k_A=\frac{1}{0.8}=1.25$$

为了保证启动有足够的加速转矩，取 $K_s=1.2$，则在启动过程中电动机应产生的最小转矩为

$$T''_{min}=K_s T_{min}=1.2\times220=264(N\cdot m)$$

电动机实际产生的最小转矩为

$$T'_{min}=a^2 T_{min}=0.8^2\times433.2=277.2(N\cdot m)$$

$T'_{min}>T_{Lmax}$，最小转矩校验通过。

三、高启动转矩笼型三相异步电动机

有些生产机械如起重机、皮带运输机、破碎机等要求启动转矩大；还有些生产机械要求频繁启动和正、反转，且要求启动时间短，或者虽不频繁启动，但转动惯量较大。这些生产机械都要求电动机具有较大的启动转矩和较小的启动电流，普通笼型三相异步电动机不能满足要求。为了保持笼型三相异步电动机结构简单、维修方便、价格低廉的优点，又能适应高启动转矩和低启动电流的要求，在电动机制造上采取措施，生产出几种特殊的笼型异步电动机，即高转差率电动机、起重冶金型电动机和深槽及双笼电动机等。下面介绍这几种特殊笼型异步电动机的机械特性、结构及特点。

图5-15给出了三种高启动转矩笼型三相异步电动机的机械特性和普通笼型三相异步电动机机械特性。比较这些机械特性，可以看出，高启动转矩笼型三相异步电动机的共同特点是启动转矩大、机械特性软。这是由于它们都具有较大的转子电阻。转子电阻大，一方面限制了启动电流，另一方面使启动时转子回路功率因数提高，增加了启动转矩。

普通笼型异步机机械特性如图5-15中曲线1所示。深槽及双笼电动机机械特性如图5-15中曲线2所示。它的转子结构非常特殊，使转子电阻能随转速而自动改变，启动开始时转子电阻大，增大了启动转矩；转速升高后转子电阻自动减小，使正常运行时转子铜耗降低，提高了运行效率。

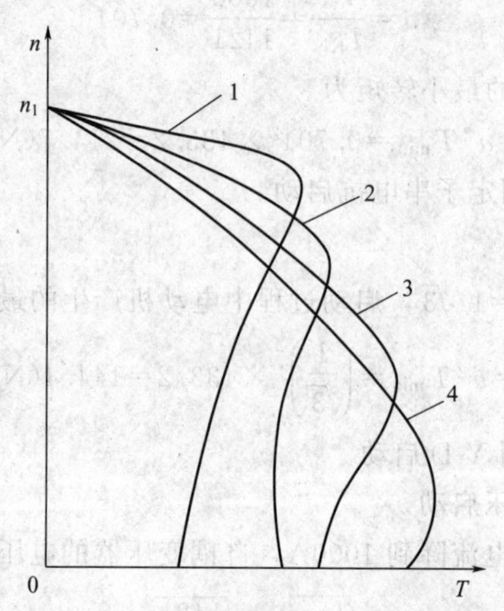

图5-15　高启动转矩笼型异步电动机机械特性

高转差率笼型异步电动机机械特性如图 5-15 中曲线 3 所示。在结构上除了转子导条的材料特殊以外，其他方面与普通笼型三相异步电动机没有什么差别。它的转子导条由高电阻系数的铝合金铸成，并且有较小的截面，因此转子电阻大。它的额定转差率 $S_N=0.07\sim0.13$，堵转转矩倍数 $K_T=2.4\sim2.7$，堵转电流倍数 $K_I=4.5\sim5.5$，机械特性较软，适用于锻压机械、剪床、冲床等。这类生产机械常带有飞轮矩较大的飞轮，当冲击性负载到来时，因机械特性较软，转速下降较多，由飞轮释放的动能帮助克服冲击负载。由于它的启动转矩较大，可以缩短启动时间，所以也适合于要求频繁启动的生产机械。

起重冶金笼型异步电动机机械特性如图 5-15 中曲线 4 所示，是专为起重机和冶金机械设计的，这种电动机承受频繁启动、制动、反转、超速、冲击和振动，并能在有金属粉尘和高温的环境下工作。这种电动机在设计时采取增大气隙磁通密度、减小电动机漏抗、增加导条电阻等措施，使最大转矩倍数达到 2.6～3.4；堵转转矩倍数达到 2.6～3.2，而堵转电流倍数只为 3.3～3.5，但其额定转差率大、效率低、机械特性软。

下面简要地介绍深槽及双笼电动机机的转子结构及工作原理。

(一) 深槽笼型转子异步电动机

深槽笼型异步电动机的结构特点是转子槽特别深而且较窄，其深度与宽度之比约为 8～12，槽中放有转子导条。当导条中有电流流通时，槽中漏磁通分布情况如图 5-16(a) 所示。可以看出，导条下部所链的漏磁通要比上部多。如果把转子导条看成沿槽高方向由许多根单元导条并联组成，如图 5-16(b) 中阴影部分。那么槽底部分单元导条交链较多的漏磁通，因此漏抗较大；而槽口附近的单元导条则交链较少的漏磁通，具有较小的漏抗。启动时，转子电流的频率最高，为定子电流的频率 f，转子导条的漏抗大于电阻，成为转子阻转子阻抗中的主要成分。各单元导条中电流基本上按它们的漏抗大小成反比分配，于是导条中电流密度的分布自槽口向槽底逐渐减小，如图 5-16(b) 所示，大部分电流集中在导条上部。这种现象称为集肤效应。频率越高、槽越深、集肤效应就越显著。由于导条电流都挤向了上部，可以近视地认为导条下部没有电流，这相当于导条截面积减小，如图 5-16(c) 所示。因此转子电阻增大，使启动转矩增加。

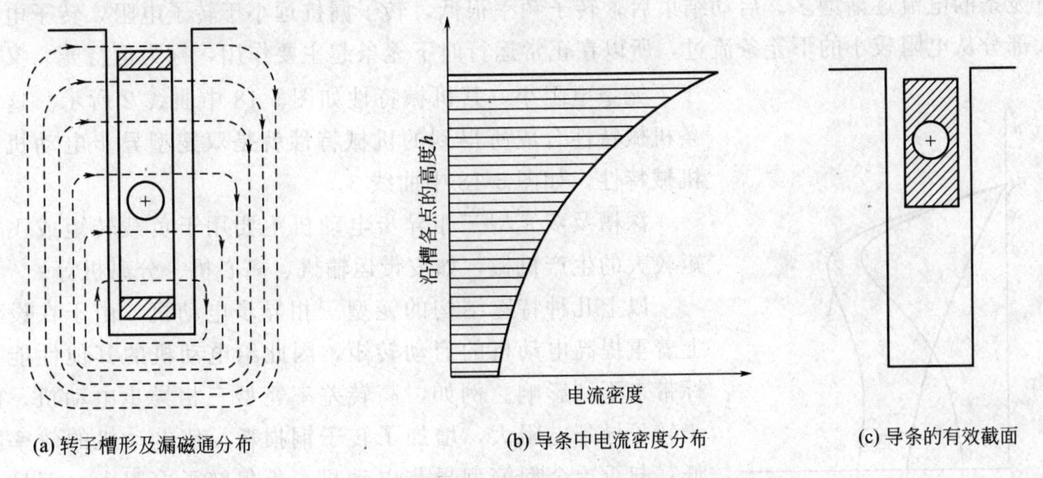

(a) 转子槽形及漏磁通分布　(b) 导条中电流密度分布　(c) 导条的有效截面

图 5-16　深槽笼型异步电动机转子导条的集肤效应

随着电动机的转速升高，转子电流频率逐渐减弱，转子电阻也随之减小。当达到额定转速时，转子电流频率仅几赫兹，集肤效应基本消失，这相当于导条截面积增大，转子电阻自动减小到最小值。

（二）双笼型异步电动机

双笼型转子三相异步电动机的转子有上下两个笼条，两笼间由狭长的缝隙隔开，如图5-17(a) 所示，其横截面结构如图 5-17(b) 所示。上笼条用电阻系数较高的黄铜或铝青铜制成，且截面积较小，因此电阻较大，下笼条则用电阻系数较小的紫青铜制成，截面积较大，因此电阻较小。

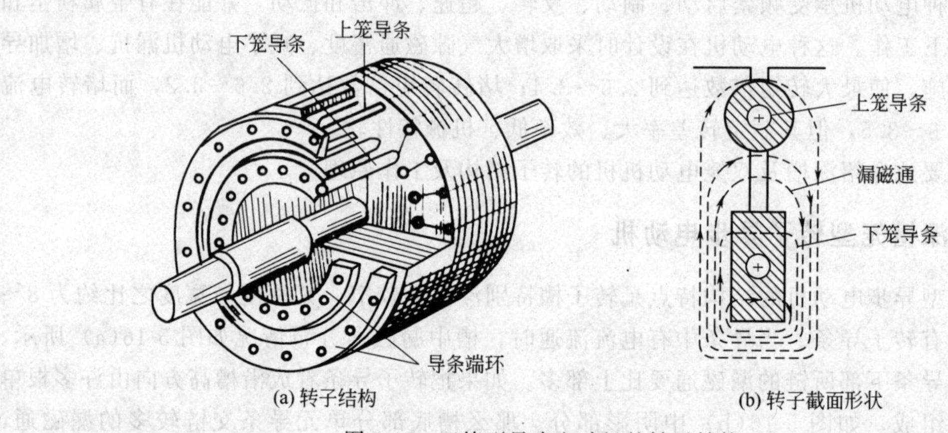

图 5-17　双笼型异步电动机的转子结构

启动时转子电流的频率 $f_2 \approx f_1$ 较高，因此与转子电流频率成正比的转子漏抗（$x_2 = 2\pi f L_2$）很大，由于下笼条电阻小，交链的漏磁通多，因此漏抗大，电流小；而上笼条电阻大，交链的漏磁通少，漏抗小，流过的电流大，集肤效应显著。启动时上笼条起主要作用，所以也把它称为启动笼，由于上笼条电阻大，即可以限制启动电流，又可以提高启动转矩，相当于串电阻启动，其机械特性很软，如图 5-18 中曲线 1 所示。启动过程中，转子电流频率逐渐降低，漏抗逐渐减小，启动电流从上笼条向下笼条转移，即上笼条的电流逐渐减小，下笼条的电流逐渐增多。启动结束后，转子频率很低，转子漏抗远小于转子电阻，转子电流大部分从电阻较小的下笼条流过，所以在正常运行时下笼条起主要作用，称为运行笼。又由于下笼条电阻小，其机械特性如图 5-18 中曲线 2 所示。这两条机械特性合成所得到的机械特性就是双笼型异步电动机的机械特性，如图 5-18 中曲线 3。

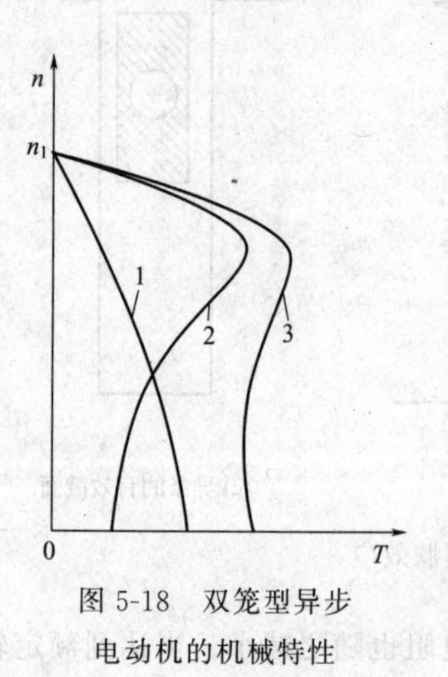

图 5-18　双笼型异步电动机的机械特性

深槽及双笼型三相异步电动机主要用于负载转矩或飞轮矩较大的生产机械，如皮带运输机、离心机、分离机等。

以上几种特殊结构的笼型三相异步电动机，由于在设计上着重提高电动机的启动转矩，因此给电动机的其他性能指标带来不利影响。例如，高转差率笼型三相异步电动机，由于转子导条电阻大，增加了转子铜损耗，使电动机的效率降低；起重冶金型笼型异步电动机，不仅转子电阻大，而且为了提高过载能力还增大了气隙磁密，所以空载电流较大，电动机的功率因数及效率都比普通笼型异步电动机低；深槽及双笼型异步电动机，由于转子槽窄而深，槽漏磁通增多，转子漏抗比普通笼型异步电动机大，运行时功率因数和最大转矩都有所降低。

第三节　绕线转子异步电动机的启动

对于大功率重载启动的情况，采用笼型异步电动机一般不能满足启动要求，这时可以采用绕线转子异步电动机转子串电阻启动，以限制启动电流和增大启动转矩。在要求平滑启动的场合可以采用转子串频敏变阻器的启动方法。

一、绕线转子三相异步电动机串三相对称电阻分级启动

绕线转子三相异步电动机的主要优点之一，是能够在转子电路中串接外接电阻来改善电动机的启动转矩。

由式(5-10）及式(5-11）已知三相异步电动机的最大转矩 T_{max} 与转子电阻无关，但临界转差率 s_m 却随转子电阻的增加而成正比的增大，在启动时，如果适当增加转子回路电阻值，一方面减小了启动电流，另一方面可增大启动转矩，从而缩短启动时间，减少了电动机的发热。

绕线转子异步电动机转子串三相对称电阻启动时，一般采用转子串多级启动电阻，然后分级切除启动电阻的方法，以提高平均启动转矩和减小启动电流与启动转矩对系统的冲击。绕线转子异步电动机转子串电阻启动的接线图及机械特性如图 5-19 所示。启动过程如下：

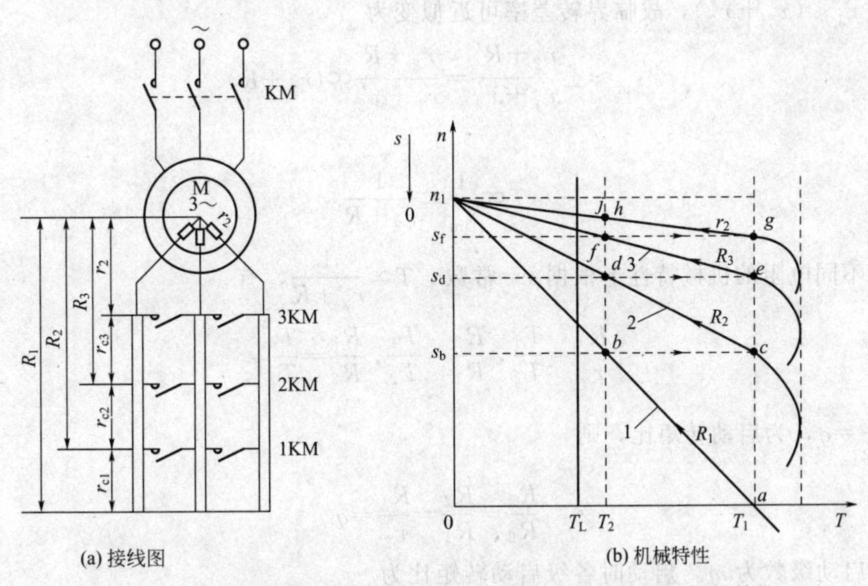

图 5-19　绕线转子异步电动机转子串电阻启动的接线图及机械特性

① 接触器 1KM～3KM 断开，KM 闭合，定子绕组接三相电源，转子绕组串入全部启动电阻（$r_{c1}+r_{c2}+r_{c3}$），电动机加速，启动点在机械特性曲线 1 的 a 点，启动转矩为 T_1，它是启动过程中的最大转矩，称为最大启动转矩，通常取 $T_1<0.9T_{max}$。

② 电动机沿机械特性曲线 1 升速，到 b 点电磁转矩 $T=T_2$，这时接触器 1KM 闭合，切除第一段启动电阻 R_{c1}。忽略电动机的电磁过渡过程时，电动机的运行点将从 b 点过渡到机械特性曲线 2 的 c 点。如果启动电阻选择得合适 c 点的电磁转矩正好等于 T_1。b 点的电磁

转矩 T_2 称为切换转矩，T_2 应大于 T_L。

③ 电动机从 c 点沿机械特性曲线 2 升速到 d 点，$T=T_2$，接触器 2KM 闭合，切除第二段启动电阻 R_{c2}。电动机的运行点过渡到机械特性曲线 3 的 e 点，$T=T_1$。

④ 电动机在机械特性曲线 3 上继续升速到 f 点，$T=T_2$，接触器 3KM 闭合，切除第三段启动电阻 R_{c3}，电动机的运行点过渡到固有机械特性曲线上的 g 点，$T=T_1$。

⑤ 电动机在固有机械特性上升速直到 j 点，$T=T_L$，启动过程结束。

计算启动电阻时，首先把三相异步电动机机械特性线性化。然后根据线性化后的异步电动机机械特性方程式，找出转子回路串电阻后的机械特性，再根据该机械特性计算各段电阻。

已知三相异步电动机机械特性的实用表达式：

$$T=\frac{2\lambda_m T_N}{\dfrac{s_m}{s}+\dfrac{s}{s_m}}$$

转子串电阻后，$s\leqslant s_m$，$s/s_m\leqslant s_m/s$ 可以忽略不计，机械特性实用表达式为

$$T_m=\frac{2T_m}{s_m}s$$

由上式可见，当 s 不变时，T 与 s_m 成反比，即

$$T\propto\frac{1}{s_m}$$

通常 $r_1\ll(x_1+x_2')$，故临界转差率可近似变为

$$s_m\approx\pm\frac{r_2'+R'}{x_1+x_2'}=\frac{r_2+R}{x_1+x_2'}\propto(r_2+R)$$

故

$$T\propto\frac{1}{s_m}\propto\frac{1}{r_2+R}$$

在串不同电阻的机械特性上根据 $s=$常数，$T\propto\dfrac{1}{r_2+R}$，有

$$\frac{R_1}{r_2}=\frac{T_1}{T_2},\ \frac{R_2}{R_1}=\frac{T_1}{T_2},\ \frac{R_3}{R_2}=\frac{T_1}{T_2}$$

令 $\dfrac{T_1}{T_2}=q$，为启动转矩比，则

$$\frac{R_3}{R_2}=\frac{R_2}{R_1}=\frac{R_1}{r_2}=q$$

如果启动级数为 m，启动时各级启动转矩比为

$$\begin{aligned}R_1&=qr_2\\R_2&=qR_1=q^2r_2\\R_3&=qR_2=q^3r_2\\&\cdots\\R_m&=qR_{m-1}=q^mr_2\end{aligned}\tag{5-29}$$

当 $T=T_1$ 时，如图 5-19(b) 所示

$$\frac{R_m}{1}=\frac{r_2}{s_0}$$

$$\frac{R_m}{r_2}=\frac{1}{s_0} \tag{5-30}$$

在固有机械特性上，根据 $T \propto s$，有

$$\frac{s_N}{s_0}=\frac{T_N}{T_1}$$

$$\frac{1}{s_0}=\frac{T_N}{s_N T_1} \tag{5-31}$$

或

$$\frac{1}{s_0}=\frac{T_N}{s_N q T_2} \tag{5-32}$$

把式(5-30) 及式(5-31) 代入式(5-29) 中最后一行，得到

$$q^m=\frac{R_m}{r_2}=\frac{1}{s_0}=\frac{T_N}{s_N T_1}$$

$$q=\sqrt[m]{\frac{T_N}{s_N T_1}} \tag{5-33}$$

或者把式(5-30) 与式(5-32) 代入式(5-29) 最后一行，得到

$$q^m=\frac{R_m}{r_2}=\frac{1}{s_0}=\frac{T_N}{s_N q T_2}$$

$$q^{m+1}=\frac{T_N}{s_N T_2} \tag{5-34}$$

$$q=\sqrt[m+1]{\frac{T_N}{s_N T_2}}$$

依据式(5-33) 及式(5-34) 就可以计算启动电阻了。

例如已知启动级数 m，若给定 T_1 时，计算启动电阻的方法如下。

① 按式(5-33) 计算 q。

② 校核是否满足 $T_2 \geqslant (1.1 \sim 1.2)T_L$，不合适则需修改 T_1，甚至修改启动级数 m，并重新计算 q，再校核 T_2，直至 T_2 大小合适为止，再以此 q 计算各级电阻。

③ 按式(5-29) 计算各级电阻。

已知启动级数 m，若给定 T_2 时，计算步骤相似。先按式(5-34) 计算 q，再校核是否 $T_1 \leqslant 0.85T_m$，不合适修改 T_2 甚至 m，直至合适为止。

如果已知的是 T_1 和 T_2，计算启动级数 m，依据的仍是式(5-33) 或式(5-34)。先由 T_1 或 T_2 及 q 计算 m，一般情况下计算结果往往不是整数，取接近的整数。然后再根据取定的 m，重新计算 q，再校核 T_2 或 T_1，直至合适为止。

转子回路串电阻分级启动时启动电阻的计算是在机械特性线性化的前提下得出的，因此有一定误差。

【例 5-5】 某生产机械用绕线式三相异步电动机拖动，其有关技术数据为 $P_N=40\text{kW}$，$n_N=1460\text{r/min}$，$E_{2N}=420\text{V}$，$I_{2N}=61.5\text{A}$，$\lambda_m=2.6$。启动时负载转矩 $T_L=0.75T_N$，求

转子串电阻三级启动之启动电阻。

解：额定转差率

$$s_N=\frac{n_1-n_N}{n_1}=\frac{1500-1460}{1500}=0.027$$

转子每相电阻

$$r_2\approx\frac{s_N E_{2N}}{\sqrt{3}I_{2N}}=\frac{0.027\times 420}{\sqrt{3}\times 61.5}=0.106(\Omega)$$

最大启动转矩

$$T_1\leqslant 0.85\lambda_m T_N=0.85\times 2.6T_N=2.21T_N$$

启动转矩比

$$q=\sqrt[m]{\frac{T_N}{s_N T_1}}=\sqrt[3]{\frac{T_N}{0.027\times 2.2T_N}}=2.56$$

校核切换转矩 T_2

$$T_2=\frac{T_1}{q}=\frac{2.21T_N}{2.56}=0.863T_N$$

$$1.1T_N=1.1\times 0.75T_N=0.825T_N$$

$$T_2>1.1T_L$$

合适。

分级启动时转子回路各级总电阻

$$R_1=qr_2=2.56\times 0.106=0.271(\Omega)$$

$$R_2=q^2r_2=2.56^2\times 0.106=0.695(\Omega)$$

$$R_3=q^3r_2=2.56^3\times 0.106=1.778(\Omega)$$

分级启动时转子回路外串的各级电阻

$$r_{c1}=R_1-r_2=0.271-0.106=0.165(\Omega)$$

$$r_{c2}=R_2-R_1=0.695-0.271=0.424(\Omega)$$

$$r_{c3}=R_3-R_2=1.778-0.695=1.083(\Omega)$$

二、转子串频敏变阻器启动

绕线转子三相异步电动机转子串电阻分级启动，虽然可以减小启动电流、增大启动转矩，但在启动过程中需要逐级切除启动电阻。如果启动级数较少，在切除启动电阻时就会产生较大的电流和转矩冲击，使启动不平稳。增加启动级数固然可以减小电流和转矩冲击，使启动平稳，但这又会使开关设备和启动电阻的段数增加，增加了设备投资和维修工作量，很不经济。如果串入转子回路中的启动电阻在电动机启动过程中能随转速的升高而自动平滑地减小，就可以不用逐级切除电阻而实现无级启动了。频敏变阻器就是具有这种特性的启动设备。

频敏变阻器是由厚钢板叠成铁心，并在铁心柱上套有线圈的电抗器，如图 5-20 所示。它如同一台没有二次绕组的三相变压器。忽略频敏变阻器绕组的电阻和漏抗时，其一相等值电路如图 5-21 所示，图中 x_m 是绕组的励磁电抗，r_m 是代表频敏变阻器铁损耗的等效电阻。

频敏变阻器的绕组通常联接成星形，接在转子绕组上，因此流过频敏变阻器绕组中的电

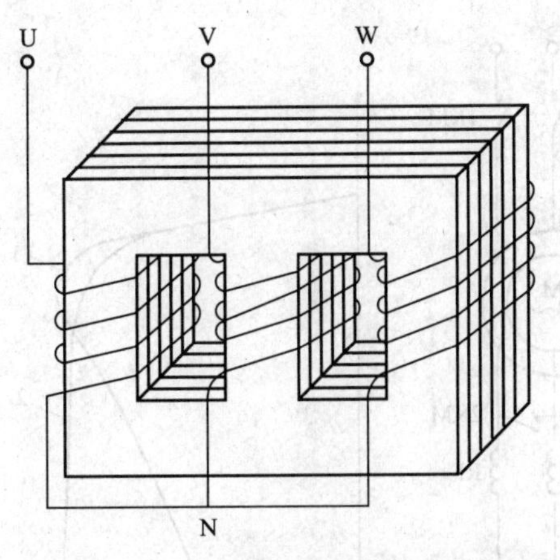

图 5-20　频敏变阻器的结构示意图

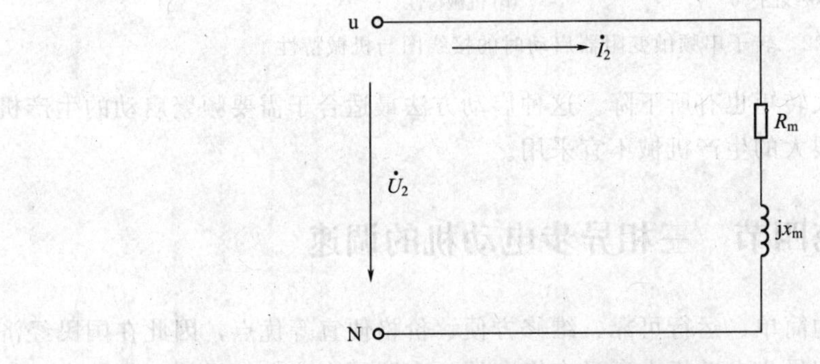

图 5-21　频敏变阻器一相等值电路

流就是电动机的转子电流 I_2。I_2 的频率在启动过程中变化很大，启动瞬间 $f_2=f_1$，启动完毕正常运行时 f_2 仅几赫兹。因此频敏变阻器等值电路中的 x_m、r_m 在启动过程中也要发生较大变化。其中 $x_m \propto f_2$，并与铁心饱和程度有关；r_m 则取决于铁耗，主要是涡流损耗，它与铁心磁通密度幅值的平方以及频率的平方二者之积成正比。由于频敏变阻器的铁心采用 30～50mm 的厚钢板叠成，设计时又选用较高的磁通密度，当 $f_2=f_1$ 时，频敏变阻器的涡流损耗比普通变压器大很多，因此 r_m 较大，而 x_m 则因磁路饱和，且绕组匝数少而其值较小，所以 $r_m>x_m$。随 f_2 降低，r_m 及 x_m 都将减小。

图 5-22 为转子串频敏变阻器启动时的接线图和机械特性。启动时接触器 2KM 断开，1KM 闭合，转子串入频敏变阻器，在启动瞬间 $s=1$，转子电流的频率 $f_2=sf_1=f_1$ 最大，此时因 $r_m>x_m$，相当于在转子回路中串入电阻，而且由于 r_m 远大于转子电阻，使转子回路功率因数提高很多，因此既限制了启动电流，又增大了启动转矩。在启动过程中，随着转速升高，转子电流频率 sf_1 逐渐下降，r_m 及 x_m 都自动减小，结果在整个启动过程中始终保持较大的启动转矩，其机械特性如图 5-22(b) 中曲线 2 所示，图中曲线 1 为固有机械特性。当启动结束后，f_2 仅有 1～3Hz，r_m 及 x_m 都很减小，频敏变阻器已不再起作用，因此当接触器 2KM 闭合，切除频敏变阻器时，不会引起电流和转矩冲击。对于频繁启动的生产机械，可以不用接触器 2KM，而把频敏变阻器经常接于转子回路中，在稳定运行时对电动机的机械特性不会有太大的影响。频敏变阻器结构简单、运行可靠、无需经常维修，价格也便宜，这些都是它的优点。其缺点是功率因数低、与转子串电阻启动相比启动转矩小，由于频

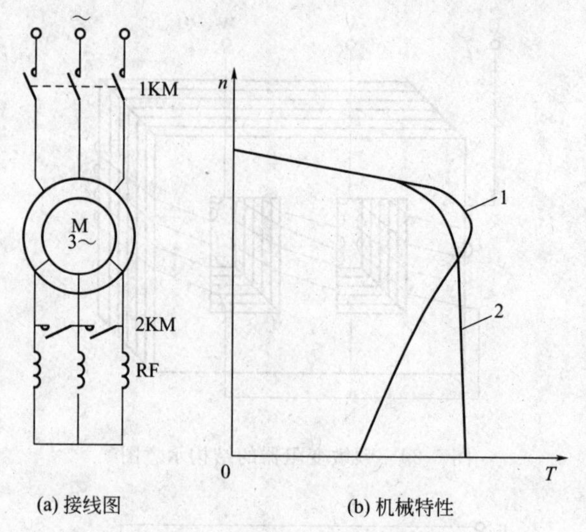

图 5-22　转子串频敏变阻器启动时的接线图与机械特性

敏变阻器电抗的存在，最大转矩也有所下降。这种启动方法最适合于需要频繁启动的生产机械，但对于要求启动转矩很大的生产机械不宜采用。

第四节　三相异步电动机的调速

三相异步电动机有结构简单、运行可靠、维修方便、价格便宜等优点，因此在国民经济各部门得到广泛应用。三相异步电动机由于没有换向器，克服了直流电动机的一些缺点，但如何提高三相异步电动机的调速性能，一直是人们追求的目标。随着电力电子学、微电子技术、计算机技术以及电机理论和自动控制理论的发展，影响三相异步电动机发展的问题逐渐得到了解决，目前三相异步电动机的调速性能已达到了直流调速的水平。在不久的将来交流调速必将取代直流调速。

根据三相异步电动机的转速公式

$$n=n_1(1-s)=\frac{60}{p}f_1(1-s)$$

可知三相异步电动机的调速方法有：

① 改变转差率调速，降低电源电压、绕线转子异步电动机转子串电阻等都属于改变转差率调速；

② 改变旋转磁场速度调速，改变定子极对数、改变电源频率等方法都属于改变旋转磁场速度调速；

③ 串级调速；

④ 利用滑差离合器调速。

下面分别介绍三相异步电动机各种调速方法。

一、降低电源电压调速

三相异步电动机降低电源电压时的人为特性如图 5-23 所示。当定子电压从额定值向下调节时，同步转速 n_1 不变；最大转矩时的转差率 s_m 不变；在同一转速下电磁转矩 $T\propto U^2$。

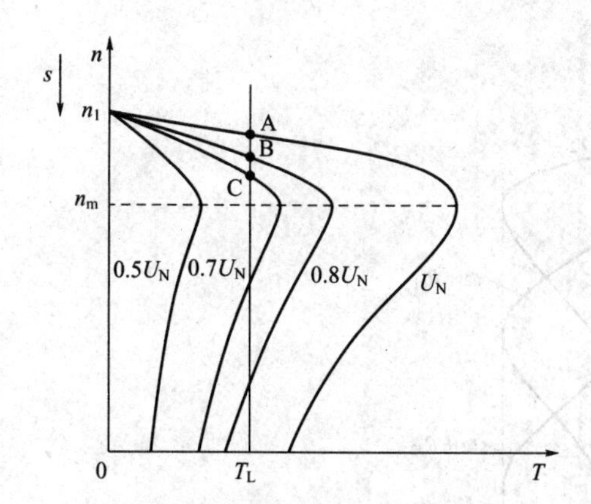

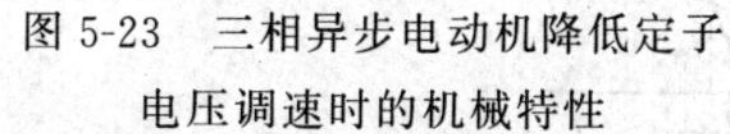

图 5-23　三相异步电动机降低定子电压调速时的机械特性

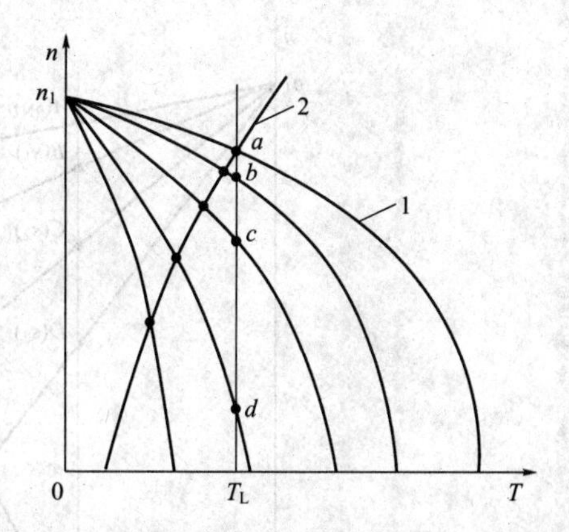

图 5-24　高转差率笼型三相异步电动机降压调速时的机械特性
1—机械特性；2—风机、泵类负载转矩特性

图 5-24 中 a 点为固有机械特性上的运行点，b、c 点为降压后的运行点，$n_c<n_b<n_a$。降压调速方法比较简单，但是一般的鼠笼式三相异步电动机降压调速时的调速范围很窄，没有实用价值。降压调速比较适合于高转差率笼型三相异步电动机或绕线转子三相异步电动机。高转差率笼型三相异步电动机额定转差率较大，特性软，其降低定子电压的人为机械特性如图 5-24 所示。当拖动恒转矩负载时，调速范围可以扩大，但是如果转速太低，如图中 d 点，因定、转子绕组的铜耗太大，长时间运行将使绕组严重发热。对风机、泵类负载，在低速下运行时负载较轻，不致引起电动机过热，因此可以扩大调速范围。

在绕线转子三相异步电动机的转子回路中串入电阻使机械特性变软。由于外串电阻上消耗了较多的转差功率，可以减轻绕组发热，因此可以扩大调速范围。

降压调速的特点如下。

① 只适合于高转差率笼型三相异步电动机或绕线转子三相异步电动机。最适合拖动风机及泵类负载。

② 损耗大，效率低。拖动恒转矩负载在低速下长期运行时，会导致电动机严重发热。

③ 低速运行时，转速稳定性差。为了扩大调速范围，不得不采用高转差率笼型三相异步电动机或绕线转子三相异步电动机串入较大的转子电阻，这导致机械特性变软，低速运行时转速稳定性差。

④ 调速装置简单，价格便宜。目前三相异步电动机降压调速主要采用晶闸管交流调压器。它的体积小，重量轻，线路简单，使用维修方便，电动机很容易实现正、反转和反接制动。它还可兼作笼型电动机的启动设备。

降压调速主要用于对调速精度和调速范围要求不高的生产机械，如低速电梯、简单的起重机械设备、风机、泵类等生产机械。

二、绕线转子三相异步电动机转子串电阻调速

绕线转子异步电动机转子串电阻调速时的机械特性如图 5-25 所示。当电动机拖动恒转矩负载 $T_L=T_N$时，可以得到不同的转速，外串电阻 R_c越大，转速越低。

如图 5-25 所示，当 $T_L=$常数时，有

$$\frac{r_2}{s}=\frac{r_2+R_{c1}}{s_1}=\frac{r_2+R_{c2}}{s_2}=\frac{r_2+R_{c3}}{s_3}$$

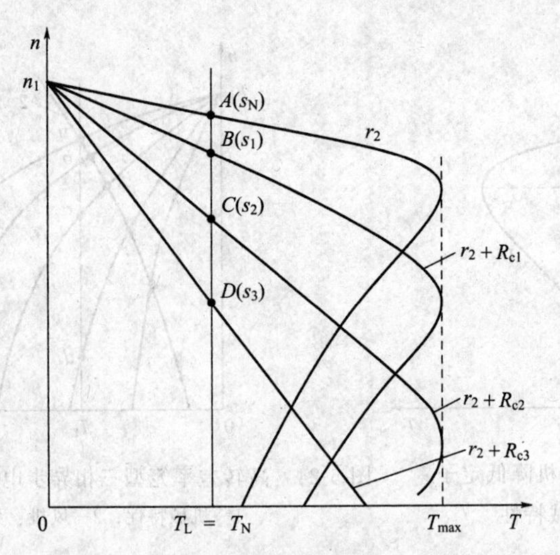

图 5-25　绕线转子异步电动机转子串电阻调速时的机械特性

电磁转矩

$$T=\frac{P_{\mathrm{em}}}{\Omega_1}=\frac{1}{\Omega_1}3I_2^2\frac{r_2}{s}=\frac{1}{\Omega_1}3I_2^2\frac{r_2+R_{\mathrm{c1}}}{s}=\frac{1}{\Omega_1}3I_2^2\frac{r_2+R_{\mathrm{c2}}}{s}=\frac{1}{\Omega_1}3I_2^2\frac{r_2+R_{\mathrm{c3}}}{s}$$

当 $I_2=I_{2\mathrm{N}}$ 时，$T=T_{\mathrm{N}}$，与 s 无关，所以这种调速方法属于恒转矩调速方法。

绕线转子异步电动机转子串电阻调速也是消耗转差功率的调速方法。转差功率 $P_{\mathrm{s}}=sP_{\mathrm{em}}=sT\Omega_1$，转速越低 s 越大，消耗在转子回路中的转差功率就越大。调速系统的效率为

$$\eta=\frac{P_2}{P_1}$$

忽略电动机自身的各项损耗，则 $P_1\approx P_{\mathrm{em}}$，转子回路外串电阻上损耗的功率近似地等于转差功率 P_{s}；输出功率 $P_2\approx P_{\mathrm{em}}-P_{\mathrm{s}}$，则 η 可近似地表示为

$$\eta\approx\frac{P_{\mathrm{em}}-P_s}{P_{\mathrm{em}}}=\frac{P_{\mathrm{em}}-sP_{\mathrm{em}}}{P_{\mathrm{em}}}=1-s=\frac{n}{n_1}$$

可见，这种调速方法的效率近似地与转速成正比。若调速范围 $D=2$，则在最低转速 $n_{\min}\approx0.5n_{\mathrm{N}}$ 时，$\eta\approx50\%$。若考虑电动机自身的损耗，效率会更低。

由于绕线转子三相异步电动机转子串电阻调速方法在低速下运行时机械特性很软，负载转矩稍有变化即会引起很大的转速波动，稳定性不好。当要求的静差率较小时，调速范围就不能太宽。

转子外串电阻一般采用金属电阻器，只能分级调节转速。此外，调速用的电阻器应按转子额定电流连续工作的条件来选择，因此电阻器的体积大、笨重。

这种调速方法的主要优点是设备简单、初投资少。它适合于对调速性能要求不高的生产机械，如桥式起重机、通风机、轧钢辅助机械。

三、变极调速

三相异步电动机的同步转速 n_1 与电动机的极对数 p 成反比，改变鼠笼式三相异步电动机定子绕组的极对数，就改变了同步转速，因此称之为变极调速。在改变磁极对数时，转子磁极对数也必须同时改变，因此变极调速常用于鼠笼转子三相异步电动机，这是因为鼠笼转子异步机本身没有固定的极数，它的极对数能自动地与定子极对数相对应。

(一) 变极调速原理

三相异步电动机磁极对数的改变，是通过改变定子绕组的接线方式得到的。变极调速电机定子每相绕组由两个半相绕组组成，如果改变两个半相绕组的接法，就可得到不同的极对数。

图 5-26(a) 为三相异步电动机定子绕组 Y 接时的示意图。图中两个等效集中线圈正向串联，即两个线圈的首端和尾端接在一起。根据图中的电流方向可以判断出它们产生的脉振磁动势是四极的，如图 5-26(b) 所示。三相合成磁动势仍然是四极的，即为四极三相异步电动机。

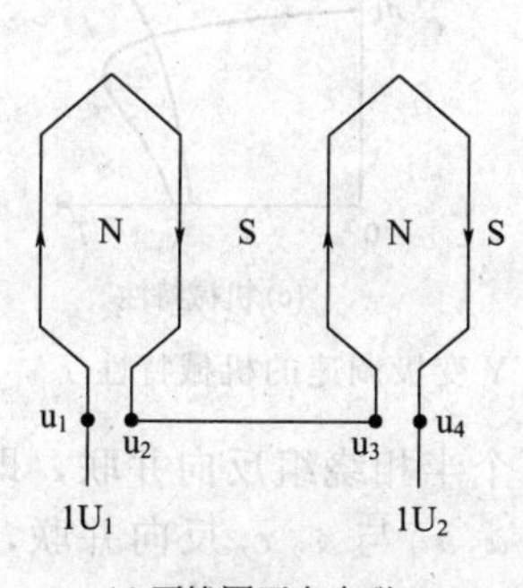

(a) 两线圈正向串联

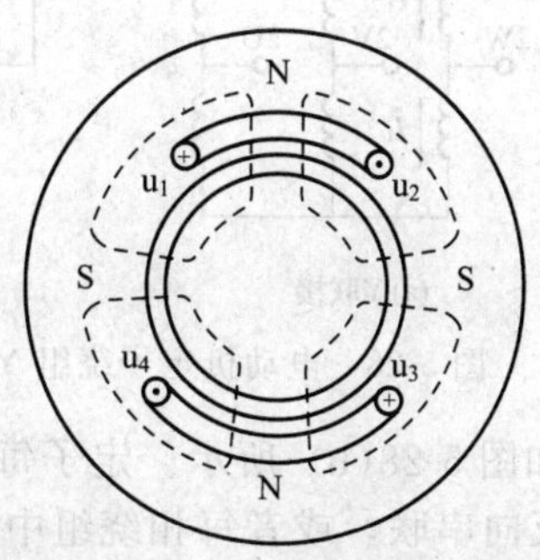

(b) 绕组分布、磁场及极对数的形成

图 5-26　四极三相异步电动机定子绕组接法与极对数的形成

如果把图 5-26 中的联接方式改成图 5-27(a) 或 (b) 的形式，即两个线圈反向并联或反向串联，改变其中一个线圈中的电流方向，那么定子一相绕组产生的磁动势就是两极的了，如图 5-27(c) 所示。定子其他两相绕组也如此连接，则三相绕组的合成磁动势也是二极的，即为两极电动机，同步转速升高一倍。

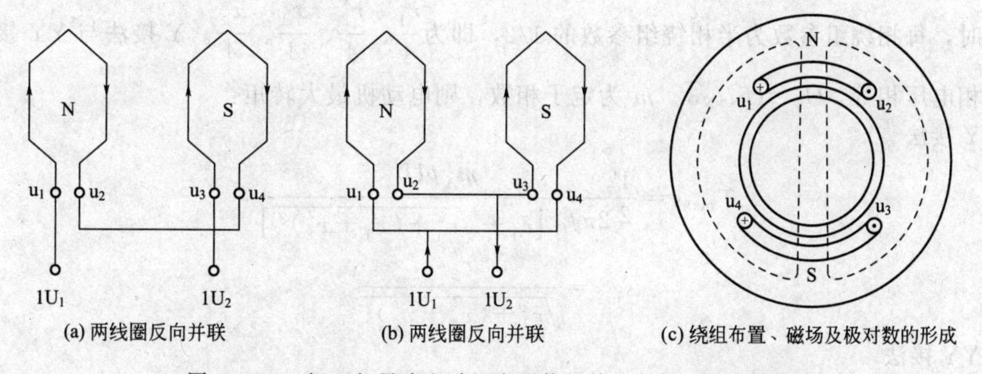

(a) 两线圈反向并联　(b) 两线圈反向并联　(c) 绕组布置、磁场及极对数的形成

图 5-27　二极三相异步电动机定子绕组接法与极对数的形成

在改变定子绕组连接方法使电动机的极对数改变以后，必须倒换加在定子绕组上电源的相序，否则变极后电动机将反转，这是因为极对数不同时空间电角度的大小也不同。例如当 $p=1$ 时，空间电角度与机械角度相等。即 U、V、W 三相绕组互差 120°，$p=2$ 时，120°机械角对应 240°空间电角度。由于变极前后绕组的空间位置并未改变，三相绕组的空间电角度互差 240°，三相绕组 U、V、W 相序正好反向，那么不改变电源相序，电动机就会反转。

(二）变极电动机三相绕组的联接方法

1. Y-YY 接法

Y 接法如图 5-28(a) 所示。Y 接时，定子每相绕组中两个半相绕组正向串联，极对数为 $2p$，同步转速为 n_1。

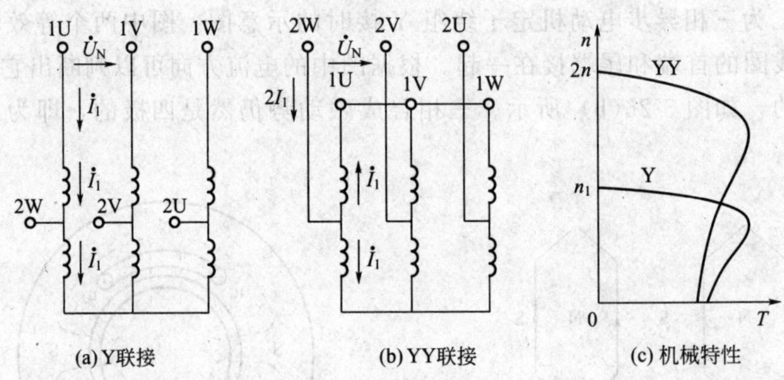

(a) Y联接　(b) YY联接　(c) 机械特性

图 5-28　电动机定子绕组 Y-YY 接法及 Y-YY 变极调速的机械特性

YY 接法如图 5-28(b) 所示。定子每相绕组中的两个半相绕组反向并联，即一相绕组中 a_1x_1 与 a_2x_2 反向串联，或者每相绕组中两个半相绕组 a_1x_1 与 a_2x_2 反向并联，极对数减半为 p，同步转速加倍为 $2n_1$。

定子绕组 Y 接法变为 YY 接法，电动机的机械特性怎样变化呢？除了同步转速变化而外，最大转矩、启动转矩也都有了不同程度的改变，现定性分析如下。

在分析最大转矩、启动转矩时先假定电动机每个半相绕组的参数都相等，分别为 $\frac{r_1}{2}$、$\frac{r_2'}{2}$、$\frac{x_1}{2}$、$\frac{x_2'}{2}$。Y 接时，每相绕组参数为半相绕组参数的二倍，即为 r_1、r_2'、x_1、x_2'；YY 接法时，每相绕组参数为半相绕组参数的 1/2，即为 $\frac{r_1}{4}$、$\frac{r_2'}{4}$、$\frac{x_1}{4}$、$\frac{x_2'}{4}$。Y 接法与 YY 接法，其每相电压相等，$U_1=U_N/\sqrt{3}$。m 为定子相数，则电动机最大转矩：

Y 接法

$$T_{\max Y}=\frac{1}{2}\frac{m_1pU_1^2}{2\pi f_1\left[r_1+\sqrt{r_1^2+(x_1+x_2')^2}\right]}$$

$$s_{mY}=\frac{r_2'}{\sqrt{r_1^2+(x_1+x_2')^2}}$$

YY 接法

$$T_{\max YY}=\frac{1}{2}\frac{m_1\frac{p}{2}U_1^2}{2\pi f_1\left[\frac{r_1}{4}+\sqrt{\left(\frac{r_1}{4}\right)^2+\left(\frac{x_1+x_2'}{4}\right)^2}\right]}=2T_{\max Y}$$

$$s_{mYY}=\frac{\frac{r_2'}{4}}{\sqrt{\left(\frac{r_1}{4}\right)^2+\left(\frac{x_1+x'}{4}\right)^2}}=s_{mY}$$

启动转矩：

Y 接法

$$T_{qY}=\frac{m_1 p U_1^2 r_2'}{2\pi f_1\left[(r_1+r_2')^2+(x_1+x_2')^2\right]}$$

YY 接法

$$T_{qYY}=\frac{m_1\dfrac{p}{2}U_1^2 r''_2}{2\pi f_1\left[\left(\dfrac{r_1+r_2'}{4}\right)^2+\left(\dfrac{x_1+x_2'}{4}\right)^2\right]}=2T_{qY}$$

根据以上结果，定性画出 Y-YY 变极调速时异步电动机机械特性如图 5-28(c) 所示。若拖动恒转矩负载 T_L运行时，从 Y 向 YY 变极调速，电动机的转速、最大转矩和启动转矩都增加了一倍。

下面再来分析 Y-YY 变极调速属于什么调速方式。假设 Y-YY 变极调速时，电动机的功率因数 $\cos\varphi_1$ 及效率 η 均保持不变，每个半相绕组中都流过额定电流 I_1，电动机输出的功率与转矩分别为：

Y 接法

$$P_Y=\sqrt{3}U_N I_1\cos\varphi_1\eta$$

$$T_Y=9550\frac{P_Y}{n_Y}\approx 9550\frac{P_Y}{n_1}$$

YY 接法

$$P_{YY}=\sqrt{3}U_N(2I_1)\cos\varphi_1\eta=2P_Y$$

$$T_{YY}\approx 9550\frac{P_{YY}}{2n_1}\approx 9550\frac{2P_Y}{2n_1}=T_Y$$

由此可见，Y-YY 变极调速基本上属于恒转矩调速方式。

2. D-YY 接法

D-YY 接法如图 5-29(a) 和 (b) 所示。D 接法时，定子每相中的两个半相绕组正向串联，极对数为 $2p$，同步转速为 n_1。YY 接法时，定子每相中的两个半相绕组反向并联，极对数减半为 p，同步转速加倍为 $2n_1$，与 Y-YY 相同。

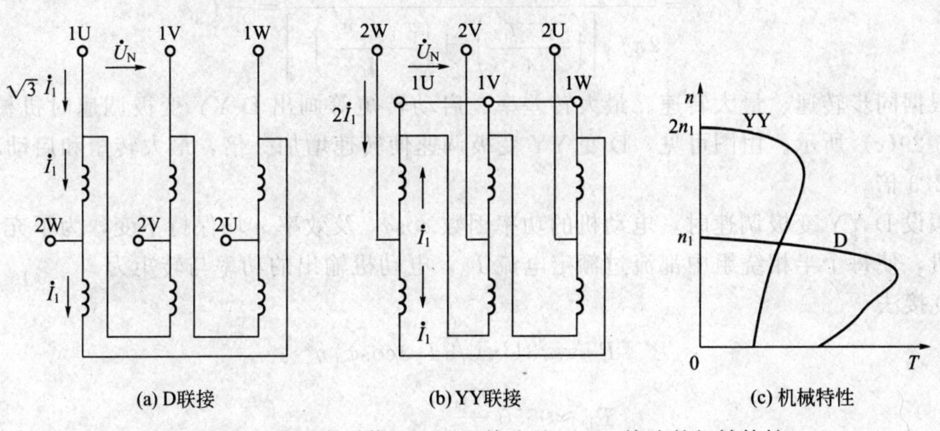

图 5-29　电动机定子绕组 D-YY 接法及 D-YY 接法的机械特性

定子绕组 D 接法变为 YY 接法，电动机的机械特性与 Y-YY 不同，下面就来分析电动机同步转速、最大转矩、启动转矩的变化情况。

在分析最大转矩、启动转矩时，先假定 D 接法时电动机每相绕组参数为 r_1、r'_2、x_1、x'_2，YY 接法时每相绕组参数为 $\frac{r_1}{4}$、$\frac{r'_2}{4}$、$\frac{x_1}{4}$、$\frac{x'_2}{4}$，D 接法时相电压 $U_{1D}=U_N$，而 YY 接法时相电压 $U_{1YY}=\frac{U_N}{\sqrt{3}}=\frac{U_{1D}}{\sqrt{3}}$。

电动机最大转矩：

Y 接法

$$T_{maxD}=\frac{1}{2}\frac{m_1 pU_N^2}{2\pi f_1\left[r_1+\sqrt{r_1^2+(x_1+x'_2)^2}\right]}$$

$$s_{mD}=\frac{r'_2}{\sqrt{r_1^2+(x_1+x'_2)^2}}$$

YY 接法

$$T_{maxYY}=\frac{1}{2}\frac{m_1\frac{p}{2}\left(\frac{U_N}{\sqrt{3}}\right)^2}{2\pi f_1\left[\frac{r_1}{4}+\sqrt{\left(\frac{r_1}{4}\right)^2+\left(\frac{x_1+x'_2}{4}\right)^2}\right]}=\frac{2}{3}T_{maxD}$$

$$s_{mYY}=\frac{\frac{r'_2}{4}}{\sqrt{\left(\frac{r_1}{4}\right)^2+\left(\frac{x_1+x'_2}{4}\right)^2}}=s_{mD}$$

启动转矩：

D 接法

$$T_{qD}=\frac{m_1 pU_N^2 r'_2}{2\pi f_1\left[(r_1+r'_2)^2+(x_1+x'_2)^2\right]}$$

YY 接法

$$T_{qYY}=\frac{m_1\frac{p}{2}\left(\frac{U_N}{\sqrt{3}}\right)^2\frac{r'_2}{4}}{2\pi f_1\left[\left(\frac{r_1+r'_2}{4}\right)^2+\left(\frac{x_1+x'_2}{4}\right)^2\right]}=\frac{2}{3}T_{qD}$$

根据同步转速、最大转速、最大转差率、启动转矩等画出 D-YY 变极调速时机械特性，如图 5-29(c) 所示。由图可见，D 变 YY 变极调速使转速增加一倍，最大转矩和启动转矩减小了 2/3 倍。

假设 D-YY 变极调速时，电动机的功率因数 $\cos\varphi_1$ 及效率 η 均保持不变，为了充分利用电动机，使每个半相绕组中都流过额定电流 I_1，电动机输出的功率与转矩为

D 接法

$$P_D=\sqrt{3}U_N(\sqrt{3}I_1)\cos\varphi_1\eta$$

$$T_D\approx 9550\frac{P_D}{n_1}$$

YY 接法

$$P_{YY}=\sqrt{3}U_N(2I_1)\cos\varphi_1\eta=\frac{2}{\sqrt{3}}P_D=1.155P_D$$

$$T_{YY}\approx 9550\frac{P_{YY}}{2n_1}\approx 9550\frac{\frac{2}{\sqrt{3}}P_D}{2n_1}=\frac{1}{\sqrt{3}}T_D=0.577T_D$$

由此可见，D-YY 变极调速既非恒转矩调速方式，也非恒功率调速方式，但比较接近恒功率调速方式。

变极调速方法的优点在于设备简单、运行可靠、机械特性较硬、可以实现恒转矩调速方式，也可实现恒功率调速方式。缺点是转速只能成倍增长，为有级调速。Y-YY 接法应用于起重电葫芦、运输传送带等；D-YY 接法应用于各种机床的粗加工（低速）和精加工（高速）。

变极调速电动机属于多速电动机。上面介绍的 Y-YY 及 D-YY 变极方法只是两种典型方法，还有更复杂的变极调速方法在这里就不一一介绍了。

四、变极变压调速

为了改善变极调速电动机调速的平滑性，可以把变极调速和变压调速结合起来，在高速运行时，电动机定子绕组接成少极数，用降压调速方法调速；低速运行时，电动机接成多极数，使同步转速降低，再用降低电压的调速方法调速。这样，既可以扩大调速范围，又可以减小电动机的转差功率损耗，从而改善了电动机的调速性能。这种调速方法称为变极调压调速。

图 5-30 为一台三速（4/6/10 极）电动机在变极调压调速时的机械特性。图中实线为三次变极调速时的机械特性曲线。控制系统中的自动换极装置使电动机能在相应的极数下运行。当转速由 4 极情况下的最高额定转速通过改变给定降到 6 极的最高额定转速时，自动换极装置动作，自动改变定子绕组的接法，四极电机变成 6 极电机，在 6 极下运行。当转速由 6 极情况下的最高额定转速通过改变给降到 10 极的最高额定转速时，电动机又自动换接成 10 极，在 10 极下运行，从而实现了平滑调速。图中虚线是降压调速特性。当电动机极对数一定时，采用带转速负反馈的降压调速。例如当负载转矩由 T_1 变到 T_2 时，在闭环控制系统的作用下电动机的定子电压由 U_1''' 自动增加到 U_1，工作点从 a 点过渡到 b 点，连接 ab 两点即得到一条硬度很高的人为机械特性。不同给定转速下的机械特性是互相平行的。

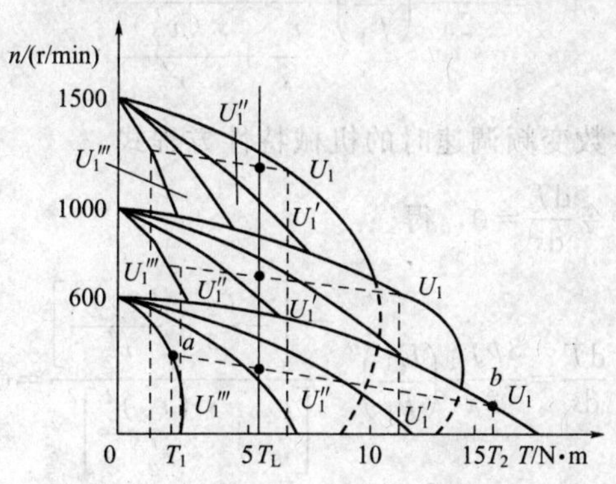

图 5-30　变极调压调速时的机械特性

五、三相异步电动机的变频调速

当极对数一定时，三相异步电动机的同步转速与定子电源的频率成正比，改变定子频率即可改变同步转速，达到调速的目的。

通常把异步电动机定子的额定频率称为基频。变频调速时，可以从基频向下调节，也可以由基频向上调节。

（一）基频以下变频调速

三相异步电动机定子每相电压$U_1 \approx E_1$，气隙磁通为

$$\Phi_m = \frac{E_1}{4.44 f_1 N_1 k_{w1}} \approx \frac{U_1}{4.44 f_1 N_1 k_{w1}} \tag{5-35}$$

在变频调速时，如果只降低定子频率f_1，而定子每相电压保持不变，则Φ_m要增大。由于在$U_1 = U_N$、$f_1 = f_N$时电动机的主磁路就已接近饱和，Φ_m再增大，主磁路必然过饱和，这将使励磁电流急剧增大，铁损耗增加，$\cos\varphi$下降。

从式(5-35）可见，若在降低f_1时，使U_1也随之降低，则可保持Φ_m不变，从而避免过饱和现象发生。因此，在基频以下变频调速时，定子电压必须与频率配合控制。配合控制的方法主要有两种，现分述如下。

(1）保持$\frac{E_1}{f_1}$=常数

降低频率时，保持$\frac{E_1}{f_1}$等于常数，则气隙磁通Φ_m为常数，是恒磁通控制方式。此时电动机的电磁转矩

$$\begin{aligned} T &= \frac{P_{em}}{\Omega_1} = \frac{(3I_2'^2)\frac{r_2'}{s}}{\frac{2\pi n}{60}} = \frac{3p}{2\pi f_1}\left(\frac{E_2'}{\sqrt{\left(\frac{r_2'}{s}\right)^2 + (x_2')^2}}\right)^2 \frac{r_2'}{s} \\ &= \frac{3pf_1}{2\pi}\left(\frac{E_1}{f_1}\right)^2 \frac{\frac{r_2'}{s}}{\left(\frac{r_2'}{s}\right)^2 + (x_2')^2} \\ &= \frac{3pf_1}{2\pi}\left(\frac{E_1}{f_1}\right)^2 \frac{1}{\frac{r_2'}{s} + \frac{s\,(x_2')^2}{r_2'}} \end{aligned} \tag{5-36}$$

式(5-36）是保持磁通为常数变频调速时的机械特性方程式。

对式(5-36）求导，并令$\frac{dT}{ds} = 0$，得

$$\frac{dT}{ds} = \frac{3pf_1}{2\pi}\left(\frac{E_1}{f_1}\right)^2 \frac{-\left[-\frac{r_2'}{s^2} + \frac{(x_2')^2}{r_2'}\right]}{\left[\frac{r_2'}{s} + \frac{s\,(x_2')^2}{r_2'}\right]^2} = 0$$

得

$$\frac{r'_2}{s^2}=\frac{(x'_2)^2}{r'_2}$$

因此

$$s_{\mathrm{m}}=\frac{r'_2}{x'_2} \tag{5-37}$$

把式(5-37)代入式(5-36)，得到

$$T_{\mathrm{m}}=\frac{3pf_1}{2\pi}\left(\frac{E_1}{f_1}\right)^2\frac{1}{x'_2+x'_2}=\frac{1}{2}\frac{3p}{2\pi}\left(\frac{E_1}{f_1}\right)^2\frac{f_1}{x'_2}=\frac{1}{2}\frac{3p}{2\pi}\left(\frac{E_1}{f_1}\right)^2\frac{1}{2\pi L'_2}=\text{常数} \tag{5-38}$$

式中，L'_2为转子静止时漏电感系数折合值，$x'_2=2\pi f_1 L'_2$。

最大转矩处的转速降落：

$$\Delta n_{\mathrm{m}}=s_{\mathrm{m}}n_1=\frac{r'_2}{x'_2}\frac{60f_1}{p}=\frac{r'_2}{2\pi f_1 L'_2}\frac{60f_1}{p}=\text{常数} \tag{5-39}$$

从式(5-38)与式(5-39)可见：基频以下变频调速时，若保持$\frac{E_1}{f_1}$=常数，最大转矩及最大转矩处的转速降落均等于常数，与频率无关。因此不同频率的各条机械特性是平行的，硬度相同。

恒磁通变频调速的机械特性如图5-31所示。可见该机械特性与他励直流电动机降低电源电压调速相似，机械特性较硬，在一定的静差率下，调速范围很宽且稳定性好。又由于频率可以连续调节，因此恒磁通变频调速为无级调速，平滑性好。此外电动机在正常运行时，转差率s较小，因此转差功率P_s较小，效率较高。

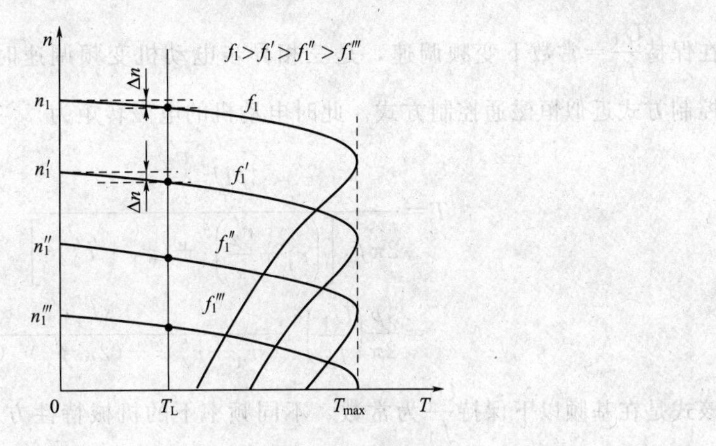

图5-31 恒磁通变频调速时的机械特性

下面讨论恒磁通变频调速属于什么调速方式。为此，先分析电磁转矩为常数时，转差率s与电源频率f_1的关系。

当$\frac{E_1}{f_1}$=常数，变频调速时电动机电磁转矩为

$$T=\frac{3p}{2\pi}\left(\frac{E_1}{f_1}\right)^2\frac{f_1\frac{r'_2}{s}}{\left(\frac{r'_2}{s}\right)^2+(x'_2)^2}=\text{常数}$$

则

$$\frac{f_1 \frac{r'_2}{s}}{\left(\frac{r'_2}{s}\right)^2+(x'_2)}=C(\text{常数})$$

那么又有

$$f_1 \frac{r'_2}{s}=C\left(\frac{r'_2}{s}\right)^2+C(x'_2)^2$$

$$f_1 r'_2 s=C(r'_2)^2+C(x'_2)^2 s^2$$

$$C(2\pi f_1 L'_2)^2 s^2-f_1 r'_2 s+C(r'_2)^2=0$$

$$s=\frac{f_1 r'_2+\sqrt{(f_1 r')^2-4C(2\pi f_1 L'_2)^2 C(r'_2)^2}}{2C(2\pi f_1 L'_2)^2}=\frac{K}{f_1}$$

其中

$$K=\frac{r'_2+\sqrt{(r')^2-4C(2\pi L'_2)^2 C(r'_2)^2}}{2C(2\pi L'_2)^2}=\text{常数}$$

由于 $T=$常数，$s\propto\frac{1}{f_1}$，说明各条机械特性是互相平行的，又由于恒磁通变频调速时电磁转矩保持不变，所以为恒转矩调速方式。

(2) 保持$\frac{U_1}{f_1}=$常数

在保持$\frac{U_1}{f_1}=$常数下变频调速，是三相异步电动机变频调速时常采用的一种控制方式，这种控制方式近似恒磁通控制方式。此时电动机的电磁转矩为

$$T=\frac{3pU_1^2 \frac{r'_2}{s}}{2\pi f_1\left[\left(r_1+\frac{r'_2}{s}\right)^2+(x_1+x'_2)^2\right]}$$

$$=\frac{3p}{2\pi}\left(\frac{U_1}{f_1}\right)^2 \frac{sf_1 r'_2}{(sr_1+r'_2)^2+(2\pi sf_1)^2(L_1+L'_2)^2} \tag{5-40}$$

该式是在基频以下保持$\frac{U_1}{f_1}$为常数、不同频率下的机械特性方程式。其不同频率下的最大转矩为

$$s_{\mathrm{m}}=\frac{r'_2}{\sqrt{r_1^2+(x_1+x'_2)^2}}$$

$$T_{\mathrm{m}}=\frac{1}{2}\frac{3pU_1^2}{2\pi f_1\left[r_1+\sqrt{r_1^2+(x_1+x'_2)^2}\right]}$$

$$=\frac{1}{2}\frac{3p}{2\pi}\left(\frac{U_1}{f_1}\right)^2 \frac{f_1}{r_1+\sqrt{r_1^2+(x_1+x'_2)^2}} \tag{5-41}$$

从式(5-41) 看出，保持$\frac{U_1}{f_1}=$常数，在基频以下变频调速时，最大转矩 T_{m}将随 f_1的降

低而减小。这是因为 $x_1+x_2'=2\pi f_1(L_1+L_2')$ 是随着电源频率下降而变小的参数，但是 r_1 与定子频率无关，在 f_1 接近额定频率时，$r_1\ll(x_1+x_2')$，可忽略不计，随着 f_1 的下降，最大转矩下降不多；但是当 f_1 较低时，(x_1+x_2') 比较小，r_1 不能忽略，随着 f_1 的降低，最大转矩也随着减小，其机械特性如图 5-32 所示。其中虚线部分是恒磁通调速时 T_m＝常数时的机械特性，显然保持 $\frac{U_1}{f_1}$＝常数变频调速时，过载能力略有降低，特别是在低频低速运行时还可能会拖不动负载。

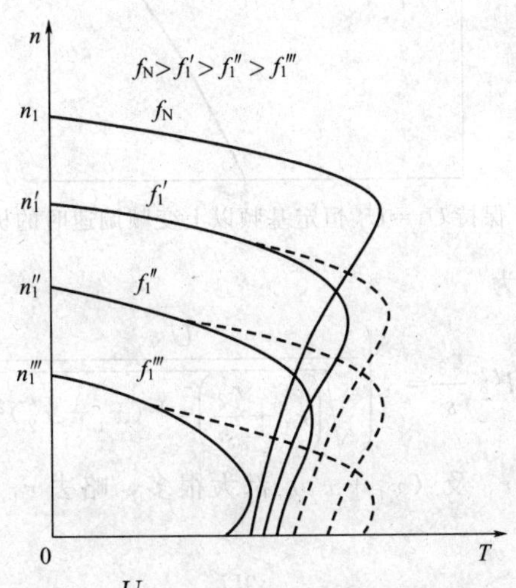

图 5-32 $\frac{U_1}{f_1}$＝常数变频调速时的机械特性

由于 $\frac{U_1}{f_1}$＝常数，磁通近似恒定，因此这种调速方法属于近似恒转矩调速方法。

（二）基频以上变频调速

在基频以上变频调速时，定子频率 f_1 大于额定频率 f_N，要保持 Φ_m 恒定，定子电压将高于额定值，这是不允许的。因此，基频以上变频调速时，应使 U_1 保持额定值不变。这样，随着 f_1 升高，气隙磁通将减小，相当于弱磁调速方法。

当 $f_1>f_N$ 时，r_1 比 (x_1+x_2') 及 r_2'/s 都小得多，忽略 r_1，则 T_{max} 及 s_m 分别为

$$T_{max}=\frac{3p}{4\pi f_1}\frac{U_N^2}{\left[r_1+\sqrt{r_1^2+(x_1+x_2')^2}\right]}\approx\frac{3pU_N^2}{4\pi f_1}\frac{1}{2\pi f_1(L_1+L_2')}\propto\frac{1}{f_1^2} \tag{5-42}$$

$$s_m=\frac{r_2'}{\sqrt{r_1^2+(x_1+x_2')^2}}\approx\frac{r_2'}{2\pi f_1(L_1+L_2')}\propto\frac{1}{f_1} \tag{5-43}$$

最大转矩时的转速降

$$\Delta n_m=s_m n_1\approx\frac{r_2'}{2\pi f_1(L_1+L_2')}\cdot\frac{60f_1}{p}=\text{常数} \tag{5-44}$$

由以上三式可见，当 $U_1=U_N$ 不变，$f_1>f_N$ 变频调速时，T_{max} 将与 f_1^2 成反比减小；s_m 与 f_1 成反比地减小；而 Δn_m 则保持不变，即不同频率下各条机械特性曲线近似平行，其机械特性曲线如图 5-33 所示。

由于 f_1 升高后 Φ_m 将减小，因此若保持定、转子电流为额定值不变，电磁转矩将低于

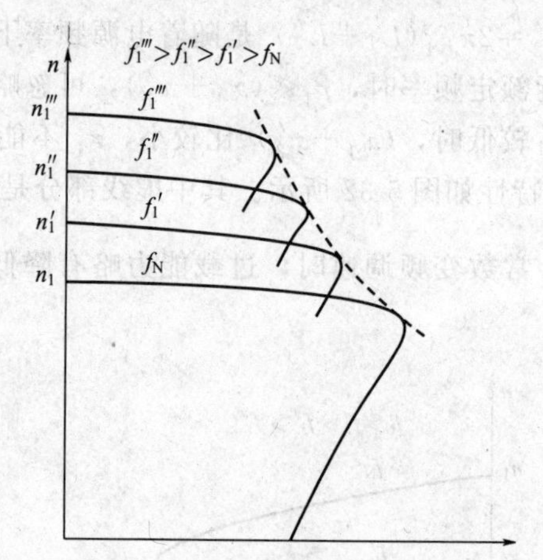

图 5-33　保持 $U_1=U_N$ 恒定基频以上变频调速时的机械特性

额定值。电动机的电磁功率为

$$P_{em}=3I'^2_2\frac{r'_2}{s}=3\left(\frac{U_N}{\sqrt{\left(r_1+\frac{r'_2}{s}\right)^2+(x_1+x'_2)^2}}\right)^2\frac{r'_2}{s}$$

正常运行时 s 很小，r'_2/s 比 r_1 及（$x_1+x'_2$）都大很多，略去 r_1 及（$x_1+x'_2$），电磁功率可近似地表示为

$$P_{em}\approx\frac{3U_N^2}{r'_2}s$$

正常运行时若保持 $U_1=U_N$ 不变，则不同频率下 s 变化不大，因此 $P_{em}\approx$ 常数，可近似地认为属于恒功率调速方式。

综上所述，三相异步电动机变频调速具有以下特点。

① 在基频以下变频调速时，应采用定子电压与频率的配合控制。保持 $E_1/f_1=$ 常数的控制方式为恒磁通变频调速，属于恒转矩调速方式；保持 $U_1/f_1=$ 常数的控制方式为近似恒磁通变频调速，属于近似恒转矩调速方式。

② 在基频以上变频调速时，须保持 $U_1=U_N$ 不变，随着 f_1 升高 Φ_m 下降，T_{max} 将与 f_1^2 成反比减小，属于近似恒功率调速方式。

③ 机械特性基本平行，调速范围宽，转速稳定性好。

④ 正常运行时 s 小，转差功率损耗小，效率高。

⑤ 频率 f_1 可连续调节，能实现无级调速。

三相异步电动机变频调速具有很好的调速性能，高性能的三相异步电动机变频调速系统的调速性能可与直流调速系统相媲美。但变频调速需要一套性能优良的变频电源。目前普遍采用由功率半导体器件构成的静止变频器。现在变频调速已在冶金、化工、机械制造等产业得到广泛应用。

六、绕线式三相异步电动机串级调速

(一) 串级调速原理

所谓串级调速，就是在异步电动机转子回路中串入一个与转子电动势 $s\dot{E}_2$ 频率相同、相位相同或相反的附加电动势 $\dot{E}_f$，利用改变 $\dot{E}_f$ 的大小来调节转速的一种调速方法。图5-34是转子回路串附加电动势 $\dot{E}_f$ 时的一相等值电路。此时 $\dot{I}_2$ 的大小取决于转子回路中电动势的代数和，其表达式为

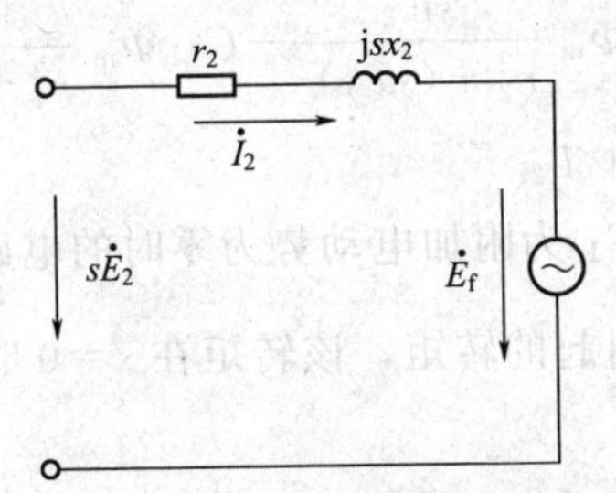

图 5-34 转子回路串附加电动势 $\dot{E}_f$ 时的一相等值电路

$$I_2=\frac{sE_2\pm E_f}{\sqrt{r_2^2+(sx_2)^2}} \tag{5-45}$$

当电动机定子电压及负载转矩都保持不变时，转子电流可看成是常数；同时考虑到电动机正常运行时 s 很小，$sx_2 \ll r_2$，忽略 sx_2，则式(5-45) 变为

$$sE_2\pm E_f \approx 常数 \tag{5-46}$$

式中，E_2 为转子开路时的相电动势，是常数，因此当改变 E_f 的大小时 s 将发生变化。

1. $\dot{E}_f$ 与 $s\dot{E}_2$ 同相位

转子回路串入与 $s\dot{E}_2$ 同相位附加电动势 $\dot{E}_f$ 后，式(5-46) 中 E_f 前取正号，此时增大 E_f 时 s 减小，n 升高。当 $E_f=0$ 时，电动机在固有机械特性上运行，随着 E_f 增大 n 上升。当 E_f 增加到某一值时，$s=0$、$n=n_1$。此时转子电流仅由 E_f 产生，电动机仍产生拖动转矩。如果再增大 E_f，则 $s<0$，$n>n_1$，电动机将在高于同步转速下运行。这种串级调速称为超同步串级调速。

2. $\dot{E}_f$ 与 $s\dot{E}_2$ 反相位

如果转子回路串入与 $s\dot{E}_2$ 反相位附加电动势 $\dot{E}_f$ 后，式(5-46) 中 E_f 前取负号，此时增大 E_f 时 s 也增大，转速 n 则降低。反之，当 E_f 减小时，s 减小，n 升高。当 $E_f=0$ 时，电动机在固有机械特性上运行，转速最高，但低于同步转速；当 E_f 增大时 n 上升。当 $E_f=E_2$时，$s=1$、$n=0$。可见当 E_f 在 $0\sim E_2$之间变化时，即可在同步转速以下调节电动机的转速。因此有时称它为低同步串级调速，也称之为次同步串级调速。

超同步串级调速的装置比较复杂，实际应用较少。低同步串级调速容易实现，在技术上也基本成熟，目前已得到广泛应用。

（二）串级调速的机械特性

转子回路串入与 $s\dot{E}_2$ 同相位附加电动势 $\dot{E}_f$ 后，若 $\dot{E}_f$ 与 $s\dot{E}_2$ 相位相反，则有

$$I_2=\frac{sE_2-E_f}{\sqrt{r_2^2+(sx_2)^2}}$$

$$
\begin{aligned}
T &= C_{\mathrm{Tj}}\Phi_{\mathrm{m}} I_2\cos\varphi_2 \\
&= C_{\mathrm{Tj}}\Phi_{\mathrm{m}} \frac{(sE_2 - E_{\mathrm{f}})}{\sqrt{r_2^2+(sx_2)^2}}\frac{r_2}{\sqrt{r_2^2+(sx_2)^2}} \\
&= C_{\mathrm{Tj}}\Phi_{\mathrm{m}} \frac{sE_2}{r_2^2+(sx_2)^2} - C_{\mathrm{Mj}}\Phi_{\mathrm{m}} \frac{E_{\mathrm{f}} r_2}{r_2^2+(sx_2)^2} \\
&= T_1 + T_2
\end{aligned}
\tag{5-47}
$$

上式为电磁转矩方程式，其中 T_1 为附加电动势为零时的电磁转矩，$T_1=f(s)$ 为固有机械特性，而 T_2 为附加电动势 $\dot{E}_{\mathrm{f}}$ 引起的转矩，该转矩在 $s=0$ 时为负最大值，且无论 s 为正还是为负，T_2 都是负值。

根据电磁转矩方程式，画出 $\dot{E}_{\mathrm{f}}$ 与 $s\dot{E}_2$ 相位相反时电动机的机械特性曲线，如图 5-35(a) 所示。显然，由于 $\dot{E}_{\mathrm{f}}$ 引起转矩 T_2，理想空载转速 n_0 不再等于同步速 n_1，而是低于 n_1 了。若拖动恒转矩负载运行，则串入 $\dot{E}_{\mathrm{f}}$ 后，转速降低了。同时 T_2 绝对值的大小正比于 E_{f} 的大小，E_{f} 值越大，调速作用越明显，其合成的机械特性曲线如图 5-35(b) 所示，电动机转速向低于同步速方向调节，故为低同步串级调速。串入 $\dot{E}_{\mathrm{f}}$ 后，电动机理想空载运行时，$I_2=0$，$T=0$，此时电动机转差率为 s_0，则

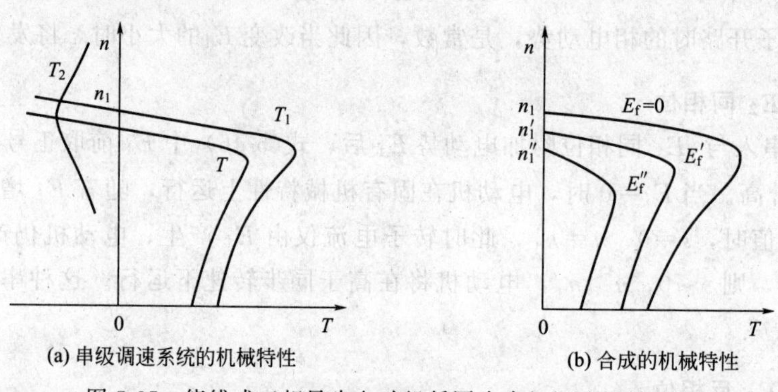

(a) 串级调速系统的机械特性　　(b) 合成的机械特性

图 5-35　绕线式三相异步电动机低同步串级调速机械特性

$$s_0 E_2 = E_{\mathrm{f}}$$

$$s_0 = \frac{E_{\mathrm{f}}}{E_2}$$

串级调速时的理想空载转速则为

$$n_0 = n_1 - s_0 n_1 = (1-s_0)n_1 \tag{5-48}$$

如果 $\dot{E}_{\mathrm{f}}$ 与 $s\dot{E}_2$ 相位相同，则转子电流为

$$I_2 = \frac{sE_2 + E_{\mathrm{f}}}{\sqrt{r_2^2+(sx_2)^2}}$$

$$
\begin{aligned}
T &= C_{\mathrm{Mj}}\Phi_{\mathrm{m}} \frac{sE_2 r_2}{r_2^2+(sx_2)^2} + C_{\mathrm{Mj}}\Phi_{\mathrm{m}} \frac{E_{\mathrm{f}} r_2}{r_2^2+(sx_2)^2} \\
&= T_1 + T_2
\end{aligned}
\tag{5-49}
$$

根据式(5-49)，绘出机械特性曲线，如图 5-36(a) 所示，其合成的机械特性如图 5-36

(b) 所示。显然理想空载转速 n_0 高于同步速 n_1，拖动恒转矩负载运行时，串入 $\dot{E}_f$ 转速升高；E_f 越大，转速升高越多，这是超同步串级调速，电动机可以运行在比同步速 n_1 高的转速上。

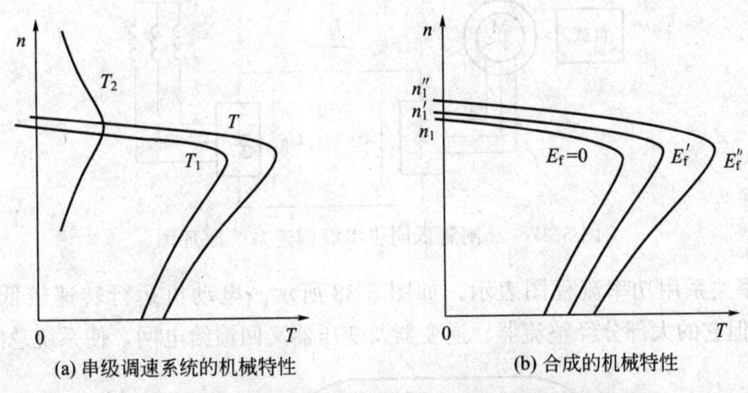

图 5-36　三相异步电动机超同步串级调速机械特性

(三) 晶闸管串级调速系统

超同步串级调速系统比较复杂，目前国内主要使用低同步串级调速。转子回路中串入与 $s\dot{E}_2$ 极性相反的附加电势的方案很多，应用最广泛的串级调速系统如图 5-37 所示。三相异步电动机转子绕组接入一个不可控的整流器，把转子电势 $s\dot{E}_2$ 整流成直流。与该整流器并联一个由晶闸管组成的逆变器，它有两个功能：一是可以把转子整流器输出的功率通过逆变变压器 B 回馈给电网，二是通过改变晶闸管逆变器的控制角 α，可以改变逆变器两端的电压，即改变附加电势 E_f 的大小，实现三相异步电动机低同步串级调速。

(四) 串级调速的效率

串级调速系统的效率比转子串电阻调速效率高，下面以晶闸管串级调速系统为例分析它的效率。

在图 5-37 中，电网送给串级调速系统的功率为 P；输入给三相异步电动机的有功功率为 P_1；去掉定子铜耗 P_{Cu1} 和铁耗 P_{Fe} 后为电磁功率 P_{em}；电动机输出功率为 P_2；电磁功率中的一部分转变为机械功率 $P_\Omega=(1-s)P_{em}$，另一部分送入转子回路为转差功率 $P_s=sP_{em}$；转差功率中的一部分消耗在转子回路电阻上即 P_{Cu2}，另一部分 (P_s-P_{Cu2}) 送入整流器；送入整流器中的功率，再经过晶闸管逆变器及逆变变压器回馈给电网。其中整流器、晶闸管逆变器及逆变变压器各装置中损耗为 P_b；另外设回馈给电网的功率为 P_B，则上述各量之间有如下的关系：

$$P=P_1-P_B$$

$$P_B=P_s-P_{Cu2}-P_b$$

$$P_2=P_\Omega-P_\Omega-P_s$$

系统的总效率为

$$\eta=\frac{P_2}{P}$$

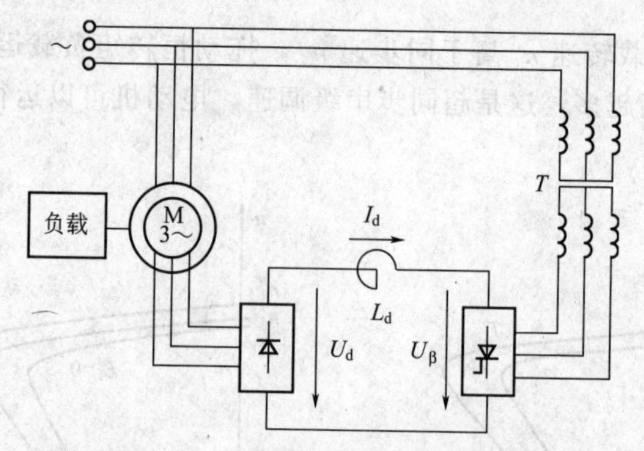

图 5-37　晶闸管低同步串级调速系统原理图

把上述功率关系用功率流程图表示，如图 5-38 所示。电动机运行转速较低时，虽然转差功率 P_s较大，但它的大部分经整流器、逆变器及变压器又回馈给电网，使系统总的效率仍较高。

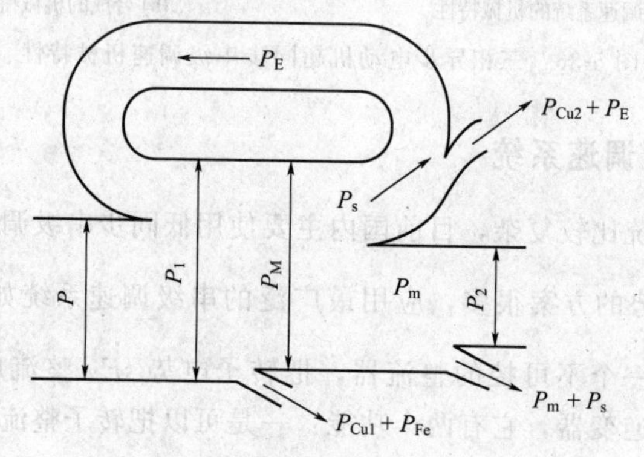

图 5-38　晶闸管串级调速的功率流程

从以上晶闸管串级调速系统功率传递关系可以看出，转子回路中与 $s\dot{E}_2$ 相位相反的电动势 $\dot{E}_f$ 的作用是吸收转差功率，而转子回路串电阻调速时，这部分功率是被串入的电阻吸收了。串级调速系统中 $\dot{E}_f$ 吸收的功率可以回馈电网，而电阻吸收的功率只能变成热能损失掉了，这就是串级调速效率高而串电阻调速效率低的原因所在。

根据上面对绕线式三相异步电动机串级调速时机械特性及功率关系分析的结果，得到这种调速方法的主要特点是：

① 效率高；

② 机械特性较硬、调速范围较宽；

③ 无级调速；

④ 低速运行时过载能力降低；

⑤ 主要由于逆变变压器吸收滞落后的无功功率等原因，造成了系统总功率因数较低；

⑥ 设备体积大，成本高。

三相异步电动机串级调速与直流电动机调速相比较，都能实现无级调速，具有较高的调速精度。在调速范围要求不大的情况下，采用三相异步电动机串级调速方法，可控硅逆变装置的容量和耐压都比较小，比直流拖动要经济。绕线式三相异步电动机串级调速方法，已日益广泛应用于水泵和风机的节能调速，应用于压缩机、不可逆轧钢机、矿井提升机以及挤压机等很多生产机械上。

【例 5-6】 某起重机主钩的原动机是一台绕线式三相异步电动机，额定数据与【例 5-4】中的三相异步电动机相同，采用转子串电阻调速，其调速电阻既启动电阻，数值为【例 5-4】的计算结果。试计算提升重物时 $T_L=0.75T_N$，可能运行的几种转速值为多少？

解：(1) 运行在固有机械特性上的最高转速的计算

临界转差率

$$s_m=s_N(\lambda_m+\sqrt{\lambda_m^2-1})=0.027\times(2.6+\sqrt{2.6^2-1})=0.135$$

最高转速时的转差率为 s_1

$$0.75T_N=\frac{2T_{max}}{\dfrac{s_1}{s_m}+\dfrac{s_m}{s_1}}$$

$$0.75T_N=\frac{2\times2.6T_N}{\dfrac{s_1}{0.135}+\dfrac{0.135}{s_1}}$$

$$7.41s_1^2-6.93s_1+0.135=0$$

解得：

$$s_1=0.02$$

最高转速

$$n_1'=n_1(1-s_1)=1500\times(1-0.02)=1470(\text{r/min})$$

(2) 当转子回路总电阻 $R_1=0.271\Omega$ 时转速的计算

转差率为 s_2

$$\frac{s_2}{R_1}=\frac{s_1}{r_2}$$

$$s_2=\frac{R_1}{r_2}s_1=\frac{0.271}{0.106}\times0.02=0.051$$

转速为

$$n_2'=n_1(1-s_2)=1500\times(1-0.051)=1424(\text{r/min})$$

(3) 当转子回路总电阻 $R_2=0.695\Omega$ 时转速的计算

转差率为 s_3

$$\frac{s_3}{R_2}=\frac{s_1}{r_2}$$

$$s_3=\frac{R_2}{r_2}s_1=\frac{0.695}{0.106}\times0.02=0.131$$

转速为

$$n_3'=n_1(1-s_3)=1500\times(1-0.131)=1304(\text{r/min})$$

(4) 当转子回路总电阻 $R_3=1.778\Omega$ 时转速的计算

转差率为 s_4

$$\frac{s_4}{R_3}=\frac{s_1}{r_2}$$

$$s_4=\frac{R_3}{r_2}s_1=\frac{1.778}{0.106}\times0.02=0.335$$

转速为

$$n_4'=n_1(1-s_4)=1500\times(1-0.335)=998(\mathrm{r/min})$$

【例 5-7】 一台绕线式三相异步电动机，其技术数据为：$P_N=75\mathrm{kW}$，$n_N=720\mathrm{r/min}$，$U_N=380\mathrm{V}$，$I_N=148\mathrm{A}$，$\lambda_m=2.4$，$E_{2N}=213\mathrm{V}$，$I_{2N}=220\mathrm{A}$。拖动恒转矩负载 $T_L=0.85T_N$ 时欲使电动机运行在 $n=540\mathrm{r/min}$，若

(1) 采用转子回路串电阻，求每相电阻；

(2) 采用降压调速，求电源电压；

(3) 采用变频调速，保持$\frac{U}{f}$为常数，求频率与电压各为多少。

解：(1) 转子回路串电阻时每相电阻的计算：

额定转差率

$$s_N=\frac{n_1-n_N}{n_1}=\frac{750-720}{750}=0.04$$

临界转差率

$$s_m=s_N(\lambda_m+\sqrt{\lambda_m^2-1})=0.04\times(2.4+\sqrt{2.4^2-1})=0.183$$

转子每相电阻

$$r_2=\frac{s_N E_{2N}}{\sqrt{3}I_{2N}}=\frac{0.04\times 213}{\sqrt{3}\times 220}=0.0224(\Omega)$$

$n=540\mathrm{r/min}$ 时的转差率

$$s'=\frac{n_1-n}{n_1}=\frac{750-540}{750}=0.28$$

串电阻后的临界转差率为 s_m'

$$T_L=\frac{2\lambda_m T_N}{\frac{s'}{s_m'}+\frac{s_m'}{s'}}$$

$$\frac{s'}{s_m'}+\frac{s_m'}{s'}=\frac{2\lambda_m T_N}{T_L}$$

$$\frac{s_m'^2}{s'}-\frac{2\lambda_m T_N}{T_L}s_m'+s'=0$$

$$s_m'=\frac{\frac{2\lambda_m T_N}{T_L}\pm\sqrt{\left(\frac{2\lambda_m T_N}{T_L}\right)^2-4\frac{1}{s'}\cdot s'}}{2\frac{1}{s'}}$$

$$=s'\left[\frac{2\lambda_m T_N}{T_L}\pm\sqrt{\left(\frac{2\lambda_m T_N}{T_L}\right)^2-1}\right]$$

$$=0.28\times\left[\frac{2.4T_N}{0.85T_N}\pm\sqrt{\left(\frac{2.4T_N}{0.85T_N}\right)^2-1}\right]$$

$$=1.53$$

(其中一个根 0.05 不合理，舍去)

转子回路每相串入电阻值为 R

$$\frac{r_2+R}{r_2}=\frac{s'_m}{s_m}$$

$$R=\left(\frac{s'_m}{s_m}-1\right)r_2=\left(\frac{1.53}{0.183}-1\right)\times 0.0224=0.165(\Omega)$$

(2) 降低电源电压时 s_m 不变，$s'>s_m$，因此不能稳定运行，故不能用降压调速。

(3) 变频调速时，保持$\frac{U}{f}$为常数，频率与电压的计算：

$T_L=0.85T_N$ 时在固有机械特性上运行的转差率为 s，则

$$T_L=\frac{2\lambda_m T_N}{\frac{s}{s_m}+\frac{s_m}{s}}$$

$$0.85T_N=\frac{2\times 2.4T_N}{\frac{s}{0.183}+\frac{0.183}{s}}$$

$$\frac{s^2}{0.183}-5.647s+0.183=0$$

解得

$$s=0.033$$

稳定运行时的转速降落

$$\Delta n=sn_1=0.033\times 750=25(\mathrm{r/min})$$

变频前后的同步转速

$$n'_1\approx n+\Delta n=540+25=565(\mathrm{r/min})$$

变频的频率为

$$f'=\frac{n'_1}{n_1}f_N=\frac{565}{750}\times 50=37.67(\mathrm{Hz})$$

变频的电压为

$$U'=\frac{f'}{f_N}U_N=\frac{n'_1}{n_1}U_N=\frac{565}{750}\times 380=286.3(\mathrm{V})$$

在【例 5-7】中推导出了绕线式三相异步电动机转子回路串入电阻后人为机械特性上 s'_m 的计算方法，已知该人为特性上的一个工作点 $T=T_L$，$s=s'$，则该特性的临界转差率为

$$s'_m=s'\left[\frac{\lambda_m T_N}{T_L}\pm\sqrt{\left(\frac{\lambda_m T_N}{T_L}\right)^2-1}\right]$$

若 $T_L=T_N$ 时，则为

$$s'_m=s'\left[\lambda_m\pm\sqrt{\lambda_m^2-1}\right]$$

以上两式在计算机械特性时，经常用来直接计算 s'_m，而不必再列实用公式解二次方程式了。

第五节　三相异步电动机的各种运行状态

三相异步电动机电力拖动系统与直流电动机电力拖动系统一样，要求电动机能在各种运行状态下工作，电动机的运行状态主要包括电动运行状态和制动运行状态。运行状态的定义

方法也和直流电动机的一样，即当 T 与 n 方向一致时为电动运行状态；T 与 n 方向相反时为制动运行状态。根据制动运行状态中 T 与 n 的不同情况，又分为反接制动、回馈制动和能耗制动等。

一、电动运行状态

三相异步电动机在电动状态下运行时，转子旋转方向与旋转磁场的转向相同，且 $n<n_1$，$0<s<1$；T 与 n 方向一致，为拖动转矩。电动机从电网吸取电功率，从轴上输出机械功率。

图 5-39 为三相异步电动机在电动状态下运行时的机械特性。在第Ⅰ象限为正向电动运行状态，工作点为 A、B 点。拖动反抗性恒转矩负载时，改变电动机定子绕组的相序，则 n_1 及 T 均改变方向，电动机反转，机械特性位于第Ⅲ象限，工作点为 C 点。此时电动机为反向电动状态。

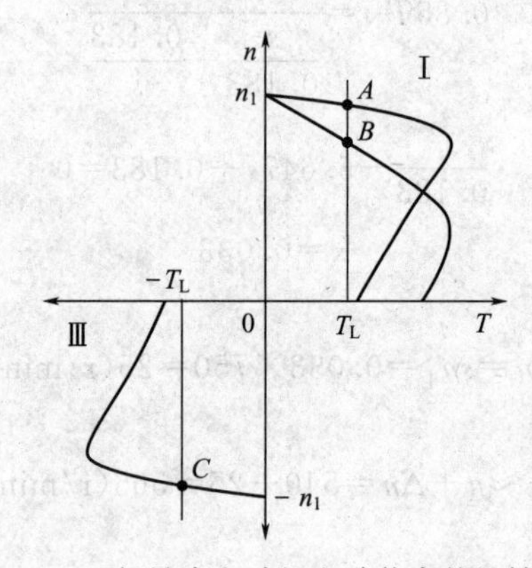

图 5-39　三相异步电动机电动状态的机械特性

二、反接制动

（一）定子两相反接的反接制动

设绕线式三相异步电动机拖动反抗性恒转矩在固有机械特性的 A 点运行，如图 5-40(a) 所示。为了让电动机迅速停止或反转，把定子任意两相绕组对调后接入电源，同时在转子回路中串入三相对称电阻 R_c，见图 5-40(b)。

在定子两相绕组对调瞬间，定子旋转磁动势立即反向，以 $-n_1$ 的速度旋转。这时电动机的机械特性变为图 5-40 中的曲线 2，电动机的运行点从 A 点过渡到 B 点，并沿机械特性曲线 2 变化至 C 点。在第Ⅱ象限内，$n>0$，$T<0$，是制动状态，称为反接制动状态。

反接制动时电动机的转差率为

$$s=\frac{-|n_1|-|n|}{-|n_1|}=\frac{n_1+n}{n_1}>1$$

电磁功率 P_{em}、机械功率 P_m 及转差功率 P_s 分别为

$$P_{em}=2I'^2_2\frac{r'^2_2+R'}{s}>0$$

$$P_\Omega=P_{em}(1-s)<0$$

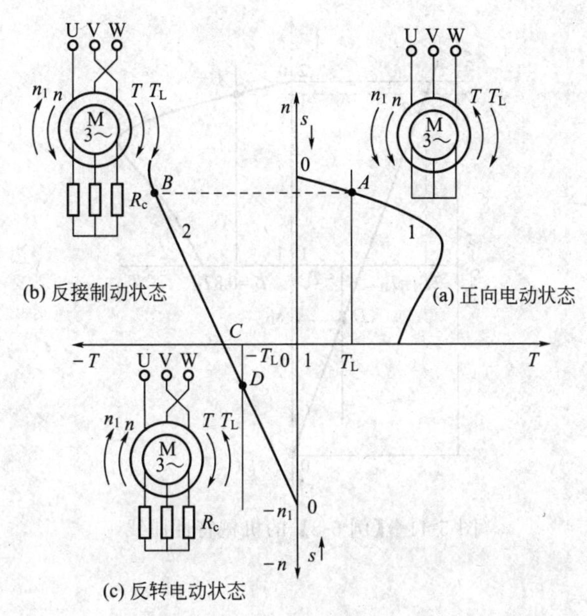

图 5-40　三相异步电动机定子两相反接的反接制动

$$P_s=3I'^2_2(r'_2+R')=P_{em}-P_\Omega=P_{em}+|P_\Omega|$$

可见，在反接制动时，电动机即要从电网吸收电功率 P_{em}（>0），又要从电动机轴上输入机械功率 P_Ω（<0）。这部分机械功率是在反接制动的降速过程中由拖动系统转动部分减少的动能提供的。在制动过程中，电磁功率和机械功率都转变为转差功率，消耗于转子回路的电阻中。

当制动到 $n=0$ 时，即图 5-40 中 C 点，若 $|T|>|T_L|$，则电动机将反向启动。最后稳定运行于 D 点，电动机工作于反向电动状态。所以反接制动特别适合于要求频繁正、反转的生产机械，以便迅速改变旋转方向，提高生产率。如果采用反接制动只是为了停车，那么当制动到 $n=0$ 时必须切断电动机的电源，否则会出现 $|T|>|T_L|$，使电动机反转。

由于反接制动时转差功率很大，如果是笼型三相异步电动机采用反接制动，这时全部转差功率都消耗在转子绕组的电阻上，并转变为热能消耗掉了，它使电动机绕组严重发热，所以笼型转子三相异步电动机反接制动的次数和两次制动的时间间隔都受到限制。对绕线转子三相异步电动机，在反接制动时可以在转子回路中串入较大的电阻，一方面限制了制动电流，使大部分转差功率消耗在转子外串电阻上，减轻了电动机绕组的发热；另一方面还可以增大临界转差率，使电动机在制动开始时能够产生较大的制动转矩，以加快制动过程。

【例 5-8】 一台绕线转子三相异步电动机，技术数据，$P_N=75\text{kW}$，$n_N=1460\text{r/min}$，$E_{2N}=213\text{V}$，$I_{2N}=220\text{A}$，$\lambda_m=2.8$。在固有机械特性上拖动反抗性恒转矩负载运行，$T_L=0.8T_N$，见图 5-41。为使电动机快速反转，采用反接制动。

(1) 要求制动开始时电动机的电磁转矩为 $T=2T_N$，求转子每相应串入的电阻值。

(2) 电动机反转后的稳定转速是多少？

解：(1) 求电动机的制动转矩为 $T=2T_N$ 时转子每相制动电阻计算

额定转差率

$$s_N=\frac{n_1-n_N}{n_1}=\frac{1500-1460}{1500}=0.0267$$

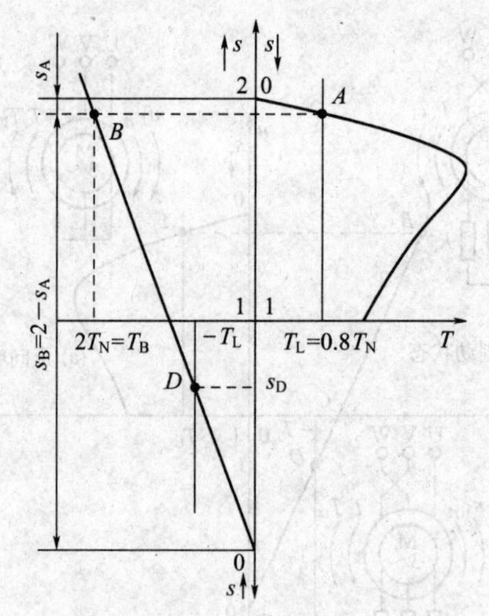

图 5-41 【例 5-8】的机械特性曲线

转子绕组电阻

$$r_2=\frac{E_{2N}s_N}{\sqrt{3}I_{2N}}=\frac{399\times0.0267}{\sqrt{3}\times116}=0.053(\Omega)$$

固有机械特性上的临界转差率

$$s_m=s_N(\lambda_m+\sqrt{\lambda_m^2-1})=0.0267\times(2.8+\sqrt{2.8^2-1})=0.1445$$

在固有机械特性上 $T_L=0.8T_N$ 时的转差率

$$s_A=s_m\left(\frac{\lambda_m T_N}{T_L}+\sqrt{\left(\frac{\lambda_m T_N}{T_L}\right)^2-1}\right)=0.1445\times\left(\frac{2.8}{0.8}+\sqrt{\left(\frac{2.8}{0.8}\right)^2-1}\right)=0.0211$$

在反接制动机械特性上开始制动时的转差率如图 5-41 所示，为

$$s_m'=2-s_A=2-0.0211=1.976$$

反接制动机械特性的临界转差率

$$s_m'=s_B\left(\frac{\lambda_m T_N}{T_B}+\sqrt{\left(\frac{\lambda_m T_N}{T_B}\right)^2-1}\right)=1.976\times\left(\frac{2.8}{2}+\sqrt{\left(\frac{2.8}{2}\right)^2-1}\right)=4.71$$

转子每相外串电阻的计算

$$R_c=\left(\frac{s_m'}{s_m}-1\right)r_2=\left(\frac{4.71}{0.1445}-1\right)\times0.053=1.647(\Omega)$$

(2) 求电动机反转后稳定运行时的转差率

$$s_D'=s_m'\left(\frac{\lambda_m T_N}{T_L}+\sqrt{\left(\frac{\lambda_m T_N}{T_L}\right)^2-1}\right)=4.71\times\left(\frac{2.8}{0.8}+\sqrt{\left(\frac{2.8}{0.8}\right)^2-1}\right)=0.687$$

电动机反转后稳定运行的转速

$$n_D=n_1(1-s_D)=1500\times(1-0.687)=-469(\text{r/min})$$

(二) 转速反向的反接制动

三相异步电动机拖动位能性负载在固有机械特性上的 A 点稳定运行，提升一重物，如图 5-42 所示。为了下放重物，可在转子回路中串入足够大的电阻 R_c，这时电动机的机械特性变为图 5-42 中的曲线 2，电动机运行点从固有机械特性上的 A 点过渡到机械特性曲线 2

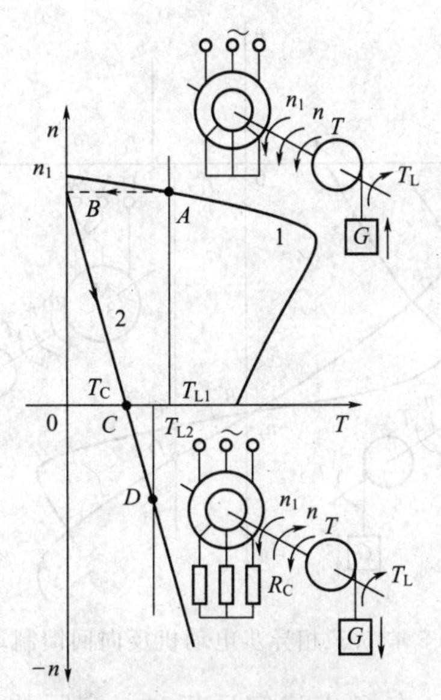

图 5-42　转速反向的反接制动

上的 B 点，并从 B 点向 C 点减速。到 C 点时，$n=0$，因 $T<T_{L2}$，在位能负载转矩 T_{L2} 作用下电动机反转，进入第Ⅳ象限，直到 D 点 $T=T_{L2}$，电动机稳定运行，以恒定的速度下放重物。

在第Ⅳ象限，$T>0$、$n<0$，是制动状态。此时电动机的转差率为

$$s=\frac{n_1-n_D}{n_1}$$

这与定子两相反接的反接制动时相同，因此在制动过程中的能量关系也应一样，$P_m<0$、$P_s=P_{em}+|P_\Omega|$，只是电动机轴上输入的功率是靠重物下放时减少的位能来提供的，所以它也属于反接制动。这种反接制动的特点是定子绕组按正相序接线（$n_1>0$），转子则在位能负载转矩的拖动下而反转（$n<0$），并能在第Ⅳ象限稳定运行，为了与第一种反接制动区别，把它称作转速反向的反接制动。

三、回馈制动

笼型转子三相异步电动机拖动位能负载高速下放重物时，可将电动机定子绕组反相序接入电网，如图 5-43 所示。这时电动机在电磁转矩 T 及位能性负载转矩 T_{L2} 的作用下反向启动，$n<0$，重物下放，电动机的运行点沿第Ⅲ象限机械特性曲线变化。至 B 点时，$n=-n_1$、$T=0$，但位能负载转矩 T_{L2} 仍为拖动转矩，转速将继续升高，机械特性进入第Ⅳ象限，$|n|>|n_1|$，电磁转矩改变方向成为制动转矩，因而限制了转速继续升高。此时，$n<0$，$T>0$，为制动状态。电动机在 C 点稳定运行时，$n_1<0$，$n<0$，且 $|n|>|n_1|$，因此 $s<0$。此时机械功率为

$$P_\Omega=2I'^2_2\frac{1-s}{s}r'_2<0$$

定子传给转子的电磁功率为

$$P_{em}=2I'^2_2\frac{r'_2}{s}<0$$

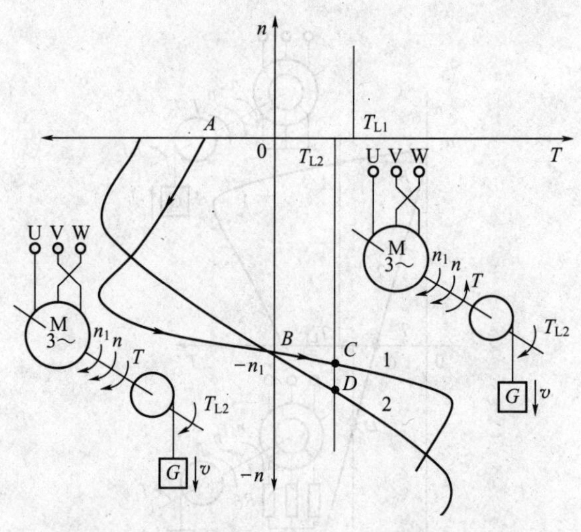

图 5-43　三相异步电动机反向回馈制动

从 $P_{\Omega}<0$ 及 $P_{em}<0$ 可知，在 C 点稳定运行时，实际的功率关系是重物下放时减少了位能，而向电动机输入机械功率，扣除机械损耗 P_{Ω} 及转子铜耗 P_{Cu2} 后转变为电磁功率输送给定子，再扣除定子铜耗 P_{Cu1} 及铁损耗 P_{Fe} 后回馈电网。

下面绘制并分析回馈制动时三相异步电动机的相量图。

三相异步电动机的转子电流

$$\dot{I}'_2=\frac{s\dot{E}'_2}{r'_2+\mathrm{j}sx'_2}=\frac{sr'_2\dot{E}'_2}{r'^2_2+s^2x'^2_2}-\mathrm{j}\frac{s^2x'_2\dot{E}'_2}{r'^2_2+s^2x'^2_2}=\dot{I}'_{2a}-\mathrm{j}\dot{I}'_{2r} \tag{5-50}$$

式中，$\dot{I}'_{2a}$ 及 $\dot{I}'_{2r}$ 分别为转子电流的有功分量和无功分量，即

$$\dot{I}'_{2a}=\frac{sr_2}{r'^2_2+s^2x'^2_2}\dot{E}'_2$$

$$\dot{I}'_{2r}=\frac{s^2x'^2_2}{r'^2_2+s^2x'^2_2}\dot{E}'_2$$

由上式可见，当 $s<0$ 时，$\dot{I}'_{2a}$ 与 $\dot{I}'_{2r}$ 反相位；$\dot{I}'_{2r}$ 则滞后 $\dot{E}'_2$　90°。又根据定、转子电流及励磁电流之间的相量关系画出三相异步电动机回馈制动时的相量图如图 5-44 所示，显然 $\varphi_1>90°$，而

$$P_1=3U_1I_1\cos\varphi_1<0$$

所以定子向电网回馈电功率。这时的三相异步电动机实际上是一台与电网并联运行的交流发电机。

异步电动机的无功功率为

$$Q_1=3U_1I_1\sin\varphi_1$$

由上式可见，无论 φ_1 大于或小于 90°，Q_1 均大于零，就是说无论异步电动机是否处于回馈制动状态，定子都必须从电网吸取无功功率，用以建立磁场。

综上所述，当笼型三相异步电动机拖动位能性负载高速下放重物时，可将电动机定子绕组反接，此时 $n_1<0$，$n<0$，且 $|n|>|n_1|$，而 $T>0$，为制动状态，并向电网回馈电功率，因此称为回馈制动。又因为回馈制动运行时 $n<0$，故称为反向回馈制动。图 5-43 中，曲线

2 是绕线转子三相异步电动机转子串电阻时的反向回馈制动机械特性，反向回馈制动时，对于同一位能性负载转矩，转子回路电阻越大，稳定运行速度越高。为了避免下放重物时速度过快，一般不在转子回路中串入电阻。除了反向回馈制动以外，三相异步电动机还可运行于正向回馈制动状态，其机械特性位于第Ⅱ象限，图 5-45 所示为笼型三相异步电动动机变频调速时的机械特性。电动机原先在固有机械特性的 A 点稳定运行，若突然把定子频率降到 f_1，电动机的机械特性变为曲线 2，其运行点将从 $A\rightarrow B\rightarrow C\rightarrow D$，最后稳定运行与 D 点。这时 $n>0$，$T<0$，且 $n>n_1'$、$s<0$，所以是正向回馈制动状态。

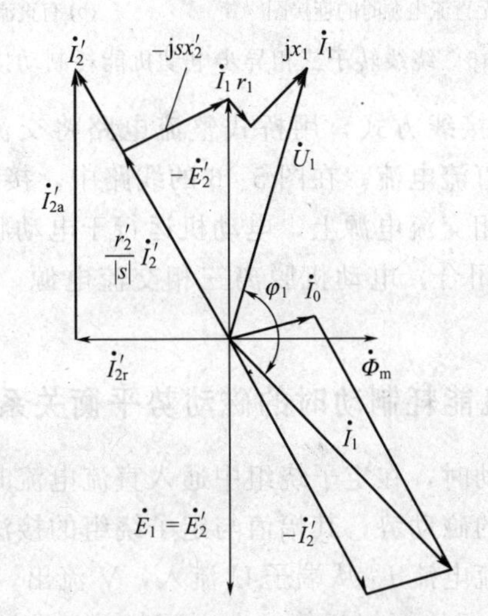

图 5-44　回馈制动时异步电动机的相量图

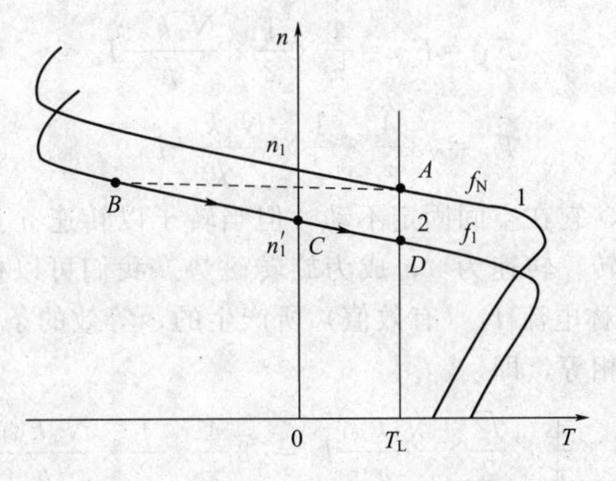

图 5-45　笼形三相异步电动机正向回馈制动的机械特性

四、能耗制动

定子两相反接的反接制动可以用于快速停车，但是由于 $n=0$ 时，电动机转矩不等于零，因此不易于令其准确停车。而能耗制动最适合于准确停车。

(一) 能耗制动接线图

三相异步电动机能耗制动时的接线图如图 5-46 所示。能耗制动时，首先切断电动机电源，然后给定子绕组通入直流电流，如图 5-46(a) 所示的接线方式；当车间无直流电源时，

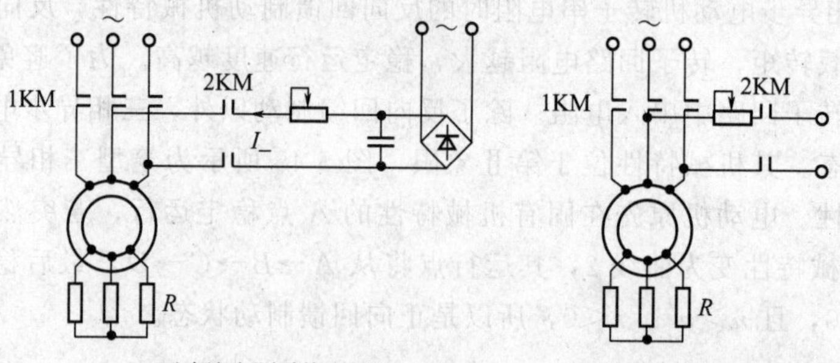

图 5-46　绕线转子三相异步电动机能耗制动接线图

可以采用图 5-46(b) 所示的接线方式，用桥式整流电路将交流电源整流成所需直流电源，为异步电动机能耗制动提供直流电流。在图 5-46 的线路中，接触器 1KM 闭合，2KM 断开，三相异步电动机定子接到三相交流电源上，电动机运行于电动状态。若要进行能耗制动，则使接触器 1KM 断开，2KM 闭合，电动机脱离三相交流电源，并在定子两相绕组内通入直流电流。

（二）三相异步电动机能耗制动时的磁动势平衡关系

三相异步电动机能耗制动时，在定子绕组中通入直流电流时将产生位置固定、大小不变的恒定磁场。形成恒定磁场的磁动势，其幅值与定子绕组的接法及通入的直流电流的大小有关。例如图 5-47(a) 中，直流电流 I_d 从端子 U 流入，V 流出，U 相绕组和 V 相绕组分别产生直流磁动势 F_U 和 F_V，它们的幅值相等，在空间相差 60°空间电角度，如图 5-47(b) 所示。F_U 和 F_V 及合成磁动势 F_d 的大小为

$$F_U=F_V=\frac{4}{\pi}\times\frac{1}{2}\times\frac{N_1k_{w1}}{p}I_d$$

$$F_d=\sqrt{3}\frac{4}{\pi}\times\frac{1}{2}\times\frac{N_1k_{w1}}{p}I_d$$

站在定子上观察 F_d，它在空间固定不动，但当转子以转速 n 逆时针转动时，站在转子上观察，F_d 将顺时针旋转，转速为 n，成为旋转磁势。我们可以把这个旋转磁势等效地看成由频率为 f_1 的三相对称电流 I_1（有效值）所产生的，等效的条件是旋转磁势基波分量的幅值 F_1 与直流磁势 F_d 相等，即

$$F_1=\frac{3}{2}\times\frac{4}{\pi}\times\frac{\sqrt{2}}{2}\times\frac{N_1k_{w1}}{p}I_1=\sqrt{3}\frac{4}{\pi}\times\frac{1}{2}\times\frac{N_1k_{w1}}{p}I_d=F_d$$

由此可得等效交流电流的有效值为

$$I_1=\sqrt{\frac{2}{3}}I_d \tag{5-51}$$

能耗制动时，定子绕组的联接方法不仅仅如图 5-47 所示的一种，但不论定子绕组如何联接，都可以按上述磁动势相等的原则求出等效交流电流 I_1 与直流电流 I_d 之间的数值关系。

当转子回路闭合时，在转子绕组中即产生三相对称电动势 E_2 及电流 I_2，因而产生旋转磁动势 F_2。由于转子相对于定子的转速为 n，转子电流的频率为 $f_2=\frac{pn}{60}$，所以 F_2 相对于

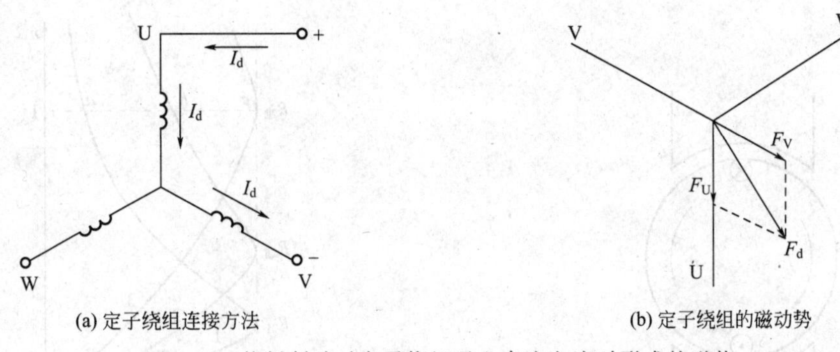

图 5-47　能耗制动时定子绕组通入直流电流时形成的磁势

转子的转速为 n，转向与转子转向相反，故 F_2 与定子的等效交流磁动势 F_1 相对静止，两者共同作用产生气隙合成磁动势 F_d，即

$$F_d = F_1 + F_2 \tag{5-52}$$

用电流表示的磁动势平衡方程式为

$$\dot{I}_0 = \dot{I}_1 + \dot{I}'_2 \tag{5-53}$$

式中　$\dot{I}_0$——励磁电流，表示合成磁动势；

$\dot{I}_1$——定子电流，表示定子磁动势。此时定子中通入 I_d 产生的定子磁动势和等效交流电流 $I_1=\sqrt{\frac{2}{3}}I_d$ 产生的定子磁动势相等；

$\dot{I}'_2$——转子电流的折合值，表示折算到定子边的转子电流产生的转子磁动势。

(三) 能耗制动时的机械特性

三相异步电动机能耗制动时的机械特性与电动状态时的机械特性形状相似，只是磁场与转子相对转速的大小不同，在电动状态下，转差率为 $s=\frac{n_1-n}{n_1}$，而在能耗制动时，由于磁场是静止不动的，转子对磁场的相对转速为 n，因此能耗制动时的转差率为 $s_N=\frac{n}{n_1}$，当 $n=n_1$ 时，$s_N=1$，当 $n=0$ 时，$s_N=0$，所以能耗制动时的机械特性就是倒过来的异步电动机机械特性；又因为能耗制动时在定子绕组通入直流励磁电流，三相异步电动机气隙中产生一个静止的磁场，因转子旋转切割磁力线，而在转子绕组中产生感应电动势和电流，转子电流与静止磁场相互作用，产生了制动转矩使电动机减速，因此制动转矩为负。三相异步电动机能耗制动时的电磁转矩的方向和机械特性分别如图 5-48 和图 5-49 所示。

从图 5-49 可见，如果转子电路不接入制动电阻，其机械特性如图中曲线 1 所示，当 $s_N=\frac{n}{n_1}\approx 1$ 时，工作在 a 点上，这时制动转矩很小；当转速为零时，转子不感应电动势，转子电流和转矩都等于零，机械特性位于原点；随着转速 n 增加，转子与静止的定子磁场的相对转速增加，则转子电动势和转子电流以及制动转矩随着增大，当制动转矩增加到最大值以后，转速再增加，由于转子电流的频率 f_2 已相当大，感抗作用显著，转子电流增加的速度减慢，而转子功率因数则因感抗的增大而显著减小，使制动转矩不但不再增大，反而要随

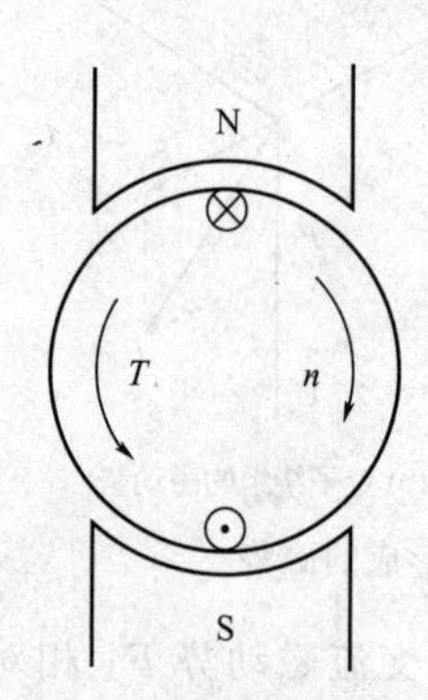

图 5-48　三相异步电动机能耗制动时电磁转矩的方向

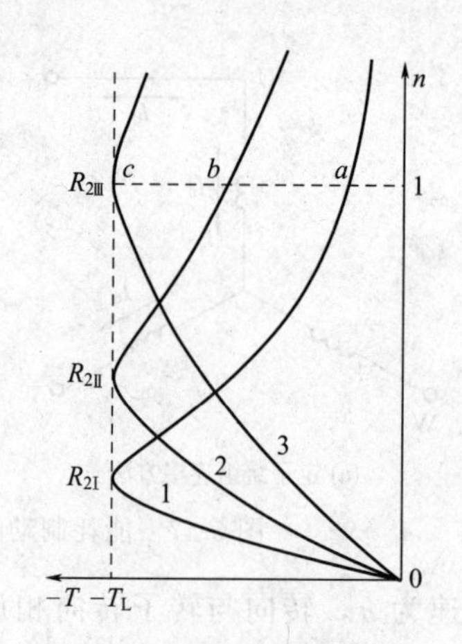

图 5-49　三相异步电动机能耗制动时的机械特性

转差率的增大而减小。

如果转子电路接入适当的电阻，临界转矩 T_m 不变，临界转差率增大，可得到不同的人为特性曲线，如图中曲线 2 和 3，与曲线 1 比较，在同一转差率下，就可以得到较大的转矩，如图中的 b 和 c 点。所以提高制动效果的措施之一，就是在能耗制动时，在转子电路中接入适当的制动电阻，以便得到足够大的制动转矩。但是这样往往还不够，我们还可设法增大它的临界转矩，我们知道三相异步电动机临界转矩的大小与定子电压的平方成正比，在能耗制动条件下，应和直流励磁电流的平方成正比。因为直流励磁电流增大，磁通也就增大，转子电动势和转子电流也同时增大，转矩与磁通及电流乘积成正比，所以转矩也就与直流励磁电流的平方成正比地增加。所以我们采取的另一措施，就是在定子中通入相当大的直流励磁电流。

五、制动电阻的计算

计算制动电阻的依据是：在相同转矩下，转子每相总电阻和转差率的比值不变。下面列举一个例子说明计算方法和步骤。

【例 5-9】 绕线转子三相异步电动机：$P_N=75\text{kW}$，$U_{1N}=380\text{V}$，$I_{1N}=144\text{A}$，$E_{2N}=399\text{V}$，$I_{2N}=116\text{A}$，$\lambda_m=2.8$，$n_N=1460\text{r/min}$。

(1) 转矩为 $0.8T_N$ 时，要求提升转速 n_B 为 500r/min，转子每相应串入多大电阻？

(2) 图 5-50 中 A 点的额定转速换接到反接制动，要求起始转矩为 $2T_N$（C 点），转子每相应串多大电阻？

(3) 要求以 $n_D=-300\text{r/min}$ 的速度下放 $0.8T_N$ 负载，转子每相应串入多大电阻？

解：首先根据题意画出草图如图 5-50 所示，再求转子电阻。

$$s_N=\frac{n_0-n_N}{n_0}=\frac{1500-1460}{1500}=0.027$$

$$r_2=\frac{s_N E_{2N}}{\sqrt{3}I_{2N}}=\frac{0.027\times 399}{\sqrt{3}\times 116}=0.054(\Omega)$$

(1) 求负载转矩为 $0.8T_N$ 时，提升转速 n_B 为 500r/min，转子每相应串入的电阻。

因为

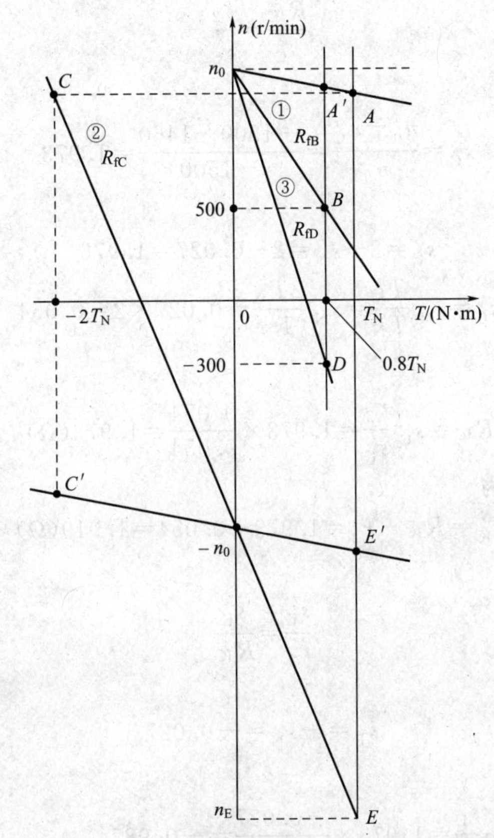

图 5-50 三相异步电动机制动电阻计算实例

$$s_B=\frac{n_0-n_B}{n_0}=\frac{1500-500}{1500}=0.667$$

由相似三角形原理得

$$\frac{s_N}{s'_A}=\frac{T_N}{T'_A}$$

所以 s'_A 为

$$s'_A=s_N\frac{T'_A}{T_N}=s_N\frac{0.8T_N}{T_N}=0.027\times0.8=0.0216$$

又因为

$$\frac{R_{fB}}{s_B}=\frac{r_2}{s'_A}$$

所以

$$R_{fB}=s_B\frac{r_2}{s'_A}=0.667\times\frac{0.054}{0.0216}=1.668(\Omega)$$

则转子每相串入的电阻为

$$r_{fB}=R_{fB}-r_2=1.668-0.054=1.614(\Omega)$$

(2) 反接制动时，当起始转矩为 $2T_N$ 时转子每相串入的电阻值。

先求反接制动电阻 R_{fB} 和稳定转速 n_E

$$\frac{R_{fC}}{s_C}=\frac{r_2}{s'_C}$$

其中

$$s_C=\frac{n_0-n_C}{n_0}=\frac{-1500-1460}{-1500}=1.973$$

或

$$s_C=2-s_N=2-0.027=1.973$$

$$s'_C=s_N\frac{T'_C}{T_N}=s_N\frac{2T_N}{T_N}=0.027\times2=0.054$$

所以

$$R_{fC}=s_C\frac{r_2}{s'_C}=1.973\times\frac{0.054}{0.054}=1.973(\Omega)$$

转子每相串入的电阻为

$$r_{fC}=R_{fC}-r_2=1.973-0.054=1.919(\Omega)$$

又因为

$$\frac{s'_E}{r_2}=\frac{s_E}{R_{fC}}$$

其中

$$s'_E=-s_N=-0.027$$

所以

$$s_E=R_{fC}\frac{s'_E}{r_2}=1.973\times\frac{-0.027}{0.054}=-0.987$$

$$n_E=n_0(1-s_E)=-1500(1+0.987)=-2980(\text{r/min})$$

可见此时下放重物的速度过高，从而证实在回馈制动运行状态下下放重物时，应不串电阻或串少许电阻。

(3) 求以 $n_D=-300\text{r/min}$ 的速度下放 $0.8T_N$ 负载，转子每相串入的电阻值。

先求 R_{fD}：

$$\frac{R_{fD}}{s_D}=\frac{r_2}{s'_A}$$

其中

$$s_D=\frac{n_0-n_D}{n_0}=\frac{1500+300}{1500}=1.2$$

所以

$$R_{fD}=s_D\frac{r_2}{s'_A}=1.2\times\frac{0.054}{0.0216}=3(\Omega)$$

转子每相应串入的电阻为

$$r_{fD}=R_{fD}-r_2=3-0.054=2.946(\Omega)$$

第六节　单相异步电动机

单相异步电动机由单相电源供电，它广泛应用于家用电器和医疗器械上，如电风扇、电冰箱、洗衣机、空调设备等。

从结构上看，单相异步电动机与三相异步电动机的区别在于，单相异步电动机定子绕组是单相的，转子绕组一般做成鼠笼式。另外为了启动的需要，在定子绕组上，还设有启动绕组，其作用是产生启动转矩，一般只在启动时接入，当转速达到70%～85%的同步转速时，由离心开关将其从电源自动切除，所以正常工作时只有单相工作绕组在电源上运行。也有一些电容电动机或电阻电动机，在运行时启动绕组仍然工作，这时单相电动机相当于一台两相电动机，但由于接在单相电源上，故仍称为单相异步电动机，图 5-51 为单相异步电动机的结构示意图。

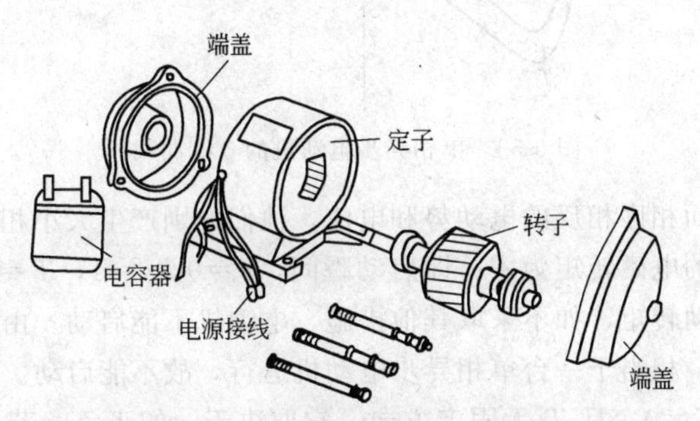

图 5-51 单相异步电动机结构图

下面分别介绍单相异步电动机的基本工作原理和主要类型。

一、单相异步电动机的基本工作原理

由交流绕组磁通势可知，单相交流绕组通入单相交流电流产生脉振磁通势，这个脉振磁通势可以分解为两个幅值相等、转速相同、转向相反的旋转磁通势 F^+ 和 F^-，从而在气隙中建立正转和反转磁场 Φ^+ 和 Φ^-。这两个旋转磁场切割转子导体，并分别在转子导体中产生感应电动势和感应电流。该电流与旋转磁场相互作用产生正向和反向电磁转矩 T^+ 和 T^-。T^+ 企图使转子正转；T^- 企图使转子反转。这两个转矩叠加起来就是推动电动机转动的合成转矩 T。

不论是 T^+ 还是 T^-，他们的大小与转差率的关系和三相异步电动机的情况是一样的。若电动机的转速为 n，则对正转磁场而言，转差率 s^+ 为

$$s^+=\frac{n_1-n}{n_1}=s \tag{5-54}$$

而对反转磁场而言，转差率 s^- 为

$$s^-=\frac{-n_1-n}{-n_1}=2-s \tag{5-55}$$

即当 $s^+=0$ 时，相当于 $s^-=2$；当 $s^-=0$ 时，相当于 $s^+=2$。

T^+ 与 s^+ 的关系与三相异步电动机的 $T=f(s)$ 特性相似，如图 5-52 中 $T^+=f(s^+)$ 曲线所示。T^- 与 s^- 的变化关系如图 5-53 中的 $T^-=f(s^-)$ 曲线所示。单相异步电动机的 $T=f(s)$ 曲线是由 $T^+=f(s^+)$ 与 $T^-=f(s^-)$ 两条特性曲线叠加而成的，如图 5-52 所示。可见单相异步电动机有以下几个主要特点：

① 当转子静止时，正、反向旋转磁场均以 n_1 速度和相反方向切割转子绕组，在转子绕

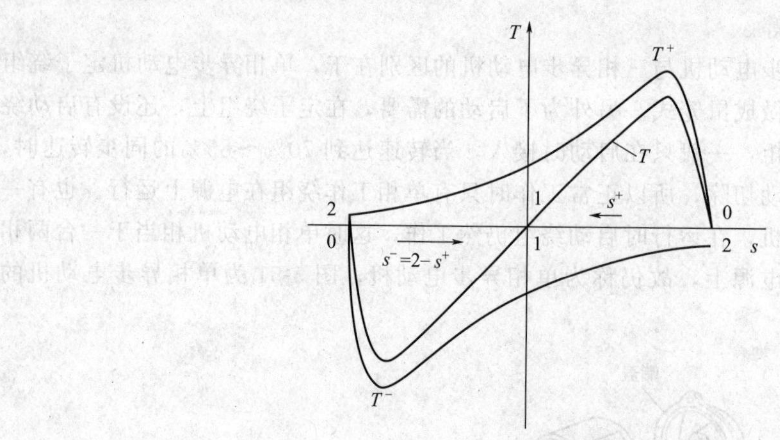

图 5-52　单相异步电动机的 T-s 曲线

组中感应出大小相等而相序相反的电动势和电流，他们分别产生大小相等而方向相反的两个电磁转矩，使其合成的电磁转矩为零。即启动瞬间，$n=0$，$s=1$，$T=T^{+}+T^{-}=0$，说明单相异步电动机无启动转矩，如不采取其他措施，电动机不能启动。由此可知，三相异步电动机发生一相断路时，相当于一台单相异步电动机运行，故不能启动。

② 当 $s\neq1$ 时，$T\neq0$，且 T 无固定方向，它取决于 s 的正负。若用外力使电动机转动起来，s^{+}或 s^{-}不为 1 时，合成转矩不为零，这时若合成转矩大于负载转矩，则即使去掉外力，电动机也可以旋转起来。因此单相异步电动机虽无启动转矩，但一经启动，便可达到某一稳定转速，而旋转方向则取决于启动瞬间外力矩作用于转子的方向。

③ 由于反向转矩的作用，使合成转矩减小，最大转矩也随之减小，故单相异步电动机的过载能力较低。

二、单相异步电动机的主要类型

为了使单相异步电动机能够产生启动转矩，关键是启动时如何在电动机内部形成一个旋转磁场。根据产生旋转磁场的方式，单相异步电动机可分为分相启动电动机和罩极电动机两大类型。

1. 分相启动电动机

在分析交流绕组磁通势时已知，只要在空间不同相的绕组中通入时间上不同相的电流，就能产生一个旋转磁场，分相启动电动机就是根据这一原理设计的。

分相启动电动机包括电容启动电动机，电容电动机和电阻启动电动机。

(1) 单相电容启动电动机

电容启动电动机电路原理图如图 5-53 所示。定子上有两个绕组，一个绕组称为主绕组(或称为工作绕组)，如图 5-53(a) 中绕组 1，另一个绕组称为辅助绕组，如图 5-53(a) 中绕组 2。两绕组在空间相差 90°。在启动绕组串接启动电容 C，作电流分相用，并通过离心开关 S 或继电器触点 S 与工作绕组并联在同一单相电源上。因工作绕组呈感性，$\dot{I}_1$滞后于 $\dot{U}$。若适当选择电容 C，使流过启动绕组的电流 $\dot{I}_{st}$超前 $\dot{I}_1$ 90°，如图 5-53(b) 所示。这相当于在空间相差 90°的两相绕组中通入在时间上互差 90°的两相电流，因此将在气隙中产生旋转磁场，并在该磁场的作用下产生电磁转矩使电动机转动。

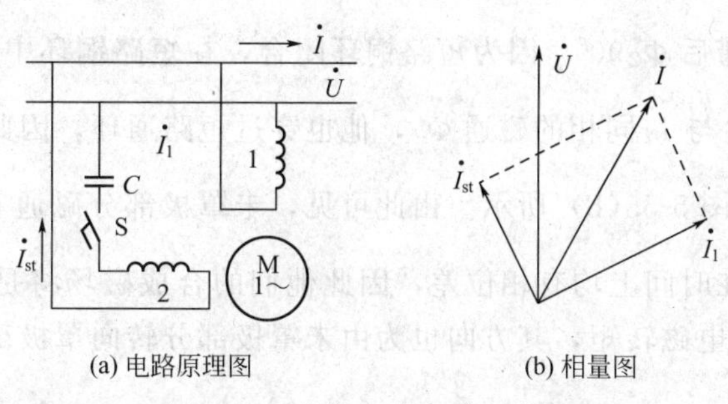

(a) 电路原理图　　(b) 相量图

图 5-53　单相电容启动电动机

这种电动机的启动绕组是按短时工作制设计的，所以当电动机转速达 70%～85%同步转速时，启动绕组和启动电容 C 就在离心开关 S 的作用下自动退出工作，这时电动机就在工作绕组单独作用下运行。

（2）单相电容电动机

如前所述，在启动绕组中串入电容后，不仅能产生较大的启动转矩，而且运行时还能改善电动机的功率因数和提高过载能力。为了改善单相异步电动机的运行性能，电动机启动后，可不切除串有电容器的启动绕组，这种电动机称为电容电动机，如图 5-54 所示。

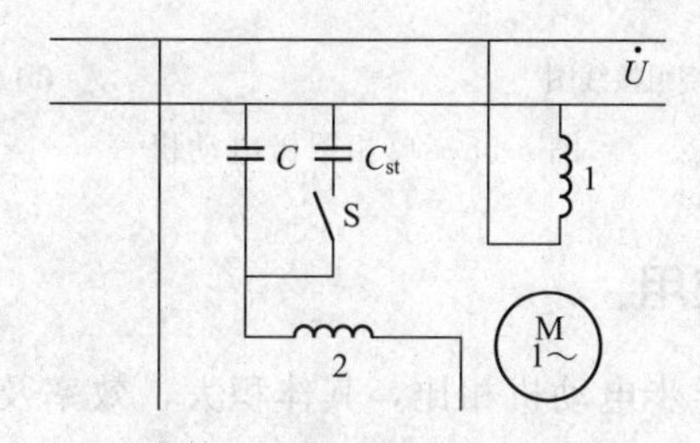

图 5-54　单相电容电动机

电容电动机实质上是一台两相异步电动机，因此启动绕组应按长期工作制设计电动机。

必须指出，由于电动机工作时所需电容较小，所以在电动机启动后，必须利用离心开关 S 把启动电容 C_{st} 切除。工作电容 C 便与工作绕组及启动绕组一起运行。

（3）电阻启动电动机

电阻启动电动机在启动绕组上用串联电阻的方法给电流分相，而不是用串联电容的方法分相。但由于此时 $\dot{I}_1$ 与 $\dot{I}_{st}$ 之间的相位差较小，因此其启动转矩较小，只适用于空载或轻载启动的场合。

2. 单相罩极电动机

罩极电动机的定子一般都采用凸极式的，工作绕组集中绕制，套在定子磁极上。在极靴表面的$\frac{1}{3}\approx\frac{1}{4}$处开有一个小槽，并用短路铜环把这部分磁极罩起来，故称罩极电动机。短路铜环起了启动绕组的作用，称为启动绕组。罩极电动机的转子仍做成笼型，如图 5-55(a) 所示。

当工作绕组通入单相交流电流后，将产生脉振磁势，所形成的磁通分为两部分，其中一部分磁通 $\dot{\Phi}_1$ 不穿过短路铜环，另一部分磁通 $\dot{\Phi}_2$ 则穿过短路铜环。由于 $\dot{\Phi}_1$ 和 $\dot{\Phi}_2$ 都是由工作绕组中的电流产生的，故 $\dot{\Phi}_1$ 和 $\dot{\Phi}_2$ 相位相同且 $\dot{\Phi}_1>\dot{\Phi}_2$。由于 $\dot{\Phi}_2$ 脉振的结果，在短路环

中感应电动势 $\dot{E}_2$，他滞后 $\dot{\Phi}_2 90°$。因为短路铜环闭合，在短路铜环中就有滞后于 $\dot{E}_2 \varphi$ 角的电流 $\dot{I}_2$产生，他又产生与 $\dot{I}_2$同相的磁通 $\dot{\Phi}_2'$，他也穿过短路通环，因此罩极部分穿过的总磁通为 $\dot{\Phi}_3=\dot{\Phi}_2+\dot{\Phi}_2'$，如图 5-55(b) 所示。由此可见，未罩极部分磁通 $\dot{\Phi}_1$ 与被罩极部分磁通 $\dot{\Phi}_3$ 不仅在空间，而且在时间上均有相位差，因此他们的合成磁场将是一个由未罩极部分转向罩极部分，所产生的电磁转矩，其方向也为由未罩极部分转向罩极部分。

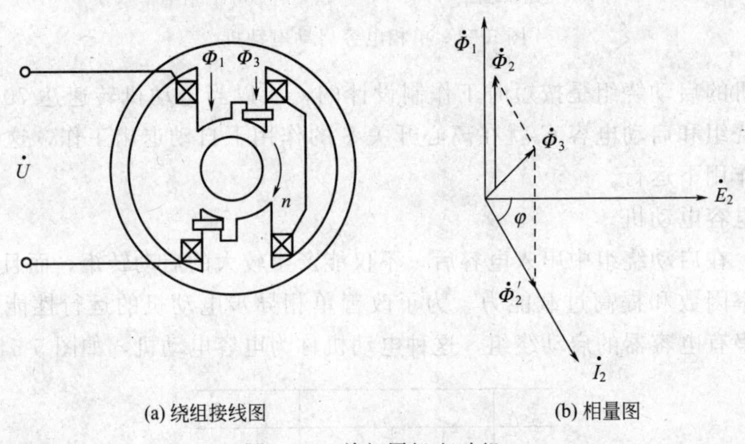

图 5-55　单相罩极电动机

三、单相异步电动机的应用

单相异步电动机与三相异步电动机相比，其体积大，效率及功率因数均较低，过载能力也较差。因此，单相异步电动机只作成微型的，功率一般在几瓦至几百瓦之间。单相异步电动机由单相电源供电，因此他广泛用于家用电器、医疗器械及轻工设备中。电容启动电动机和电容电动机启动转矩比较大，容量可做到几十到几百瓦，常用于吊风扇、空气压缩机、电冰箱和空调设备中。罩机电动机结构简单、制造方便，但启动转矩小，多用于小型风扇、电动机模型和电唱机中，容量一般在 30～40W 以下。

本章小结

本章介绍了三相异步电动机机械特性的物理表达式、参数表达式及实用表达式、机械特性曲线、常用的启动方法和三相异步电动机的各种运行状态。

三相异步电动机的实用表达式既可用来绘制机械特性，又可用来计算各种运行状态下转子回路串入的电阻值，因此最为实用。

三相异步电动机机械特性的特点是，启动电流大，启动转矩小，而生产机械要求电动机具有足够大的启动转矩，供电电网又希望启动电流小，二者之间存在着矛盾。因此除了小容量三相异步电动机轻载时能直接启动外，小容量三相异步电动机重载启动时，应采用特殊型式三相异步电动机，如深槽式或双鼠笼式三相异步电动机，它们都是利用“集肤效应”原理，启动时增大转子有效电阻以限制启动电流，增大启动转矩；启动过程中，随着转子频率增加，转子有效电阻自动减小。大、中容量的鼠笼式三相异步电动机可以采用降压启动方法限制启动电流，但启动转矩也相应地减小，所以只适用于轻载启动。如果要求重载启动，必须使用绕线式三相异步电动机转子串电阻或转子串频敏变阻器的启动方法。这种方法既可以减小启动电流，又可以增大启动转矩。

变极调速是通过改变定子绕组的接线方式来得到不同的极对数而调速的。这种电机叫变速电机。一般备有两套极对数不同的定子绕组，再改变其接线方式，因此最多可以得到四极转速。适用于要求有级调速的场合。定子绕组 Y-YY 变换时，可以实现恒转矩调速；D-YY 变换时，可以实现恒功率调速。因为要同时改变定、转子的极对数，所以这种调速电机适用于采用鼠笼转子。特别要注意的是，在改变定子绕组连接方式的同时，要改变定子绕组通电的相序，才能保持调速前后电动机的转向不变。

调压调速的开环调速性能不佳，没有实用价值，只有使用闭环控制系统。在闭环系统中，改变给定电压，可以实现平滑调速。调压调速即不是恒转矩调速又不是恒功率调速，电磁转矩与转差率成反比，最适合于风机类负载。由于这种调速方法转速越低，损耗越大，因此拖动恒转矩负载时，不宜长期低速运行。但该方法适用于绕线式三相异步电动机，在转子回路串入电阻或频敏变阻器，以减轻电机内部的发热程度。

转子串电阻调速的调速指标不高，但由于这种调速方法的线路简单、初投资少，一些对调速性能要求不高的场合还在应用。如起重机上应用较多。

串级调速是在转子串电阻调速的基础上发展起来的一种新的调速方法。在转子回路中不串电阻，而串入电动势，将转差功率利用起来，因此调速效率高，经济性好。由于回馈转差功率的方式不同，分为机械回馈式串级调速和电气回馈式串级调速。它们的调速特性都相同。这些串级调速方式在工程实践中都在应用，但其中以可控硅串级调速的优点更为突出，因此也就更有发展前途。

变频调速是借助于改变定子供电电源频率而改变电动机转速的调速方法。调速过程中按 U_1/f_1＝常数的控制方式进行控制，可以实现恒转矩调速。基频以上保持 $U=U_N$，提高频率可以实现恒功率调速。因此这种方法的调速性能优异，特别是调速范围大、平滑性好。其缺点是低速时过载能力低，需要专用的变频电源。

三相异步电动机的制动运行状态有反接制动、能耗制动及回馈制动三种。其共同特点是电动机的转矩 T 与转速 n 方向相反，电动机工作在发电状态，实际上作为一台发电机运行。其不同点是，转差率 s 值的范围不同，反接制动 $s>1$；回馈制动 $s<0$；能耗制动时，因为是固定磁场，没有转速差存在。其相对转速 s_N 在 0 和 1 之间。另外，能量关系不同，应用场合也不同。

制动电阻计算的依据是：在相同的转矩下，转子每相总电阻和转差率 s 的比值不变。从这点出发，可以计算出各种运行状态下转子回路串入的电阻值。

本章习题

一、填空题

1. 三相异步电动机机械特性的实用表达式为（　　）。

2. 在三相异步电动机中通常用最大转矩与额定转矩之比表示过载能力，即 $\lambda_m=T_{max}/T_N$，国产 Y 系列三相异步电动机，λ_m 的值为（　　）之间。

3. 额定转速所对应的转差率为（　　）。

4. 在 $0<s<s_N$ 的范围内，三相异步电动机的机械特性呈（ ）。

5. 三相异步电动机机械特性上最大转矩所对应的转差率称为（ ）。

6. 当定子回路串入三相对称电阻或电抗时，临界转差率、最大转矩以及启动转矩等都随外串电阻或电抗的增大而（ ）。

7. 三相异步电动机的最大转矩与转子回路电阻（ ）。

8. 三相异步电动机的临界转差率随着转子回路电阻的增大而（ ）。

9. 利用刀闸开关或接触器将电动机直接接到具有额定电压的电网上，这种启动方法称为（ ）。

10. 定子回路串入启动电阻或启动电抗属于（ ）的启动方法。

11. 就电动机本身来说，笼型异步电动机（ ）直接启动。

12. Y-D 降压启动属于（ ）的启动方法。

13. 笼型三相异步电动机采用降低定子电压的启动方法，其目的是（ ）。

14. 定子两相反接的反接制动可以用于（ ）停车。

15. 三相异步电动机能耗制动最适合于（ ）停车。

16. 大、中容量的鼠笼式三相异步电动机可以采用（ ）限制启动电流，但启动转矩也相应地减小，所以只适用于轻载启动。

17. 如果要求重载启动，必须使用（ ）的启动方法。这种方法既可以减小启动电流，又可以增大启动转矩。

18. 当极对数一定时，三相异步电动机的同步转速与定子电源的频率（ ），改变定子频率即可改变同步转速，达到调速的目的。

19. 在变频调速时，如果只降低定子频率 f_1，而定子每相电压保持不变，则（ ）要增大。主磁路必然过饱和，这将使励磁电流急剧增大，铁损耗增加，$\cos\varphi$ 下降。

20. 串级调速系统的效率比转子串电阻调速效率（ ）。

二、判断题

1. 在用曲线表示三相异步电动机的机械特性时，常以 T 为横坐标，以 s 或 n 为纵坐标。（ ）

2. 额定转速所对应的转差率为额定转差率。（ ）

3. 在 $0<s<s_N$ 的范围内，三相异步电动机的机械特性呈非线性关系。（ ）

4. 三相异步电动机机械特性曲线最大转矩所对应的转差率称为临界转差率。（ ）

5. 当定子回路串入三相对称电阻或电抗时，临界转差率、最大转矩以及启动转矩等都随外串电阻或电抗的增大而减小。（ ）

6. 当定子回路串入三相对称电阻或电抗时，临界转差率、最大转矩以及启动转矩等都随外串电阻或电抗的增大而增大。（ ）

7. 转子回路中串入三相对称电阻时，同步转速 n_1 的大小也变了。（ ）

8. 三相异步电动机的最大转矩与转子回路电阻无关。（ ）

9. 三相异步电动机的临界转差率随着转子回路电阻的增大而成正比的增加。（ ）

10. 普通笼型异步电动机启动电流约为额定电流的 4～7 倍。（ ）

11. 一般笼型三相异步电动机启动转矩应为额定转矩的 1.5～2 倍。（ ）

12. 一般地，笼型三相异步电动机的启动方法有直接启动和降压启动两种方法。（ ）

13. 就电动机本身来说，笼型异步电动机不允许直接启动。（ ）

14. 笼型三相异步电动机采用降低定子电压的启动方法，其目的是限制启动电流。(　　)

15. 定子回路串入启动电阻或启动电抗，属于降低定子电压的启动方法。(　　)

16. 绕线转子异步电动机转子串三相对称电阻分级启动的目的是限制启动电流但不能增大启动转矩。(　　)

17. 当极对数一定时，三相异步电动机的同步转速与定子电源的频率成反比，改变定子频率即可改变同步转速，达到调速的目的。(　　)

18. 串级调速系统的效率比转子串电阻调速效率低。(　　)

三、单项选择题

1. 三相异步电动机机械特性的物理表达式为(　　)。

(A) $T=C_T\Phi_m I'_2\cos\varphi_2$　　(B) $T=\frac{3p}{2\pi f_1}\times\frac{U_1^2\frac{r'_2}{s}}{\left(r_1+\frac{r'_2}{s}\right)^2+(x_1+x'_2)^2}$

(C) $T=\frac{2\lambda_m T_N}{\frac{s_m}{s}+\frac{s}{s_m}}$　　(D) $T_{max}=\pm\frac{3p}{4\pi f_1}\times\frac{U_1^2}{\left[\pm r_1+\sqrt{r'^2_2+(x_1+x'_2)^2}\right]}$

2. 三相异步电动机机械特性的参数表达式为(　　)。

(A) $T=C_T\Phi_m I'_2\cos\varphi_2$　　(B) $T=\frac{3p}{2\pi f_1}\times\frac{U_1^2\frac{r'_2}{s}}{\left(r_1+\frac{r'_2}{s}\right)^2+(x_1+x'_2)^2}$;

(C) $T=\frac{2\lambda_m T_N}{\frac{s_m}{s}+\frac{s}{s_m}}$　　(D) $T_{max}=\pm\frac{3p}{4\pi f_1}\times\frac{U_1^2}{\left[\pm r_1+\sqrt{r'^2_2+(x_1+x'_2)^2}\right]}$

3. 三相异步电动机机械特性的实用表达式为(　　)。

(A) $T=C_T\Phi_m I'_2\cos\varphi_2$　　(B) $T=\frac{3p}{2\pi f_1}\times\frac{U_1^2\frac{r'_2}{s}}{\left(r_1+\frac{r'_2}{s}\right)^2+(x_1+x'_2)^2}$

(C) $T=\frac{2\lambda_m T_N}{\frac{s_m}{s}+\frac{s}{s_m}}$　　(D) $T_{max}=\pm\frac{3p}{4\pi f_1}\times\frac{U_1^2}{\left[\pm r_1+\sqrt{r'^2_2+(x_1+x'_2)^2}\right]}$

4. 三相异步电动机机最大转矩表达式为(　　)。

(A) $T=C_T\Phi_m I'_2\cos\varphi_2$　　(B) $T=\frac{3p}{2\pi f_1}\times\frac{U_1^2\frac{r'_2}{s}}{\left(r_1+\frac{r'_2}{s}\right)^2+(x_1+x'_2)^2}$

(C) $T=\frac{2\lambda_m T_N}{\frac{s_m}{s}+\frac{s}{s_m}}$　　(D) $T_{max}=\pm\frac{3p}{4\pi f_1}\times\frac{U_1^2}{\left[\pm r_1+\sqrt{r'^2_2+(x_1+x'_2)^2}\right]}$

5. 三相异步电动机的临界转差率表达式为（　）。

(A) $s_m = \pm \dfrac{r_2'}{\sqrt{r_1^2+(x_1+x_2')^2}}$　　(B) $T=C_T\Phi_m I_2'\cos\varphi_2$

(C) $T=\dfrac{3p}{2\pi f_1}\times\dfrac{U_1^2\dfrac{r_2'}{s}}{\left(r_1+\dfrac{r_2'}{s}\right)^2+(x_1+x_2')^2}$　　(D) $T=\dfrac{2\lambda_m T_N}{\dfrac{s_m}{s}+\dfrac{s}{s_m}}$

6. 三相异步电动机的启动转矩表达式为（　）。

(A) $T=C_T\Phi_m I_2'\cos\varphi_2$　　(B) $T_q=\dfrac{3p}{2\pi f_1}\times\dfrac{U_1^2 r_2'}{(r_1+r_2')^2+(x_1+x_2')^2}$

(C) $T=\dfrac{2\lambda_m T_N}{\dfrac{s_m}{s}+\dfrac{s}{s_m}}$　　(D) $T_{max}=\pm\dfrac{3p}{4\pi f_1}\times\dfrac{U_1^2}{\left[\pm r_1+\sqrt{r_2'^2+(x_1+x_2')^2}\right]}$

7. 笼型异步电动机的降压启动方法是（　　）。

(A) 直接启动　　(B) 转子串电阻降压启动

(C) 自耦变压器降压启动　　(D) 转子串电抗降压启动

8. 笼型异步电动机的降压启动方法是（　　）。

(A) 直接启动　　(B) 转子串电阻降压启动

(C) 转子串电抗降压启动　　(D) Y-D 降压启动

9. 对笼型异步电动机启动的要求主要有（　　）。

(A) 启动电流不能太大

(B) 不必要有足够的启动转矩

(C) 机械特性要足够硬

(D) 仅须根据电网容量的要求，选择三相异步电动机的启动方法。

10. 三相异步电动机的调速方法有（　　）。

(A) 改变转差率调速　　(B) 改变定子电阻或电抗调速

(C) 改变定子电压调速　　(D) 转子串频敏变阻器调速

11. 三相异步电动机降低电压调速的特点（　　）。

(A) 只适合于高转差率笼型三相异步电动机或绕线转子三相异步电动机。最适合拖动风机及泵类负载

(B) 调速范围宽

(C) 低速运行时，转速稳定性好

(D) 调速装置复杂，价格昂贵

12. 降压调速的主要用途有（　　）。

(A) 低速电梯　　(B) 高速电梯

(C) 调速性能要求高的场合　　(D) 精密机床

13. 自耦变压器降压启动方式的优点是（　　）。

(A) 启动电流小　　(B) 启动转矩小

(C) 效率高　　(D) 损耗小

14. 自耦变压器降压启动方式的缺点是（　　）。

（A）启动设备体积大　　　　　　　　（B）轻便

（C）价格便宜　　　　　　　　　　　（D）维修方便

15. Y-D 降压启动的优点是（　　）。

（A）启动电流大　　　　　　　　　　（B）启动设备简单

（C）价格昂贵　　　　　　　　　　　（D）操作复杂

16. 变极调速的特点是（　　）。

（A）设备复杂

（B）运行不可靠

（C）机械特性较硬

（D）可以实现恒转矩调速方式，不能现恒功率调速方式

17. 三相异步电动机变频调速的特点是（　　）。

（A）在基频以下变频调速时，应采用定子电压与频率的配合控制。保持 E_1/f_1＝常数的控制方式时为恒磁通变频调速，属于恒转矩调速方式；保持 U_1/f_1＝常数的控制方式时为近似恒磁通变频调速，属于近似恒转矩调速方式

（B）在基频以上变频调速时，属于近似恒转矩调速方式

（C）机械特性软，调速范围小，转速稳定性差

（D）效率低

18. 串级调速方法的主要特点是（　　）。

（A）效率高　　　　　　　　　　　（B）机械特性较软

（C）有级调速　　　　　　　　　　（D）低速运行时过载能力较高

19. 与固有机械特性相比，人为机械特性上的最大电磁转矩减小，临界转差率没变，则该人为机械特性是异步电动机的（　　）。

（A）定子串接电阻的人为机械特性　　（B）转子串接电阻的人为机械特性

（C）降低电压的人为机械特性　　　　（D）定子串电抗的人为特性

20. 三相绕线转子异步电动机拖动起重机的主钩，提升重物时电动机运行于正向电动状态，若在转子回路串接三相对称电阻下放重物时，电动机运行状态是（　　）。

（A）能耗制动运行　　　　　　　　（B）反向回馈制动运行

（C）倒拉反接制动运行　　　　　　（D）电源反接制动运行

四、多项选择题

1. 三相异步电动机的三个特殊点为（　　）。

（A）$T=0$，$n=n_1$　　　　　　　（B）$T=T_N$，$n=n_N$

（C）$T=T_{max}$，$s=s_m$　　　　　（D）$T=T_q$，$n=0$

2. 笼型异步电动机的降压启动方法包括（　　）。

（A）定子串电阻或串电抗降压启动　　（B）自耦变压器降压启动

（C）Y-D 降压启动　　　　　　　　　（D）转子串电阻降压启动

3. 笼型转子异步电动机几种常用的启动方法有（　　）。

（A）直接启动　　　　　　　　　　（B）定子串电阻或串电抗降压启动

（C）Y-D 降压启动　　　　　　　　（D）自耦变压器降压启动

4. 对笼型异步电动机启动的要求主要有（　　）。

（A）启动电流不能太大

(B) 要有足够的启动转矩，一般笼型三相异步电动机启动转矩应为额定转矩的1.15～2倍

(C) 启动设备要简单，价格低廉，便于操作及维护

(D) 必须根据电网容量和负载对启动转矩的要求，选择三相异步电动机的启动方

5. 三相异步电动机的调速方法有（ ）。

(A) 转差率调速。降低电源电压、绕线转子异步电动机转子串电阻等都属于改变转差率调速

(B) 改变旋转磁场速度调速。改变定子极对数、改变电源频率等方法都属于改变旋转磁场速度调速

(C) 串级调速

(D) 利用滑差离合器调速

6. 绕线转子异步电动机的启动方法有（ ）。

(A) 绕线转子异步电动机转子串电阻分级启动

(B) 绕线转子异步电动机转子串频敏变阻器启动

(C) 绕线转子异步电动机定子串电阻或电抗启动

(D) 自耦变压器降压启动

7. 三相异步电动机降低电压调速的特点包括（ ）。

(A) 只适合于高转差率笼型三相异步电动机或绕线转子三相异步电动机。最适合拖动风机及泵类负载

(B) 损耗大，效率低。拖动恒转矩负载在低速下长期运行时，会导致电动机严重发热

(C) 低速运行时，转速稳定性差。为了扩大调速范围，不得不采用高转差率笼型三相异步电动机或绕线转子三相异步电动机串入较大的转子电阻，这导致机械特性变软，低速运行时转速稳定性差

(D) 调速装置简单，价格便宜。目前三相异步电动机降压调速主要采用晶闸管交流调压器。它的体积小，重量轻，线路简单，使用维修方便，电动机很容易实现正、反转和反接制动。它还可兼作笼型电动机的启动设备

8. 降压调速的主要用途有（ ）。

(A) 低速电梯　　(B) 简单的起重机械设备

(C) 风机、泵类等生产机　　(D) 高速电梯

9. Y-D降压启动的优点有（ ）。

(A) 启动电流小　　(B) 启动设备简单

(C) 价格便宜　　(D) 操作方便

10. 三相异步电动机变频调速的特点包括（ ）。

(A) 在基频以下变频调速时，应采用定子电压与频率的配合控制。保持 E_1/f_1＝常数的控制方式时为恒磁通变频调速，属于恒转矩调速方式；保持 U_1/f_1＝常数的控制方式时为近似恒磁通变频调速，属于近似恒转矩调速方式

(B) 在基频以上变频调速时，须保持 $U_1=U_N$ 不变，随着 f_1 升高 Φ_m 下降，T_{max} 将与 f_1^2 成反比减小，属于近似恒功率调速方式

(C) 机械特性基本平行，调速范围宽，转速稳定性好

(D) 正常运行时 s 小，转差功率损耗小，效率高

11. 串级调速方法的主要特点包括（　　）。

（A）效率高

（B）机械特性较硬、调速范围较宽

（C）无级调速

（D）低速运行时过载能力降低，主要由于逆变变压器吸收滞落后的无功功率等原因，造成了系统总功率因数较低，设备体积大，成本高

12. 三相交流异步电动机的运行状态有（　　）。

（A）电动机状态　　（B）电磁制动状态

（C）发电机状态　　（D）反接制动状态

13. 在交流电机调速控制中，一般采用的方法是（　　）。

（A）变极调速　　（B）变频调速

（C）改变转差率调速　　（D）串极调速

14. 笼型异步电动机降压启动的方法一般有（　　）。

（A）转子串接电抗器或电阻的降压启动

（B）自耦变压器降压启动

（C）Y-D 降压启动

（D）转子串频敏电阻器降压启动

五、简答题

1. 三相笼型异步电动机启动电流很大，而为什么启动转矩却不大？

2. 绕线型三相异步电动机转子回路串电阻启动，为什么启动电流不大，而启动转矩却很大？

3. 三相异步电动机的调速方法有哪些？

4. 基频以下变频调速时，能否直接降低定子频率？

六、计算题

1. 一台三相绕线转子异步电动机的数据为 $P_N=75kW$，$n_N=720r/min$，$I_{1N}=148A$，$\eta_N=90.5\%$，$\cos\varphi_N=0.85$，$\lambda_m=2.4$，$E_{2N}=213V$，$I_{2N}=220A$。求：

（1）额定转矩；

（2）最大转矩；

（3）最大转矩对应的转差率；

（4）用实用公式绘制电动机的固有机械特性；

（5）计算 R_2。

2. 一台三相六极笼型异步电动机的数据为：$U_N=380V$，$n_N=957r/min$，$f_N=50Hz$，定子绕组 Y 连接，$r_1=2.08\Omega$，$r_2'=1.53\Omega$，$x_1=3.12\Omega$，$x_2'=4.25\Omega$，试求

（1）额定转差率；

（2）额定转矩；

（3）最大转矩；

（4）过载能力；

（5）最大转矩对应的转差率。

3. 一台绕线转子三相异步电动机的技术数据为 $P_N=75kW$，$n_N=720r/min$，$I_{1N}=$

148A，$E_{2N}=213V$，$I_{2N}=220A$，最大转矩倍数$\lambda_m=2.4$。

① 为了使启动瞬间电动机产生的电磁转矩为最大转矩 T_{max}，求转子回路串入的电阻值；

② 电动机拖动恒转矩负载 $T_L=0.8T_N$，要求电动机的转速为 $n=500r/min$，求转子回路串入的电阻值。

4. 一台 Y 系列三相笼形异步电动机的技术数据 $P_N=110kW$，$U_N=380V$，$\cos\varphi_N=0.89$，$\eta_N=0.925$，$n_N=2910r/min$，三角形联结，堵转电流倍数 $K_I=7$，堵转转矩倍数 $K_T=1.8$，最小转矩 $T_{min}=1.2T_N$，过载倍数$\lambda_m=2.63$，电网允许的最大启动电流 $I_{max}=1000A$，启动过程中最大负载转矩 $T_{Lmax}=220N\cdot m$。试确定启动方法。

5. 某生产机械用绕线式三相异步电动机拖动，其有关技术数据为 $P_N=40kW$，$n_N=1460r/min$，$E_{2N}=420V$，$I_{2N}=61.5A$，$\lambda_m=2.6$。启动时负载转矩 $T_L=0.75T_N$，求转子串电阻三级启动之启动电阻。

6. 某生产机械所用三相绕线转子异步电动机技术数据为：$P_N=28kW$，$I_{1N}=96A$，$n_N=965r/min$，$E_{2N}=197V$，$I_{2N}=71A$；定转子绕组均为 Y 联结，$\lambda_m=2.26$。若拖动 $T_L=230N\cdot m$ 的恒转矩负载，采用转子串电阻分级启动，试确定启动级数并计算各级启动电阻的数值。

7. 三相笼型异步电动机，已知 $U_N=380V$，$n_N=1450r/min$，$I_N=20A$，D 联结，$\cos\varphi_N=0.87$，$\eta_N=87.5\%$，$K_I=7$，$K_T=1.4$，$T_{min}=1.1T_N$。试求：

(1) 轴上输出的额定转矩；

(2) 电网电压降到多少伏以下就不能拖动额定负载启动？

(3) 采用 Y-D 启动时初始启动电流为多少？当 $T_L=0.5T_N$时能否启动？

(4) 采用自耦变压器降压启动，并保证在 $T_L=0.5T_N$时能可靠启动，自耦变压器的电压比 K_a 为多少？电网供给的最初启动电流是多少？

8. 一台绕线式三相异步电动机，其技术数据为：$P_N=75kW$，$n_N=720r/min$，$U_N=380V$，$I_N=148A$，$\lambda_m=2.4$，$E_{2N}=213V$，$I_{2N}=220A$。拖动恒转矩负载 $T_L=0.85T_N$ 时欲使电动机运行在 $n=540r/min$，若

(1) 采用转子回路串电阻，求每相电阻；

(2) 采用降压调速，求电源电压；

(3) 采用变频调速，保持$\frac{U}{f}$为常数，求频率与电压各为多少。

9. 某笼型异步电动机技术数据为：$P_N=11kW$，$U_N=380V$，$I_N=21.8A$，$n_N=2930r/min$，$\lambda_m=2.2$，拖动 $T_L=0.8T_N$的恒转矩负载运行。求：

(1) 电动机的转速；

(2) 若降低电源电压到 $0.8U_N$时电动机的转速；

(3) 若频率降低到 $0.8f_N=40Hz$，保持 E_1/f_1不变时电动机的转速。

10. 某起重机主钩的原动机是一台绕线式三相异步电动机，其有关技术数据为 $P_N=40kW$，$n_N=1460r/min$，$E_{2N}=420V$，$I_{2N}=61.5A$，$\lambda_m=2.6$，采用转子串电阻调速，其调速电阻既启动电阻，$R_1=0.271\Omega$，$R_2=0.695\Omega$，$R_3=1.778\Omega$。试计算提升重物时 $T_L=0.75T_N$，可能运行的几种转速值为多少？

11. 一台绕线转子三相异步电动机，$P_N=75kW$，$n_N=1460r/min$，$E_{2N}=213V$，$I_{2N}=$

220A，$\lambda_m=2.8$。原先在固有机械特性上拖动反抗性恒转矩负载运行，$T_L=0.8T_N$。为使电动机快速反转，采用反接制动。

(1) 要求制动开始时电动机的电磁转矩为 $T=2T_N$，求转子每相应串入的电阻值。

(2) 电动机反转后的稳定转速是多少？

12. 绕线转子三相异步电动机：$P_N=75$kW，$U_{1N}=380$V，$I_{1N}=144$A，$E_{2N}=399$V，$I_{2N}=116$A，$\lambda_m=2.8$，$n_N=1460$r/min。

(1) 转矩为 $0.8T_N$ 时，要求提升转速 $n_B=500$r/min，转子每相应串入多大电阻？

(2) A 点的额定转速换接到反接制动，要求起始转矩为 $2T_N$(C 点)，转子每相应串多大电阻？

(3) 要求以 $n_D=-300$r/min 的速度下放 $0.8T_N$负载，转子每相应串入多大电阻？

13. 一台绕线转子异步电动机的铭牌数据为 $P_N=75$kW，$U_{1N}=380$V，$n_N=1460$r/min，$I_{1N}=144$A，$E_{2N}=399$V，$I_{2N}=116$A，$\lambda=2.8$，负载转矩 $T_L=0.8T_N$。如果要求电动机的转速为 500r/min，求转子每相应串入的电阻值。

14. 一台三相笼型异步电动机技术数据如下：$P_N=320$kW，$U_N=6000$V，$n_N=740$r/min，$I_N=40$A，Y 联结，$\cos\varphi_N=0.83$，堵转电流倍数 $K_I=5.04$，堵转转矩倍数 $K_T=1.93$，过载倍数 $\lambda_m=2.2$，试求：

(1) 直接启动时的初始启动电流和初始启动转矩；

(2) 把初始启动电流限定在 160A 时，初始启动转矩多大？

第六章

电动机容量的选择

学习导航

- 电动机容量的选择
  - 电动机选择的类型
    - 电动机种类的选择
    - 电动机工作方式的选择
    - 电动机防护型式的选择
    - 电动机额定电压的选择
    - 电动机额定转速的选择
    - 电动机额定功率的选择
  - 电动机的发热与冷却
    - 电动机的发热与温升
    - 电动机的冷却
    - 绝缘材料的耐热等级
  - 电动机工作方式分类
    - 连续工作制
    - 短时工作制
    - 断续周期工作制
  - 电动机容量的选择
    - 连续工作制电动机容量的选择
    - 短时级断续周期工作制电动机容量的选择

学习目标

学习目标	学习内容
知识目标	1. 三相异步电动机的发热和冷却 2. 三相异步电动机工作方式的分类 3. 各种工作制电动机容量的选择
能力目标	三相异步电动机容量的选择方法和步骤

第一节 电动机选择的一般概念

在电力拖动系统中，为生产机械选配电动机时，首先应满足生产机械的要求，例如对工作环境、工作制、启动、制动、减速或调速以及功率等的要求。依据这些要求，合理地选择电动机的类型、运行方式、额定转速及额定功率，使电动机在高效率、低损耗的状态下可靠地运行，以达到节能和提高综合经济效益的目的。

为了达到这个目的，正确地选择电动机的额定功率十分重要。如果额定功率选小了，电动机经常在过载状态下运行，会使它因过热而过早地损坏；还有可能承受不了冲击负载或造成启动困难。额定功率选得过大也不合理，此时不仅增加了设备投资，而且由于电动机经常在欠载下运行，其效率及功率因数等性能指标变差，浪费了电能，增加了供电设备的容量，使综合经济效益下降。

除确定电动机的额定功率外，正确地选择电动机的类型、外部结构形式、额定电压及额定转速等，对节约投资、节电及提高综合经济效益都是十分重要的。

一、电动机种类的选择

电动机种类的选择的依据是在满足生产机械对拖动系统静态和动态特性要求的前提下，力求结构简单、运行可靠、维护方便，价格低廉。

我国普遍采用的动力电源是三相交流电源，因此，最简单、经济的办法是选择三相或单相异步电动机来驱动机械负载。

鼠笼式异步电动机由于结构简单、运行可靠、维护方便和价格便宜等特点，广泛应用于工农业生产各个领域，是生产量最大、应用面最广的电机，但启动和调速性能差，功率因数低。在不要求调速、对启动性能无过高要求的设备上，例如水泵、通风机、机床、洗衣机、电扇等，广泛采用鼠笼式异步电动机。

有些生产机械要求启动转矩较大，如空气压缩机、皮带运输机、纺织机等，可采用高启动转矩的鼠笼式异步电动机。对于要求有级调速的生产机械，如电梯及某些机床，可采用多速鼠笼式异步电动机。

随着交流调速技术的不断发展，鼠笼式异步电动机大量用在要求无级调速的生产机械上，可以预期，在不远的将来，交流电动机在调速性能方面也将与直流电动机相媲美。

线绕式异步电动机通过转子回路串电阻，可限制启动电流，提高启动、制动转矩，实现调速。对于启动，制动比较频繁的生产机械，如桥式起重机、电梯、锻压机等，可采用线绕式异步电动机。

同步电动机在运行时，可以对电网进行无功补偿，提高功率因数。当生产机械要求功率大而对调速无要求时，可采用同步电动机拖动。

二、电动机工作方式及防护型式的选择

在工作方式上，按不同工作制可相应选择连续、短时、断续周期性工作制的电动机。

电动机的结构型式按其安装位置的不同可分为卧式与立式两种。卧式电动机的转轴安放后是水平位置，立式电动机的转轴则与地面垂直，两种类型的电动机使用的轴承不同，因此不能随便混用，一般情况下选用卧式，因立式电动机的价格较贵，只有为了简化传动装置，

又必须垂直运转时才采用立式电动机。

电动机的防护型式是根据电动机周围工作环境来确定的，可分为以下类型。

（1）开启式

这种电机价格便宜，散热条件好，但灰尘、水气或铁屑容易侵入电机内部而影响电机的正常工作和寿命，只能用于干燥和清洁的工作环境。

（2）防护式

这种电机的通风条件较好，可防滴、防雨及防止外界物件从上面落入电机内部，但不能防止灰尘和潮气侵入，所以适用于比较干燥、灰尘不多、无腐蚀性和爆炸性气体的环境。

（3）封闭式

这种电机分为自扇冷式，他扇冷式和密闭式三种，其中前两种型式的电机可用在潮湿、多腐蚀气体、灰尘多、易受风雨侵蚀等的环境中。密闭式电动机一般用于在液体中工作的机械（如潜水泵电动机）。

（4）防爆式

这种电机应用于有爆炸危险的环境（如油库、煤气站及矿井等场所）中。

三、电动机额定电压的选择

电动机额定电压选择的原则是应与供电电网或电源电压一致。一般工厂企业低压电网为380V，因此，中小型异步电动机都是低压的，额定电压为380/220V（Y/D接法），或220/380V，（D/Y接法）及380/660（D/Y接法）两种。

当电动机功率较大且供电电压为6000V及10000V时，可选用6000V甚至10000V的高压电机，此时可以省铜并减小电机的体积。

当直流电动机由单独的电源供电时，电动机的额定电压选220V或110V，大功率电动机可提高到600V或800V，甚至1000V。

当直流电动机由晶闸管整流电源供电时，则应根据不同的整流形式选取相应的电压等级。

我国生产的交、直流电动机额定电压与额定功率如表6-1所示。

表6-1　电动机的额定电压与额定功率

电压/V	容量范围/kW	
	交流电动机	
	鼠笼式异步电动机	绕线式异步电动机
380	0.37～320	0.6～320
6000	200～5000	200～500
	直流电动机	
110	0.25～110	
220	0.25～320	
440	1.0～500	
600～870	500～4600	

四、电动机额定转速的确定

电动额定转速选择的是否合理，关系到电动机的价格和拖动系统的运行效率，关系到生产机械的生产率。因为额定功率相同的电动机，额定转速越高，电机的尺寸越小，重量和成本也就越低，因此选用高速电动机比较经济。但生产机械的转速一定，电动机转速越高，传动机构的传动比也越大，这会使传动机构复杂，所以选择电动机的额定转速时，应从以下几方面综合考虑。

对很少启动、制动或反转的长期工作制的电动机，应从设备的初投资、占地面积和维护费用等方面考虑，就几个不同的额定转速进行比较，最后确定电动机的额定转速。

对于经常启动、制动及反转，但过渡过程的持续时间对生产率影响不大的电动机，除应考虑初始投资外，还要根根据过渡过程能量损耗最小条件来选择传动比和电动机的额定转速。

对于经常启动、制动及反转，过渡过程的持续时间对生产率影响较大的电动机，主要根据过渡过程持续时间最短为条件来选择电动机的额定转速。

电动机的飞轮矩 GD^2 和额定转速 n_N 影响电动机过渡过程持续时问和过渡过程的能量损失。因为过渡过程的能量损耗及持续时间都和 $GD^2 n_N$ 之值成反比。当电动机的转子或电枢的 GD_D^2 占系统的 GD^2 的比例较大时，可按使系统 $GD^2 \cdot n_N$ 之值为最小的条件来选择电动机的额定转速及传速比。

五、电动机的额定功率的选择

电动机额定功率是电动机使用的限度。通常电动机的额定功率是根据机械负载所需动力来选定，另外还要考虑到经济效益。正确选择电动机的功率有很重要的实际意义。如果容量选得过大，那么与电动机配套的控制设备、供电设备的容量都必须相应的增大，会使整个拖动系统的初始投资增加，运行费用较高，造成浪费；如容量选得过小，电机将因过载运行而过度发热，导致绝缘材料老化，缩短了电动机的使用寿命，不能保证生产机械的正常运行，不但生产效率低，而且也同样造成浪费。因此。电动机的功率选择过大或过小，都是不经济的。

决定电动机功率时，要考虑电动机的发热、允许过载能力与启动能力等因素，多数情况下以发热问题最重要。

第二节　电动机的发热与冷却

一、电机的发热与温升

电动机在负载运行时，由于损耗的存在，电动机的温度会升高。电动机温度升高是一个复杂的过程。空载时，因电流不大，铜耗小，空载损耗起主要作用；负载时，电流增加，铜耗按与电流的平方成正比增加，而空载损耗基本不变。电动机由静止状态到开始运行，最初的热量全部用来使电动机的温度升高，超过了周围的环境温度。电动机温度比环境温度高出的值称为温升。当电动机的温度高于周围环境温度时，电动机就要向周围散热；温升越高、散热越快。当单位时间内产生的热量与单位时间内散发到周围介质中的热量相等时，电动机的温度不再升高，达到了所谓的热稳定状态，此时的温升为稳定温升 τ_L，其大小决定于电动机的负载。

以上是一个温度升高的热过渡过程，称之为发热，由于电动机是由多种材料（铜、铁、绝缘材料等）构成的复杂物体，实际的发热情况是很复杂的，为了简化分析过程，作如下假设：

① 电机为一均匀物体，它的各点温度都一样，并且各部分表面的散热系数相同；

② 散发到周围介质中去的热量与电动机的温升成正比，不受电动机本身温度的影响；

③ 周围环境温度不变。

设电动机在恒定负载下长时连续工作，总损耗不变，则电机单位时间内产生的热量为

$$Q=\sum P \tag{6-1}$$

dt 时间内产生的热量则为

$$dQ=Q\mathrm{d}t \tag{6-2}$$

在温度升高的整个过渡过程中，电动机温度在升高，一部分热量被电机本身所吸收，另一部分则散发到周围介质中去。根据能量守恒原理，在任何时间里电动机产生的热量总是等于电动机本身温度升高所吸收的热量与散发到周围介质中去热量之和，即

$$Q\mathrm{d}t=C\mathrm{d}\tau+A\tau\mathrm{d}t \tag{6-3}$$

式中 A——电动机的散热率，也称热导，即电动机的温度高出环境温度1℃时，单位时间内散发到周围介质中的热量，W/℃；

τ——电动机的温升，℃；

C——电动机的热容量，即电动机温度升高1℃时所需的热量，J/℃；

$A\tau\mathrm{d}\tau$——在 $\mathrm{d}\tau$ 时间内，温升为 τ 时，电动机所散发的热量；

$C\mathrm{d}\tau$——在 $\mathrm{d}t$ 时间内，电动机温度升高 $\mathrm{d}\tau$ 所吸收的热量。

式(6-3) 叫做热平衡方程式。

在发热过程开始时，电动机所产生的热量全部用来提高本身的温度，所以温度上升很快。随着电机温度升高，散出的热量也跟着增加。如果 Q 是一个常数（电机负载一定），则本身吸收的热量越来越小，电机的温升越来越慢。经过一定时间，电机温升不再提高，$\mathrm{d}\tau=0$，这时电机的温升达到稳定值 $\tau=\tau_L$，电机产生的热量完全散发到周围介质中去，则

$$Q\mathrm{d}t=A\tau_L\mathrm{d}t \tag{6-4}$$

当发热达到稳定的状态时，电机的稳定温升为

$$\tau_L=\frac{Q}{A} \tag{6-5}$$

将式(6-5) 代入式(6-4)

$$A\tau_L\mathrm{d}t=C\mathrm{d}\tau+A\tau\mathrm{d}t$$

整理得到

$$\frac{C}{A}\frac{\mathrm{d}\tau}{\mathrm{d}t}+\tau=\tau_L \tag{6-6}$$

代入式(6-6) 则有

$$T_q\frac{\mathrm{d}\tau t}{\mathrm{d}t}+\tau=\tau_L \tag{6-7}$$

这是一个非齐次常系数一阶微分方程式。当初始条件为 $t=0$，$\tau=\tau_{F0}$ 时，特解则为

$$\tau=\tau_L+(\tau_{F0}-\tau_L)e^{-\frac{t}{T_\theta}} \tag{6-8}$$

式中 τ_{F0}——$t=0$ 时的温升，即电机起始温升。

式(6-8) 表明，在热过渡过程中，温升包括两个分量，一个是强制分量 τ_L，它是过渡

过程结束时的稳态值；另一个是自由分量 $(\tau_{F0}-\tau_L)e^{-\frac{t}{T_\theta}}$，它按指数规律衰减至零。时间常数为 T_θ，其数值一般约为十几分钟到几十分钟，容量大的一般 T_θ 也大。热容量越大，热惯性越大，时间常数也越大；容量小的，则散热快，达到热平衡状态也快，时间常数 T_θ 也越小。

式(6-8) 所表示的发热过程，温升随时间的变化如图 6-1 中的曲线 1 所示。

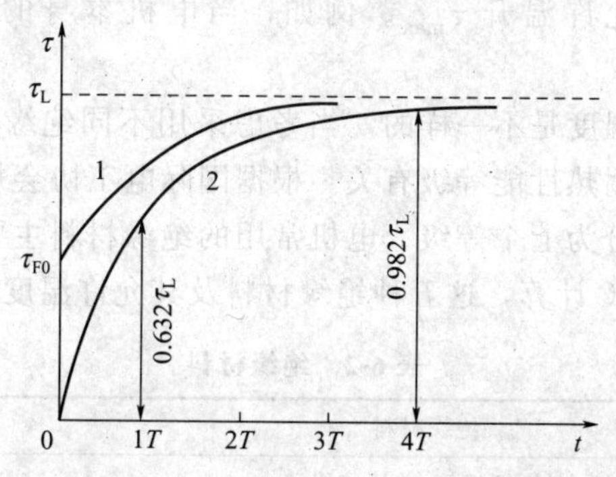

图 6-1　电动机发热过程的温升曲线

若电机从冷却状态开始负载运行时，$t=0$ 时，$\tau_{F0}=0$，电机的温度与周围介质温度相同，公式(6-8) 简化为

$$\tau=\tau_L(1-e^{-t/T_\theta}) \tag{6-9}$$

公式(6-9) 的发热曲线，如图 6-1 的曲线 2 所示。

当 $t=4T_\theta$ 时，可以认为电机发热已经达到稳定，所以发热过渡过程的长短决定于发热时间常数 T_θ。

电机发热终了时，温升不在升高，趋于稳定值 τ_L。此时，只要稳定温升 τ_L 控制在绝缘材料允许的最高温升 τ_{max} 以内，电机连续工作也不会发热。

电机的最高稳定温升 τ_{max} 为

$$\tau_{max}=\frac{Q_N}{A}=\frac{\sum P_N}{A} \tag{6-10}$$

式中 $\sum P_N$——电动机的在额定状态下运行时的损耗；

Q_N——电动机在额定状态下运行时的发热量。

电机在运行中只要电机发出的热量 $Q \leqslant Q_N$，或 $\sum P \leqslant \sum P_N$，电动机温度就不会超过允许值。

将 $\sum P_N=P_N\left(\frac{1}{\eta_N}-1\right)$ 代入式(6-10)，整理得

$$P_N=\frac{\tau_{max}A\eta_N}{0.24(1-\eta_N)} \tag{6-11}$$

上式说明，对同样尺寸的电动机，其额定功率 P_N 的大小与电动机的允许温升 τ_{max}、散热系数 A 以及效率 η_N 的高低成正比关系，欲使其额定功率 P_N 提高，应从以下三方面入手：

① 采取措施降低电机损耗，提高电机的效率；

② 加大空气流通速度与散热表面积，提高散热系数 A；

③ 提高绝缘材料的允许温升 τ_{max}。从发热方面来看，限制电动机容量的主要因素是电

动机中常用的绝缘材料的耐热程度。绝缘材料耐温有一定限度，在这个限度之内，绝缘材料的物理、化学、机械、电气等各方面性能比较稳定，超过了这个限度，绝缘材料的寿命就急剧缩短，甚至会烧毁。这个温度限度，称为绝缘材料的允许温度。

电机最高允许温升，既和所用绝缘材料有关，还和周围环境温度有关，随时间、地点而异。为此，国家标准规定：取40℃作为周围环境温度的参考值。因此绝缘材料或电动机的允许温度减去40℃即为允许温升τ_{max}。例如，当电机本身的温度为100℃时，其温升为60℃。

不同绝缘材料的允许温度是不一样的，当考虑采用不同绝缘材料时，则在同一温度下，电机的寿命与绝缘材料的耐热性能等级有关。根据国际电工协会规定，按照最高允许温度不同，电工用的绝缘材料可分为七个等级。电机常用的绝缘材料主要有A、E、B、F、H五个等级种。按环境温度为40℃计算，这五种绝缘材料及其允许温度和允许温升如表6-2所示。

表6-2　绝缘材料

绝缘等级	绝缘材料	允许温度/℃	允许温升/℃
A	经过浸渍处理的棉、丝、木材、纸板等，普通绝缘漆	105	65
E	环氧树脂、聚酯薄膜、聚乙烯醇、青壳纸、三醋酸纤维薄膜、高强度绝缘漆	120	60
B	用提高了耐热性能的有机漆作粘合剂的云母带、石棉和玻璃纤维组合物	130	90
F	用耐热优良的环氧树脂粘合或浸渍的云母、石棉和玻璃纤维组合物	155	115
H	用硅有机树脂粘合或浸渍的云母、石棉和玻璃纤维组合物、硅有机橡胶	160	140

二、电机的冷却

电动机的冷却过程可分成两种情况讨论。

（1）电动机负载减小时的冷却过程

负载运行的电动机，如果减小它的负载，其内部的损耗$\sum P$减小，产生的热量Q也随之减少，这样一来，原来的热平衡状态破坏了，变成了发热少于散热，电机的温度就要下降，温升降低。降温的过程中，随着温升减少，单位时间散热量$A\tau$也减少。当重新达到$Q=A\tau$即发热等于散热时，相应的温升必然由原来稳定温升降到新的稳定温升。我们把温升下降的过程成为冷却。

假如此时电动机的散热率A保持不变，电机冷却过程的温升曲线变化规律方程式的形式与式(6-8）相同，它的热平衡方程这种情况下的温升变化过程可用图6-2曲线1表示。

（2）电动机脱离电源时的冷却过程

脱离电源后，电动机的损耗为零，产生的热量为零，温升逐渐下降，直到与周围介质的温度相等为止，其$\tau_L=0$，故有

$$\tau=\tau_{F0}e^{-t/T_\theta} \tag{6-12}$$

这种情况下温升变化曲线如图6-2曲线2所示。

这里必须说明：同一台电动机的发热时间常数与冷却时间常数不一定相同。由于电机脱离电源，电机逐渐停止运转，对于自扇冷式电动机，由于转速降低，散热系数下降为A'，使时间常数增加为$T'_\theta=C/A'$，T'_θ可达（2～3）T_θ。而采用他扇冷却时则$T'_\theta=T_\theta$。

从上面的电动机发热和冷却过程的分析可看出，电动机温升曲线$\tau=f(t)$的确定，依赖于起始值、稳态值和时间常数三个要素。热过渡过程也是一个典型的一阶过渡过程。

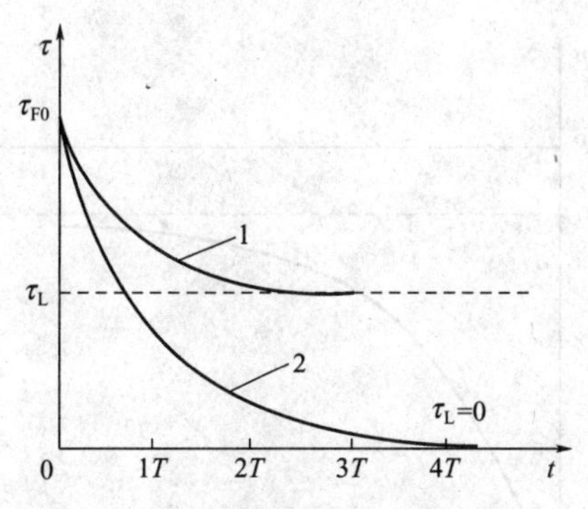

图 6-2　电动机冷却过程的温升曲线

分析电动机的发热与冷却时，是在二个假定的条件下进行的，电机的发热与冷却均按指数曲线进行。但是电机是由多个部件组成的，各个部件的材料、热容量、散热率以及产生热量的大小各不相同，因此电机内部各点的温度也不相同。例如：发热多而散热困难的地方(槽的下层)，温度最高。因此在应用上述分析结果时，重点应放在受绝缘材料的允许温升影响较大的部件，例如：分别对电枢绕组、主磁极绕组、换向极绕组、换向器以及交流绕组等。

第三节　电动机的工作方式分类

电动机容量的选择除了选择额定数据以外，还有负载的工作制，即电机承受动力的情况，包括启动、制动、空载、加载、停车，以及持续时间和顺序。电机的温升不仅由发热和冷却决定，而且与其工作制有很大的关系。例如，电机的发热和冷却情况相同时，每昼夜24小时连续工作的电机，其温升比该电机仅工作10分钟的短时工作制为高。因为短时运行时，电机的温升尚未达到稳定值就停止使用。为了充分利用电机的负载能力又不致因温升过高而影响其工作寿命，最理想的运行条件是，保证运行中的最高温升 τ_{max} 恰等于绝缘材料的允许温升。而当负载一定、散热一定的情况下，τ_{max} 的大小（即电机的发热情况）与电机运行的持续时间有直接关系，因此电机的运行持续时间对决定电机的功率也有很大的影响。按电机工作时温升的情况和我国电机的基本技术要求，将电机的工作方式分为三类：(1) 连续工作制；(2) 短时工作制；(3) 断续周期工作制。

电机的工作情况可用电机的负载图来表示，它是研究电机发热的依据。在电机负载图上，整个时间是由工作时间 t_r 和停歇时间 t_0 交替占据着。对于不同工作制的电机，可由 t_r 和 t_0 的大小来区分。因为 t_r 和 t_0 的不同，电机的温升情况也不相同。

一、连续工作制

连续工作制是在恒定负载下电机连续长期运行的工作方式。电机可以按铭牌规定的数据长期连续运行，电机各部分的温升均达到其稳定值而不会超过允许值。这种工作状态，一般来讲负载是恒定的，但也允许负载有些变化，只是它的工作时间一般较长，几个小时、几天或几个月等，均属于这个工作状态。电动机铭牌上对工作方式没有特别标注的电动机都属于连续工作方式的。如矿山的鼓风机、水泵、机床的主轴、纺织机、造纸机等很多连续工作方式的生产机械拖动电机等，都应使用连续工作方式的。它的负载图和温升曲线如图 6-3

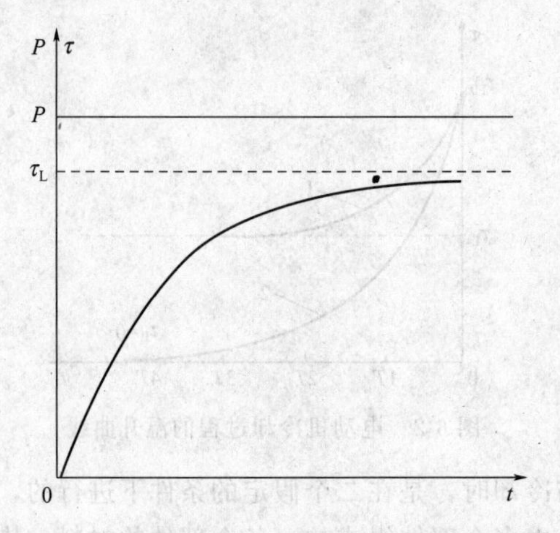

图 6-3 连续工作制电机的负载图与温升曲线

所示。

二、短时工作制

短时工作制是在恒定负载下电机短时运行，其工作时间 $t_r<(3\sim4)T_\theta$，而停歇时间 $t_0>(3\sim4)T_\theta$，负载运行时，其温升达不到热稳定状态 τ_L，电机停车时间又相当长，能使电机温升降为零。使电机各部分完全冷却到周围介质的温度。属于这类工作状态的电动机，如管道闸门、车床和龙门刨床上的夹紧装置等拖动电动机。短时工作制是指电机在冷却状态下启动，并在规定时间内运行工作。我国规定的标准短时运行时间为 10min、30min、60min、90min 四个等级。其负载图及温升曲线如图 6-4 所示。

由图 6-4 可以看出，短时工作制电动机的额定温升 τ_m，远小于其稳定温升 τ_L。如果让这类电动机超过规定的时间运行，它的温升将超过额定温升，使电机过热，降低使用寿命，甚至烧毁。

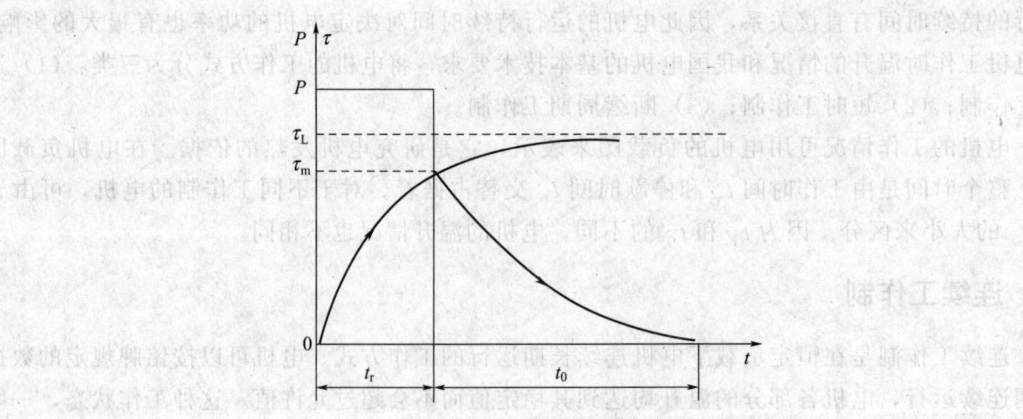

图 6-4 短时工作制电机的负载图与温升曲线

三、断续周期工作制

断续周期工作制是在恒定负载下电机按一系列相同的工作周期运行的工作方式，每个周期包括加载和断续等时间。

断续周期工作制的特点是重复性和短时性，即电机工作时间 t_r 与停歇时间 t_0 交替进行，而且都比较短，二者之和，按国家标准规定不得超过 10min。电机工作时温升按指数曲线上升，停歇时温升又按指数曲线下降，在整个工作过程中温升不断地上下波动，但平均温升值越来越高，当经过足够的周期以后，每周期时间内的发热量等于散热量时，其温升就将在一个稳定的小范围内不断上下波动，温升的最高值 τ_{max} 小于长期运行的稳定温升 τ_L。属于这类工作状态的电机有：起重机电机、电梯电机、轧钢机辅助机械电机、矿山提升机用电机等，其负载图与温升曲线如图 6-5 所示。

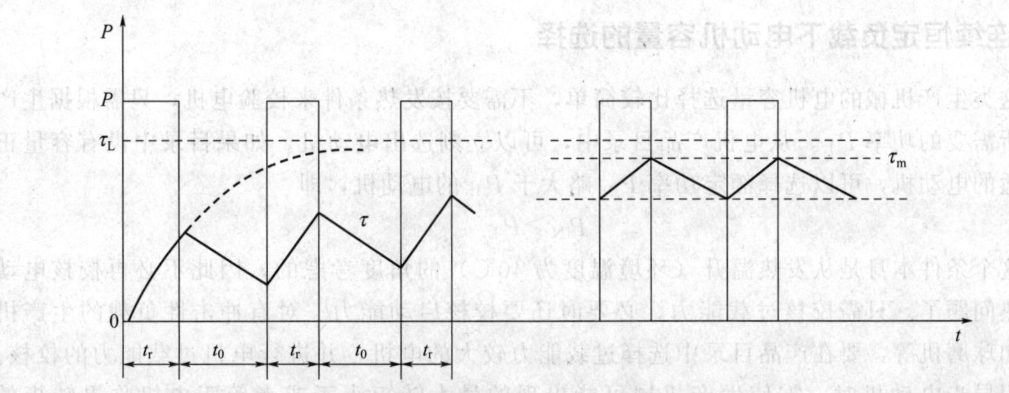

图 6-5　断续周期工作制电机的负载与温升曲线

从图 6-5 可以看出，工作时温度升高，停歇时温度下降，但由于停歇时间不够长，电机还未冷却到周围介质的温度，又开始工作，温度复又上升。第二次停歇时，电机尚未冷却到第二次工作的起始温升又开始工作，这样重复下去，电机温升愈来愈高，电动机达到的最高温升为 τ_m。当 τ_m 等于（或接近于）电动机的允许温升 τ_{max} 时，相应的输出功率则规定为电动机的额定功率。

实际上断续周期工作制的每次工作时间不一定相同，停歇时间也不会一样，如吊车行走机构的拖动电机、电焊机等。它只具有短时、重复二个特点，并不具有周期性。从理论上讲它具有统计周期性，为此我们引出负载持续率（或叫暂载率）这个概念。即

$$FS\% = \frac{t_r}{t_r + t_0} 100\% \tag{6-13}$$

公式(6-13) 中的（$t_r + t_0$）常称为重复周期，而且国家标准规定不得超过 10 分钟。我国规定的标准负载持续率为 15%、25%、40%和 60%四种。

实际上，生产机械所用电机的负载图是各式各样的，但是从发热的角度来考虑，总可以把它们折算到以上三种基本类型里面去。也有些特殊情况，例如，具有尖峰负荷的工作状态，如轧钢机等。在这种工作状态下，电机所承受的负荷，在工作时间内有剧增或剧减的变化，而且还是交替进行，对电机很不利。如果负载的剧变单独由电机来承担则电机的过载能力需很大，不得不选用较大容量的电机。人们常用加大传动系统飞轮矩 GD^2 的办法，来均衡这种剧增或剧减的负载变化，从而改善了电机的运行情况，减小了所选电机的容量。断续周期工作制电机频繁启动、制动，其过载能力强，GD^2 值小，机械强度好。

起重机械、电梯、矿山提升机、自动机床等具有断续周期工作制方式的生产机械应使用断续周期工作制方式的电动机。但许多生产机械断续周期工作的周期性并不很严格，这时负

载持续率只具有统计性质。

第四节　连续工作制电动机容量的选择

各式各样连续工作的生产机械很多，电动机长时间负载运行以后，电动机温升达到一个与负载大小相对应的稳态值。虽然它们的负载性质各不相同，但综合起来可分为两种类型：即恒定负载和变动负载（大多数情况属于周期性变化负载），因此连续工作制的电机容量选择，可分二种情况来研究。

一、连续恒定负载下电动机容量的选择

这类生产机械的电机容量选择比较简单，不需要按发热条件来校验电机，只需根据生产机械所需要的功率 P_L，从电机产品目录中，可以立刻选出电动机。如果目录中没有容量正好合适的电动机，可以选择额定功率 P_N 略大于 P_L 的电动机，即

$$P_N \geqslant P_L$$

这个条件本身是从发热温升（环境温度为 40℃）的角度考虑的，因此不必再校核电动机发热问题了。只需校核过载能力，必要时还要校核启动能力。对有冲击性负载的生产机械，如球磨机等，要在产品目录中选择过载能力较大的电机，并进行电机过载能力的校核。当选用异步电动机时，需使生产机械可能出现的最大转矩小于或者等于电机临界转矩的 60%～65%。若选择的是直流电动机，只要生产机械的最大转矩不超过电机的最大允许转矩就行。另外，当选择鼠笼式电动机时，还要考虑启动问题，例如启动电流对电网的影响、启动转矩是否合适等。

以上关于额定功率的选择都是在国家标准环境温度（40℃）前提下进行的。电机工作时的环境温度直接影响电机的实际输出容量。例如常年环境温度偏低，电动机实际额定容量应比标准规定的 P_N 高，相反，常年温度偏高的，应降低功率使用。为了充分利用电动机的容量，应对电动机的额定功率进行修正。

在连续工作制的电机中，电机的额定温升 τ_{max} 即为电机的稳定温升 τ_L，故有：

$$\tau_{max}=\tau_L=\frac{Q_N}{A}=\frac{0.24(P_0+P_{Cu})}{A}=\frac{0.24(\alpha P_{CuN}+P_{CuN})}{A}$$

$$=\frac{0.24(\alpha+1)}{A}P_{cuN} \tag{6-14}$$

式中　A——电机的散热效率；

Q_N——电机在额定情况下的发热量；

0.24——热功当量；

P_0——电机的不变损耗（空载损耗）；

P_{Cu}——电机的可变损耗（铜损），在额定情况下 $P_{Cu}=P_{CuN}$；

$\alpha=\dfrac{P_0}{P_{CuN}}$——在额定情况下不变损耗与可变损耗的比例系数；一般在（0.4～1.1）的范围内变化。

若 θ_m 为电机的最高允许温度，则电机的额定温升又可写为

$$\tau_{max}=\theta_m-40℃ \tag{6-15}$$

假定电机的实际环境温度为 θ，在此温度下电机长期工作的最大允许电流为 I、相应的发热量为 Q。这种情况下电机长期工作的实际稳定温升记为 τ，则：

$$\tau=\frac{Q}{A}=\frac{0.24(P_0+P_{Cu})}{A}=\frac{0.24(\alpha P_{CuN}+P_{Cu})}{A} \tag{6-16}$$

因为 $$\tau=\theta_m-\theta=\theta_m-40+40-\theta=\tau_{max}+(40-\theta)$$

所以 $$\tau_{max}+(40-\theta)=\frac{0.24(\alpha P_{CuN}+P_{Cu})}{A} \tag{6-17}$$

比较公式(6-17) 与式(6-14) 可得：

$$\frac{\tau_{max}+(40-\theta)}{\tau_{max}}=\frac{\alpha P_{CuN}+P_{Cu}}{(1+\alpha)P_{CuN}} \quad 或 \quad \frac{\tau_{max}+(40-\theta)}{\tau_{max}}(1+\alpha)=\alpha+\frac{P_{Cu}}{P_{CuN}}$$

由于电机的可变损耗与电流的平方成正比：

$$\frac{P_{Cu}}{P_{CuN}}\propto\frac{I^2}{I_N^2}$$

所以 $$\frac{\tau_{max}+(40-\theta)}{\tau_{max}}(1+\alpha)=\alpha+\frac{I^2}{I_N^2}$$

整理得

$$I=I_N\sqrt{1+\frac{40-\theta}{\tau_{max}}(1+\alpha)} \tag{6-18}$$

由于电机的功率与电流成正比，故有

$$P=P_N\sqrt{1+\frac{40-\theta}{\tau_{max}}(1+\alpha)} \tag{6-19}$$

通过式(6-19) 即可计算电机在实际环境温度 θ 时的允许输出功率 P，显然 $\theta>40$℃时，$P<P_N$；$\theta<40$℃时，$P>P_N$。

根据理论计算和实践，在周围环境温度不同时，电机功率可粗略地按表 6-3 相应增减。

表 6-3 不同环境温度下电动机功率的修正百分比

环境温度	30℃	35℃	40℃	45℃	50℃	55℃
电机功率增减的百分比	+8%	+5%	0	−5%	−12.5%	−25%

电动机额定功率选择一般分成三步：

(1) 计算负载功率 P_L；

(2) 根据负载功率，预选电动机的额定功率；

(3) 校核预选电动机，一般先校核发热温升，再校核过载能力。

满足生产机械要求的前提下，电动机额定功率越小越经济。

【例 6-1】 一台与电动机直接连接的低压离心式水泵，排水量 $Q=50\text{m}^3/\text{h}$，扬程为 15m，转速为 1450r/min，泵的效率 $\eta_b=0.4$，试选择电动机。

解：电动机拖动离心式水泵时，电动机负载功率为

$$P_L=\frac{QH\rho g}{\eta_b\eta}\times10^{-3}$$

式中 Q——泵的流量，m^3/s；

H——水的扬程，m；

ρ——水的密度，kg/m³；

g——重力加速度，m/s²；

η_b——水泵的效率；

η——传动机构的效率。

$$P_L=\frac{QH\rho g}{\eta_b\eta}\times10^{-3}=\frac{\frac{50}{3600}\times15\times10^3\times9.8}{0.4\times1}\times10^{-3}=5.1(\text{kW})$$

工作环境无特殊要求，根据 $P_N\geqslant P_L$，可选用鼠笼式异步电动机 Y132S-4，其数据为 $P_N=5.5\text{kW}$，$U_N=380\text{V}$，$n_N=1440\text{r/min}$。对所选用的电动机不必进行发热校验。

【例 6-2】 一台额定功率 $P_N=30\text{kW}$ 连续工作制的鼠笼式异步电动机，如果长年工作在 70℃环境下工作，电机绝缘等级为 B 级，请计算电机在高温环境下的实际额定功率应为多少？

解：实际额定功率

$$P'_N=P_N\sqrt{1+\frac{40-\theta}{\tau_{max}}(\alpha+1)}=30\times\sqrt{1+\frac{40-70}{90}\times(0.9+1)}=16.16(\text{kW})$$

二、变动负载连续运行

电动机在变动负载下运行时，它的功率是在不断变化的，时大时小，因此电机内部的损耗也在变动，发热和温升都在变动。这样经过相当一段时间后，在一个周期内电动机的稳定温升不会随负载变化有多大的波动。

图 6-6 表示负载变动的生产机械负载图，图中只表示生产过程的一个周期。当电动机拖动这一生产机械工作时，因为输出功率周期性地改变，其温升也必然作周期性的波动。如按最大负载选择电动机容量，电动机将不能充分利用；而按最小负载选择，电动机又有超过许可温升的危险。可以推知，电动机容量可以在最大负载和最小负载之间适当选择，电动机既能得到充分利用，又不至于过载。

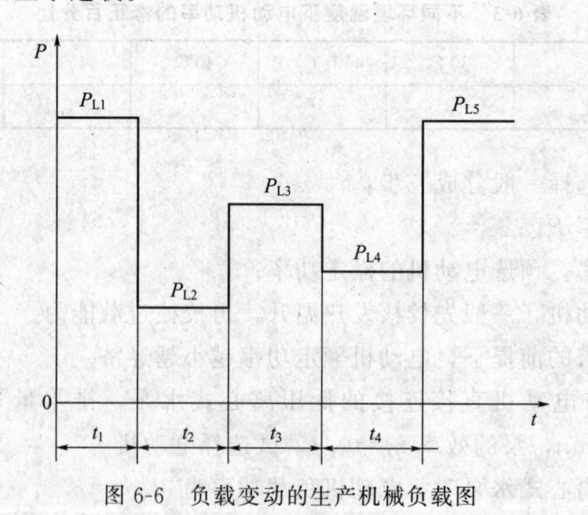

图 6-6　负载变动的生产机械负载图

变动负载下电动机功率选择的一般步骤是：首先计算出生产机械的负载功率，绘制生产机械负载图，其次是预选电动机的容量。因为变动负载下电动机的容量选择比较复杂些，一般步骤如下。

(一) 根据生产机械的负载图求出其平均功率 P'_L 或平均转矩 T'_L

$$P'_L=\frac{P_{L1}t_1+P_{L2}t_2+P_{L3}t_3+\cdots+P_{Ln}t_n}{t_1+t_2+t_3+\cdots+t_n}=\frac{\sum_1^n P_{Li}\cdot t_i}{\sum_1^n t_i} \tag{6-20}$$

$$T'_L=\frac{T_{L1}t_1+T_{L2}t_2+T_{L3}t_3+\cdots+T_{Ln}t_n}{t_1+t_2+t_3+\cdots+t_n}=\frac{\sum_1^n T_{Li}t_i}{\sum_1^n t_i} \tag{6-21}$$

式中 P_{L1}，P_{L2}，P_{L3}、…、P_{Ln}——各段负载功率；

T_{L1}，T_{L2}，T_{L3}、…、T_{Ln}——各段负载转矩；

t_1，t_2，t_3、…、t_n——各段工作时间。

在过渡过程中，可变损耗与电流平方成正比，电机发热较为严重，而上述 P'_L 及 T'_L 中没有反映过渡过程中的发热情况。因此，电动机额定功率可按下述经验公式预选

$$P_N \geqslant (1.1\sim1.6)P'_L \tag{6-22}$$

或

$$P_N \geqslant (1.1\sim1.6)\frac{T'_L\eta_N}{9550} \tag{6-23}$$

对于系数的选用，应根据负载变动的情况确定。如过渡过程在整个工作过程中占较大比重，应选得偏大一些。

(二) 对预选的电动机进行发热、过载、启动校验

要进行发热校验，绘制电机的发热曲线是比较困难的。因此一般用下述几种方法进行校验。

(1) 平均损耗法

预选好电动机功率以后，根据该电动机的额定数据按下式计算出额定损耗功率

$$\Sigma P_N=\frac{P_N}{\eta_N}-P_N \tag{6-24}$$

然后，根据绘制的电动机负载图 $P=f(t)$，以及查得的效率曲线，求出每工作段的损耗功率：

$$\Sigma P_i=\frac{P_{Li}}{\eta_i}-P_{Li} \tag{6-25}$$

一个工作周期的平均损耗为

$$\Sigma P_{pj}=\frac{\Sigma P_1t_1+\Sigma P_2t_2+\Sigma P_3+\cdots+\Sigma P_nt_n}{t_1+t_2+t_3+\cdots+t_n}=\frac{\sum_1^n \Sigma P_it_i}{\sum_1^n t_i} \tag{6-26}$$

式中 ΣP_{pj}——平均损耗；

ΣP_i——在 t_i 时间内，当输出功率为 P_{Li} 时的损耗。

因为电机的发热是由其内部损耗所决定，所以电机的损耗的大小直接反映了电机的温升

情况。将上式计算出的平均损耗与预选电动机的额定损耗相比较，应满足下列关系

$$\sum P_{pj} \leqslant \sum P_N \tag{6-27}$$

则预选电动机的发热校验通过。如果不能满足式(6-27)，说明电机的发热比预选电机所允许的发热要大即电动机容量选小了，应再选大一点的电机，再重新校验。如果$\sum P_{pj} \ll \sum P_N$，表明电机容量选得太大了，电机没有被充分利用，应选小一点的电机再校验，直到$\sum P_{pj}$等于或略小于$\sum P_N$为止。

进行热校验合适后，再按电机过载能力来检查。要求负载图中最大转矩$T_{Lm} \leqslant$电动机产生的最大电磁转矩T_m。对于交流异步电动机，考虑到电网电压可能发生波动，要求

$$T_{Lm} \leqslant 0.65^2 \lambda T_m = 0.72 \lambda T_m \tag{6-28}$$

应用平均损耗法进行发热核验是比较准确的，可用于电动机大多数情况下的发热检验，t_i越短，$\sum t_i$越长的平均损耗越接近电机的实际损耗，其精确度就越高。但是计算相当复杂，而且有时电动机的效率曲线不易得到，因此可采用等效法进行发热核验。

(2) 等效法

等效法包括等效电流法、等效转矩法和等效功率法。

① 等效电流法　等效电流法的含义是以一个不变的等效电流I_d，来代替实际变动的负载电流。代替的条件是在同一周期内它们所产生的热量是相等的。由上述平均损耗法可引出等效电流法。变动负载下第i段的损耗可以写成：

$$P_i = P_{0i} + P_{Cui} = P_{0i} + I_i^2 r \tag{6-29}$$

式中　P_{0i}——第i段损耗中的不变损耗；

P_{Cui}——第i段损耗中的铜损耗。

电机总的平均损耗用其等值电流来表示即为：

$$P_d = P_0 + I_d^2 r \tag{6-30}$$

将公式(6-28) 与式(6-29) 所表示的P_i和P_d之值代入公式(6-25) 则有：

$$P_0 + I_d^2 r = \frac{\sum_1^n (P_{oi} + I_i^2 r) t_i}{\sum_1^n t_i} = \frac{P_0 \sum_1^n t_i + r \sum I_i^2 t_i}{\sum_1^n t_i} = P_0 + r \frac{\sum_1^n I_i^2 t_i}{\sum_1^n t_i}$$

在推导过程中，假定不变损耗P_0及电机主电路电阻不变，等号两边可以消去，则上式变为：

$$I_d = \sqrt{\frac{I_1^2 t_1 + I_2^2 t_2 + I_3^2 t_3 + \cdots + I_n^2 t_n}{t_1 + t_2 + t_3 + \cdots + t_n}} = \sqrt{\frac{\sum_1^n I_i^2 t_i}{\sum_1^n t_i}} \tag{6-31}$$

等效电流法的实质是不考虑电动机空载损耗的变化，只要平均的铜损耗等于或小于额定电流的铜损耗，电动机即不至于过热，如已知电动机的电流负载图$I = f(t)$，则用等效电流法是很方便的。

从以上的分析可知，在I_d的推导过程中，认为不变损耗P_0和电阻是不变的，这对一般电机是允许的。但是对于深槽式和双鼠笼式异步电动机，在经常启动和反转时，其电阻r

与铁损均在变化，将带来很大的误差，则不能用等效电流法校验发热，此时必须改用平均损耗法。

② 等效转矩法　等效转矩法是由等效电流法导出来的。有时已知的不是负载电流图，而是转矩图，如果转矩与电流成正比则可用等效转矩法 T_d 来代替等效电流 I_d，利用此关系即可导出等效转矩：

$$T_d=\sqrt{\frac{T_1^2t_1+T_2^2t_2+T_3^2t_3+\cdots+T_n^2t_n}{t_1+t_2+t_3+\cdots+t_n}}=\sqrt{\frac{\sum_1^n T_i^2}{\sum_1^n t_i}} \tag{6-32}$$

等效转矩法应用比较方便，只要先绘出以转矩表示的生产机械负载图，然后再作出已选电机的转矩负载图 $T=f(t)$，就可按公式(6-32) 计算出等效转矩 T_d。将上式所求的等效转矩与预选电动机额定转矩相比较，如果满足下列关系

$$T_d \leqslant T_N$$

则发热校验通过。

等效转矩法适用于磁通不变的他励直流电动机，或负载接近额定负载且功率因数变化不大的异步电动机。对于改变励磁调速的并励电动机，需要修正转矩负载图时才可以应用此种方法。

③ 等效功率法　当我们已知的是以功率表示的负载图时，由 $P=\frac{Tn}{9550}$ 可知，当电动机的转速基本不变时，P 与 T 成正比，由等效转矩引出等效功率的公式：

$$P_d=\sqrt{\frac{P_1^2t_1+P_2^2t_2+P_3^2t_3+\cdots+P_n^2t_n}{t_1+t_2+t_3+\cdots+t_n}}=\sqrt{\frac{\sum_1^n P_i^2t_i}{\sum_1^n t_i}} \tag{6-33}$$

用公式(6-33) 计算出等效功率 P_d，若等于或略小于预选电动机的额定功率，则所选电动机发热通过。

等效功率法应用范围较等效转矩法小，因为必须是转速基本不变的情况下它才适用。否则要对负载图功率进行修正。

如果电动机在一个周期内的变化负载包括启动、制动、停歇等过程，如果用自扇冷式电机，则发热条件变坏，实际温度将要提高。一般应把平均损耗或等效电流、转矩及功率提高一点来反映这个散热条件变坏的影响。为了达到此目的，在式(6-31)、式(6-32)、式(6-33) 的分母上，对应的启动与制动时间上乘以修正系数 β，在对应停歇的时间上乘以修正系数 β_0、β 与 β_0 均为小于 1 的系数。对于直流电动机，$\beta=0.75$，$\beta_0=0.5$；对于异步电动机 $\beta=0.5$，$\beta_0=0.25$。现以图 6-7 所示的负载图为例，图中 t_1、t_2、t_3、t_4 分别为启动、稳定运行、制动、停歇时间；T_1、T_2、T_3 分别为启动、稳定运行、制动过程中的转矩，修正后的等效转矩可写成

$$T_d=\sqrt{\frac{T_1^2t_1+T_2^2t_2+T_3^2}{\beta\cdot t_1+t_2+\beta\cdot t_3+\beta_0\cdot t_4}}$$

【例 6-3】 图 6-8 所示为具有平衡尾绳的矿井提升机传动示意图。其中电动机直接与摩擦轮同轴直接相连，当它们旋转时，靠摩擦力带动钢绳和运载矿石车的罐笼。尾绳系在左右

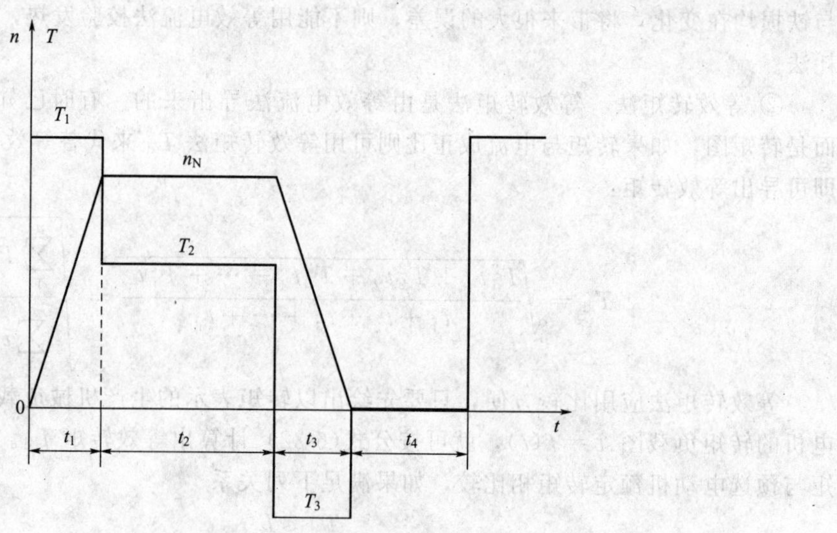

图 6-7　有启动制动停歇时间的变化负载图

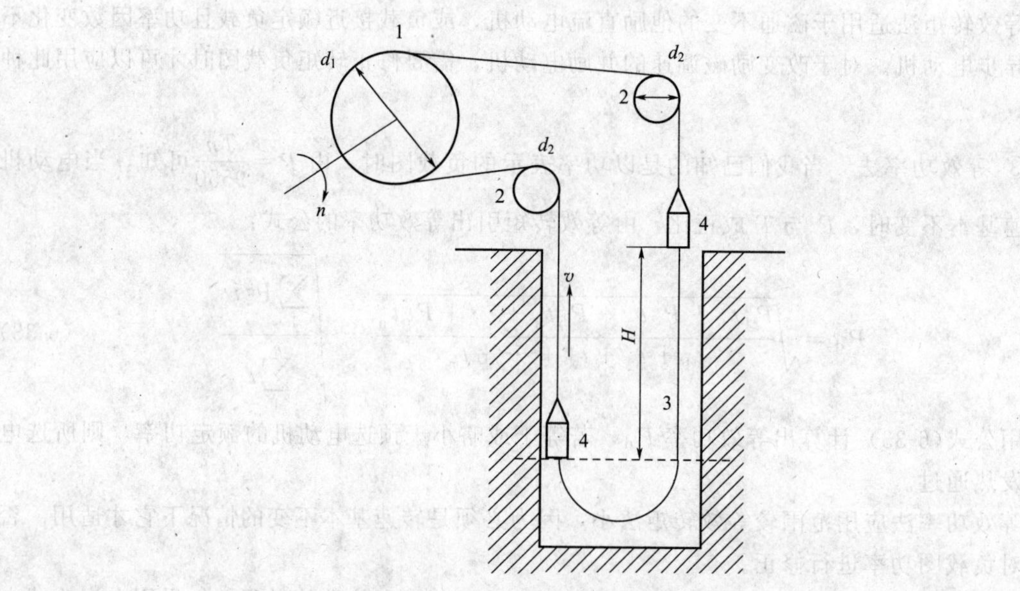

图 6-8　矿井提升机传动示意图

两个罐笼下面，以平衡空的罐笼及它上边的钢绳的重量。已知数据如下：

井深 $H=915$m；

运载重量 $G_0=56600$N；

空罐笼重量 $G_4=77150$N；

钢绳与平衡尾绳每米重量 $g_4=106$N/m；

钢绳与平衡尾绳总长度 $L=2H+90$m；

罐笼与导轨的摩擦阻力使负载增大 20%；

摩擦轮直径 $d_1=6.44$m；

导轮直径 $d_2=5$m；

额定提升速度 $v_N=16$m/s；

摩擦轮飞轮矩 $GD_1^2=2730000\text{N}\cdot\text{m}^2$；

导轮飞轮矩 $GD_2^2=564000\text{N}\cdot\text{m}^2$；

工作周期 $t_t=90\text{s}$。

启动过程中提升加速度 $a_1=0.69\text{m/s}^2$，制动过程中提升减速度 $a_3=1\text{m/s}^2$，该恒加速度由自动控制系统实现。试选择电动机的工作方式与额定功率。

解：（一）确定电动机工作方式及计算负载功率

设罐笼提升时负载速度 v 为正，此时电动机转速 n 为正。罐笼从静止到开始一个周期内的运动为：负载提升速度从 $0\rightarrow v_N$，时间为 t_1；以恒速 v_N 提升时间为 t_2；提升速度从 $v_N\rightarrow 0$，时间为 t_3；停歇，$v=0$，时间为 t_0，左罐卸货、右罐装货，准备下一周期左罐下放、右罐提升。

第一个周期与第二个周期运动速度方向相反，四段的时间和相应速度的绝对值完全相同，负载功率 P_L 完全一样。因此，只需计算一个周期，另一周期情况就随之而定了。

（1）计算各段时间：

$$t_1=\frac{v_N}{a_1}=\frac{16}{0.89}=18(\text{s})$$

$$t_3=\frac{v_N}{a_3}=\frac{16}{1}=16(\text{s})$$

$$t_2=\frac{H}{v_N}=\frac{H-h_1-h_2}{v_N}=\frac{H-\frac{1}{2}a_1t_1^2-\frac{1}{2}a_3t_3^2}{v_N}$$

$$=\frac{915-\frac{1}{2}\times0.89\times18^2-\frac{1}{2}\times1\times16^2}{16}=40.2(\text{s})$$

$$\begin{aligned}t_0&=t_t-t_1-t_2-t_3\\&=90-18-16-40.2\\&=15.8(\text{s})\end{aligned}$$

实际负载持续率：

$$FS\%=\frac{t_1+t_2+t_3}{t_t}=\frac{18+40.2+16}{90}=82.4\%$$

$FS\%>70\%$，因此选连续工作制电动机。

（2）计算负载平均功率

由于左、右罐笼、钢绳与平衡尾绳的重量都自相平衡，因此计算负载功率时，只考虑运载重量 G_0 与由于摩擦阻力增加的部分即可。负载平均功率为

$$P'_L=(1+20\%)\cdot\frac{G_0v_N}{1000}\cdot\frac{t_t-t_0}{t_t}=1.2\times\frac{58800\times16}{1000}\times\frac{90-15.8}{90}=931(\text{kW})$$

（二）预选电动机

电动机额定功率计算值

$$P_N=(1.1\sim1.6)P'_L=1024\sim1489(\text{kW})$$

电动机转速计算值

$$n_N=\frac{60v_N}{\pi d_1}=\frac{60\times16}{\pi\times6.44}=47.5(\text{r/min})$$

由于电动机容量很大，为了减少转动惯量，采用双电动机拖动，因此预选电动机为他励直流

电动机，数据为：

① $P_N=700\text{kW}$，两台，连续工作方式；

② $n_N=47.5\text{r/min}$，每台 $GD_d^2=1065000\text{N}\cdot\text{m}^2$；

③ 过载能力 $\lambda=1.8$，风扇自冷式。

（三）校核所选电动机的发热与过载能力

（1）求负载转矩

$$T_L=T_2=1.2G_0\frac{d_1}{2}=1.2\times58800\times\frac{6.44}{2}=227200(\text{N}\cdot\text{m})$$

直线运动部分总重量

$$G=G_0+2G_4+g_4L=58800+2\times77150+106\times(2\times915+90)=416620(\text{N})$$

为了计算加速转矩，首先求出折算到电动机轴上系统总的飞轮矩 GD^2

直线运动部分折算到电动机轴上的飞轮矩

$$GD_{d1}^2=365\frac{Gv_N^2}{n_N^2}=365\times\frac{416620\times16^2}{47.5^2}=17250000(\text{N}\cdot\text{m}^2)$$

二导轮折算到电动机轴上的飞轮矩

$$2GD_2^2=2\times584000\times\left(\frac{6.44}{5}\right)^2=1938000(\text{N}\cdot\text{m}^2)$$

系统总飞轮矩

$$GD^2=2GD_d^2+GD_1^2+2(GD_2^2)'+GD_{d1}^2$$
$$=2\times1065000+2730000+1938000+17250000=24048000(\text{N}\cdot\text{m}^2)$$

提升加速时动转矩

$$T_{a1}=\frac{GD^2}{375}\times\left(\frac{dn}{dt}\right)_1=\frac{GD^2}{375}\times\frac{d}{dt}\left(\frac{60v}{\pi d_1}\right)=\frac{GD^2}{375}\times\frac{60a_1}{\pi d_1}$$
$$=\frac{24048000}{375}\cdot\frac{60\times0.89}{\pi\times6.44}=169260(\text{N}\cdot\text{m})$$

加速时转矩

$$T_1=T_L+T_{a1}=227200+169260=396460(\text{N}\cdot\text{m})$$

提升减速时动转矩

$$T_{a2}=\frac{GD^2}{375}\times\left(\frac{dn}{dt}\right)=\frac{GD^2}{375}\times\left(\frac{-60a_3}{\pi d_1}\right)$$
$$=\frac{24048000}{375}\cdot\left(\frac{-60\times1}{\pi\times6.44}\right)=-190220(\text{N}\cdot\text{m})$$

减速时转矩

$$T_3=T_L+T_{a2}=227200-190220=36980(\text{N}\cdot\text{m})$$

在图 6-9 上，按上述数据绘出负载转矩图 $T=f(t)$，$n=f(t)$。

（2）按负载图求出等效转矩，校核温升

$$T_d=\sqrt{\frac{T_1^2t_1+T_2^2t_2+T_3^2t_3}{\beta t_1+t_2+\beta t_3+\beta_0t_4}}$$

式中　散热恶化系数 $\beta=0.75$，$\beta_0=0.5$

$$T_d=\sqrt{\frac{396460^2\times18+227200^2\times40.2+36980^2\times16}{0.75\times18+40.2+0.75\times16+0.5\times15.8}}=258710(\text{N}\cdot\text{m})$$

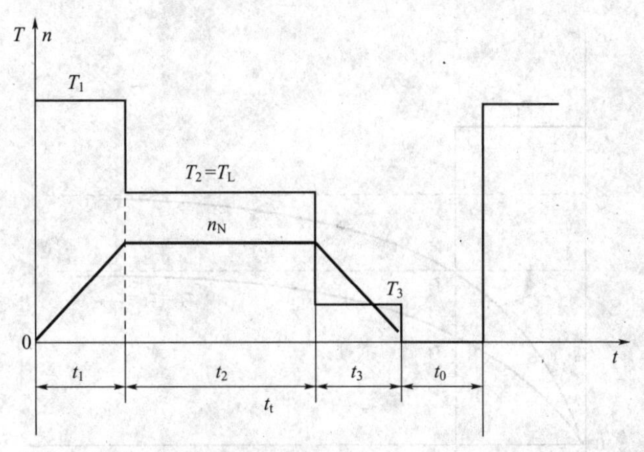

图 6-9　矿井提升的负载图 $T=f(t)$ 及 $n=f(t)$

两台电动机额定转矩

$$T_N=2\times9550\frac{P_N}{n_N}=2\times9550\times\frac{700}{47.5}=281470(\text{N}\cdot\text{m})$$

$T_d<T_N$，温升通过。

（3）校核过载能力

$$\lambda'=\frac{T_1}{T_N}=\frac{396460}{281470}=1.41<1.8$$

两电机的等效功率　　$$P_d=\frac{T_d n_N}{9550}=\frac{258710\times47.5}{9550}=1287(\text{kW})$$

$P_d<P_N=1400\text{kW}$，因此，电动机的发热及过载能力的校验均可通过。

第五节　短时及断续周期工作制电动机容量的选择

一、短时工作制电动机容量的选择

电动机工作在短时工作制时，可选用为连续工作制而设计的电机，也可选用专为短时工作制而设计的电动机。

（一）选用为连续工作制而设计的电机

当选用为连续工作制而设计的电机时，我们可以选择容量比所需功率小的电动机，让它的温升不超过允许值的条件下，在短时间内运行。

由图 6-10 可看出，电机的工作情况是工作时间较短而停歇时间较长，每次负载运行时，初始温升都为零。如果选择连续工作制电机，使 $P'_L\geqslant P_L$，显然在 $t=t_r$ 时，温升按曲线 1 只能达到 t'_L，而达不到稳定温升 t_{max}，因此电机得不到充分利用。为此选用 $P_N<P_L$，在工作时间 t_r 内电机过载运行，温升按曲线 2 上升，在 $t=t_r$ 时达到 τ_r，使 τ_r 与稳定温升 τ_L 相等，亦即与绝缘材料允许的最高温升 τ_{max} 相等，这样，电机在散热性能上得到了充分利用。

选择 P_N 的依据就是 $\tau_r=\tau_L=\tau_{max}$，即

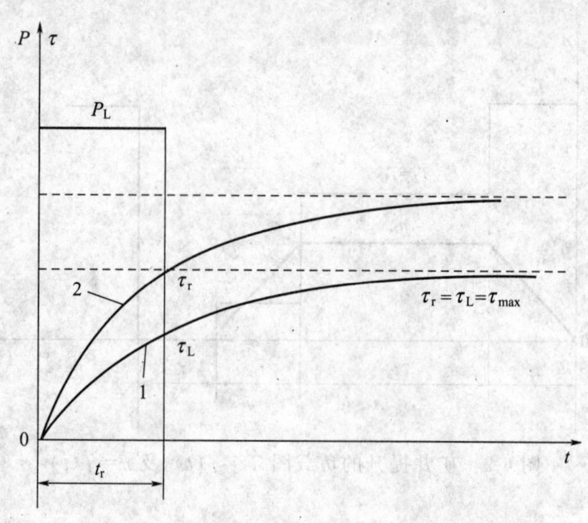

图 6-10　短时工作时的电动机负载与温升

$$\tau_{\mathrm{r}}=\frac{\sum P_{\mathrm{L}}}{A}(1-\mathrm{e}^{-t_{\mathrm{r}}/T_{\theta}})=\tau_{\mathrm{L}}=\frac{\sum P_{\mathrm{N}}}{A} \tag{6-34}$$

利用式(6-14)、式(6-16)，对式(6-34) 化简整理，得

$$\frac{P_{\mathrm{Cu}}}{P_{\mathrm{CuN}}}=\frac{1+\alpha \mathrm{e}^{-t_{\mathrm{r}}/T_{\theta}}}{1-\mathrm{e}^{-t_{\mathrm{r}}/T_{\theta}}}$$

因为

$$\frac{P_{\mathrm{Cu}}}{P_{\mathrm{CuN}}}\propto\frac{I^{2}}{I_{\mathrm{N}}^{2}}$$

所以

$$\frac{I}{I_{\mathrm{N}}}=\sqrt{\frac{1+\alpha \mathrm{e}^{-t_{\mathrm{r}}/T_{\theta}}}{1-\mathrm{e}^{-t_{\mathrm{r}}/T_{\theta}}}} \tag{6-35}$$

因　$\frac{P_{\mathrm{L}}}{P_{\mathrm{N}}}\propto\frac{I}{I_{\mathrm{N}}}$　对式(6-35) 整理得

$$\lambda'=\frac{P_{\mathrm{L}}}{P_{\mathrm{N}}}=\sqrt{\frac{1+\mathrm{e}^{-t_{\mathrm{r}}/T_{\theta}}}{1-\mathrm{e}^{-t_{\mathrm{r}}/T_{\theta}}}} \tag{6-36}$$

式中　λ'——按发热观点的功率过载倍数。

如果已知电动机的发热时间常数 T_{θ} 和短时运行时间 t_{r}，即可求出过载倍数 λ'；从而求出应选的电动机容量。

在大多数情况下，短期运行的电动机容量选择，主要是受转矩的过载能力限制，也就是说，短时过载运行下，往往电动机在温升方面满足要求，而转矩不能满足要求，电动机最大转矩小于负载最大转矩仍然不能应用。

【例 6-4】 有一台直流电动机，额定功率为 20kW，热时间常数为 30min。过载能力 $\lambda=2$，空载损耗与额定负载损耗之比 $a=1$。(1) 若此电动机作 30min 短时运行，按照发热条件能输出最大功率是多少？(2) 若有一短时负载 $P_{\mathrm{L}}=40\mathrm{kW}$，$t_{\mathrm{r}}=20\mathrm{min}$，能否应用此电机？(3) 若有一短期负载，$P_{\mathrm{L}}=44\mathrm{kW}$，$t_{\mathrm{r}}=10\mathrm{min}$，能否应用此电机？

解：(1) 求过载倍数 λ'

$$\lambda'=\sqrt{\frac{1+\alpha \mathrm{e}^{-t_{\mathrm{r}}/T_{\theta}}}{1-\mathrm{e}^{-t_{\mathrm{r}}/T_{\theta}}}}=\sqrt{\frac{1+1\times \mathrm{e}^{-30/30}}{1-\mathrm{e}^{-30/30}}}=1.47$$

所以最大输出功率

$$P_L = 1.47P_N = 1.47 \times 20 = 29.4\text{kW}$$

因为$\lambda' = 1.47 < 2$，保证了容量的过载倍数不超过电动机的过载能力，从发热和转矩要求来看都是可以的。

(2) 如$P_L = 40\text{kW}$，$\lambda' = \dfrac{40}{20} = 2$

$$\lambda'^2 = \frac{1 + e^{-t_r/T_\theta}}{1 - e^{-t_r/T_\theta}}$$

上式经过整理，求得过载时间

$$t_r = T_\theta \ln \frac{\lambda'^2 + 1}{\lambda'^2 - 1} = 30 \ln \frac{2^2 + 1}{2^2 - 1} = 15.5(\text{min}) < 20(\text{min})$$

从过载能力来看虽然可以，但从发热来看只能过载运行15.5min，题目要求运行20min是不可以的。

(3) 如$P_L = 44\text{kW}$，$\lambda' = \dfrac{44}{20} = 2.2 > 2$

由于容量过载倍数超过转矩过载能力，不能应用。

(二) 选用专为短时工作制而设计的电机

为了满足短时工作制生产机械的要求，我国专为短时工作制设计的电动机，其时间规格有：15min、30min、60min、90min四种。因此当工作时间接近上述标准时间时，可以按生产机械的功率、工作时间及转速的要求，由产品目录上直接选取。

如果短时负载是变动的，电动机实际工作时间t_r与标准值t_{rb}不同时，应把t_r下的功率P_L折算到标准时间t_{rb}下的功率P_N，再按P_N来进行电机功率的选择和发热校验。折算的依据是，t_r与t_{rb}下的损耗相等，即发热情况相同。假设t_r与t_{rb}下的$\sum P_r$与$\sum P_N$均为不变损耗和可变损耗两部分组成，而且在额定状态下，两者的比值为α，即

$$\alpha = \frac{P_0}{P_{CuN}}$$

这样，可得出下式

$$\left[P_0 + P_{CuN}\left(\frac{P_L}{P_N}\right)^2\right]t_r = (P_0 + P_{CuN})t_{rb}$$

$$\left[\alpha + \left(\frac{P_L}{P_N}\right)^2\right]t_r = (\alpha + 1)t_{rb}$$

解出P_N与P_L的关系为

$$P_N = \frac{P_L}{\sqrt{\dfrac{t_{rb}}{t_r} + \alpha\left(\dfrac{t_{rb}}{t_r} - 1\right)}} \tag{6-37}$$

当t_r与t_{rb}相差不太大时，可略去$\alpha\left(\dfrac{t_{rb}}{t_r} - 1\right)$，得

$$P_N \approx P_L\sqrt{\frac{t_r}{t_{rb}}} \tag{6-38}$$

式中的t_{rb}应尽量接近t_r的标准工作时间，$t_r > t_{rb}$时，大于1；$t_r < t_{rb}$时，小于1。

由于折算系数本身就是从发热和温升等效前提下推导出来的，因此按标准时间折算后，

温升就不必校核了。

当没有合适的短时工作制的电机时，可采用专为断续周期性工作制设计的电动机来代替。短时工作时间与负载持续率 $FS\%$ 之间的换算关系，可近似的认为：30min 相当于 $FS\%=15\%$；60min 相当于 $FS\%=25\%$；90min 相当于 $FS\%=40\%$。

二、断续周期工作制电动机容量选择

断续周期性工作制的电动机，每个工作周期包含一个工作段和停止段，由于许多生产机械在断续周期性工作制下工作，因此专为这一工作制设计了电机，供这类生产机械选用。这类电机的共同特点是。起动能力强、过载能力大、惯性小（飞轮力矩小）、机械强度大、绝缘材料等级高、采用封闭式结构的较多，临界转差率 S_m（对于鼠笼式异步电机）设计得较高。

断续周期性工作制的电动机也可选用普通的连续工作制电动机。

对一台具体的电机而言，不同负载持续率 $FS\%$ 时，其额定输出功率不同。以国产的一台起重机用绕线转子异步电动机为例，其型号及数据见表 6-4。

表 6-4 断续周期性工作制绕线转子异步电动机的型号与数据

型号	负载持续率/($FS\%$)	电机功率/kW	过载能力
JZR-11-6	15	2.7	—
	25	2.2	$\frac{T_m}{T_N(25\%)}=2.3$
	40	1.6	—
	60	1.5	—
	100	1.1	—

表中在过载能力一项中，仅给出 $FS\%=25\%$ 时的临界转矩 T_m 与额定转矩 T_N（25%）的比值。这是由于这台电机的 T_m 是一个固定值，而 T_N 则随 $FS\%$ 的改变而变化。$FS\%$ 越小，P_N 与 T_N 越大，则过载能力越低。

断续周期性工作制电机功率选择步骤与连续工作制变化负载下的功率选择是相似的，在一般情况下，也要经过预选及校验等步骤。在计算负载功率后作出生产机械负载图，初步确定负载持续率 $FS\%$。根据负载功率的平均值 P_L'（计算时不应包括停歇时间）及 $FS\%$ 预选电动机功率。作出电机的负载图，进行发热、过载能力及必要的起动能力校验。如果在工作时间内负载是变化的，可用等效法来校验发热。但公式中不应把停歇时间 t_0 计入，因为它已在 $FS\%$ 中考虑过了。在计算过程中还应验算一下实际工作时的负载持续率与初步确定的是否相同。对于自扇冷式电机，在起动及制动时散热条件变坏的影响可在等效值计算公式考虑。

如果实际负载持续率 $FS\%$ 与标准的 $FS_b\%$ 不同时，应把 $FS\%$ 下的功率 P_L，换算成 $FS\%$ 下的功率 P_L'，再选择电动机容量和校验发热。换算方法的依据是实际负载持续率下 $FS\%$ 与标准值 $FS_b\%$ 下损耗相等，即发热相同。

$$(P_0+P_{cu})FS\%=(P_0+P_{cuN})FS_b\% \tag{6-39}$$

将 $\alpha=\dfrac{P_0}{P_{cuN}}$ 代入式(6-39)，可得

$$\left[\alpha+\left(\frac{P_{cu}}{P_{cuN}}\right)^2\right]FS\%=(\alpha+1)FS_b\%$$

由上式可解出

$$P_{\mathrm{N}}=\frac{P_{\mathrm{L}}}{\sqrt{\frac{FS_{\mathrm{b}}\%}{FS\%}+\alpha\left(\frac{FS_{\mathrm{b}}\%}{FS\%}-1\right)}} \tag{6-40}$$

当 $FS\%$ 与 $FS_{\mathrm{b}}\%$ 相差不大时，$\alpha\left(\frac{FS_{\mathrm{b}}\%}{FS\%}-1\right)\approx 0$，可忽略不计，式(6-40) 变为

$$P_{\mathrm{N}}\approx P_{\mathrm{L}}\sqrt{\frac{FS\%}{FS_{\mathrm{b}}\%}} \tag{6-41}$$

用上式时，应将 $FS\%$ 向接近自己的 $FS_{\mathrm{b}}\%$ 值进行换算。根据 P_{N} 及 $FS_{\mathrm{b}}\%$ 在产品目录中选择合适的电动机应满足 $P_{\mathrm{N}}\geqslant P_{\mathrm{L}}$。然后对预选的电动机进行过载能力和起动能力校验。

如果负载持续率 $FS\%<10\%$，可按短时工作制选择电机；$FS\%>70$ 时，可按连续工作制选择电机。

【例 6-5】 预选的一台断续周期性工作方式的他励直流电动机负载持续率 $FS\%=60$，额定转矩 $T_{\mathrm{N}}=45\mathrm{N}\cdot\mathrm{m}$。拖动生产机械时电动机的电磁转矩 $T=f(t)$ 及转速 $n=f(t)$ 曲线如图 6-11 所示，其中 $t_1=4\mathrm{s}$ 段为起动过程，$t_2=21\mathrm{s}$ 段为额定转速运行，$t_3=6\mathrm{s}$ 段为弱磁升速运行，转速为 $1.2n_{\mathrm{N}}$，$t_4=4\mathrm{s}$ 段为额定转速运行，$t_5=2\mathrm{s}$ 段为制动停车过程，$t_6=32\mathrm{s}$ 段为停歇。试校核该电动机冷却方式为他扇冷式和自扇冷式时散热能力是否通过。

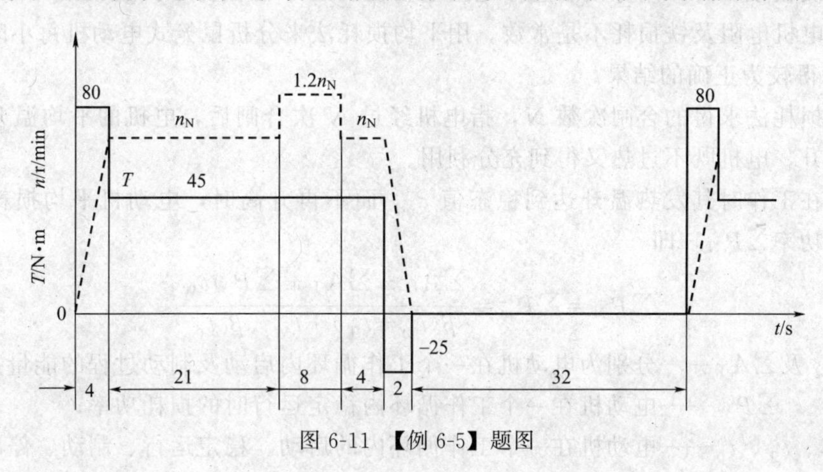

图 6-11 【例 6-5】题图

解： 实际负载持续率

$$FS\%=\frac{t_{\mathrm{r}}}{t_{\mathrm{r}}+t_0}=\frac{4+21+8+4+2}{4+21+8+4+2+32}=54.93\%$$

向 60% 标准负载持续率折算系数

$$k=\sqrt{\frac{FS}{FS_{\mathrm{b}}}}=\sqrt{\frac{54.93}{60}}=0.957$$

$t_3=6\mathrm{s}$ 段为弱磁高转速段，需要向 n_{N} 折算，为

$$T_3'=T_3\frac{n}{n_{\mathrm{N}}}=45\times\frac{1.2n_{\mathrm{N}}}{n_{\mathrm{N}}}=54\mathrm{N}\cdot\mathrm{m}$$

若为他扇冷式电动机，等效转矩为

$$T_{\mathrm{d}}=k\sqrt{\frac{T_1^2t_1+T_2^2t_2+T_3'^2t_3+T_4^2t_4+T_5^2t_5}{t_1+t_2+t_3+t_4+t_5}}$$

$$=0.957\sqrt{\frac{80^2\times4+45^2\times21+54^2\times8+45^2\times4+(-25)^2\times2}{4+21+8+4+2}}$$

$$=0.957\sqrt{\frac{100803}{39}}=48.65(\text{N}\cdot\text{m})$$

$T_d>T_N=45\text{N}\cdot\text{m}$，散热设计通不过。

若为自扇冷式电动机，起动、制动时间还需乘以 $\beta=0.75$ 后再计算 T_d，则 T_d 更大，散热能力更通不过了。

第六节　鼠笼式电动机允许小时合闸次数

异步电动机特别是鼠笼式异步电动机，由于结构简单，运行可靠、维修方便，得到了广泛的应用。但起动电流较大，尤其是带动某些生产机械时，起动制动很频繁，每小时合闸次数可达 600 次以上。此时由于起动与制动过程的能量损耗较大，往往会造成电机的严重发热，因此限制了笼型异步电动机每小时允许合闸次数，如果电动机在这种情况下工作，则必须进行小时合闸次数的校验，每小时合闸次数必须低于允许的合闸次数，校验才能通过，电机连续工作才不致过热。

在合闸次数较多时，用等效法选择笼型电动机的功率往往得不到正确的结果，因为起、制动过程中电机电阻及铁损耗不是常数。用平均损耗法来分析鼠笼式电动机每小时允许合闸次数 N，可得较为正确的结果。

用平均损耗法求得的合闸次数 N，指电机经过 N 次合闸后，电机的平均温升将等于其最大允许温升，电机既不过热又得到充分利用。

当电机在工作时其发热温升达到稳态值 τ_{max} 而不再升高时，电动机平均损耗功率等于其额定损耗功率 $\sum P_N$，即

$$\sum P_N=\sum P_{pj}=\frac{\sum A_Q+\sum A_T+\sum P_W t_W}{\beta(t_Q+t_T)+t_W+\beta_0 t_0} \tag{6-42}$$

式中　$\sum A_Q$ 及 $\sum A_T$——分别为电动机在一个工作循环内启动及制动过程的能量损耗；

$\sum P_W$——电动机在一个工作循环内稳定运行时的损耗功率；

t_Q、t_W、t_T、t_0——电动机在一个工作循环内的启动、稳定运行、制动、停歇时间；

β、β_0——启动、制动与停歇期间电机散热恶化的修正系数。

当每小时的允许合闸次数为 N 时，一个工作循环的允许时间为

$$t_Z=\frac{3600}{N}$$

$$t_r=t_Q+t_W+t_T=FS\cdot t_Z=\frac{3600}{N}FS$$

式中　FS——用小数表示的负载持续率。

由上式可见，

$$t_W=\frac{3600}{N}FS-t_Q-t_T \tag{6-43}$$

$$t_Q=t_Z-t_r=\frac{3600}{N}(1-FS) \tag{6-44}$$

将式(6-43) 及式(6-44) 代入式(6-42) 中并进行整理得

$$N=\frac{3600\left[(\sum P_N-\sum P_W)FS+\sum P_N\beta_0(1-FS)\right]}{\sum A_Q+\sum A_T-(t_Q+t_T)(\beta\sum P_N+\sum P_W-\sum P_N)} \tag{6-45}$$

由于鼠笼式电机的$\sum A_Q+\sum A_T$相当大，上式分母中

$$(t_Q+t_T)(\beta\sum P_N+\sum P_W-\sum P_N)\approx 2\%\sim 4\%(\sum A_Q+\sum A_T)$$

如取为3%，则

$$N=3600\frac{(\sum P_N-\sum P_W)FS+\sum P_N\beta_0(1-FS)}{0.97(\sum A_Q+\sum A_T)}$$

$$=3700\frac{(\sum P_N-\sum P_W)FS+\sum P_N\beta_0(1-FS)}{\sum A_Q+\sum A_T} \tag{6-46}$$

如果电机稳定运行时，其负载为额定负载，则损耗功率$\sum P_W=\sum P_N$，则公式(6-46)可写成下列形式

$$N=3700\frac{\sum P_N\beta_0(1-FS)}{\sum A_Q+\sum A_T} \tag{6-47}$$

由公式(6-47) 可见，欲提高每小时合闸次数N可从下列三方面着手。

① 采用它扇冷式电动机。此时β_0应由自扇冷式电动机的0.25提高到1，使N提高了3倍，是最有效的一种方法。

② 采用等级较高的绝缘材料。此时提高了额定允许温升，也提高$\sum P_N$，从而使N值提高。

③ 减少$\sum A_Q+\sum A_T$。采用过去讨论过的减少过渡过程能量损耗的方法，以提高N值：例如，采用改变频率或改变磁极对数的方法以启动鼠笼式电动机，即能降低$\sum A_Q$；选用合理的制动方法，如不用反接制动，改用能耗制动，甚至不用电气制动而代以机械制动，均能减少$\sum A_T$；选用高转差率鼠笼式电动机也能降低$\sum A_Q+\sum A_T$。

如果实际的满足生产率要求的每小时合闸次数低于预选电动机按发热核算的次数N，则预选电动机是合适的。否则必须采取措施以提高N值或者改选电动机的型式及功率。有时单纯的增大电动机功率并不能提高N值，因为电动机功率加大，过渡过程的能耗$\sum A_Q+\sum A_T$也增大了。

本章小结

本章主要介绍了电动机运行时发热与冷却过程、绝缘材料的耐温等级、电动机的工作方式、电动机的额定功率、电动机额定功率选择的一般步骤、各种不同工作方式及各种常值与变化负载时额定功率的选择以及鼠笼式异步电动机允许小时合闸次数等。

一、电动机额定功率P_N、运行时最高温升τ_m及允许温升τ_{max}

电动机负载运行时，由于电动机内有功率损耗而发热，电动机温度要升高。发热过程中温升是按指数规律从起始值变到稳态值，发热时间常数一般从十几分钟到几十分钟。电动机的输出功率越大，温升越高。

电动机的绝缘材料等级决定了电动机的允许温升（我国标准的环境温度取为40℃），出厂的电动机，其允许温升τ_{max}是确定的。

在标准环境温度下及某一标准工作方式下。电动机负载运行时实际达到的最高温升

$\tau_m=\tau_{max}$，这时输出功率就定为该电动机在该工作方式下的额定功率 P_N。

电动机负载运行时，若输出功率大于 P_N，$\tau_m>\tau_{max}$，绝缘材料寿命就会急剧缩短，甚至会烧毁；输出功率小于 P_N 时，$\tau_m>\tau_{max}$，电动机没有得到充分利用，性能也较差。因此电力拖动系统中的电动机应该使它输出额定功率，即负载功率 $P_L=P_N$ 为最理想，这时电动机 $\tau_m=\tau_{max}$。

处理各种非标准的实际问题时，为了使电动机得到充分利用，并使电动机最高温升不超过允许温升，必须按照具体情况选择电动机。所遵循的原则是：电动机实际负载时 $\tau_m=\tau_{max}$。

二、电动机功率的选择方法

（一）连续恒定负载下电动机容量的选择

这类生产机械的电机容量选择比较简单，不需要按发热条件来校验电机，只需根据生产机械所需要的功率 P_N，从电机产品目录中，可以立刻选出电动机。如果目录中没有容量正好合适的电动机，可以选择额定功率 P_N 略大于 P_L 的电动机，即

$$P_N \geqslant P_L$$

这个条件本身是从发热温升（环境温度为 40℃）的角度考虑的，因此不必再校核电动机发热问题了。只需校核过载能力，必要时还要校核起动能力。

（二）变动负载连续运行

变动负载下运行时，电动机的功率有时大有时小，因此电机内部的损耗也在变动，发热和温升都在变动。经过相当一段时间后，电动机的稳定温升在一个很小的、稳定的范围内波动。当 $\tau_m=\tau_{max}$ 时，电动机输出的功率为额定功率 P_N。

变动负载下电动机功率选择的一般步骤是：首先计算出生产机械的负载功率，绘制生产机械负载图 $P_L=f(t)$ 或 $T_L=f(t)$；其次是预选电动机的容量。因为变动负载下电动机的容量选择比较复杂些，一般步骤如下：

(1) 根据生产机械的负载图求出其平均功率 P_L' 或平均转矩 T_L'；

(2) 对预选的电动机进行发热、过载、起动校验。

要进行发热校验，绘制电机的发热曲线是比较困难的，因此一般用下述几种方法进行校验：

① 平均损耗法；

② 等效电流法；

③ 等效转矩法；

④ 等效功率法。

应用以上几种方法对电机进行发热校验时，应注意使用的条件、范围。

（三）关于断续周期工作制电动机功率的选择

从断续工作方式电动机的负载与温升看出，经过若干周期以后，温升在一个很小的、稳定的范围内波动；当电动机最高温升 τ_m 等于允许温升 τ_{max} 时，在工作时间内电动机输出的功率为额定功率 P_N。这里要注意的是：输出功率是指工作时间的功率，而不是一个周期内的平均功率。负载持续率不一样时，同一台电机额定功率也不一样，$FS\%$ 高者，P_N 小；$FS\%$ 低者，P_N 大，额定负载运行时，稳定后它们的最高温升 τ_m 都等于允许温升 τ_{max}。

断续周期性工作方式下每个周期内电动机都要启动、运行与制动，因此电动机的负载图

中工作时间 t_r 内负载总是变动的。这种工作方式下电动机额定功率选择的步骤和方法大体上与连续工作方式不变论负载时额定功率选择的步骤和方法一致。但又有自己的特殊性。下面具体指出周期性断续工作方式电动机额定功率选择的步骤和方法。

第一步，计算生产机械的负载平均功率。

第二步，预选电动机。实际负载与标准负载持续率相同时，预选电动机的额定功率

$$P_N \geqslant (1.1 \sim 1.6) P_L$$

实际负载与标准负载持续率不同时，向最接近的标准负载持续率 $FS_b\%$ 折算，预选电动机的功率

$$P_N \geqslant (1.1 \sim 1.6) P_L \sqrt{\frac{FS}{FS_b}}$$

第三步，校校预选电动机的发热、过载能力及起动能力，直至通过为止。核核电动机发热与温升时。先做出电动机的负载图，然后可以采用平均损耗法进行，当然可以采用等效电流法、等效转矩法或等效功率法。计算平均损耗以及等效电流、等效转矩或等效功率时，在工作时间 t_r 内进行计算，不必考虑停歇时间 t_0 了。

校核过载能力时应注意：①按交流电网电压下降 10% 考虑；②负载持续率不同时，电动机过载倍数 λ' 不一样。

当然必要时还要校核起动能力。

本章习题

一、填空题

1. 电动机的防护型式是根据电动机周围工作环境来确定的，可分为：开启式、防护式、封闭式、（　　）四种。

2. 电动机额定电压选择的原则应与供电电网或（　　）一致。

3. 电动机的结构型式按其安装位置的不同可分为（　　）两种。

4. 电动机种类的选择的依据是在满足生产机械对拖动系统（　　）和动态特性要求的前提下，力求结构简单、运行可靠、价格低廉等。

5. 电动机种类的选择的依据是在满足生产机械对拖动系统静态和（　　）特性要求的前提下，力求结构简单、运行可靠、价格低廉等。

6. 电动机种类的选择的依据是在满足生产机械队拖动系统静态和动态特性要求的前提下，力求（　　）。

7. 线绕式异步电动机通过（　　），可限制启动电流与提高启动、制动转矩、调速等。

8. 在工作方式上，按不同工作制可选择（连续、短时、断续周期性）工作制的电动机。

9. 一般工厂企业供电电压为 380V，因此中小型异步电动机额定电压为 380/220V（　　）接法。

10. 当供电电压为 6000V 及 10000V 时，可选用 6000V 甚至 10000V 的（　　）。

11. 对很少启动、制动或反转的长期工作制电机，应从（　　）、占地面积和维护费用等方面考虑，确定电动机的额定转速。

12. 如果电动机经常启动、制动及反转，过渡过程的持续时间对生产率影响较大，此时除应考虑初投资外，还要根据（　　）为条件来选择电动机的额定转速。

13. 如果电动机经常启动、制动及反转，但过渡过程的持续时间对生产率影响不大，此时主要根据（　　）为条件来选择电动机的额定转速。

14. 决定电动机功率时，要考虑电动机发热、允许过载能力与启动能力等因素，多数情况下，以（　　）最重要。

15. 电动机温度比环境温度高出的值称为（　　）。

16. 电动机的温升由原来的稳定温升降到新的稳定温升，这个温升下降的过程称为（　　）。

17. 连续工作制是在恒定负载下电动机（　　）的工作方式。

18. 短时工作制是在恒定负载下，电动机短时运行，其（　　）。

19. 断续周期工作制的特点是重复性和（　　），即电动机工作时间与停歇时间交替进行，而且都比较短，二者之和，按国家标准规定不得超过 10min。

20. 连续工作制电动机容量的选择一般分为两种情况：一种是恒值负载连续运行时电动机容量的选择；一种是（　　）时电动机容量的选择。

二、判断题

1. 最简单、经济的办法是选择三相或单相异步电动机来驱动机械负载。（　　）

2. 对有些生产机械要求启动转矩较大的，可采用高启动转矩的鼠笼式异步电动机。（　　）

3. 对启动性能要求高的常用机械、仪器仪表的，可采用鼠笼式异步电动机。（　　）

4. 电动机容量的选择除了选择额定数据以外，还有负载的工作制，即电机承受动力的情况，包括起动、制动、空载、加载、停车，以及持续时间和顺序。（　　）

5. 对于启动，制动比较频繁的生产机械，可采用线绕式异步电动机。（　　）

6. 同一台电动机的发热时间常数与冷却时间常数不一定相同。（　　）

7. 断续周期工作制电机频繁起、制动，其过载能力强、GD^2 值小、机械强度好。（　　）

8. 在合闸次数较多时，用等效法选择笼型电动机的功率往往得不到正确的结果。（　　）

9. 一台电动机周期性地工作 15min，休息 85min，其负载持续率 $ZC\%=15\%$。（　　）

10. 断续周期工作制的特点是重复性和短时性，即电动机工作时间与停歇时间交替进行，而且都比较短，二者之和，按国家标准规定不得超过 10min。（　　）

三、单项选择题

1. 通风机、水泵、纺织机等都选用（　　）电动机。

（A）连续工作制　　（B）短时工作制

（C）断续周期工作制　　（D）以上都不对

2. 电动闸门、重型吊车等都选用（　　）电动机。

（A）连续工作制　　（B）短时工作制

（C）断续周期工作制　　（D）以上都不对

3. 根据直流电动机的负载曲线图 6-12，试选择电动机的容量（　　）。

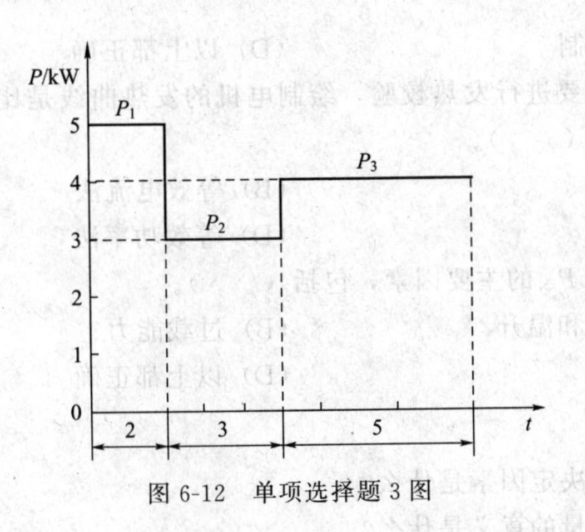

图 6-12 单项选择题 3 图

(A) $P_N=3kW$ (B) $P_N=4kW$ (C) $P_N=2kW$ (D) $P_N=5kW$

4. 正确选择电动机容量的三大原则是（ ）。

(A) 最高工作温度 θ_{max} 大于其绝缘材料允许的最高工作温度 θ_a；负载电流 L_L 小于额定电流 I_N；启动转矩 T_{st} 大于负载转矩 T_L

(B) 最高工作温度 θ_{max} 小于其绝缘材料允许的最高工作温度 θ_a；负载电流 L_L 大于额定电流 I_N；启动转矩 T_{st} 大于负载转矩 T_L

(C) 最高工作温度 θ_{max} 小于其绝缘材料允许的最高工作温度 θ_a；负载电流 L_L 小于额定电流 I_N；启动转矩 T_{st} 大于负载转矩 T_L

(D) 最高工作温度 θ_{max} 小于其绝缘材料允许的最高工作温度 θ_a；负载电流 L_L 大于额定电流 I_N；启动转矩 T_{st} 小于负载转矩 T_L

5. 根据直流电动机的负载曲线图 6-13，试选择电动机的容量（ ）。

(A) $P_N=30kW$ (B) $P_N=40kW$ (C) $P_N=22kW$ (D) $P_N=55kW$

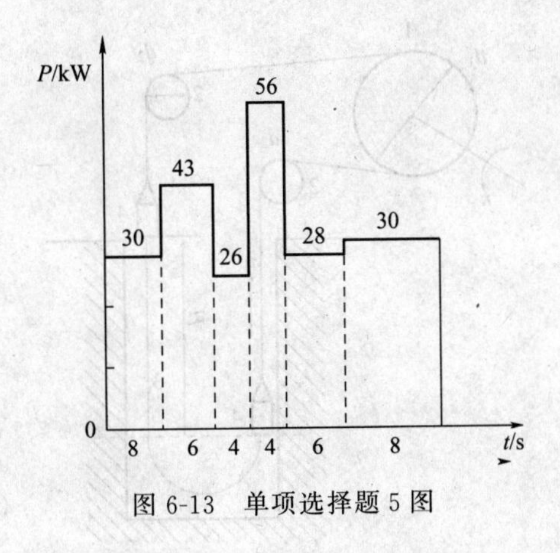

图 6-13 单项选择题 5 图

四、多项选择题

1. 按电机工作时温升的情况和我国电机的基本技术要求，将电机的工作方式分为（ ）。

(A) 连续工作制 (B) 短时工作制

(C) 断续周期工作制　　　　　　　　　　(D) 以上都正确

2. 对预选的电动机要进行发热校验，绘制电机的发热曲线是比较困难的。因此一般用下述几种方法进行校验（　　）。

(A) 平均损耗法　　　　　　　　　　　(B) 等效电流法

(C) 等效转矩法　　　　　　　　　　　(D) 等效功率法

3. 决定电动机功率 P_N的主要因素，包括（　　）。

(A) 电动机的发热和温升　　　　　　　(B) 过载能力

(C) 起动能力　　　　　　　　　　　　(D) 以上都正确

五、简答题

1. 电机容量选择的决定因素是什么?

2. 正确选择电机容量的意义是什么?

3. 一台连续工作制的电动机，额定功率为 P_N，如果在短时工作方式下运行时，其额定功率 P_N 与短时负载功率 P_g 及热过载倍数 λ_Q 三者之间有什么关系?

4. 同一台短时工作制电动机在不同工作时间所标明的额定功率是不相同的，即 $P_{15} > P_{30} > P_{60} > P_{90}$，这是为什么?

六、计算题

1. 一台与电动机直接连接的低压离心式水泵，水泵的排水量 $Q = 50\text{m}^3/\text{h}$，扬程为15m，转速为1450r/min，泵的效率 $\eta_b = 0.4$，试选择电动机。

2. 一台额定功率 $P_N = 30\text{kW}$ 连续工作制的鼠笼式异步电动机，如果长年工作在70℃环境下工作，电机绝缘等级为B级，请计算电机在高温环境下的实际额定功率应为多少?

3. 图6-14所示为具有平衡尾绳的矿井提升机传动示意图。其中电动机直接与摩擦轮同轴直接相联，当它们旋转时，靠摩擦力带动钢绳和运载矿石车的罐笼。尾绳系在左右两个罐笼下面，以平衡空的罐笼及它上边的钢绳的重量。已知数据如下：

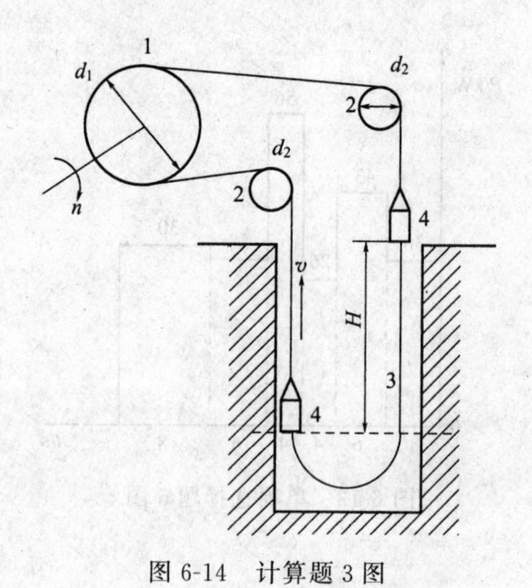

图6-14　计算题3图

井深 $H = 915\text{m}$;

运载重量 $G_0 = 58800\text{N}$;

空罐笼重量 $G_4 = 77150\text{N}$;

钢绳与平衡尾绳每米重量 $g_4=106\text{N/m}$；

钢绳与平衡尾绳总长度 $L=2H+90\text{m}$；

罐笼与导轨的摩擦阻力使负载增大 20%；

摩擦轮直径 $d_1=6.44\text{m}$；

导轮直径 $d_2=5\text{m}$；

额定提升速度 $v_N=16\text{m/s}$；

摩擦轮飞轮矩 $GD_1^2=2730000\text{N}\cdot\text{m}$；

导轮飞轮矩 $GD_2^2=584000\text{N}\cdot\text{m}$；

工作周期 $t_t=90\text{s}$。

启动过程中提升加速度 $a_1=0.89\text{m/s}^2$，制动过程中提升减速度 $a_3=1\text{m/s}^2$，加速度由自动控制系统实现。试选择电动机的工作方式与额定功率。

4. 有一台直流电动机，额定功率为 20kW，热时间常数为 30min。过载能力 $\lambda=2$，空载损耗与额定负载损耗之比 $a=1$。(1) 若此电动机作 30min 短时运行，按照发热条件能输出最大功率是多少？ (2) 若有一短时负载 $P_L=40\text{kW}$，$t_r=20\text{min}$，能否应用此电机？(3) 若有一短时负载，$P_L=44\text{kW}$，$t_r=10\text{min}$，能否应用此电机？

5. 预选的一台断续周期性工作方式的他励直流电动机，负载持续率 $FS\%=60$，额定转矩 $T_N=45\text{N}\cdot\text{m}$。拖动生产机械时电动机的电磁转矩 $T=f(t)$ 及转速 $n=f(t)$ 曲线如图 6-15 所示，其中 $t_1=4\text{s}$ 段为启动过程，$t_2=21\text{s}$ 段为额定转速运行，$t_3=8\text{s}$ 段为弱磁升速运行，转速为 $1.2n_N$，$t_4=4\text{s}$ 段为额定转速运行，$t_5=2\text{s}$ 段为制动停车过程，$t_6=32\text{s}$ 段为停歇。试校核该电动机冷却方式分别为他扇冷式和自扇冷式时发热是否通过指标。

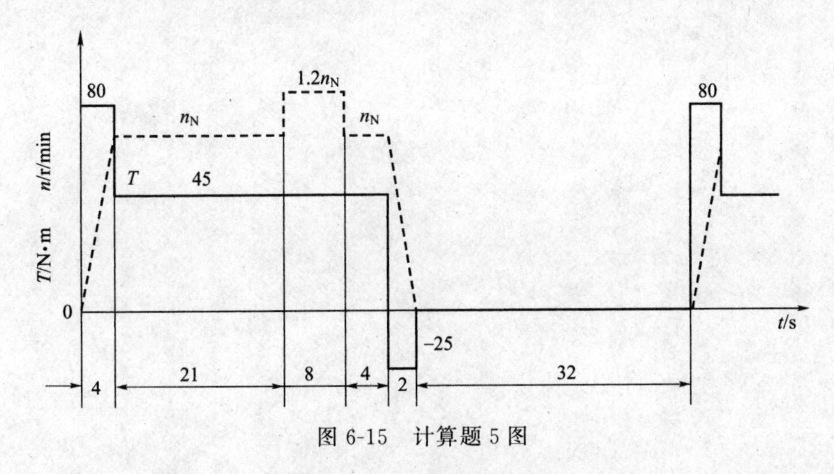

图 6-15 计算题 5 图

6. 某电力拖动系统选用三相四极绕线转子异步电动机来拖动，其额定数据为 $P_N=20\text{kW}$，$n_N=1420\text{r/min}$，$\lambda_m=2$。已知电动机带连续周期变化负载工作。每一个周期共分五段：第一阶段是启动阶段，$t_1=6\text{s}$，$T_{L1}=200\text{N}\cdot\text{m}$；第二阶段 $t_2=40\text{s}$，$T_{L2}=120\text{N}\cdot\text{m}$；第三阶段 $t_3=20\text{s}$，$T_{L3}=100\text{N}\cdot\text{m}$；第四阶段为制动阶段，$t_4=10\text{s}$，$T_{L4}=-100\text{N}\cdot\text{m}$；然后停歇 10s，试校验电动机的温升与过载能力是否合格。

7. 有一台他励直流电动机的数据为：$P_N=5.6\text{kW}$，$U_N=220\text{V}$，$I_N=31\text{A}$，$n_N=1000\text{r/min}$，一个周期的负载图如图 6-16 所示。其中第一、四段为启动段，第三、六段为制动段，启动、制动各段及第二段电动机励磁磁通均为额定值，而第五段的电动机励磁磁通则为额度磁通的 75%，该电动机为自扇冷式。试校验发热。

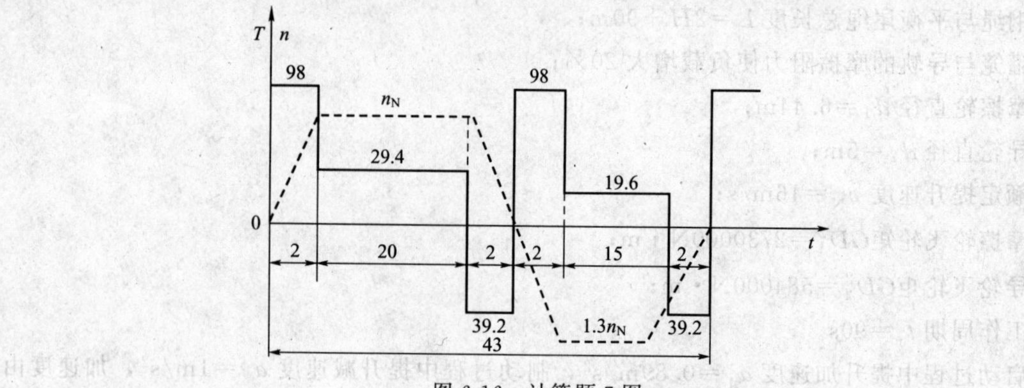

图 6-16 计算题 7 图

部分习题参考答案

第一章

一、填空题标准答案

1. 旋转式机械
2. 直流发动机
3. 直流发电机
4. 直流电动机
5. 产生感应电动势和电磁转矩
6. 主磁场
7. 电枢磁场
8. 气隙磁场
9. 电枢反应
10. 磁路
11. 能用较小的电流产生较强的磁场
12. 主磁通
13. 漏磁通
14. 不变损耗
15. 可变损耗

二、判断题标准答案

1.√　2.√　3.√　4.√　5.√　6.√　7.√　8.×

9.√　10.√　11.√　12.√　13.×　14.√　15.×

三、单项选择题标准答案

1.A　2.B　3.A　4.A　5.A　6.B　7.A　8.A　9.C　10.A

四、多项选择题标准答案

1.ABC　2.ABC　3.ABCD　4.ABCD　5.ABCD

6.ABCD　7.ABC　8.ABCD　9.ABCD　10.ABCD

六、计算题标准答案

1. (1) 505A；(2) 111kW
2. (1) 139.665kW；(2) 634.84A
3. (1) 5A；55A；(2) 60A；235V；(3) 12.1kW；14.1kW
4. (1) 296.12A；0.23；2.208；220.8V

   (2) 650.7N·m；(3) 67.045kW；2376W；63kW；93.97%
5. (1) 0.2059；1.966；(2) T_N=184.4N·m；(3) T_{2N}=171.9N·m；

   (4) 12.9N·m；(5) 1068r/min；(6) 1063N·m
6. (1) 356.5A；8.8A；365.3A；239.5V；87.5×10^3W

   (2) 898.5N·m；(3) 90.6×10^3W；(4) 90.5%
7. (1) 197.8A；因为$U>E_a$，故此电机为电动机状态运行；

   (2) 56.66kW；2A；77.27A；75.27A；139N·m；234.7A；205.4V；87.5%

8. （1）20.24kW；（2）3.24kW；（3）106.7A；（4）440W；（5）170W；（6）2050W

9. （1）17.6Kw；（2）14.96kW；（3）2.64kW；（4）2.48A；77.5A；480W；
   （5）546W；（6）155W；（7）150W；（8）1309W

第二章

一、填空题标准答案

1. 直线	9. Ⅰ、Ⅳ象限
2. 一族放射性曲线	10. Ⅰ、Ⅲ象限
3. 相平行的曲线	11. 不变
4. 上移变软	12. 下降
5. 电枢回路串电阻启动和降压启动	13. 能耗制动、反接制动与回馈制动
6. 启动过程	14. 反接制动
7. 理想空载转速	15. 电动状态　发电状态
8. 限制启动电流	16. 电车下坡实现的　起重机下放重物实现的

二、判断题标准答案

1. √　2. ×　3. √　4. √　5. ×　6. √　7. √　8. √

9. √　10. √　11. √　12. ×　13. ×　14. √　15. ×　16. √

三、单项选择题标准答案

1. A　2. C　3. B　4. A　5. B　6. B　7. A　8. C

9. C　10. D　11. C　12. A　13. C　14. B　15. D　16. B

四、多项选择题标准答案

1. ABCD　2. ABCD　3. BCD　4. ABC　5. ABCD

6. ABCD　7. ABC　8. ABC　9. ABCD　10. ABCD

六、计算题标准答案

2. 152A；2.895Ω；1.664；各级电阻：0.672Ω；1.042Ω；1.735Ω；
   各段电阻：0.250Ω；0.415Ω；0.693Ω；1.160Ω

3. （1）1132r/min；（2）1.325；（3）0.737Ω；（4）15kW；10.13kW；3478W

4. （1）264r/min；（2）5.68；（3）51.26V；P_1＝15kW；P_2＝2473W

5. （1）180r/min；0.28；（2）1402r/min；（3）7.9

6. （1）1.038Ω；（2）2.6Ω；（3）0；－46.29N·m；（4）1.46Ω

7. （1）0.288Ω；（2）0.618Ω；
   （3）两种制动方法在制动开始瞬间的电磁转矩相等：334N·m；（4）0；170N·m

8. （1）0.419Ω；（3）－2933A；（4）0.9Ω

10. （1）1125r/min；26.4kW；（2）2.323Ω；298N·m；
    （3）13.323Ω；196N·m；22kW；12.3kW；34.25kW

11. 2.98Ω

12. （1）1496.6A；（2）26.5V；1.075Ω

13. （1）6.12；（2）4.496Ω；（3）5.084kW；25.968kW

14. －198N·m；－103N·m

15. (1) 0.605Ω; (2) 150.5V;

(3) P_1=25.3kW; P_2=14.653kW; P_1=17.308kW; P_2=14.653kW

第三章

一、填空题标准答案

1. 电磁感应
2. 匝数
3. 升压
4. 空载运行
5. 励磁
6. 50
7. 相
8. 30°
9. 升降
10. 油浸式
11. 套管
12. 铭牌
13. 励磁参数
14. 短路参数
15. 低压测
16. 高压侧

二、判断题标准答案

1. √　2. ×　3. √　4. √　5. √　6. ×　7. √　8. √
9. √　10. √　11. √　12. ×　13. ×　14. ×　15. ×　16. √

三、单项选择题标准答案

1. B　2. D　3. C　4. A　5. B　6. D　7. A　8. D
9. D　10. A　11. A　12. D　13. A　14. D　15. A　16. C
17. C　18. A

四、多项选择题标准答案

1. ABCD　2. BC　3. BCD　4. ACD　5. ABC　6. AB
7. AC　8. BD　9. BCD　10. BC　11. AB　12. CD

六、计算题标准答案

1. 16.17A; 404.16A
2. 38.10kV; 0.87kV
3. 52.49A; 303.1A
4. 10000V; 230V
5. 1502 匝; 58 匝
6. (1) 43.74A; 275A; (2) 43.74A; 275A; (3) 43.74A; 158.73A
7. 低压侧的励磁参数: 24.6Ω; 2.28Ω; 24.5Ω;
折算到高压侧的励磁参数: 15; 5535Ω; 513Ω; 5513;
高压侧室温下的短路参数: 19.5Ω; 7.24Ω; 18.1Ω
折算到标准工作温度 75℃时: 8.63Ω; 20.1Ω; 2401Ω; 5.58%
8. 0.436Ω; 3.08Ω; 0.872Ω; 6.04Ω
9. 98.3%
10. 48W; 40W; 0.4
11. Yy0; Yd7; Dd0; Dd10

第四章

一、填空题标准答案

1. 同步电机和异步电机　2. $n_1=\frac{60f_1}{p}$　3. 2/3　4. 同步转速

5. 相同　6. 存在　7. 2%～5%　8. 50Hz

9. 3600in　10. 3000r/min　11. 感应电动势　12. 媒介

13. $p\times360°$或$p\times$机械角度　14. 电磁转矩　15. 不参与　16. 漏磁通

17. 950r/min　18. 50r/min

二、判断题标准答案

1. √　2. √　3. ×　4. ×　5. √　6. √　7. √　8. √

9. √　10. √　11. ×　12. ×　13. √　14. ×　15. ×　16. ×

三、单项选择题标准答案

1. C　2. B　3. C　4. A　5. B　6. A　7. D　8. A

9. D　10. C　11. C　12. C　13. A　14. B　15. A　16. B

17. B　18. C

四、多项选择题标准答案

1. AB　2. AB　3. AB　4. ABCD　5. ABCD　6. ABCD

7. ABCD　8. BD　9. ABCD　10. ABCD　11. AB　12. CD

六、计算题标准答案

1. 0.04；4

2. 0.0333

3. 1500r/min；1455r/min

4. 750r/min；720r/min；0.067；−0.067；1

5. (1) 10.68A；18.45A；(2) 1500r/min；(3) 0.033

6. (1) 456r/min；(2) 1.77N·m；(3) 65.59N·m；(4) 67.36N·m

7. (1) 4；(2) 1500r/min；(3) 0.03；1.5Hz

8. (1) 0.04；(2) 2Hz；(3) 7582.5W；(4) 315.94W；(5) 8603.44W；(6) 0.872；(7) 15.86A；(8) 74.61N·m；(9) 0.82N·m；(10) 75.43N·m

9. 0.05；1.532kW；85.3%；56.7A；2.5Hz

10. 1336W；11336W；10640W；10100W；0.83；88.2%

第五章

一、填空题标准答案

1. $T=\frac{2\lambda_m T_N}{\frac{s_m}{s}+\frac{s}{s_m}}$　11. 允许

2. 2.4～3　12. 降低定子电压

3. 额定转差率　　13. 限制启动电流
4. 线性关系　　14. 快速
5. 临界转差率　　15. 准确
6. 减小　　16. 降压启动方法
7. 无关　　17. 绕线式三相异步电动机转子串电阻或转子串频敏变阻器
8. 成正比增加　　18. 成正比
9. 直接启动　　19. Φ_m
10. 降低定子电压　　20. 高

二、判断题标准答案

1. √　2. √　3. ×　4. √　5. √　6. ×　7. ×　8. √
9. √　10. √　11. ×　12. √　13. ×　14. √　15. √　16. ×
17. ×　18. ×

三、单项选择题标准答案

1. A　2. B　3. C　4. D　5. A　6. B　7. C　8. D
9. A　10. A　11. A　12. A　13. A　14. A　15. B　16. A
17. A　18. A　19. C　20. C

四、多项选择题

1. ABC　2. ABC　3. ABCD　4. ABD　5. ABCD　6. AB　7. ABCD
8. ABC　9. ABCD　10. ABCD　11. ABCD　12. ABC　13. ABCD　14. BC

六、计算题标准答案

1. （1）994.79N·m；（2）2387.49N·m；（3）0.0211
2. （1）0.043；（2）1601N·m；（3）21247N·m；（4）1.32；（5）0.1998
3. （1）0.1Ω；（2）0.213Ω；（4）采用自耦变压器降压启动
5. （1）0.165Ω；（2）0.424Ω；（3）1.083Ω
6. 3；0.126Ω；0.285Ω；0.644Ω
7. （1）66N·m；（2）321V；（3）46.66A，不能启动；（4）1.6；55A
8. （1）0.165Ω；（2）不能采用降压调速；（3）37.67Hz；286.3V
9. （1）2945r/min；（2）2909.4r/min；（3）2345r/min
10. 1470r/min；1424r/min；1304r/min；998r/min
11. （1）0.474Ω；（2）－469r/min
12. （1）1.614Ω；（2）－2980r/min；（3）2.946Ω
13. 2.476Ω
14. （1）7970N·m；（2）5020.3N·m

第六章

一、填空题标准答案

1. 防护式　　11. 设备的初投资
2. 电源电压　　12. 过渡过程能量损耗最小
3. 卧式和立式　　13. 过渡过程持续时间最短

4. 静态

5. 动态

6. 结构简单、运行可靠。维护方便、价格低廉

7. 转子回路串电阻

8. 连续、短时、断续周期性

9. Y/D

10. 高压电机

14. 发热问题

15. 温升

16. 冷却

17. 连续长期运行

18. 工作时间短，停歇时间长

19. 短时性

20. 变动负载连续运行时

二、判断题标准答案

1. √ 2. √ 3. × 4. √ 5. √ 6. √ 7. √ 8. √

9. × 10. √

三、单项选择题标准答案

1. A 2. B 3. B 4. C 5. B

四、多项选择题标准答案

1. ABCD 2. ABCD 3. ABCD

参 考 文 献

1. 陈隆昌等．控制电机．第3版．西安：西安电子科技大学出版社，2000.
2. 国家机械工业局西安微电机研究所．实用微电机手册．沈阳：辽宁科学技术出版社，2000.
3. 王季秩等．电机实用技术．上海：上海科学技术出版社，1997.
4. 谢明琛，张广溢．电机学．重庆：重庆大学出版社，1995.
5. 赵利．电机与拖动基础．北京：化学工业出版社，2015.
6. 王旭元．电机及其拖动．北京：化学工业出版社，2016.
7. 曹少泳．电机与控制．北京：化学工业出版社，2015.
8. 胡幸鸣．电机及拖动基础．北京：机械工业出版社，1999.
9. 周文俊．电气设备实用手册．北京：水利水电出版社，1999
10. 邵海忠．最新实用电工手册．北京：化学工业出版社，2000.